Wegweiser für die vorschriftsgemäße Ausführung von Starkstromanlagen

Im Einverständnis
mit dem Verbande Deutscher Elektrotechniker

herausgegeben von

Dr.-Ing. E. h. G. Dettmar

o Professor an der Technischen Hochschule
Hannover

Berlin
Verlag von Julius Springer
1927

ISBN-13: 978-3-642-47152-0   e-ISBN-13: 978-3-642-47446-0
DOI: 10.1007/ 978-3-642-47446-0

Vorwort.

Dieses Buch ist dazu bestimmt, eine von vielen Fachleuten empfundene große Lücke auszufüllen. Es soll nämlich dem projektierenden und ausführenden Ingenieur, dem Installateur, dem Betriebsleiter usw. über die jetzt fast unübersichtliche Fülle von Bestimmungen des VDE betr. Herstellung von Starkstromanlagen unterrichten, und zwar in einer Form, die sowohl für den Sonderfachmann wie auch den fachlich weniger Ausgebildeten geeignet ist. Es wird ferner dem, durch seine geschäftliche Tätigkeit schon stark in Anspruch genommenen Ingenieur und Techniker rasch und lückenlos Auskunft über alle bestehenden Bestimmungen geben, weil bei der Bearbeitung besonderer Wert auf Vollständigkeit gelegt worden ist.

Das Buch ist aufgebaut auf den Errichtungsvorschriften des VDE. Diese enthalten nur grundlegende Bestimmungen und auch die nur soweit sie die Lebens- und Feuersicherheit betreffen. Daneben bestehen aber noch eine große Anzahl vom VDE aufgestellter Vorschriften, Regeln, Leitsätze und Normen. Weiter sind zu den Errichtungsvorschriften, den Vorschriften für isolierte Leitungen, für Installationsmaterial, sowie für Maschinen und Transformatoren noch Erläuterungsbücher herausgegeben. Dieses umfangreiche Material kann von dem in der Praxis stehenden Ingenieur, Techniker, Installateur usw. neben seiner an sich schon anstrengenden geschäftlichen Tätigkeit kaum noch in den Einzelheiten verfolgt werden. Berücksichtigt man ferner, daß die vorstehend erwähnten Bestimmungen dem Fortschritt der Technik entsprechend von Zeit zu Zeit geändert werden müssen, so wird man sich ohne weiteres klar darüber werden, daß es mit großen Schwierigkeiten verknüpft sein muß, über alles dieses auf dem Laufenden zu bleiben. Wenn dann bei der Ausführung von Anlagen bald die eine, bald die andere Bestimmung übersehen wird, so ist das bei der großen Zahl derselben durchaus entschuldbar, und es wird sicher einem Bedürfnis entsprechen, einen Wegweiser durch alle diese Bestimmungen zu haben. Damit aber dieser auch wirklich seine Aufgabe erfüllt, ist es notwendig, seinen Umfang tunlichst zu beschränken, woraus wiederum folgt, daß die einzelnen Bestimmungen nur zum kleinen Teil im Originalwortlaut gegeben werden können. In der Hauptsache mußte dies auszugsweise oder in Form des kurzen Berichtes geschehen.

Infolge meiner fast 16jährigen engsten Teilnahme an den Arbeiten des VDE und durch die darauf folgende akademische Lehrtätigkeit habe ich mich auf das eingehendste mit allen diesen Bestimmungen befassen müssen, so daß ich hoffe, durch diesen „Wegweiser" vielen Fachleuten Zeit und Arbeit zu ersparen.

Da in diesem Buche die Errichtungsvorschriften das Gerippe für die Einteilung bilden, war es notwendig sie durch besondere Druckart gegenüber dem Text des „Wegweisers" zu kennzeichnen. Selbst dort, wo der Text wörtlich den VDE-Bestimmungen entnommen ist, war dies geboten, weil schon die Art der Auswahl einen Einfluß auf die Auslegung haben kann. Daraus ergibt sich aber, daß der gesamte Wegweisertext den Charakter eines Kommentars bekommt, für den nicht dem VDE, sondern mir als Verfasser die Verantwortung zufällt. Um jederzeit den Unterschied zwischen dem vom VDE stammenden Originalwortlaut und dem Text des Wegweisers hervortreten zu lassen, sind zwei deutlich zu unterscheidende Druckarten benutzt worden, in der Hoffnung, daß damit Verwechselungen vermieden werden.

In einem Anhang sind noch eine Reihe nützlicher Arbeiten des VDE, der Vereinigung der Elektrizitätswerke, des Verbandes deutscher Elektro-Installationsfirmen und der Deutschen Beleuchtungstechnischen Gesellschaft gegeben worden, um das Wichtigste, was für die Ausführung elektrischer Anlagen in Frage kommt, in einem Buche zusammen zu haben.

Zur Erleichterung des Auffindens ist besonderer Wert auf ein sehr ausführliches Sachverzeichnis gelegt worden.

Hannover im Mai 1927.

Georg Dettmar.

Inhaltsverzeichnis.

I. Aufgaben des Buches und Art ihrer Behandlung.

A. Zweck des Buches.

Die deutsche Elektrotechnik hat schon frühzeitig begonnen, einheitliche Bestimmungen für den Bau elektrischer Anlagen und der dazu gehörigen Leitungen, Apparate, Maschinen usw. festzulegen. Schon gleich nach der im Jahre 1893 erfolgten Gründung des Verbandes deutscher Elektrotechniker wurde mit derartigen Arbeiten begonnen; sie sind bis zur Jetztzeit ohne Unterbrechung fortgesetzt worden und werden auch in Zukunft immer noch weiter ausgebaut werden. Bei der ungeheuren Vielgestaltigkeit in der Anwendung der Elektrizität war es notwendig, eine große Zahl von Bestimmungen über die Ausführung solcher Anlagen zu erlassen. So bedeutend der Nutzen dieser zahlreichen Verbandsarbeiten an sich nun ist, konnte es doch nicht ausbleiben, daß mit der Zeit die Übersicht über diese große Zahl von Bestimmungen sehr erschwert wurde. Es war nur einer geringen Zahl von Fachleuten, die sich ganz besonders mit derartigen Fragen befassen, möglich, dieses ganze Gebiet vollkommen zu beherrschen. Die meisten Elektrotechniker kennen nur noch diejenigen Verbandsarbeiten genau, mit denen sie im allgemeinen gerade zu tun haben; die anderen werden sie meist entweder gar nicht mehr beherrschen, oder sie werden ihnen nur oberflächlich bekannt sein. Diese Entwicklung hat das Bedürfnis für einen Wegweiser durch dieses umfangreiche Gebiet der Verbandsarbeiten entstehen lassen, wenigstens soweit der Bau elektrischer Starkstromanlagen in Frage kommt. Dadurch ist jedem die Möglichkeit gegeben, sich schnell zu unterrichten, was auf dem jeweils gerade interessierenden Gebiete, außer den grundlegenden „Errichtungsvorschriften" noch für Sonderbestimmungen des Verbandes deutscher Elektrotechniker bestehen.

Die Grundlage für den Bau elektrischer Anlagen sind die „Vorschriften für die Errichtung und den Betrieb elektrischer Starkstromanlagen". Diese wurden zum ersten Male im Jahre 1895 herausgegeben. Seit dieser Zeit sind sie oftmals umgearbeitet und, der Entwicklung der Technik entsprechend, weiter ausgebaut worden. Die letzte zur Zeit gültige Fassung ist durch Beschluß vom 30. 8. 1923 in Kraft gesetzt worden und gilt vom 1. Juli 1924 ab. An dieser Fassung wurden im Jahre 1925 und 1926 noch einige Änderungen vorgenommen, die in der nachstehend benützten Fassung mit berücksichtigt sind. Die „Errichtungsvorschriften", d. h. der Teil der vorstehend erwähnten Vorschriften, der sich mit der Herstellung von Anlagen befaßt, stellen die maßgebende Grundlage für die Ausführung aller elektrischen Anlagen in Deutschland dar. Sie sind von den Regierungen der einzelnen Länder ausdrücklich anerkannt worden[1]). Die „Errichtungsvorschriften" gelten also als die für den Bau elektrischer Starkstromanlagen anerkannten Regeln der Technik.

Die „Errichtungsvorschriften" können, damit ihr Umfang nicht zu groß wird, natürlich nur die grundlegenden Bestimmungen enthalten, insbesondere diejenigen, die sich auf Lebens= und Feuersicherheit beziehen. Einzelheiten sind vom Verbande Deutscher Elektrotechniker im Interesse der Kürze und Klarheit der Errichtungsvorschriften in einer großen Zahl anderer Vorschriften, Regeln, Leitsätze und Normen niedergelegt worden. Deren gibt es zur Zeit 78, von denen etwa 67 sich auf den Bau elektrischer Starkstromanlagen und ihre Zubehörteile beziehen; daneben bestehen 154 Normenblätter, von denen ungefähr 146 das Gebiet des Starkstromes betreffen.

Man könnte zu der Ansicht kommen, daß es unzweckmäßig gewesen ist, die notwendigen Bestimmungen in eine große Zahl verschiedener Einzelarbeiten aufzuteilen. Das ist nun nicht zutreffend, weil die jetzt übliche Art der Unterteilung in eine Reihe von Einzelarbeiten den Vorteil hat, daß bei der schnellen Entwicklung, die in der Elektrotechnik zur Zeit und wohl noch auf länger hinaus vorliegt, Veränderungen und Verbesserungen leichter durchführbar sind. Würde man nur eine große Vorschrift machen, die auch alle Einzelheiten enthält, dann müßte an dieser Vorschrift fast jedes Jahr geändert werden, während bei der Unterteilung in eine große Zahl von Einzelarbeiten die eine oder die andere immer nur von Zeit zu Zeit abänderungsbedürftig sein wird, je nachdem, auf welchem Gebiete gerade eine besonders schnelle Entwicklung vor sich gegangen ist. Durch einen Wegweiser, wie den vorliegenden, kann nun aber die durch die Unterteilung bedingte Kompliziertheit leicht beseitigt werden.

Es besteht aber noch ein weiterer Grund für die Beibehaltung der jetzt üblichen Methode, die für den Bau von Anlagen notwendigen Bestimmungen in eine große Anzahl von Sonderarbeiten zu zerteilen. Es kann dann nämlich jede Einzelheit von einer aus Spezialisten zusammengesetzten Kommission aufgestellt werden. Würde man nur eine einzige große Vorschrift über den Bau von Anlagen machen, so würde diese von einer ungeheuer großen Kommission behandelt werden müssen, deren Arbeitsfähigkeit sehr in Frage gestellt sein würde.

Die schnellen Fortschritte auf dem Gebiete der Elektrotechnik erfordern naturgemäß von Zeit zu Zeit Änderungen der vom Verband deutscher Elektrotechniker aufgestellten Bestimmungen. Dadurch wird aber die Übersichtlichkeit über das Gesamtgebiet der Vorschriften usw. erschwert. Die Änderungen bewirken ferner, daß ihr Eindringen in die Fachkreise entweder ganz unterbleibt oder doch nur teilweise erfolgt. Auch in dieser Beziehung soll das vorliegende Buch Verbesserungen gegenüber dem bisherigen Zustande erreichen, denn es ist mit Hilfe desselben bzw. seiner späteren Auf-

---

[1]) ETZ 1907, S. 745, 1910, S. 848, 1914, S. 1034.

lagen möglich, sich über jedes Gebiet sofort zu unterrichten, ohne erst eine große Zahl von Einzelbestimmungen einer Durchsicht unterziehen zu müssen. Den Elektrotechnikern wird also durch die Benutzung dieses Buches sehr viel Zeit erspart werden.

Während meiner 16jährigen Tätigkeit als Generalsekretär des Verbandes deutscher Elektrotechniker habe ich an der Entwicklung der aufgestellten Vorschriften, Regeln, Leitsätze und Normen weitgehendsten Anteil genommen; aber auch meine Tätigkeit als Hochschullehrer, die ich seit 1921 ausübe und die sich auf den Bau elektrischer Starkstromanlagen bezieht, gab mir immer wieder Gelegenheit, dieses große Gebiet der Verbandsbestimmungen durchzudenken, zumal ich diese immer als Grundlage meiner Vorlesungen genommen habe. Gerade diese Lehrtätigkeit hat mich immer wieder zur Durcharbeitung des ganzen Stoffes angeregt, so daß es mir zweckmäßig erschien, die Ergebnisse dieser Arbeiten der Fachwelt zugänglich zu machen. Es kann sich naturgemäß nicht jeder Einzelne so eingehend mit allen diesen Fragen befassen, so daß daher die nachstehenden Wegweisungen einem großen Kreise Zeit und Arbeit ersparen werden. Die gesamte Elektrotechnik wird aber insofern, wie ich hoffe, davon einen Vorteil haben, als die Kenntnis der Verbandsarbeiten durch diesen Wegweiser erweitert, und die Verbreitung der Vorschriften Regeln, Leitsätze und Normen gesteigert wird, so daß daraus eine Hebung der Güte der Anlagen sich ergeben muß.

Zu den Errichtungs- und Betriebsvorschriften bestehen bekanntlich Erläuterungen, die von Geh. Regierungsrat Dr. C. L. Weber herausgegeben sind. Ebenso sind zu den Bestimmungen über isolierte Leitungen, über Installationsmaterial, und über Maschinen und Transformatoren solche Erläuterungen verfaßt worden, von denen die erstere durch Dr. Apt und die letzteren beiden von mir bearbeitet sind. Diese Erläuterungen haben ganz andere Aufgaben wie der vorliegende Wegweiser; sie geben Aufschluß über die Entstehung und die Auslegung der einzelnen Bestimmungen. Sie beschäftigen sich sehr eingehend mit den Einzelheiten und sind im wesentlichen nur für diejenigen bestimmt, die sich tiefer mit der betreffenden Verbandsarbeit beschäftigen. Der Umfang jedes einzelnen dieser Erläuterungsbücher ist auch schon so groß, daß sie für den täglichen Gebrauch in der Praxis wohl wenig in Frage kommen.

Der Inhalt dieses Buches wird dem Ingenieur, dem Techniker, dem Installateur und dem Monteur gleich nützlich sein, weil sie in demselben auf jedem Einzelgebiet sofort auf etwa vorhandene Sonderbestimmungen hingewiesen werden. Ganz besonders wertvoll wird der Wegweiser aber auch den Betriebsleitern und Besitzern elektrischer Anlagen sein, soweit sie nicht besonders elektrotechnisch vorgebildet sind, da gerade ihnen von den vielen Einzelbestimmungen des VDE ein großer Teil nicht bekannt sein wird. Weiter wird dieser Wegweiser den Studierenden ein nützliches Buch sein, und ihnen die vielen und komplizierten Beziehungen, die zwischen den verschiedenen Einzelgebieten der Elektrotechnik bestehen, zeigen und klarlegen. Ferner wird aus dem Buche deutlich hervorgehen, daß die Kenntnis der Errichtungsvorschriften durchaus nicht genügt, und daß eine große Zahl von Einzelbestimmungen jeweils zu beachten sind. Der junge Ingenieur wird an Hand dieses Buches in der Lage sein, sich in verhältnismäßig kurzer Zeit in das Gesamtgebiet der Verbands-bestimmungen einzuarbeiten, was ohne dieses Hilfsmittel jahrelanger Mühe und Arbeit bedarf.

B. Abgrenzung des Inhaltes.

Die Übersichtlichkeit eines Buches ist im allgemeinen um so größer, je geringer der Umfang desselben ist. Infolgedessen mußte als Hauptgesichtspunkt bei der Bearbeitung gelten, alles nicht unbedingt Notwendige wegzulassen und das wirklich Notwendige so kurz wie möglich zu fassen. Der Inhalt des Buches wurde daher auf gewöhnliche Starkstromanlagen erstreckt, einschließlich der Bergwerke, jedoch ausschließlich der elektrischen Bahnen. Für letzteres vollkommen abgeschlossenes, Gebiet bestehen besondere vom VDE aufgestellte „Vorschriften für elektrische Bahnen"[1]. Es mußte ferner von der Behandlung der Fernmeldeanlagen (früher genannt Schwachstromanlagen) abgesehen werden. Auch für diese bestehen besondere vom VDE aufgestellte „Regeln für die Errichtung elektrischer Fernmeldeanlagen"[2]. Von Fernmeldeanlagen sind nur solche Teile hier berücksichtigt, die mit Starkstromanlagen direkt in Verbindung stehen.

Der Inhalt des Buches geht von der Hauptgrundlage, die für den Bau elektrischer Anlagen besteht, von den „Errichtungsvorschriften" aus. Sie sind im Teil II dieses Buches im vollen Wortlaut abgedruckt. Hinter den einzelnen Abschnitten sind nun jeweilig diejenigen Verweisungen eingefügt, die kurz den Inhalt anderer Verbandsarbeiten wiedergeben. Wo notwendig, sind außer diesen Verweisungen auch noch kurze Erklärungen wichtiger Ausdrücke usw. gegeben. Des weiteren sind möglichst umfangreiche Angaben über Literatur gemacht, in der die jeweilige Verbandsbestimmung behandelt worden ist. In der Elektrotechnischen Zeitschrift befinden sich nämlich sehr viele Abhandlungen, die die Verbandsvorschriften betreffen, und die besonders geeignet sind, aufklärend zu wirken. Durch diese Hinweise wird die im Laufe der letzten Jahrzehnte erschienene ziemlich umfangreiche Literatur über die Verbandsarbeiten und deren Auslegung für die Dauer in übersichtlicher Weise nutzbar gemacht.

Die große Bedeutung, die die Elektrizitätsversorgung in der Landwirtschaft erlangt hat, führte dazu, daß der Verband deutscher Elektrotechniker sich mit derartigen Anlagen besonders befaßte. Er hat Leitsätze, ein Merkblatt und eine Betriebsanweisung über landwirtschaftliche Anlagen aufgestellt, die im Teil III behandelt werden, weil sie eine Ergänzung des Inhaltes der Errichtungsvorschriften darstellen.

Im Teil IV sind ferner noch eine größere Anzahl von Verbandsarbeiten,

---

[1] ETZ 1925, S. 239, 279, 321, 977 und 1526.
[2] ETZ 1922, S. 561 und 744, 1923, S. 203; 1924, S. 83; 1925, S. 904 und 1526.

die mit den Errichtungsvorschriften im Zusammenhange stehen, ab=
gedruckt, um in dem Buche handlich alles das zusammen zu haben, was
für das richtige Verständnis der Errichtungsvorschriften notwendig ist.
Es sind ferner in diesem Abschnitt auch noch einige Arbeiten der Vereini=
gung der Elektrizitätswerke, des Verbandes deutscher Elektro=Installations=
firmen und der Deutschen Beleuchtungstechnischen Gesellschaft wieder=
gegeben worden.

C. Art der Bearbeitung.

Die Einteilung des Buches richtet sich, wie schon erwähnt, vollständig
nach den „Errichtungsvorschriften" des Verbandes deutscher Elektro=
techniker. Die Unterabschnitte des Teiles II deckten sich im allgemeinen
mit denen der Errichtungsvorschriften, mit Ausnahme der Abschnitte A,
M und N. Der nachstehende Wortlaut der Errichtungsvorschriften ist genau
übereinstimmend mit dem zur Zeit gültigen, der vom Verband deutscher
Elektrotechniker festgelegt ist in folgenden Veröffentlichungen: ETZ 1923,
S. 646, 671, 695 und 953; 1924, S. 16; 1925, S. 394, 943, 1526 und 1641;
1926, S. 862. Die Einschiebungen dagegen, die sich auf die anderen Ar=
beiten des Verbandes deutscher Elektrotechniker beziehen, sind, um Platz
zu sparen, meist nicht im Originalwortlaut gemacht; sie sind so kurz wie
irgend möglich gehalten. Von diesen Sonderarbeiten bezieht sich nämlich
meist nur ein kleiner Teil auf den Bau der Anlagen; der größte Teil des
Inhaltes dieser Sonderarbeiten erstreckt sich auf die Herstellung der zum
Bau von Anlagen notwendigen Einzelteile. Sie sind infolgedessen in der
Hauptsache für die Fabrikanten, die solche Teile herstellen, bestimmt.
Derjenige, der die Teile zu einer Anlage verarbeitet, braucht meist nur
wenige von diesen Bestimmungen im einzelnen zu kennen. Durch eine
auszugsweise Wiedergabe dieser Sonderarbeiten des VDE wird infolge=
dessen viel Platz gespart, und dadurch die Übersichtlichkeit erhöht.

Bei der Aufstellung der Verbandsarbeiten wird meist schon äußerste
Kürze angestrebt. Das hat zwar den Vorteil, daß dadurch die Bestimmun=
gen übersichtlicher werden. Unter Umständen ergibt sich aber daraus der
Nachteil, daß Unklarheiten in der Auslegung eintreten können. Durch
kurze erläuternde Bemerkungen ist versucht worden, an solchen Stellen
den erwähnten Nachteil zu beseitigen. Sie mußten aber natürlich der Zahl
und dem Umfange nach auf das Äußerste beschränkt werden; zum Teil ist
das dadurch erreicht worden, daß auf die einschlägigen Erläuterungen von
Dr. C. L. Weber über die Errichtungsvorschriften, von Dr. Apt über
isolierte Leitungen und auf diejenigen von mir über Installationsmaterial,
Maschinen und Transformatoren hingewiesen wurde.

D. Gesichtspunkte für die Benutzung.

Für jeden Benutzer ist es naturgemäß wichtig, sofort klar zu ersehen,
welcher Teil des Inhaltes dem Originalwortlaut der vom VDE aufge=
stellten Vorschriften entspricht und welcher Teil von mir stammt bzw. eine

gekürzte Wiedergabe andrer Teile von Verbandsarbeiten ist. Für den In=
halt dieser Stellen muß ich naturgemäß die Verantwortung übernehmen,
während bei dem Originalwortlaut sie der Verband trägt. Es ist infolge=
dessen der von mir stammende bzw. auszugsweise wiedergegebene Text
durch besondere Druckart hervorgehoben (Fraktur). Hierüber sind auch
Angaben im Vorwort gemacht worden.

Wie schon vorstehend erwähnt, bezieht sich ein großer Teil der Sonder=
vorschriften des VDE auf die Herstellung der Apparate, Leitungen,
Maschinen usw. Die Verbraucher solcher Einzelteile glauben nun vielfach,
daß sie sich mit derartigen Bestimmungen überhaupt nicht zu befassen
brauchen, weil sie ja von den Fabrikanten beachtet werden. Dieser Stand=
punkt ist aber nicht richtig, einesteils, weil nicht alle Fabrikanten ordnungs=
gemäßes Material herstellen, andererseits, weil neben dem verbands=
gemäßen Material für Ausfuhrzwecke teilweise auch verbandswidriges
Material fabriziert wird. Es hat also derjenige, der Anlagen ausführt,
die Pflicht, bei der Auswahl der zu verwendenden Materialien sich je=
weilig darüber klar zu werden, ob diese den Errichtungsvorschriften, sowie
den anderen vom Verbande aufgestellten Vorschriften, Regeln, Leit=
sätzen und Normen entsprechen. Es sind infolgedessen bei den Verweisungen
in diesem Buche immer ganz kurz auch diejenigen Forderungen erwähnt,
die eigentlich vom Hersteller schon erfüllt sein müßten, deren Erfüllung
aber vom Verwendenden kontrolliert werden sollte. Es ist des weiteren
zu empfehlen, bei jeder Bestellung von Materialien ausdrücklich zu ver=
langen, daß sie den neuesten Verbandsbestimmungen entsprechen und sich
bei der Lieferung diesbezügliche Zusicherungen geben zu lassen.

II. Errichtungsvorschriften des Verbandes deutscher Elektrotechniker mit eingeschobenen Hinweisen auf die weiter zu beachtenden Bestimmungen.

A. Geltungsbereich und Erklärungen.

§ 1.

Geltungsbereich.

Die hierunter stehenden Bestimmungen gelten für elektrische Starkstromanlagen oder Teile solcher, mit Ausnahme von im Erdboden verlegten Leitungsnetzen, elektrischen Straßenbahnen und straßenbahnähnlichen Kleinbahnen, Fahrzeugen über Tage und elektrochemischen Betriebsapparaten.

Eine streng gültige und einfache Umschreibung des Begriffes „Starkstromanlagen" ist leider nicht möglich. Man muß sich daher damit begnügen, daß im allgemeinen das Vorhandensein einer gewissen erheblichen Stromstärke zugleich mit einer gewissen erheblichen Energiemenge als ausreichend für die Begriffsbestimmung betrachtet wird. Im Gegensatz zu den „Starkstromanlagen" stehen die früher als „Schwachstromanlagen", bezeichneten, die, wie der Name sagt, mit geringen Stromstärken arbeiten. Als infolge der Entwicklung der Technik diese Umschreibung nicht mehr ausreichend war, gelang es aber, hier eine Verbesserung dadurch herbeizuführen, daß man als Kennzeichen nicht das Mittel, mit dem die Anlage arbeitet, benutzte, sondern den Zweck, zu dem sie errichtet wird. Der VDE führte daher den jetzt allgemein üblichen Ausdruck „Fernmeldeanlagen" ein. Wir haben somit zu unterscheiden als die beiden Hauptarten elektrischer Anlagen die „Starkstromanlagen" und die „Fernmeldeanlagen". Für letztere gelten besondere Bestimmungen, die „Regeln für die Errichtung elektrischer Fernmeldeanlagen", deren letzter Wortlaut vom 1. Januar 1924 ab Geltung hat und durch die Jahresversammlung 1925 des VDE teilweise abgeändert wurde. Die endgültigen Bestimmungen sind abgedruckt ETZ 1922, S. 561 und 744; 1923, S. 203; 1924, S. 83; 1925, S. 904 und 1526. Näheres über die Abgrenzung des Begriffes „Starkstromanlage" siehe Erläuterungen von Weber zu § 1.

Es kommt jetzt vielfach vor, daß Fernmeldeanlagen an Starkstromanlagen angeschlossen werden, d. h. die zu ihrem Betriebe notwendige Energie aus einer Starkstromanlage entnehmen. Der Anschluß solcher Fernmeldeanlagen an Niederspannungs-Starkstromnetze kann in zwei verschiedenen· Arten erfolgen, und zwar entweder durch besondere kleine Transformatoren, oder durch Einrichtungen, die eine leitende Verbindung zwischen Starkstromnetz und Fernmeldeanlage erfordern. Für beide Möglichkeiten hat der VDE besondere Bestimmungen aufgestellt, deren Inhalt nachstehend kurz wiedergegeben werden möge.

Die „Vorschriften für den Anschluß von Fernmeldeanlagen an Niederspannungs-Starkstromnetze durch Transformatoren (mit Ausschluß der öffentlichen Telegraphen und Fernsprechanlagen)", die vom 1. Januar 1921 ab gelten, sind abgedruckt ETZ 1920, S. 737 und 1015. Danach darf zwischen der Starkstrom- und der Fernmeldeanlage keine leitende Verbindung bestehen. Die Anschlüsse müssen bei allen Geräten und Einrichtungen für die Starkstrom-, wie für die Schwachstromseite elektrisch und räumlich getrennt sein. Die Starkstromklemmen müssen gegen Berührung geschützt und plombierbar sein. Alle Apparate müssen dem § 10 der Errichtungsvorschriften entsprechen. Die Starkstrom- und Fernmeldeleitungen sind elektrisch und räumlich zu trennen, so daß sie leicht zu unterscheiden sind, d. h. sie dürfen nicht in demselben Rohr liegen. Die verwendeten Transformatoren müssen als zum Betriebe einer Fernmeldeanlage dienend, gekennzeichnet werden, z. B. durch die Aufschrift „Klingeltransformator". Sie müssen so gebaut sein, daß sie bei dauerndem Kurzschluß der Sekundärklemmen keine übermäßige Erwarmung aufweisen. Die Primär- und Sekundärwicklungen müssen auf getrennten Spulenkörpern befestigt sein, die durch isolierende Zwischenlagen so getrennt werden, daß eine elektrische Verbindung der beiden nicht entstehen kann. Die Spannung an der offenen Sekundärwicklung darf das Doppelte der Nennspannung nicht überschreiten und höchstens 40 V betragen. Die Transformatoren sind mit 1000 V nach den „Regeln für die Bewertung und Prüfung von Transformatoren" zu prüfen und auf dem Transformator müssen Angaben gemacht sein über: Primärspannung, Frequenz, Sekundärstromstärke, Sekundärspannungen und Leerlaufverbrauch in W, bezogen auf die Primärspannung.

Die „Leitsätze für den Anschluß von Fernmeldeanlagen an Niederspannungs-Starkstromnetze mit Hilfe von Einrichtungen, die eine leitende Verbindung mit dem Starkstromnetz erfordern (mit Ausschluß der öffentlichen Telegraphen- und Fernsprechanlagen)" gelten vom 1. Oktober 1923 ab und sind veröffentlicht ETZ 1923 S. 700 und 953. Danach darf die höchste in der Fernmeldeanlage zulässige Spannung 40 V betragen. Sofern die Fernmeldeanlage nach den „Regeln für die Errichtung elektrischer Fernmeldeanlagen" ausgeführt ist, kann die Höchstspannung 60 V betragen. Der Anschluß darf nur an solche Starkstromanlagen erfolgen, bei denen ein Pol oder der Mittelleiter betriebsmäßig geerdet ist. Der zu erdende Pol der Fernmeldeleitung muß mit dem geerdeten Pol der Starkstromanlage verbunden werden. Im übrigen sind im wesentlichen die vorstehend erwähnten Bestimmungen für den Anschluß von Fernmeldeanlagen durch Transformatoren sinngemäß anzuwenden.

Bezüglich des Anschlusses von Fernmeldeanlagen an Starkstromnetze sei auch noch auf den Aufsatz von Dr. F. Schröter ETZ 1915, S. 677 hingewiesen.

Leitungsnetze sind ausgenommen, soweit sie im Erdboden liegen. Die Vorschriften gelten demnach also für Leitungen, die in begehbaren Kabelkanälen verlegt sind.

Die elektrischen Straßenbahnen und straßenbahnähnlichen Kleinbahnen sind weiterhin ausgenommen, weil für sie besondere Vorschriften aufgestellt worden sind, die den Titel haben „Vorschriften für elektrische Bahnen". Die neueste Fassung gilt seit dem 1. Januar 1926 und ist abgedruckt ETZ 1925, S. 239, 279, 321, 977 und 1256. Sie gelten für Bahnen mit einer Gebrauchsspannung bis 1650 V an der Fahrleitung oder am Fahrzeuge gegen Erde. Elektrische Grubenbahnen und ihre Fahrzeuge fallen aber unter die vorliegenden Errichtungsvorschriften, sie sind in § 42 und 43 besonders behandelt. Für Bagger mit zugehörenden Bahnanlagen im Tagebau gilt § 47 der vorliegenden Errichtungsvorschriften.

Weiter ausgenommen sind Fahrzeuge über Tage; als solche kommen in Frage Automobile, Schiffe, Lokomotiven für Fabrikbahnen usw. Für diese bestehen zur Zeit überhaupt keine Vorschriften.

Ausgenommen sind schließlich noch die elektro-chemischen Betriebsapparate. Die Errichtungsvorschriften beziehen sich aber selbstverständlich auf alle sonstigen elektrischen Einrichtungen elektro-chemischer Fabriken.

Nicht besonders erwähnt sind bis jetzt die elektro-medizinischen Apparate, weil sie bisher überwiegend für Schwachstromapparate angesehen wurden. Da sich in neuerer Zeit gezeigt hat, daß auch für derartige Apparate irgendwelche Bestimmungen notwendig sind, befinden sich solche in Vorbereitung[1]).

> 1 Im Gegensatz zu den mit Buchstaben bezeichneten Absatzen, die grundsätzliche Vorschriften darstellen, enthalten die mit Ziffern verversehenen Absätze Ausfuhrungsregeln Letztere geben an, wie die Vorschriften mit den ublichen Mitteln im allgemeinen zur Ausfuhrung gebracht werden sollen, wenn nicht im Einzelfall besondere Grunde eine Abweichung rechtfertigen

In diesen Errichtungsvorschriften werden unterschieden: Vorschriften und Ausführungsregeln, meistens kurz Regeln genannt. Sie sind durch verschiedenen Druck und durch die Bezeichnung mit Buchstaben und mit Zahlen kenntlich gemacht. Ein weiteres Unterscheidungsmerkmal besteht darin, daß bei den Vorschriften immer der Ausdruck „muß" gebraucht ist, während bei den Regeln „soll" angewendet wird. Näheres über die Entstehung und Begründung dieser Unterscheidung siehe Erläuterungen von Weber, und zwar in der Einleitung.

Der VDE hat bekanntlich noch eine große Zahl anderer Arbeiten aufgestellt, die verschiedenartigen Charakter haben. Er unterscheidet:

1. Vorschriften, die bindende Bestimmungen darstellen.
2. Regeln, die die üblichen Ausführungsarten angeben, von denen aber bei besonderen Gründen im Einzelfalle eine Abweichung möglich ist.
3. Normen, die Einzelangaben in bezug auf Aufbau, Form, Masse, Gewichte, mechanische, elektrische oder magnetische Eigenschaften machen, die im allgemeinen einzuhalten sind.

---

[1]) ETZ 1902, S. 507.

4. Leitsätze, die Angaben machen, die noch der Erprobung bedurfen, deren Einhaltung aber im allgemeinen zu empfehlen ist

In den weitaus meisten Fällen wird es zweckmäßig sein, keinen Unterschied zwischen Vorschriften, Regeln, Normen und Leitsätzen zu machen, sondern alle diese auf Grund eingehender Beratungen aufgestellten Bestimmungen zu beachten.

Die zwischen ⚒ || stehenden Zusatze gelten nur fur elektrische Starkstromanlagen in Bergwerken unter Tage, abgekurzt in B u T

Es hat sich als unbedingt notwendig erwiesen, für Anlagen in Bergwerken unter Tage besondere Zusatzvorschriften aufzustellen, die Verschärfungen bringen, weil die Verhältnisse unter Tage von denen über Tage stark abweichen. Die ersten solchen Vorschriften wurden im Jahre 1902 aufgestellt[1]) und später mehrfach geändert. Die jetzige Fassung ist unter Mitwirkung der deutschen Bergbehörden in den Jahren 1922—25 geschaffen.

§ 2

Erklarungen

a) Niederspannungsanlagen Anlagen mit effektiven Gebrauchsspannungen bis 250 V zwischen beliebigen Leitern sind ohne weiteres als Niederspannungsanlagen zu behandeln; Mehrleiteranlagen mit Spannungen bis 250 V zwischen Nulleiter und einem beliebigen Außenleiter nur dann, wenn der Nulleiter geerdet ist Bei Akkumulatoren ist die Entladespannung maßgebend.

Alle ubrigen Starkstromanlagen gelten als Hochspannungsanlagen

Die Einteilung der elektrischen Anlagen in solche für Niederspannung und Hochspannung ist eine der grundlegenden Bestimmungen der Errichtungsvorschriften. Es ist infolgedessen auch eine Unterscheidung im Druck durchgeführt, und zwar in der Weise, daß alle Bestimmungen, die für Niederspannung und Hochspannung gelten im gewöhnlichen Druck hergestellt sind, während die Bestimmungen, die nur für Hochspannung gelten, kursiv gedruckt sind.

Es kann auch vorkommen, daß in einer Anlage ein Teil unter die Vorschriften für Niederspannung und ein Teil unter die für Hochspannung fällt. Es müssen dann aber die einzelnen Teile eine gewisse Selbständigkeit aufweisen, wie z. B. bei Transformatoren, Asynchronmotoren usw.

Die Niederspannungsanlagen sind in vorstehender Bestimmung nach oben in bezug auf die Spannung begrenzt. Eine Grenze für die Gültigkeit der Vorschriften nach unten besteht nicht, soweit die Anlage überhaupt als Starkstromanlage gilt. Es sind an einigen Stellen der Vorschriften für besonders niedrige Spannungen jedoch Erleichterungen zugelassen. Näheres darüber siehe auch bei dem Hinweis zu § 3a. Das Wort „Gebrauchsspannung" ist gleichbedeutend mit „Spannung am Stromverbraucher".

Da die Berührung elektrischer Einrichtungen unangenehm und bei hohen Spannungen gefährlich sein kann, ist es notwendig, das nicht unterwiesene Personal und fremde Personen, die mit elektrischen Anlagen in

Berührung kommen können, vor unnötiger Berührung der elektrischen Einrichtungen zu warnen. Um die Herstellung solcher Warnungstafeln einheitlich zu gestalten, hat der VDE „Normen" für häufig gebrauchte Warnungstafeln aufgestellt, die seit dem 1. Juli 1910 in Geltung, und ETZ 1910, S. 414 und 491 abgedruckt sind. Es sind in diesen Normen die nachstehend abgebildeten vier Warnungstafeln für Hochspannungsanlagen und zwei Warnungstafeln für Niederspannungsanlagen mit verschiedener Aufschrift, je nach dem beabsichtigten Zweck, festgelegt worden.

I. Für Hochspannungsanlagen.

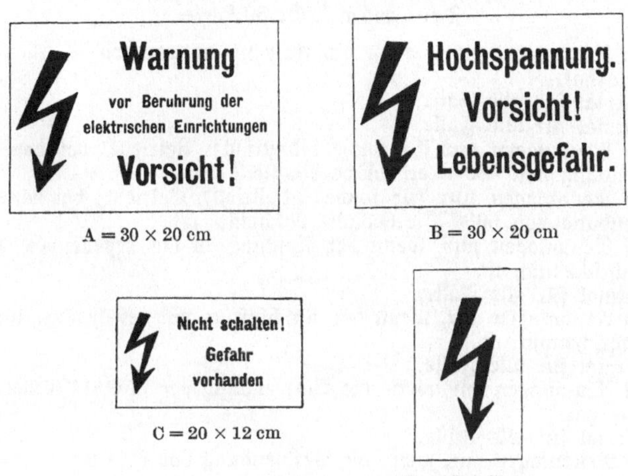

A = 30 × 20 cm   B = 30 × 20 cm

C = 20 × 12 cm

D = 12 × 20 cm

II. Für Niederspannungsanlagen.

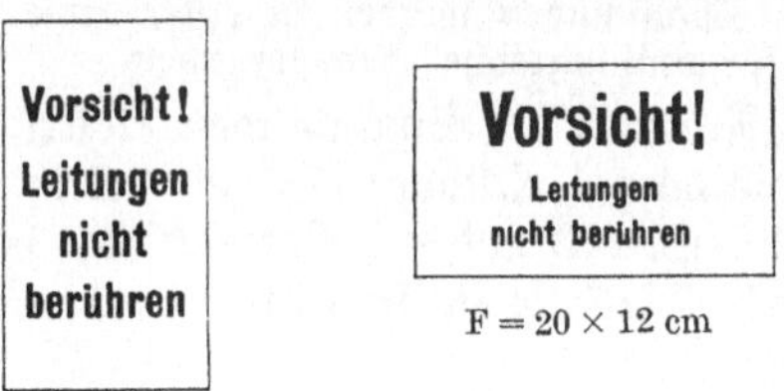

F = 20 × 12 cm

E = 12 × 20 cm

Früher wendete für die elektrischen Anlagen jeder die Spannung an, die ihm gerade zweckmäßig erschien. Die Folge davon war eine große Anzahl von verschiedenen Gebrauchsspannungen, die den Nachteil hatten, daß die Gebrauchsapparate, wie Lampen, Motoren, Transformatoren usw. für eine große Zahl verschiedener Spannungen hergestellt und am Lager gehalten werden mußte, was naturgemäß unwirtschaftlich ist. Zur Erzielung dieser Vereinheitlichung sind im Jahre 1919 Normalspannungen aufgestellt worden, und zwar zunächst für Anlagen mit Spannungen über 100 V. Sie haben den Titel „Normen für Betriebsspannungen elektrischer Anlagen über 100 V" und gelten ab 1. November 1919[1]). Sie sind abgedruckt ETZ 1919, S. 457 und auch als Normenblatt herausgegeben mit der Bezeichnung DIN VDE 2; sie sind nachstehend wiedergegeben.

Gleichstrom.

110	normal für alle Fälle.	**1100**	für Bahnen.
220	normal für alle Fälle.	**1500**	für Bahnen.
440	normal für alle Fälle.	**2200**	für Bahnen.
550	für Bahnen.	**3000**	für Bahnen.
750	für Bahnen.		

Drehstrom von 50 Per/s.

125 bei Neuanlagen nur, wenn die Anwendung von 220 V erhebliche Nachteile hat.

220 normal für alle Fälle.

380 normal für alle Fälle.

500 bei Neuanlagen nur für solche industrielle Betriebe, bei denen die Anwendung von 380 V erhebliche Nachteile hat.

3000 bei Neuanlagen nur für solche industrielle Betriebe, bei denen die Anwendung von 6000 V erhebliche Nachteile hat.

5000 bei Neuanlagen nur, wenn der Anschluß an ein bestehendes 5000 V-Netz wahrscheinlich ist.

6000 normal für alle Fälle.

10000 bei Neuanlagen nur, wenn der Anschluß an ein bestehendes 10000 V-Netz wahrscheinlich ist.

15000 normal für alle Fälle.

25000 bei Neuanlagen nur, wenn die Verwendung von 35000 V erhebliche Nachteile hat.

35000 normal für alle Fälle.

50000 bei Neuanlagen nur, wenn die Verwendung von 60000 V erhebliche Nachteile hat.

60000 normal für alle Fälle.

100000 normal für alle Fälle.

Die fettgedruckten Spannungen werden in erster Linie empfohlen sowohl für Neuanlagen als auch für umfangreiche Erweiterungen.

Es wurden ferner „Normen für Spannungen elektrischer Anlagen unter 100 V" aufgestellt, die vom 1. Oktober 1920 ab Geltung haben[1]). Sie sind abgedruckt ETZ 1920, S. 443 und als Normenblatt herausgegeben unter der Bezeichnung DIN VDE 1; sie sind gleichfalls nachstehend wiedergegeben.

Gleichstrom

Nenn-spannung in V	Fachgebiete:			
1,5	—	—	Fernmeldung	—
2	Beleuchtung	Elektromedizin	Fernmeldung	—
2,5	Beleuchtung (nur für Taschenlampen)	—	—	—

---

[1]) Der Jahresversammlung 1927 des VDE soll eine Änderung dieser Normen vorgeschlagen werden. Näheres siehe ETZ 1926, S 1336 und 1337

Nenn-spannung in V	Fachgebiete:			
3,5	Beleuchtung (nur für Taschenlampen)	—	—	—
4	Beleuchtung	Elektromedizin	—	Motorenbetrieb
6	Beleuchtung	Elektromedizin	Fernmeldung	Motorenbetrieb
8	Beleuchtung	Elektromedizin	Fernmeldung	Motorenbetrieb (nur für Spielzeugindustrie)
12	Beleuchtung	Elektromedizin	Fernmeldung	Motorenbetrieb
16	Beleuchtung	Elektromedizin	—	—
24	Beleuchtung	—	Fernmeldung	Motorenbetrieb
32	Beleuchtung	—	—	—
36	—	—	Fernmeldung	—
40	Beleuchtung (nur für Elektromobile u. Eisenbahnwagen)	—	—	Motorenbetrieb
48	—	—	Fernmeldung	—
60	—	—	Fernmeldung	—
65	Beleuchtung	—	—	Motorenbetrieb
80	Beleuchtung (nur für Elektromobile u. Eisenbahnwagen)	—	—	Motorenbetrieb

Wechselstrom

Nenn-spannung in V	Fachgebiete:		
2		Elektromedizin	—
3			Klingeltransformatoren
4	Für Beleuchtung mit Wechselstrom können alle in der Tafel für Gleichstrom genannten Nennspannungen verwendet werden.	Elektromedizin	—
5		—	Klingeltransformatoren
6		Elektromedizin	—
8		Elektromedizin	Klingeltransformatoren
12		Elektromedizin	—
36		—	Fernmeldung
48		—	Fernmeldung
75		—	Fernmeldung

Diese Normen haben im Jahre 1926 eine Ergänzung dahin erfahren, daß vom VDE die Spannungen von 24 und 42 V als normale Klein-spannungen in Starkstromanlagen bestimmt worden sind, vgl. ETZ 1926, S. 658 und 862.

b) Feuersichere, wärmesichere und feuchtigkeitsichere Gegenstände

Feuersicher ist ein Gegenstand, der entweder nicht entzündet werden kann oder nach Entzündung nicht von selbst weiterbrennt.

Wärmesicher ist ein Gegenstand, der bei der höchsten betriebsmäßig vorkommenden Temperatur keine den Gebrauch beeinträchtigende Veränderung erleidet

Feuchtigkeitsicher ist ein Gegenstand, der sich im Gebrauch durch Feuchtigkeitaufnahme nicht so verändert, daß er für die Benutzung ungeeignet wird

Um prüfen zu können, ob ein Gegenstand den vorstehenden Erklärungen in bezug auf Feuersicherheit, Wärmesicherheit oder Feuchtigkeitssicherheit entspricht, sind vom VDE „Vorschriften für die Prüfung elektrischer Isolierstoffe" aufgestellt worden, deren letzter Wortlaut seit dem 1. Oktober 1924 Geltung hat; er ist veröffentlicht ETZ 1922, S. 445; 1923, S. 577 und 768; 1924, S. 964 und 1068. Die Untersuchung der elektrischen Isolierstoffe erstreckte sich danach auf folgendes:

A Mechanische und Wärmeprüfung:
1. Biegefestigkeit,
2. Schlagbiegefestigkeit,
3. Kugeldruckhärte,
4. Wärmebeständigkeit,
5. Feuersicherheit.

B Elektrische Prüfung:
1. Oberflächenwiderstand,
2. Widerstand im Inneren,
3 Lichtbogensicherheit.

Die Vorschriften geben im einzelnen genau an, wie die verschiedenen Prüfungen auszuführen sind. Es sind ferner dazu Erläuterungen herausgegeben ETZ 1922, S. 447, 1923, S. 768; 1924, S. 964.

Ein weiterer Beitrag, die Wärmebeständigkeit künstlicher Isolierstoffe betreffend, rührt von Dr. U. Retzow her und ist ETZ 1926, S. 409 und 443 abgedruckt.

Über keramische, gummifreie Isolierpreßmassen sind vom Verbande deutscher Elektrotechniker in Gemeinschaft mit dem Materialprüfungsamt Berlin-Lichterfelde und dem Verbande der Fabrikanten gummifreier Isolierstoffe ausführliche Bestimmungen aufgestellt worden. Näheres darüber ist bei § 5 gesagt.

c) Freileitungen Als Freileitungen gelten alle oberirdischen Leitungen außerhalb von Gebäuden, die weder eine metallene Schutzhülle noch eine Schutzverkleidung haben, einschließlich der zugehörenden Hausanschlußleitungen

Über die Freileitungen sind vom VDE sehr ausführliche Bestimmungen unter dem Titel „Vorschriften für Starkstromfreileitungen" aufgestellt worden, die bei § 22 eingehend behandelt werden.

d) Als Leitungen oder Installation im Freien gelten Fahrleitungen und im Freien befindliche Teile von Anlagen Übersteigt die Entfernung der Leitungsstützpunkte 20 m, so sind die Vorschriften für Freileitungen (§ 22) anzuwenden

Für Fahrleitungen von elektrischen Bahnen gelten diese Bestimmungen nicht, weil dafür besondere Vorschriften bestehen[1]). Ferner sind Bestim-

---

[1]) Vgl. Vorschriften für elektrische Bahnen: ETZ 1925, S. 239, 279, 321, 977 und 1526.

mungen für Fahrleitungen in Gebäuden festgelegt in §§ 23⁴, 24a und 281; für Grubenbahnen unter Tage in § 42 und für Bahnanlagen im Tagebau in § 47. Es sind des weiteren vom VDE besondere „Leitsätze für die Errichtung von Fahrleitungen für Hebezeuge und Transportgeräte" aufgestellt worden.

Unter Installationen im Freien fallen auch die an und auf Häusern angebrachten Reklamebeleuchtungen.

e) **Elektrische Betriebsraume.** Als elektrische Betriebsraume gelten Raume, die wesentlich zum Betrieb elektrischer Maschinen oder Apparate dienen und in der Regel nur unterwiesenem Personal zuganglich sind

Diese Räume sind in § 28 ausführlich behandelt, woselbst eine Reihe von Erleichterungen gegenüber der Ausführung in gewöhnlichen Räumen festgelegt sind. Bei Hebezeugen und ähnlichen Transportmaschinen gelten die Führerstände als elektrische Betriebsräume.

f) **Abgeschlossene elektrische Betriebsraume.** Als abgeschlossene elektrische Betriebsraume werden solche Raume bezeichnet, die nur zeitweise durch unterwiesenes Personal betreten, im ubrigen aber unter Verschluß gehalten werden, der nur durch beauftragte Personen geoffnet werden darf

Diese Räume sind in § 29 ausführlich behandelt, woselbst eine Reihe von Erleichterungen gegenüber den Ausführungen in gewöhnlichen Räumen und in Betriebsräumen festgelegt sind. Besonders häufig vorkommende Räume, die als abgeschlossene elektrische Betriebsräume gelten, sind Akkumulatorenräume (vgl. § 32a) und Transformatorenräume von Elektrizitätswerken, Unterstationen usw. Transformatorenräume und ähnliche kleine nicht zum Betreten bestimmte Räume, gelten dagegen nicht als abgeschlossene elektrische Betriebsräume.

g) **Betriebstatten** Als Betriebstatten werden die Raume bezeichnet, die im Gegensatz zu elektrischen Betriebsraumen auch anderen als elektrischen Betriebsarbeiten dienen und nichtunterwiesenem Personal regelmaßig zuganglich sind

Diese Räume sind in den §§ 30 und 33 bis 35 ausfuhrlich behandelt.

Im wesentlichen fallen unter den Begriff Betriebsstätten, Fabrikationsräume, insbesondere solche, in denen mit schwereren Gegenständen hantiert wird und in denen die elektrischen Einrichtungen nur Hilfsmittel für die Erledigung der anderen Arbeiten sind. Näheres siehe Erlauterungen von Weber zu § 2g.

h) **Feuchte, durchtrankte und ahnliche Raume** Als solche gelten Betriebs- oder Lagerraume gewerblicher und landwirtschaftlicher Anlagen, in denen erfahrungsgemaß durch Feuchtigkeit oder Verunreinigungen (besonders chemischer Natur) die dauernde Erhaltung normaler Isolation erschwert oder der elektrische Widerstand des Korpers der darin beschaftigten Personen erheblich vermindert wird

Heiße Raume sind als durchtrankte zu betrachten, wenn die darin beschäftigten Personen ahnlichen Einwirkungen ausgesetzt sind

Diese Räume sind in § 31 ausführlich behandelt.

Die Verminderung des Körperwiderstandes ist zurückzuführen auf die in diesen Räumen stets vorhandene gesteigerte Schweißabsonderung. Die Begriffsbestimmung dieser Art Räume ist schwierig und nur nach genauerer Kenntnis der örtlichen Verhältnisse möglich. Nähere Angaben darüber siehe Erläuterungen von Weber zu § 2h und zu § 31.

i) Feuergefahrliche Betriebstatten und Lagerraume Als feuergefahrliche Betriebstatten und Lagerraume gelten Raume, in denen leicht entzundliche Gegenstande hergestellt, verarbeitet oder angehauft werden, sowie solche, in denen sich betriebsmaßig entzundliche Gemische von Gasen, Dampfen, Staub oder Fasern bilden konnen

Diese Räume sind in § 34 ausführlich behandelt.

Unter den Begriff feuergefährliche Betriebsstätten und Lagerräume fallen sowohl gewerbliche wie landwirtschaftliche Betriebe, soweit die Gefahr der Entzündung nicht durch besondere Einrichtungen beseitigt ist.

k) Explosionsgefährliche Betriebstätten und Lagerräume. Als explosionsgefahrlich gelten Räume, in denen explosible Stoffe hergestellt, verarbeitet oder aufgespeichert werden oder leicht explosible Gase, Dampfe oder Gemische solcher mit Luft erfahrungsgemaß sich ansammeln.

Diese Räume sind in § 35 ausführlich behandelt.

Soweit die Explosionsgefahr durch Staub, wie Mehlstaub, Kohlenstaub, Aluminiumstaub usw. herbeigeführt wird, können schlagwettergeschützte Maschinen und Apparate nicht verwendet werden, weil sich staubhaltige Gase völlig anders wie Schlagwettergase verhalten. Plattenschutz und Drahtnetzschutz sind gegen Staub unwirksam. Es müssen d. mentsprechend andere Schutzmaßnahmen hier Platz greifen, die der besonderen Art des Staubes und seinem Verhalten angepaßt sind[1]).

l) Schlagwettergefahrliche Grubenraume Als schlagwettergefahrliche Grubenraume gelten Raume, die von der zustandigen Bergbehorde als solche bezeichnet werden, alle anderen gelten als nicht schlagwettergefahrlich.

Diese Räume werden in § 41 ausführlich behandelt. Die Kennzeichnung dieser Räume ist nicht einfach, so daß nur im Einzelfalle die Entscheidung getroffen werden kann. Diese hat sich die Bergbehörde vorbehalten. Näheres siehe Erläuterungen von Weber zu § 21. Ferner sind Angaben darüber ETZ 1906, S. 4 gemacht.

m) Betriebsarten. Bei Dauerbetrieb ist die Betriebzeit so lang, daß die dem Beharrungzustand entsprechende Endtemperatur erreicht wird Die der Dauerleistung entsprechende Stromstarke wird als „Dauerstromstarke" bezeichnet.

---

[1]) ETZ 1925, S. 1512.

Bei aussetzendem Betrieb wechseln Einschaltzeiten und stromlose Pausen über die gesamte Spieldauer, die höchstens 10 min beträgt, ab. Das Verhältnis von Einschaltdauer zur Spieldauer wird „relative Einschaltdauer" genannt. Die aussetzende Stromstärke, die zum Bewegen der Volllast nach Eintritt der vollen Geschwindigkeit erforderlich ist, wird als „Volllaststromstärke" bezeichnet.

Bei kurzzeitigem Betrieb ist die Betriebzeit kürzer als die zum Erreichen der Beharrungstemperatur erforderliche Zeit und die Betriebspause lang genug, um die Abkühlung auf die Temperatur des Kühlmittels zu ermöglichen.

Nach den „Regeln für elektrische Maschinen" REM 1923 werden drei verschiedene Betriebsarten unterschieden und zwar:

    der Dauerbetrieb (DB),
    der kurzzeitige Betrieb (KB),
    der aussetzende Betrieb (AB),

Bei Dauerbetrieben muß die Leistung beliebig lange ausgehalten werden, ohne daß die Erwärmung die vom VDE festgelegten Grenzen überschreitet. Bei elektrischen Maschinen ist der Dauerbetrieb der am meisten vorkommende Fall, wie z. B. beim Betriebe von Transmissionen und gewöhnlichen Arbeitsmaschinen.

Bei kurzzeitigem Betriebe muß die Leistung nur die vereinbarte Zeit ausgehalten werden, ohne daß die Erwärmung die jeweilig zulässigen Grenzen überschreitet. Diese Betriebsart liegt z. B. vor beim Betrieb von Schützen, Brücken, Schleusen, Wehren, Türen von Luftschiffhallen, Anwurfmaschinen für Gasmotoren usw. Für die Bemessung der Größe des Motors ist oft nur das Anzugsmoment bestimmend.

Beim aussetzenden Betriebe muß die Leistung (Aussetzleistung) von elektrischen Maschinen bei regelmäßigem Spiel mit der angegebenen relativen Einschaltdauer beliebig lange abgegeben werden können, ohne daß die zulässige Erwärmung überschritten wird. Bei unregelmäßiger Einschalt- und Spieldauer ist als relative Einschaltdauer das Verhältnis der Summe der Einschaltdauern zur Summe der Spieldauern über eine Betriebsperiode (jedoch höchstens 8 Stb.) zu betrachten. Wiederholen sich gleichartige Spiele nach einer bestimmten Zeit, so genügt die Summierung über diese. Die relative Einschaltdauer wird in Prozenten ausgedrückt; als normale Werte sind in § 30 der REM 1923 die Werte von 15, 25 und 40% festgesetzt. Die Einschaltdauer von 15% entspricht etwa dem leichten, eine solche von 25% dem normalen und die von 40% dem schweren Betrieb von Hebezeugen. Der aussetzende Betrieb liegt im allgemeinen bei Hebe- und Transporteinrichtungen vor.

Bei Transformatoren werden dagegen nach dem RET 1923 (§ 28) folgende Betriebsarten unterschieden:

DB Dauerbetrieb, bei dem die Betriebszeit so lang ist, daß die dem Beharrungszustande entsprechende Endtemperatur erreicht wird.

DKB Dauerbetrieb mit kurzzeitiger Belastung, bei dem die durch Ver-

einbarung bestimmte Belastungszeit kürzer ist als die zum Erreichen der Beharrungs=
temperatur erforderliche Zeit.

Die Betriebspause, während der die sekundäre Wicklung abgeschaltet ist, ist lang
genug, um die Abkühlung auf die Beharrungstemperatur bei Leerlauf zu ermög=
lichen.

DAB Dauerbetrieb mit aussetzender Belastung, bei dem Belastungszeiten
von höchstens 5 Min. mit Leerlaufpausen abwechseln, deren Dauer nicht genügt,
um die Abkühlung auf die Beharrungstemperatur bei Leerlauf zu ermöglichen.

KB Kurzzeitiger Betrieb, bei dem die durch Vereinbarung bestimmte Betriebs=
zeit kürzer als die zum Erreichen der Beharrungstemperatur erforderliche Zeit ist.

Die Betriebspause, während der der Transformator spannungslos ist, ist lang
genug, um die Abkühlung auf die Temperatur des Kühlmittels zu ermöglichen

AB Aussetzender Betrieb, bei dem Einschaltzeiten von höchstens 5 Min. mit
stromlosen Pausen abwechseln, während der der Transformator spannungslos ist,
und deren Dauer nicht genügt, um die Abkühlung auf die Temperatur des Kühl=
mittels zu ermöglichen.

LB Landwirtschaftlicher Betrieb, bei dem etwa 500 h im Jahre eine tägliche
Überlastung von 100% während 12 h zulässig ist

Vom VDE sind auch besondere „Regeln für die Bewertung und Prü=
fung von Steuergeräten, Widerstandsgeräten und Bremslüftern" für
aussetzenden Betrieb (RAB 1926) aufgestellt worden, die bei § 12a noch
ausführlich behandelt werden.

B. Allgemeine Schutzmaßnahmen.

§ 3.

Schutz gegen Berührung Erdung und Nullung

a) Die unter Spannung gegen Erde stehenden, nicht mit Isolierstoff bedeckten Teile mussen im Handbereich gegen zufallige Berührung geschutzt
sein Bei Spannungen bis 40 V gegen Erde ist dieser Schutz im allgemeinen
entbehrlich (Weitere Ausnahmen siehe § 28a)

Für Fahrleitungen von Bahnen in Bergwerken unter Tage gelten
besondere Vorschriften (siehe § 42)

Diese Bestimmung bezieht sich nur auf den Schutz von Personen gegen=
über den elektrischen Teilen, nicht auf den Schutz dieser Teile gegen
äußere Einflüsse. Letzterer ist in den §§ 21, 24 und 31 behandelt.

Gemäß § 5⁶ gilt Lackierung und Emaillierung von Metallteilen nicht
als Isolierung im Sinne des Berührungsschutzes.

Eine Spannung unter 40 V gilt im allgemeinen als ungefährlich, so
daß für diese Spannungen von einem Berührungsschutz abgesehen werden
kann. Es werden deswegen vielfach Anlagen, bei denen eine besondere
Gefahr besteht, wie z. B. solche in feuchten, durchtränkten, heißen usw.
Räumen mit derartigen niedrigen Spannungen ausgeführt. Hierbei ist
aber zu beachten, daß die Grenze von 40 V nur für erwachsene normale
Menschen gilt. Für Kinder müssen niedrigere Werte genommen werden,
ebenso für viele Tiere, die empfindlicher gegenüber elektrischen Schlägen
sind als Menschen. Für solche Anlagen ist deswegen gemäß Beschluß der
Jahresversammlung 1926[1]) eine Spannung von 24 V festgelegt worden.

---

[1]) ETZ 1926 S 658 und 662

Es sind des weiteren vom VDE besondere „Vorschriften für elektrisches Spielzeug“, die vom 1. Januar 1927 ab gelten, aufgestellt worden. Sie sind ETZ 1926, S. 426 abgedruckt. Solches Spielzeug darf nur für Spannungen bis 24 V benutzt werden. Bei Verwendung desselben darf eine leitende Verbindung mit einem Starkstromnetz (z. B. durch Widerstände) nicht vorhanden sein. Die zum Anschluß benutzten Transformatoren müssen den Bestimmungen für Klein-Tranformatoren (Klingeltransformatoren) entsprechen. Näheres hierüber siehe bei dem zu § 1 Gesagten. Im Anschluß an Gleichstromnetze darf Spielzeug nur durch Umformer mit elektrisch getrennten Wicklungen verwendet werden. Näheres über die Vorschriften betr. elektrisches Spielzeug siehe bei § 15 u. ETZ 1926, S. 1109.

In gleicher Weise sind vom VDE „Vorschriften für elektrische Gas- und Feueranzünder“ aufgestellt worden, die vom 1. Januar 1927 ab gelten und ETZ 1926, S. 427 abgedruckt sind. Diese Apparate dürften nur für Spannungen bis 24 V hergestellt werden Eine leitende Verbindung mit einem Starkstromnetz (z. B. durch Widerstände) ist nur zulässig bei fest verlegten elektrischen Gasfernzündern. (Hierüber siehe auch § 15)

Bezüglich des Berührungsschutzes bei Maschinen und Transformatoren sei auf die Bestimmungen der §§ 6c und 7e hingewiesen.

1. Abdeckungen, Schutzgitter und dergleichen sollen der zu erwartenden Beanspruchung entsprechend mechanisch widerstandsfähig sein und zuverlässig befestigt werden

In B u T sollen alle Schutzverkleidungen so angebracht sein, daß sie nur mit Hilfe von Werkzeugen entfernt werden können

Über die Einzelheiten der Ausführung von Abdeckungen sind in den verschiedenen Verbandsvorschriften und Regeln Angaben gemacht, die nachstehend auszugsweise wiedergegeben werden mögen.

Für Installationsmaterial. Die Abdeckungen müssen mechanisch widerstandsfähig, zuverlässig befestigt, wärmesicher und unter Umständen feuchtigkeitssicher sein. Sofern sie aus Isolierstoff bestehen und mit einem Lichtbogen in Berührung kommen können, müssen sie auch feuersicher sein. Der Berührung zugängliche Gehäuse und Abdeckungen müssen, wenn sie für Erdung oder Nullung eingerichtet sind, aus nicht leitendem Baustoff bestehen, oder mit einer haltbaren Isolierschicht ausgekleidet sein. Näheres siehe „Vorschriften für die Konstruktion und Prüfung von Installationsmaterial § 3c“, ETZ 1925, S. 712, 1169 und 1526.

Für Schaltgeräte. Bei geschirmter Abdeckung dürfen nur Öffnungen für Zuleitungen oder Kühlluft vorhanden sein. Schlitze z. B. für das Bedienungselement, durch die man in die Abdeckung greifen kann, sind nicht zulässig. Bei voller Abdeckung müssen die Anschlüsse rückseitig gemacht werden. Die Berührung spannungführender Teile und das Eindringen von Fremdkörpern, sowie eine Verletzung des Bedienenden sind verhindert. Bei geschlossener Abdeckung muß diese allseitig und ohne ausgesprochene Öffnungen sein. Ein Schutz gegen Staub und Feuchtigkeit wird dabei aber nicht erzielt. Bei gekapselter Ausführung muß ein allseitiger Abschluß mit besonderer Dichtung vorgesehen sein. Die Berührung spannungführender Teile, das Eindringen von fallenden oder gespritzten Wassertropfen, sowie von Staub muß verhindert werden. Bei wasserdicht gekapselter Abdeckung muß ein allseitiger metallischer Abschluß, jedoch mit Stopfbuchsen für die Anschlußleitung usw. vorgesehen sein. Die Abdeckung muß ein einstündiges Liegen unter Wasser mit Überdruck von 0,1/kg/cm² aushalten. Gasgeschützte Abdeckung ist nach den „Vorschriften für die Ausführung von Schlagwetter=Schutzvorrichtungen an elektrischen Maschinen, Transformatoren und Apparaten usw." auszuführen. Näheres siehe „Regeln für die Konstruktionsprüfung und Verwendung von Schaltgeräten bis 500 V Wechselspannung und 3000 V Gleichspannung RES 1928" § 19. Abgedruckt ETZ 1925, S. 507, 1207 und 1526.

Für Anlasser und Steuergeräte. Bei geschützter Abdeckung dürfen nur Öffnungen für Zuleitungen oder Kühlluft vorhanden sein. Zufällige oder fahrlässige Berührung spannungführender Teile muß verhindert sein. Geschlossene Abdeckung muß ohne ausgesprochene Öffnungen ausgeführt sein. Vollständiger Schutz gegen Staub, Feuchtigkeit oder Gase wird nicht erzielt. Gekapselte Ausführung ist ein gedichteter Abschluß ohne Öffnung. Eindringen von Staub und Wasser ist verhindert, ein vollständiger Abschluß aber nicht erzielt. Bei gasgeschützter Bauart müssen alle spannungführenden Teile mit Ausnahme der Anschlußklemmen unter Öl liegen. Näheres siehe § 7 der „Regeln für die Bewertung und Prüfung von Anlassern und Steuergeräten" REA 1925, abgedruckt ETZ 1922, S. 627; 1924, S. 600 und 1068.

Für Maschinen. Die geschützte Bauart erschwert die zufällige oder fahrlässige Berührung stromführender Teile, das Zuströmen von Kühlluft ist nicht behindert. Schutz gegen Staub, Feuchtigkeit und Gasgehalt der Luft wird nicht erzielt. Die tropfwassersichere Bauart ist wie vorstehend; außerdem wird aber das Eindringen senkrecht fallender Wassertropfen verhindert. Die spritz= oder schwallwassersichere Bauart ist ebenfalls wie die geschützte ausgeführt, außerdem ist das Eindringen von Wassertropfen und Wasserstrahlen aus beliebiger Richtung verhindert. Geschlossene Maschinen sind allseitig abgeschlossen, die Kühlung erfolgt vermittels Rohranschluß durch Luft oder Wasser, oder lediglich durch Ausstrahlung bzw. Ableitung. Ein völlig luft= und staubdichter Abschluß findet aber nicht statt. Schlagwettergeschützte Maschinen sind so gebaut, daß sie eine Explosion der in ihr Inneres gelangten schlagenden Wetter aushalten. Entweder kann die ganze Maschine oder nur die Schleifringe so geschützt sein. Näheres siehe § 19 der „Regeln für elektrische Maschinen REM 1923", veröffentlicht ETZ 1922, S. 657 und 1442.

Für Klemmen von Maschinen. Zur Erzielung eines Berührungsschutzes werden die Klemmen gegen zufällige oder fahrlässige Berührung der stromführenden Teile, sowie gegen das Eindringen größerer Fremdkörper geschützt. Gegen Staub und Feuchtigkeit bieten sie keinen Schutz. Als Schutz gegen Tropf= und Spritzwasser werden die Klemmen mit einer Schutzkappe versehen, die gegen Tropf= und Spritzwasser, aber nicht gegen

Überflutung schützt. Als Schutz gegen Überflutung werden die Klemmen in einem Gehäuse angebracht, das so abgedichtet ist, daß es unter Wasser stehen kann, ohne daß die Klemmen mit ihm in Berührung kommen. Näheres siehe DIN VDE 2960.

b) Bei Hochspannung müssen sowohl die blanken als auch die mit Isolierstoff bedeckten, unter Spannung gegen Erde stehenden Teile durch ihre Lage, Anordnung oder besondere Schutzvorkehrungen der Berührung entzogen sein (Ausnahmen siehe §§ 6c, 8c, 28b und 29a)

Während bei Niederspannung nur der Schutz blanker Teile gegen zufällige Berührung verlangt wird, sind bei Hochspannung die Anforderungen erhöht, indem sowohl der Schutz der blanken, wie auch der isolierten Teile, und zwar gegen jede Berührung, gefordert wird.

c) Bei Hochspannung müssen alle nicht spannungführenden Metallteile, die Spannung annehmen können, miteinander gut leitend verbunden und geerdet werden, wenn nicht durch andere Mittel eine gefährliche Spannung vermieden oder unschädlich gemacht wird (siehe auch §§ 6b, 8a, 8b und 8c)

Bei Hochspannung können Teile, die normalerweise keine Spannung führen, leicht eine solche annehmen. Bei der Vielseitigkeit der hier vorliegenden Gefahren lassen sich die Gefahrenmöglichkeiten und ihre Verhinderung nur schwer eng umschreiben, so daß nur grundlegende Leitsätze dafür gegeben werden können. Dies ist vom VDE in den von ihm aufgestellten „Leitsätzen für die Schutzerdung in Hochspannungsanlagen", geschehen, die vom 1. Januar 1924 ab gelten und ETZ 1923, S. 1063 und 1081 abgedruckt sind. Ihr wesentlicher Inhalt sei nachstehend kurz wiedergegeben: Die Schutzerdung soll möglichst verhüten, daß Menschen oder andere Lebewesen bei Berührung leitender Gegenstände, die nicht zum Betriebsstromkreis gehören, aber in seinem Bereich liegen, beschädigt werden. Spannungen zwischen Metallteilen, d. h. also guten Leitern, können durch Kurzschlußverbindung verhindert werden. Aber auch zwischen Leitern und Halbleitern, feuchtem Erdreich, feuchtem Mauerwerk und dergleichen kann durch die Schutzerdung eine erhöhte Sicherheit erreicht werden.

Die Wahl der Schutzeinrichtungen ist vom Gefährdungsgrad und von dem Grade der verlangten Sicherheit abhängig. Der Gefährdungsgrad ist abhängig von:

1. Häufigkeit der Störungen.
2. Dauer der Störungen.
3. Größe des Erdschlußstromes.
4. Erdwiderstand.
5. Spannungsverteilung in der Umgebung der Störungsstelle.
6. Wahrscheinlichkeit, ob sich Menschen zur Zeit der Störung an der Störungsstelle befinden.

Der Sicherheitsgrad einer Erdung ist abhängig von:

1. Größe ihres Erdwiderstandes.
2. Art der Spannungsverteilung.
3. Sicherheit gegen Austrocknen.
4 Zustand und Zuverlässigkeit der Zuleitungen.
5 Zustand der Verbindungsstellen.

Der höchste Grad von Sicherheit muß erreicht werden, wenn der Bedienende Metallteile, die gefährliche Spannungen annehmen können, umfaßt.

In gedeckten Räumen ist das Auftreten gefährlicher Spannungen unwahrscheinlich, wenn der Fußboden aus Isolierstoff besteht. Ist er dagegen feucht oder leitend, so treten Gefahren auf. Im Freien liegen in größerem Umfange Gefahren vor, weil hier der Boden mehr oder weniger leitend ist.

Bei der Wahl und Bemessung der Erdung muß die Größe des Erdschlußstromes beachtet werden, um das Austrocknen zu vermeiden. Die Erdung kann gelegentlich auch durch andere Maßnahmen wirksam unterstützt, z. T. auch ersetzt werden. Beispielsweise durch erhöhte Isolation des Betriebsstromkreises, isolierenden Fußbodenbelag usw.

Gefährliche Berührungsspannungen treten in der Regel nicht auf, wenn die Erdung so bemessen ist, daß das Produkt aus ihrem Widerstand und der durch sie abzuleitenden Stromstärke 125 V nicht überschreitet. In Fällen, in denen der Berührende in der Regel auf gut leitendem Boden steht und das Schuhwerk durchtränkt ist, empfiehlt es sich, nur geringere Werte für die Berührungsspannung zuzulassen. In Stallungen, chemischen Betrieben usw. sollte man höchstens 40 V annehmen.

In gedeckten Räumen sind alle betriebsmäßig keine Spannung führenden Metallteile, die in der Nähe von Spannung führenden Teilen liegen, oder mit diesen z. B. durch Lichtbogenbildung in Verbindung kommen können, metallisch leitend untereinander und mit der Erdzuleitung zu verbinden. Dazu gehören:

a) Die betriebsmäßig nicht unter Spannung stehenden Metallteile von Maschinen, Transformatoren, Meßwandlern, Apparaten.
b) Sekundärstromkreise von Meßwandlern (je nach Schaltung).
c) Gerüste von Schaltanlagen, Durchführungsflansche, Isolatorenträger, Kabelarmaturen.
d) Betriebsmäßig mit den Händen anzufassende Metallteile wie: Handräder, Hebel, Kurbeln von Schaltern, Apparate, Schutzgitter, Schaltanlagen usw. (In gemauerten und Holzstationen sollen Türnisse, Türrahmen, eiserne Treppen, Leitern u. dgl. möglichst nicht mit geerdeten Teilen der Station leitend verbunden werden.

Es wird empfohlen, Hochspannungsfreileitungen mit einer Vorrichtung zur Unterdrückung oder Einschränkung des Erdschlußstromes auszurüsten, sofern dieser etwa 5 A übersteigt.

Maßnahmen, die den Widerstand der Holzmaste herabsetzen, sollen vermieden werden. Stützen, Gestänge, Lyren oder sonstige Metallteile, die die Isolatoren tragen, sollen nicht geerdet werden. Ankerdrähte sind möglichst zu vermeiden. Kann von ihnen nicht abgesehen werden, so sollen sie nicht an Eisenteilen, sondern möglichst weit von diesen am Holz angreifen und mit Abspannisolatoren für die volle Betriebsspannung versehen werden. Auffangspitzen mit am Maste heruntergeführter Erdzuleitung sind nicht zulässig. Mastschalter sind möglichst sorgfältig zu isolieren und in der Regel auf Holzmasten anzubringen.

Über die Ausführung der Erdung siehe das nachstehend zu Regel 3 Gesagte.

d) In Niederspannungsanlagen sind dort, wo eine besondere Gefahr besteht, nicht zum Betriebstromkreis, jedoch zur elektrischen Einrichtung gehörende metallene Bestandteile der elektrischen Einrichtungen, die den Betriebstromkreisen am nächsten liegen oder mit ihnen in Berührung kommen können, zu erden. Ist ein geerdeter Nulleiter praktisch erreichbar, so muß dieser hierzu verwendet werden.

Besondere Gefahren liegen in solchen Räumen vor, in denen der Körperwiderstand durch Feuchtigkeit, Wärme, chemische Einflüsse und andere Ursachen wesentlich herabgesetzt ist, sowie wenn der Benutzer der Anlage mit Metallteilen in Berührung kommt, die infolge eines Fehlers Schluß mit einem Stromleiter bekommen können. Gefahrerhöhend wirkt eine großflächige Berührung, wie sie z. B. durch Umfassen herbeigeführt wird.

Die Erdung der den Betriebsstromkreisen benachbarten Metallteile wird nur in feuchten, heißen, durchtränkten und ähnlichen Räumen verlangt. Es kann aber auch unter gewissen Umständen in trockenen Räumen eine ähnliche Gefahr bestehen, wenn gut geerdete Metallteile, wie Wasserhähne usw. beim Hantieren mit spannungführenden elektrischen Apparaten berührt werden können. Solche Fälle können nur nach den jeweiligen örtlichen Verhältnissen entschieden werden[1]).

Nullung und Erdung aller den Betriebsstromkreisen benachbarten Metallteile ist in feuchten Räumen und an ähnlich gefährdeten Orten möglichst vielseitig und sorgfältig durchzuführen. Der Schutz durch Nullung ist jedoch nur dann zulässig, wenn eine Unterbrechung des geerdeten Nullleiters ausgeschlossen erscheint[2]).

Über die Gefährdung des Nulleiters hat der VDE Leitsätze betr. Anfressungsgefährdung des blanken Nulleiters von Gleichstrom-Dreileiteranlagen aufgestellt, die vom 1. Oktober 1923 ab gelten und ETZ 1923, S. 345 und 953 abgedruckt sind. Der wichtigste Inhalt derselben ist nachstehend kurz wiedergegeben.

Gefährdet ist der blanke, in die Erde gelegte Nulleiter durch unmittelbaren chemischen Angriff, durch Elementebildung, durch Eigen- und durch Fremdströme. Am widerstandsfähigsten haben sich verzinnte Kupferleiter erwiesen, zuweilen können auch Verbleiungen des Kupferleiters Vorteile bringen. Reine Metalle sind legierten vorzuziehen. Drähte aus Aluminium, Zink und Eisen (auch verbleite) haben sich nicht so bewährt, wie reine Kupferdrähte. Dünne Drähte unterliegen der Anfressungsgefahr mehr als dicke. Der Querschnitt soll daher nicht unter 16 mm² gewählt werden. Seile sind mehr gefährdet als massive Drähte. Die gleichzeitige Verwendung verschiedener Drähte, wie solcher aus Eisen und Kupfer, ist zu vermeiden. Blanke Nullleiter bettet man vorteilhaft in reinen Sand ein und an besonders gefährdeten Stellen ist

---

[1]) ETZ 1925, S. 1512
[2]) ETZ 1926, S. 266

Isolierung zu empfehlen. Isolierschichten auf dem Nulleiter müssen dauerhaft sein, gegen Eindringen von Feuchtigkeit schützen und fest gegen chemische Angriffe und mechanische Verletzungen sein. Lötstellen verschiedenartiger Metalle sind auf mindestens 30 cm zu isolieren. Lose Berührung des Nulleiters mit den Außenleiterkabeln, sowie mit Gas- und Wasserleitungen ist zu vermeiden. Das Vorhandensein einer elektrischen Bahn ist schädlich. Die Belastung zwischen dem Nulleiter und dem Außenleiter soll gut ausgeglichen sein. Zweileiterabzweige sollen dort, wo der Nulleiter aus dem Erdboden heraustritt, isoliert sein. Die Leitsätze geben noch weitere Einzelheiten über die zweckmäßige Verlegung des Nulleiters an. Weitere Angaben über die Gefährdung des blanken „Gleichstrom-Mittelleiter" in der Erde auf Grund einer Rundfrage der Erdstrom-Kommission des VDE, siehe ETZ 1923, S. 329 und 770.

Bei Erdungen in Niederspannungsanlagen unterscheiden die „Leitsätze für Erdung und Nullung in Niederspannungsanlagen", die seit dem 1. Dezember 1924 gelten und ETZ 1924, S. 1225 abgedruckt sind, zwischen Betriebserdung, Schutzerdung und Stallerdung. Unter Nullen versteht man das Verbinden der metallenen Konstruktionsteile einer elektrischen Anlage mit dem Nulleiter. Erdung bzw. Nullung werden angewendet:

a) Um einen Teil des Betriebsstromkreises möglichst auf Erdpotential zu bringen (Betriebserdung).

b) Um zu verhindern, daß metallene Teile der elektrischen Anlagen, die der Berührung zugänglich sind, bei Störungen (Körperschluß) eine gefährliche Spannung annehmen (Schutzerdung).

e) Um zu verhindern, daß in metallenen Konstruktionsteilen, die nicht zur elektrischen Einrichtung gehören, gegen die Umgebung (Erde) Spannungen annehmen können, die für Tiere gefährlich werden können (Stallerdung).

d) Als Überspannungsschutz für die Ableitung von Überspannungen, die durch Gewitter in den Niederspannungen auftreten können.

In Frage kommen für derartige Schutzmaßnahmen folgende Räume bzw. Einrichtungen:

a) In Haushaltungen: Küche, Bad, Waschküche und dergleichen, besonders mit Eisenbetonfußboden, sowie mit vielen Rohrsystemen versehene.

b) In gewerblichen und industriellen Betrieben: Waschanstalten, Badeanstalten, Brauereien, Brennereien, Zuckerfabriken, Schlachthäuser, Gerbereien usw., überhaupt Betriebe mit Einwirkung durch Chemikalien und Feuchtigkeit, ferner in Maschinenfabriken, Hüttenwerken und dergleichen Einrichtungen im Freien.

c) Betriebsräume von Bergwerken über und unter Tage.

d) In landwirtschaftlichen Betrieben: Ställe, Molkereien, Brennereien, Pumpwerke usw., sowie auch Einrichtungen im Freien.

e) Ortsveränderliche Maschinen und Geräte in allen Betrieben, wie Handlampen, Haushaltsgeräte, Heiz- und Kochgeräte, Werkzeuge und Arbeitsmaschinen[1]).

Die Erdung genügt nämlich als Schutz nur dann, wenn der Widerstand der Erde sehr klein ist, wodurch die Spannungsdifferenz gegen Erde unschädlich wird. Bei schlechter Erdung und hohem Erdschlußstrom kann diese Spannungsdifferenz aber erheblich werden. Durch Verbindung der Metallteile mit dem Nulleiter wird dessen Erdung mit herangezogen.

---

[1]) Vgl. ETZ 1920, S. 750 und 751.

Die Nullung[1]) allein würde die Gefahr auch nicht sicher beseitigen. Die Vereinigung beider erhöht die Gesamtwirkung. Tritt in einem Netz ein Körperschluß auf, so bieten sich dem Strom zwei Wege dar, einer durch den Nulleiter, der andere durch die Schutzerdung. Es sind also zweckmäßig, recht häufig Erdungen auszuführen und sie so gut wie möglich zu machen, so daß eine dauernd gute und sichere Erdverbindung gewährleistet ist.

Bemerkt sei noch, daß die Erdung durchaus nicht der einzige Weg zur Beseitigung der Berührungsgefahr metallischer Konstruktionsteile ist. Es wird vielfach auch eine zuverlässige Isolierung in Frage kommen.

Ferner ist sehr wichtig die vom rheinisch-westfälischen Elektrizitätswerk (Heinisch) angegebene Schutzschaltung. Diese ist im Teil III A § 8, der landwirtschaftliche Anlagen besonders behandelt, ausführlich beschrieben und in einer Abbildung dargestellt.

In § 18⁵ der Errichtungsvorschriften ist für feuchte und durchtränkte Räume, sowie in Kesseln und ähnlichen Räumen mit gut leitenden Bauteilen empfohlen, mit Wechselstrom betriebene Handleuchter zu verwenden, und durch Transformation die Spannungen unter 40 V herabzusetzen. Da vom VDE gemäß Beschluß der Jahresversammlung 1926 als normale Kleinspannungen 24 und 24 V festgesetzt worden sind, käme zunächst nach dieser Bestimmung also die Spannung von 24 V für solche Räume in Frage. Es ist aber beabsichtigt, die vorstehend genannte Grenze so zu ändern, daß auch 42 V die Bestimmung erfüllt.

2 Als Erdung gilt eine gutleitende Verbindung mit der Erde Sie soll so ausgeführt werden, daß in der Umgebung des geerdeten Gegenstandes (Standort von Personen) ein den örtlichen Verhältnissen entsprechendes, tunlichst ungefährliches, allmählich verlaufendes Potentialgefälle erzielt wird. Als der Erdung gleichwertig gilt die Verbindung mit dem geerdeten Nulleiter (siehe § 14 f)

Die metallisch leitende Verbindung mit einem betriebsmäßig geerdeten Nulleiter (Nullung) gibt größere Sicherheit als die Schutzerdung allein, wenn der Ohmsche Widerstand des Nulleiters so gering gehalten ist, daß der Erdschlußstrom die nächste (von der Erdschlußstelle aus gerechnet) nach der Stromquelle gelegene Sicherung zum Abschmelzen bzw. den Selbstschalter zum Abschalten bringt.

Der Querschnitt des Nulleiters muß so bemessen sein, daß er den Nennstrom der nächsten Außenleitersicherung bzw. den Auslösestrom des Selbstschalters aushält.

Ist eine Unterbrechung des Nulleiters zu befürchten, so darf nicht genullt werden.

Man bezweckt durch die Nullung:

1 Die Abschaltung der gefährlichen Leitung durch den entstehenden einphasigen Kurzschluß. Man braucht keine teuere Erdung anzubringen, sondern nur eine metallene Verbindung, die meistens kürzer als eine besondere Erdleitung sein wird.
2. Die Erdung des betreffenden Konstruktionsteiles. Die Nulleiter müssen ebenso sorgfältig wie die Hauptleitung verlegt werden, da die Unterbrechung des Nullleiters unter Umständen mit Gefahr verbunden ist.

---

[1]) Über Nullung siehe auch ETZ 1926, S 670 u 1555.

Im blank verlegten Nulleiter darf bei Durchgang eines Stromes, der mindestens gleich der Nennstromstärke der Sicherung ist, nicht mehr als 40 V Spannungsabfall auftreten. Nur in diesem Falle darf gemäß § 3a der Errichtungsvorschriften der Nulleiter blank verlegt und zur Nullung verwendet werden. Ergeben sich, um diesen Bedingungen zu genügen, zu große Nulleiterquerschnitte, so können in den Außenleitern an geeigneter Stelle entsprechend bemessene Sicherungen eingebaut werden, oder es ist ein isolierter Nulleiter mit einer gleichwertigen Isolation wie die des Außenleiters zu verwenden.

Selbstverständlich sollen diese Sicherungen richtig bemessen sein; sie dürfen keinesfalls verstärkt werden. Würde man diesen Fehler begehen, so würden bei einem Schluß zwischen Außenleiter und Nulleiter am Ende des Netzes sämtliche am Nulleiter angeschlossenen Konstruktionsteile eine unzulässig hohe Spannung gegen Erde, etwa entsprechend dem wirklich im Nulleiter auftretenden Spannungsabfall — annehmen. Diese Spannung tritt dann in allen gesunden Teilen der Anlage auf; sie ist also besonders gefährlich. Selbstschalter sind deshalb an solchen Stellen sehr zu empfehlen.

Falls nicht geerdet oder genullt wird, muß der Schutz durch andere gleichwertige Anordnungen hergestellt werden, wie:

a) Isolierung der Umgebung innerhalb der Reichweite der Schalt= und Regelapparate, z. B. isolierender Fußbodenbelag mit Linoleum oder dgl.

b) Abtrennende Vorrichtungen, die verhindern, daß zwischen der zu schützenden Berührungsstelle und Erde eine unzulässige Berührungsspannung auftreten kann (Schutzschaltungen).

c) Verwendung von Apparaten aus Isolierstoff oder von ganz in Isolierstoff eingebetteten Apparaten (also keine Metallhülle).

d) Verwendung einer Spannung, die niedriger als die zulässige Berührungsspannung ist (Herabsetzung der Spannung durch Transformatoren mit getrennten Wicklungen)

Immer sollte berücksichtigt werden, daß die Erdung nur zum Schutz bei auftretenden Störungen dient, und daß erhöhte Sicherheit im Betriebsstromkreis und gute Anordnung aller Teile der Anlage die Gefahren und die Häufigkeit der Störungen ganz wesentlich herabsetzen können. Über Erdung ist Näheres aus folgenden Literaturstellen zu ersehen:

ETZ 1901 S. 370 Uppenborn: Der Schutzwert der Erdung.

ETZ 1902 S. 1129 Wilkens: Der Schutzwert der Erdung.

ETZ 1913 S. 1221 Ruppel: Erdungen zur Erreichung eines hohen Schutzwertes.

ETZ 1914 S. 102, 132, 166 und 400. Vorschläge der AEG.

ETZ 1917 S 329 Behrend· Ladeströme und Schutzerdungen in Überlandzentralen.

ETZ 1921 S. 311 Amerik. Material „Zur Erdungsfrage".

ETZ 1924 S. 44 und 1288 „Über Erdung".

---

3 Die Erdungen sollen nach den „Leitsätze für Erdungen und Nullung in Niederspannungsanlagen" bzw nach den *„Leitsätze für Schutzerdungen in Hochspannungsanlagen"* ausgeführt werden

> In B u T sind mehrere verschiedene Erdungen, z B in der Wasserseige, im
> Schachtsumpf, an den Tubbings und über Tage, gleichzeitig anzuwenden und mit-
> einander gut leitend zu verbinden Die der zufälligen Berührung ausgesetzten, für
> gewöhnlich nicht spannungführenden Teile der Anlage sind, soweit sie in dem
> gleichen Raum liegen, untereinander und mit der Erdleitung, als welche die Be-
> wehrung eines Kabels, u zw Bleimantel und Eisenbewehrung, benutzt werden
> kann, zu verbinden Außerdem sind alle sonstigen, der zufälligen Berührung aus-
> gesetzten Metallteile, wie Rohrleitungen, Gleise usw, tunlichst oft an die Erd-
> leitung anzuschließen

Grundsätzlich soll an jedem Transformator eine der Hochspannungserdung gleichwertige Niederspannungserdung angebracht werden. Hierbei ist darauf Rücksicht zu nehmen, daß unter Umständen der Erdschlußstrom längere Zeit fließen kann. Diese Erdung soll mit der Hochspannungserdung der Transformatorenstation nicht in Verbindung stehen, sondern
20 m von dieser entfernt verlegt werden. Wenn der Nulleiter eines Mehr-
phasennetzes nur in der Transformatorenstation geerdet wird, dann wird
er an dieser Stelle das Endpotential haben, wenn am anderen Ende des
Netzes durch eine Störung eine Verbindung zwischen einer Phase und ihm
hergestellt wird, solange seine Erdung stromlos ist. An der Störungsstelle
wird dagegen der Nulleiter eine Spannung gegen Erde aufweisen gleich
dem durch den Störungsstrom im Nulleiter auftretenden Spannungsabfall. Diese Spannung kann durch Anbringung einer weiteren Betriebserdung am Ende des Nulleiters herabgesetzt werden. Weisen diese beiden
Betriebserdungen den gleichen Übergangswiderstand auf, so wird die
höchste auftretende Berührungsspannung halbiert. Hierbei ist es ziemlich
gleichgültig, welchen Übergangswiderstand jede der Erdungen hat, wenn
diese nur einander gleich sind.

Die Voraussetzung für die richtige Bemessung einer Erdung ist die
Kenntnis der durch sie abzuleitenden Stromstärke.

In Anlagen mit geerdeten Nulleitern wird immer für die Bemessung
der betreffenden Erdung mindestens die Nennstromstärke der nächsten
vorgeschalteten Sicherung bzw. des Selbstschalters bestimmend sein.

Wenn man durch Anbringen mehrerer Erdungen eine Sicherheit gegen
gefährliche Spannungen bei etwaigem Reißen des Nulleiters schaffen will,
sind diese Erdungen so zu wählen, daß sie den vollen Betriebsstrom ab-
leiten können.

In ausgedehnten Überlandleitungen, besonders bei offenen Stichleitungen mit blank verlegtem Nulleiter, genügt auch eine entsprechend
geringere Zahl von Erdungen, wenn durch besondere Einrichtungen, z. B.
sebsttätige Schutzschalter, die Leitungen sofort abgeschaltet werden, sobald
der geerdete Leiter eine unzulässige Spannung gegen Erde erhält.

Als ungefährlich gilt eine Berührungsspannung von etwa 40 V für
Menschen, und eine solche von etwa 20 V für Vieh.

Die Erdung in der Erzeugerstelle muß, ohne Rücksicht auf die Ausschaltstromstärke für Selbstschalter, die volle zu erwartende Erdschlußstromstärke
des gesamten Verteilungsnetzes während zweier Stunden aufnehmen
können.

In Stationen, in denen Kabel mit Bleimantel angeschlossen sind, empfiehlt es sich, sämtliche Kabelarmaturen untereinander und ihre Erdung mit der Stationserdung zu verbinden. Dann braucht die Stations= erdung nicht für die volle Erdschlußstromstärke bemessen zu sein, sondern nur für den Teil, der nicht auf das Kabelnetz entfällt.

In Anlagen ohne lichtbogenlöschende Vorrichtungen genügt es, die Erdung an den Verbrauchsstellen für die nach der Erzeugerstelle in den unverzweigten Leitungsstrecken liegende niedrigste Auslösestromstärke der Selbstschalter zu bemessen, wenn in jeder Phase ein Selbstschalter vor= handen ist.

Die Erdung eiserner Transformatorenstationen, von Mastschaltern und Hochspannungsschaltern in Schalthäusern, die von außen bedient werden, ist für die volle Erdschlußstromstärke des Netzes auszuführen.

Werden bei nicht eisernen Stationen die Schalter von innen bedient, so genügt eine Erdung für die durch Selbstschalter in der Zuleitung be= grenzte Stromstärke.

In Anlagen mit lichtbogenlöschenden Vorrichtungen brauchen die Erdungen an den Verbrauchstellen nur für den höchst auftretenden Rest= strom bemessen zu werden. In Stationen, in denen die Löschvorrichtungen selbst angebracht sind, müssen jedoch die Erdungen für den vollen Strom der Löschvorrichtung bemessen werden.

Erdungsseile werden zweckmäßig mit der Hochspannungserdung der Station verbunden.

Die Erdschlußstromstärke von Einzelerdschlüssen eines nicht geerdeten oder über hohe nicht induktive Widerstände geerdeten Drehstrom=Frei= leitungsnetzes ist abhängig von der Kapazität der nicht geerdeten Phasen gegen Erde und von der Spannung. Sie kann mit genügender Annäherung berechnet werden nach der Faustformel:

$$\text{Erdschlußstrom} = \frac{kV \times km \text{ Leitungslänge}}{300}.$$

Unter Leitungslänge ist die Länge der mehrphasigen Einzelleitung zu verstehen. Parallel geschaltete Leitungen z. B. 2 Leitungen aus je 3 Drähten oder Seilen beliebiger Querschnitte zählen doppelt.

Bei der Berechnung ist Rücksicht auf Erweiterung und gegebenenfalls auch auf Zusammenschluß mit Nachbarleitungen zu nehmen.

Bei Ausführung der Erdungen ist darauf zu achten, daß die Erder, wenn sie nicht in Wasser eingelegt werden, einzuschlämmen bzw. fest in den Boden zu treiben sind, so daß die Berührung zwischen Material und Erde möglichst innig wird. Dazu gehört, daß das Erdreich in der nächsten Umgebung des Erders möglichst feinkörnig ist und an dem Erder mit merk= lichem Druck anliegt. Grober Kies und Steine sind ebenso schlechte Ver= mittler des Stromüberganges wie fettige und ölige Schichten, z. B. Farb= anstriche; dagegen hindert Rost an Eisenteilen den Stromübergang ebenso= wenig wie das Erdreich selbst. Innige Berührung kann durch fehlerhafte

Einbettung bei Erdungsplatten und anderen Erdern größerer Abmessungen verhindert werden, wenn sie z. B. bei nicht gewachsenem Boden in wagerechter Lage in den Boden gelegt werden. Bei wagerecht liegenden Platten kann das Erdreich absinken, die Platte selbst aber durch Steine usw. in ihrer Lage festgehalten werden, so daß Lufträume unter ihr entstehen; deshalb sollen Platten, besonders in aufgeschüttetem Boden, stets senkrecht in das Erdreich gestellt und von beiden Seiten fest eingestampft und eingeschlämmt sein.

Als Erder werden empfohlen:

a) Erdplatten, wenn der Grundwasserstand nicht zu tief ist (nicht tiefer als 2—3 m) und keine zu großen Schwankungen aufweist. Die mindestens $^1/_2$ m² großen und mindestens 3 mm starken verzinkten eisernen Platten sollen 1 m unter Grundwasserspiegel liegen und mit Rücksicht auf die Zerstörungen mindestens 3 mm starke Zuleitungen erhalten. An Stelle der Erdplatten kann man auch Altmaterial mit starkem Querschnitt und genügender Oberfläche unverzinkt verwenden, da infolge der Stärke das Material nicht so leicht durchrostet und die Gewähr für einen lang dauernden guten Zustand bietet, z. B. also Kesselbleche, Eisenbahnschienen u. dgl.

Platten von 1 m² einseitiger Oberfläche haben unter normalen Verhältnissen (Ackerboden) einen Widerstand von ungefähr 20—30 Ω, in Sand und Kies ein Vielfaches davon.

b) Bänder und Drähte sind mindestens 30 cm unter der Erdoberfläche zu verlegen. Dabei ist ein Mindestquerschnitt von 50 mm², entsprechend 8 mm Durchmesser bei Drähten, zulässig. Bei Bändern darf die Stärke nicht unter 3 mm betragen. Eisen ist gut feuerverzinkt oder verbleit zu verwenden. Die Länge, die mindestens 10 m betragen soll, richtet sich nach der Bodenart und Bodenfeuchtigkeit.

Als Anhaltspunkt für den Widerstand derartiger Oberflächenerder können die folgenden Werte bei Lehmboden (Ackerboden) dienen:

Länge in m	10	20	30	50	100
Widerstand in Ω	25	10	7	5	3

Bei feuchtem Sandboden ist mit Werten zu rechnen, die mindestens doppelt so hoch sind.

Sollten bei ungünstigen Platzverhältnissen die Leitungen im Zickzack verlegt werden, so ist bei einem Mindestabstand der Windungen von ungefähr 1,5 m der Widerstand der Zickzackleitung einer ausgestreckten Leitung gleicher Länge fast gleichwertig.

c) Als Rohrerder werden zweckmäßig ein- bis zweizöllige verzinkte Rohrstücke von 2—3 m Länge verwendet. Ihr Widerstand beträgt bei feuchtem Lehmboden (Ackerboden) etwa 30—50 Ω. Bei schlechtem Boden, (Sand und Kies) kann der Widerstand auf 200 Ω und mehr steigen.

Es empfiehlt sich, wenigstens zwei Rohre in einem Mindestabstand von 3 m zu verwenden. Können die Rohre in das Grundwasser eingetrieben werden, so sind weitere Maßnahmen nicht nötig. Anderenfalls empfiehlt es sich, das die Rohre umgebende Erdreich durch Salzlösung leitend zu

machen und um die Rohre direkt unter der Erdoberfläche eine angemessene
Menge Salz einzubetten.

d) Bei ungünstigen Bodenverhältnissen empfiehlt es sich, mehrere
Erder, z. B. Ringleitungen aus Bandeisen, um den schützenden Raum mit
angeschlossenen Rohrerdern in Abständen von je 3—10 m, ferner auch mit
Ausläufern nach feuchten Stellen und dort angebrachten Rohrerdern zu
vereinigen. Bei Wasserläufen ist die Verlegung langgestreckter Leitungen
im feuchten Ufer der Verwendung von Erdern im Wasser vorzuziehen.

Gleise und Wasserleitungen dürfen nur dann als Erder benutzt werden,
wenn durch Messung nachgewiesen wird, daß ihr Widerstand gegen Erde
sehr gering ist. Es soll vermieden werden, daß durch Gleise Spannungen
von der Zentrale nach außen übertragen werden und hierdurch Personen
oder Tiere, die mit dem Gleise in Berührung kommen, die Berührungsspannung überbrücken.

Provisorische Erdungen können nicht als ausreichende Schutzvorrichtungen betrachtet werden. Daher ist die Erdung der ausgeschalteten
Strecke und die Kurzschlußverbindung möglichst in der Nähe der Schaltstelle selbst vorzunehmen. Provisorische Erdungen können nur zur Abführung von Induktionsladungen dienen.

Über die Beschaffung einer billigen und guten Erdung siehe auch Angaben von Dr. R. Haas, ETZ 1908, S. 501.

Über die Ausführung von Erdern in Bergwerken, und zwar sowohl
über Tage wie unter Tage, sind von W. Vogel, ETZ 1920, S. 752, ausführliche Angaben gemacht.

4 Erdzuleitungen sollen für die zu erwartende Erdschlußstromstärke bemessen
werden mit der Maßgabe, daß Querschnitte über 50 mm² für Kupfer, über 100 mm²
für verzinktes oder verbleites Eisen nicht verwendet zu werden brauchen, und mit der
Maßgabe, daß in elektrischen Betriebsräumen Kupferquerschnitte unter 16 mm² nicht
verwendet werden sollen. Für Anschlußleitungen an die Haupterdungsleitung von
weniger als 5 m Länge genügt in jedem Falle ein Kupferquerschnitt von 16 mm². In
anderen Räumen soll der Kupferquerschnitt 4 mm² nicht unterschreiten.

Die Zuleitungen zu dem oder den Erdern sind für die volle, bei Erdschluß zu erwartende Stromstärke zu bemessen. Eisenquerschnitte unter
35 mm² dürfen in elektrischen Betriebsräumen nicht verwendet werden.
Bei beweglichen Leitungen ist es zulässig, bis auf den Querschnitt der
Außenleiter herabzugehen.

Der Widerstand ist bei der Berechnung der Erdung zu berücksichtigen.

Zuleitungsanschlüsse sollen mit der Sammelleitung und mit den Erdern
selbst dauernd gut metallisch verbunden sein; die Verbindungsstellen sollen
zweckmäßig verschweißt oder vernietet werden. Auch Schraubverbindungen
sind zulässig, wenn ein Lockern der Muttern verhindert ist.

Die Verbindungsstellen an Erdern, sowie an zu erdenden Teilen sind
um so sorgfältiger herzustellen, je größer der abzuleitende Erdschlußstrom
werden kann. Bei größeren Stromstärken wird selbst ein verhältnismäßig
geringer Übergangswiderstand (Oxydbildung oder dergl.) den Wert einer
Erdung stark beeinträchtigen. Eine bedeutende Steigerung der Berüh-

rungsspannung kann durch Erhitzung und dadurch bedingte weitere Verschlechterung der Verbindungsstellen eintreten. Aus diesem Grunde wird empfohlen, bei Erdungen für mehr als etwa 10 A die fertige Verbindung durch Anstrich oder andere Schutzmittel gegen Oxydation zu schützen.

Die Anschlußstellen sollen auch der Nachprüfung zugänglich sein. Sind sie nicht derartig erreichbar, daß sich nach Lösung der Verbindung mit Sicherheit feststellen läßt, ob die Berührungsstellen einwandfrei sind, so kann die Prüfung durch Widerstandsmessungen erfolgen.

Behelfsmäßige Verbindungen mit den Erdungen sind nur mit größter Vorsicht anzuwenden. Die Verwendung von Ketten ist zu diesem Zwecke unzulässig.

Mit welcher Sicherheit bei der Bemessung der Zuleitungen zu den Erdern gerechnet worden ist, zeigen folgende Zahlen, die für wagerechte, freigespannte Leitungen gelten.

Querschnitt für Kupfer	Schmelzstrom nach 15 Min	Querschnitt für Kupfer	Schmelzstrom nach 15 Min.
Draht 4 mm²	220 A	Seil 25 mm²	890 A
„ 6 mm²	330 A	„ 35 mm²	1075 A
„ 10 mm²	430 A	„ 50 mm²	1330 A
„ 16 mm²	610 A		

Besonders ist darauf zu achten, daß nicht durch Übertritt von Gleichströmen elektrolytische Zerfressungen stattfinden können.

Hintereinanderschaltung der zu erdenden Teile ist unzulässig. Die Zuleitungen sind parallel an eine oder mehrere Sammelleitungen anzuschließen, die ihrerseits zu dem oder den Erdern führen.

Unterbrechungsstellen in den Zuleitungen, z. B. Schalter, Sicherungen u. dgl. sind unzulässig.

Bei Verbindungsstellen innerhalb des Handbereiches, die nicht verschweißt, verlötet oder vernietet sind, ist eine zeitweise Besichtigung zu empfehlen.

5 Die Erdzuleitungen sollen möglichst sichtbar und geschützt gegen mechanische und chemische Zerstörungen verlegt und ihre Anschlußstellen der Nachprüfung zugänglich sein.

Es empfiehlt sich, den Nulleiter in seinem ganzen Verlauf fabrikationsmäßig zu kennzeichnen.

Um die Zuleitungen dem Auge nicht zu entziehen, empfiehlt es sich, diese nicht einzumauern. Gegen das Einmauern bestehen auch noch Bedenken wegen der beim Vorhandensein von Kalk im Mauerwerk hervorgerufenen chemischen Zersetzung.

Der Zustand der Erdungsanlagen ist sowohl vor der Inbetriebsetzung als auch später zeitweise zu prüfen, besonders an Stellen erhöhter Gefahr für das Betriebspersonal.

Das Spannungsgefälle an der Erdoberfläche, verursacht durch den Erdschlußstrom, ist in der Nähe der Erde am größten. Es nimmt mit wachsender Entfernung von den Erdern schnell ab und nähert sich bei genügendem Abstand der Erde in zunehmendem Grade dem Wert Null.

Hier kann man den Wirkungsbereich beider Erder durch Einsetzen einer Sonde abgrenzen und durch Vergleich den Anteil jedes einzelnen Erders an dem gesamten Widerstand bestimmen, den man dann als Widerstand eines Einzelerders bezeichnet (Wichertsche Methode).

Der Erdungswiderstand ist praktisch rein Ohmscher Art. Über die Ausführung der Messungen sind in den Leitsätzen für Schutzerdungen in Hochspannungsanlagen Einzelheiten angegeben. Die bekannteste Meßart, nach der die Widerstände zwischen je drei stromführenden Erdern, dem Haupterder und zwei Hilfserdern gemessen werden, ist umständlich auszuführen. Sie ergibt nur dann brauchbare Werte, wenn die Hilfserder vom Haupterder nicht allzusehr verschieden sind. Die Wichertsche Meßart ist einfacher auszuführen. Die Bestimmung des Widerstandes aus Spannung und Strom kann nur in Betracht kommen, wenn ausreichende Energiequellen zur Verfügung stehen.

Vor Inbetriebsetzung einer Anlage ist eine Prüfung hinsichtlich der beabsichtigten Wirkung der Schutzmaßnahmen vorzunehmen. Bei Niederspannungserdungen müßte z. B. eine zwischen dem Außenleiter und die genullten Konstruktionsteile geschaltete Prüflampe hell brennen.

Bezüglich des mechanischen Schutzes von Erdzuleitungen kann sinngemäß das zu § 3[1] Gesagte gelten; ebenso würde bezüglich der Anfressungsgefährdung das zu § 3d Gesagte zu beachten sein.

Die Abhandlung „Gefährdung des blanken Gleichstrom-Mittelleiters in der Erde" von Dr. C. Michalke, ETZ 1923, S. 329 und 770, ist gleichfalls beachtenswert.

Die Einzeladern in Mehrfach-Leitungen müssen nach den „Vorschriften für isolierte Leitungen in Starkstromanlagen" voneinander unterscheidbar sein, und zwar durch Färbung der Baumwollbespinnung oder des gummierten Bandes, oder durch verschiedene Färbung der Gummihüllen. Als Erdleiter oder Nulleiter benutzte Adern müssen nach diesen Bestimmungen hellgraue Farbe aufweisen[1]).

Bei allen Apparaten usw., bei denen eine Erdung in Frage kommen kann, muß ein Erdanschluß vorgesehen und als solcher gekennzeichnet sein.

e) Schutzverkleidungen aus Pappe oder ähnlichen wenig widerstandsfähigen Stoffen dürfen in B u T nicht angewendet werden. Holz ist unter Umständen zulässig

Bezüglich der Schutzverkleidungen sei auf das zu § 3[1] Gesagte verwiesen.

§ 4

Übertritt von Hochspannung

a) Maßnahmen müssen getroffen werden, die bestimmt sind, dem Auftreten unzulässig hoher Spannungen in Verbrauchsstromkreisen vorzubeugen

Als Ursachen für das unerwartete Auftreten einer höheren Spannung in einem Verbrauchsstromkreise können einerseits Fehler in der Isolierung,

---

[1]) ETZ 1925, S. 750 und 1528.

andererseits Induktion in Frage kommen. Letztere kann verursacht sein durch einen anderen Stromkreis, durch den eigenen Stromkreis oder durch die Atmosphäre. Induktion durch den eigenen Stromkreis ist eine solche, die durch Schaltvorgänge veranlaßt ist.

Die zu treffenden Maßnahmen müssen, ebenso wie für Hochspannungs= stromkreise, natürlich auch für Niederspannungskreise ausgeführt werden. Der in § 4a angewendete Kursivdruck, der im allgemeinen nur bei Be= stimmungen benutzt wird, die nur für Hochspannungsanlagen gelten, beruht hier offenbar auf einem Versehen; es ist auch beabsichtigt, diesen Absatz in Zukunft in gewöhnlichem Druck wiederzugeben, so daß er sowohl für Niederspannung, als auch für Hochspannung gilt.

Als Mittel, die angewendet werden können, kommen in Frage: ge= nügend starke Isolierungen, Durchschlagssicherungen, Blitzschutzvorrichtun= gen, Erdungsseile, Erdungswiderstände, Erdschlußspulen, geeignete Erdung von Nulleitern bzw. neutralen Punkten, Schutzschalter, selbsttätige Aus= schalter, Relais usw. Welche dieser Maßnahmen zur Ausführung kommt, hängt von den örtlichen Verhältnissen ab. Bezüglich der Durchschlag= sicherungen sei auf ETZ 1905, S. 292, 314, 357 und 440 (Görges) ver= wiesen. Ebenso sei auf die Schutzschaltung des RWE ETZ 1914, S. 32 besonders aufmerksam gemacht, die Teil III A, § 8 beschrieben ist.

Von der grundsätzlichen Forderung der Erdung der Niederspannungs= wicklungen von Starkstrom=Transformatoren, die nicht zu Beleuchtungs= zwecken dienen, kann in Erzeugeranlagen aus betriebstechnischen Gründen, z. B. bei Einankerumformern während der Anlaufzeit, ab= gesehen werden. In Verteilungsstromkreisen von Niederspannungs= anlagen müssen dagegen die Neutralpunkte von Drehstrom=Transforma= toren entweder unmittelbar oder durch Zwischenschaltung von Durchschlag= sicherungen geerdet werden.

Von besonderer Bedeutung sind hier naturgemäß die vom VDE auf= gestellten „Leitsätze für den Schutz elektrischer Anlagen gegen Über= spannungen", die seit dem 1. Oktober 1925 gelten und ETZ 1925, S. 472, 942 und 1526 abgedruckt sind. In diesen sind eingehende Ausführungen gemacht über den Ursprung und Verlauf der Überspannungen, die her= rühren können von Schaltvorgängen, aussetzendem Erdschluß und von atmosphärischen Störungen. Es sind des weiteren Maßnahmen zur Ver= hütung von Überspannungsschäden in Hochspannungsanlagen, sowie Maß= nahmen zur Verhütung von Überspannungsschäden in Niederspannungs= anlagen angegeben worden. Die letzteren seien hier im vollen Wortlaut wiedergegeben, während die auf Hochspannung bezüglichen, sehr umfang= reichen Teile der Leitsätze, bei den verschiedenen Paragraphen verteilt, berücksichtigt worden sind.

1. Vorbeugende Maßnahmen. Ein großer Teil der Überspan= nungsschäden in Niederspannungsnetzen läßt sich auf Überspannungen im Hochspannungsnetz zurückführen. Hochspannungswanderwellen können sich über den Transformator auf das Niederspannungsnetz übertragen.

Die hierdurch entstehenden schädlichen Einwirkungen können durch einen geeigneten Überspannungsschutz auf der Hochspannungsseite stark herabgesetzt werden.

Als weitere vorbeugende Maßnahme gegen Überspannungen atmosphärischen Ursprunges ist zweckmäßige Leitungsführung anzusehen. Dachständer sollen möglichst nicht auf dem First angebracht werden, sondern derart, daß sie vom Dach elektrostatisch abgeschirmt werden. Die Leitungen sollen nicht höher geführt werden, als aus anderen Gründen erforderlich ist. Stellen häufigen Blitzschlages [sogenannte Hauptentladungs- und Einschlagstellen (siehe Erläuterungen und Ausführungsvorschläge zu „Leitsätze über den Schutz der Gebäude gegen den Blitz" vom 1. Juli 1901)] sind zu umgehen.

2. Schutzmaßnahmen. Gegen direkte Blitzentladungen mit großer Energie gibt es kein Schutzmittel. Induzierte Überspannungen und statische Aufladungen können durch richtig gebaute und eingestellte Schutzapparate abgeführt werden.

a) Verteilung der Schutzapparate. Jedes Niederspannungsnetz soll mindestens mit einem Überspannungsschutz ausgerüstet sein, der in der Nähe der Transformatorenstation eingebaut wird. Bei größeren Netzen werden als Einbaustellen zweckmäßig gewählt: Zentral gelegene Punkte von längeren Ausläufern. Als ungefährer Anhaltspunkt für die Zahl der einzubauenden Schutzapparate kann angenommen werden, daß auf 2 bis 3 km Streckenlänge des Netzes mindestens ein Überspannungsschutzapparat entfällt, in gewitterreichen Gegenden möglichst schon auf 1 km.

b) Erdung. Jeder Schutz ist unmittelbar zu erden. Die Erdung und ihre Zuleitungen sind nach den „Leitsätze für Erdung und Nullung in Niederspannungsanlagen" vom 1. Dezember 1924 auszuführen; im besonderen sollen die Zuleitungen zum Erder möglichst gradlinig geführt werden, um Reflexionspunkte auszuschließen. Diese Erdungen sind gemäß obengenannten Leitsätzen zur Nullung des Ortsnetzes mit zu verwenden.

Die Möglichkeit einer zuverlässigen Erdung wird in vielen Fällen mit maßgebend sein, für die Auswahl der Stelle, an der ein Schutz eingebaut wird.

§ 5.

Isolationszustand.

a) Jede Starkstromanlage muß einen angemessenen Isolationszustand haben.

Was als angemessener Isolationswiderstand gilt, ist nachstehend unter Regel 4 ausführlich angegeben.

1. Isolationsprüfungen sollen tunlichst mit der Betriebspannung, mindestens aber mit 100 V ausgeführt werden.

Der Widerstand der Isolationen sinkt mit wachsender Meßspannung sehr stark, und zwar um so mehr, je feuchter die Anlage ist. Die gemessenen Werte hängen infolgedessen von der verwendeten Meßspannung ab. Im Isoliermaterial befinden sich oft ganz kleine Luftteilchen, die je nach der

Höhe der Spannung zwischen den Leitern im elektrischen Felde durchschlagen werden.

Wenn in einer Anlage mehrere Spannungen vorkommen, wie z. B. bei Mehrleiter-Netzen, so ist jeweils die in dem betreffenden Zweig herrschende Spannung zugrunde zu legen.

2 Bei Isolationsprufungen durch Gleichstrom gegen Erde soll, wenn tunlich, der negative Pol der Stromquelle an die zu prufende Leitung gelegt werden Bei Isolationsprufungen mit Wechselstrom ist die Kapazität zu berucksichtigen

Der negative Pol der Meßbatterie soll an der Leitung liegen, weil man sonst zu große Werte der Isolationen messen würde, was auf elektrolytische Vorgänge zurückzuführen ist. Durch letztere könnten unter Umständen kleine, sonst nicht feststellbare Fehler verdeckt werden.

Der Isolationszustand einer in Betrieb befindlichen Gleichstrom-Zweileiteranlage kann durch drei Spannungsmessungen bestimmt werden. Ist

P = Netzspannung.
P_1 = Spannung des + Leiters gegen Erde.
P_2 = Spannung des — Leiters gegen Erde.
R = Eigenwiderstand des Spannungsmessers.

so gilt für den Widerstand zwischen Erde und die ganze Anlage

$$R_g = R\left(\frac{P}{P_1 + P_2} - 1\right) 10^{-6}\, M\Omega,$$

den +-Leiter

$$R_1 = R\left(\frac{P - P_1}{P_2} - 1\right) 10^{-6}\, M\Omega,$$

den —-Leiter

$$R_2 = R\left(\frac{P - P_2}{P_1} - 1\right) 10^{-6}\, M\Omega.$$

Die Gesamtisolation einer Dreileiteranlage mit geerdetem Nulleiter läßt sich während des Betriebes nicht bestimmen.

Näheres vgl. Kalender für Elektrotechniker, Ausgabe 1927/28, S. 141.

Bei Isolationsmessungen mit Wechselstrom sollte die Kapazität der Anlage möglichst klein sein. Besser wäre es überhaupt, Isolationsmessungen nur mit Gleichstrom vorzunehmen. Es wäre ferner am besten, bei der Messung von Wechselstromanlagen diese vom Betriebe ganz abzuschalten, um die Gefahr für den Messenden zu verringern. Führt man die Messung an im Betriebe befindlichen Wechselstromanlagen mit Induktor-Gleichspannung aus, so gilt nach dem Kalender für Elektrotechniker 1927/28, S. 141 folgendes.

Während des Betriebes kann in Wechselstromanlagen nur die Gesamtisolation gegen Erde bestimmt werden. Bei Verwendung von Isolationsmeßgeräten mit Gleichstrom-Kurbelinduktor ist darauf zu achten, daß die Induktorspannung ebenso hoch ist wie die Wechselnetzspannung, auch weil die Wechselspannung durch den Isolationsmeßkreis einen Wechselstrom schickt, der zwar keinen Ausschlag am Drehspulinstrument erzeugt, aber doch dessen Stromwege erwärmt. Eine Isolationsmessung zweier Leiter gegeneinander oder eines Leiters gegen Erde ist während des Betriebes nicht möglich, auch darf kein Punkt der Anlage während der Isolations=messung künstlich geerdet sein.

3　Wenn bei diesen Prufungen nicht nur die Isolation zwischen den Leitungen und Erde, sondern auch die Isolation je zweier Leitungen gegeneinander gepruft wird, so sollen alle Gluhlampen, Bogenlampen, Motoren oder andere Strom verbrauchende Apparate von ihren Leitungen abgetrennt, dagegen alle vorhandenen Beleuchtungs-korper angeschlossen, alle Sicherungen eingesetzt und alle Schalter geschlossen sein Reihenstromkreise sollen jedoch nur an einer einzigen Stelle geoffnet werden, die tun-lichst nahe der Mitte zu wahlen ist　Dabei sollen die Isolationswiderstande den Be-dingungen der Regel 4 genugen

4　Der Isolationszustand einer Niederspannungsanlage, mit Ausnahme der Teile unter 5, gilt als angemessen, wenn der Stromverlust auf jeder Teilstrecke zwischen zwei Sicherungen oder hinter der letzten Sicherung bei der Betriebspannung ein Milliampere nicht uberschreitet　Der Isolationswert einer derartigen Leitungsstrecke sowie jeder Verteilungstafel sollte hiernach wenigstens betragen　1000 Ω multipliziert mit der Betriebspannung in V (z B 220 000 Ω fur 220 V Betriebspannung)　Fur Maschinen, Akkumulatoren und Transformatoren wird auf Grund dieser Vorschriften ein be-stimmter Isolationswiderstand nicht gefordert

Beleuchtungskörper, Sicherungen und Schalter enthalten besonders oft schlecht isolierte Stellen. Näheres darüber siehe Erläuterungen von Weber S. 29. Über die Frage der mehr oder weniger weitgehenden Unterteilung einer Anlage bei der Messung des Isolationszustandes siehe auch ETZ 1920, S. 213.

Die Messung des Isolationszustandes von Maschinen, Akkumulatoren und Transformatoren ist hier nicht gefordert, weil sie schon für sich nach besonderer Bestimmung auf Isolation geprüft werden. Angaben darüber sind für die Maschinen in den „Regeln für die Bewertung und Prüfung von elektrischen Maschinen REM 1923" (ETZ 1922, S. 657 und 1442), und zwar in den §§ 48—52 enthalten. Danach soll die Isolation folgenden Spannungsproben unterworfen werden:

1. Wicklungsprobe.
2. Sprungwellenprobe für Wechselstromwicklungen über 2,5 kV.
3. Windungsprobe.

Bei der Wicklungsprobe wird die Isolation von Wicklung gegen Wick-lung und Wicklung gegen Körper mit einer fremden Wechselstromquelle von der Nennfrequenz eine Minute lang geprüft. Die Prüfspannung ist durch nachstehende Tafel für die verschiedenen Wicklungsarten festgelegt.

Spalte	I	II	III	IV
Reihe	Wicklung	Bereich	Prüfspannung in V (der großere der Werte)	
1	Alle Wicklungen mit Aus=nahme von Reihe 4 bis 7	Nennleistung bis 500 W	3 E	2 E + 500
2		Nennleistung größer als 500 W E bis 5000 V	3 E	2 E + 1000
3		E über 5000 V	2 E + 5000	

Spalte	I	II		III	IV
Reihe	Wicklung	Bereich		Prüfspannung in V (der größere der Werte)	
4	Erregerwicklungen von Einankerumformern und Synchronmotoren	mit stets geschlossenem Erregerkreise ohne oder mit Drehstromanlauf		3 E	2 E + 1000
5		mit für den Anlauf unterteilter Erregerwicklung ohne oder mit Drehstromanlauf		10E + 1000	2000
6		mit abschaltbarem Erregerkreise	ohne Drehstromanlauf	10E + 1000	2000
7			mit Drehstromanlauf	20E + 1000	2000

In vorstehender Tafel bedeutet:

1 die Nennspannung der Maschine, bei Feldwicklungen die Nenn-Erregerspannung.

2 bei leitend verbundenen Wicklungen einer oder mehrerer Maschinen die höchste gegen Körper beim Erdschluß eines Poles auftretende Spannung.

3. bei Läuferwicklungen von Asynchronmotoren, die dauernd in einer Richtung umlaufen, die Läuferspannung und bei Umkehr-Asynchronmotoren $1,5 \times$ Läuferspannung

4 bei dauernd mit einem Außenpol geerdeten Maschinen $1,1 \times$ Nennspannung

Die Sprungwellenprobe dient dazu, festzustellen, daß die Windungsisolation gegenüber den im normalen Betriebe auftretenden Sprungwellen ausreicht. Die Prüfung kann im allgemeinen nur im Fabrikprüffelde vorgenommen werden. Einzelheiten darüber gibt der § 51 der REM.

Die Windungsprobe wird bei leerlaufender Maschine durch Erhöhung der angelegten oder erzeugten Spannung (Motor oder Generator) vorgenommen, und zwar gemäß nachstehender Tafel:

Reihe	Wicklungsart	Prüfspannung / Nennspannung
1	Alle Wicklungen mit Ausnahme von Reihe 2	1,3
2	Mehrphasenwicklungen mit nicht lösbaren Verbindungen zwischen verschiedenen Wicklungssträngen	1,5

Die Frequenz bzw. Drehzahl kann entsprechend erhöht werden. Die Prüfdauer beträgt 3 Min.

Bei Transformatoren werden dieselben drei Spannungsproben ausgeführt gemäß §§ 47—50 der „Regeln für die Bewertung und Prüfung von Transformatoren RET 1923[1]).

Bei der Wicklungsprobe wird ein Pol der Stromquelle an die zu prüfende Wicklung, der andere an die Gesamtheit der mit dem Eisen verbundenen anderen Wicklungen gelegt. Die Spannung soll allmählich auf die nachstehend angebenen Werte gesteigert und alsdann eine Minute innegehalten werden.

[1]) ETZ 1922, S. 666 und 1443.

Alle Wicklungen von Transformatoren	Prüfspannung	
	kV	mindestens aber
bis 10 kV	3,25 E	2,5 kV
über 10 kV	1,75 E + 15	—

Bei Trockentransformatoren sind vorstehende Werte um 15% zu erhöhen, wenn die Probe im kalten Zustande vorgenommen wird.

E bedeutet: bei Prüfung gegen Körper

a) bei einzelnen Wicklungen gegen Körper die Nennspannung der Wicklung,
b) bei Wicklungen von Stromtransformatoren bzw. Zusatztransformatoren mit getrennten Wicklungen die Nennspannung des Stromkreises, mit dem die Wicklung in Reihe liegt,
c) bei hintereinandergeschalteten Wicklungen die Summenspannung,
d) bei Regeltransformatoren, bei denen die Unterspannung durch Zu- und Abschalten von Oberspannungswindungen geändert wird, die Spannung, die bei Erreichung der maximalen Unterspannung an der Oberspannungwicklung auftritt,
e) bei dauernd mit einem Außenpol geerdeten Transformatoren (T, SpT, ZT, ST) die 1,1-fache Nennspannung.

Die Sprungwellenprobe kann auch hier nur im Fabrikprüffelde vorgenommen werden, und zwar ist sie vorgeschrieben für Transformatoren mit Nennspannungen von 2,5—60 kV. Die Einzelheiten der Ausführung dieser Probe siehe § 48 der RET.

Die Windungsprobe dient zur Feststellung der ausreichenden Isolationen benachbarter Wicklungsgruppen gegeneinander und zum Auffinden von Wicklungsdurchschlägen, die durch die Sprungwellenprobe eingeleitet sind.

Die Prüfung erfolgt bei Leerlauf, und zwar bei Leistungen bis 1000 kVA durch Anlegen einer Prüfspannung gleich 2 × Nennspannung, bei größeren Leistungen durch Anlegen einer Prüfspannung möglichst gleich 2 × Nennspannung, mindestens jedoch 1,3 × Nennspannung. Die Frequenz kann entsprechend erhöht werden; Prüfdauer 5 Min.

Vor und nach Vornahme der drei Spannungsproben wird empfohlen, die Widerstände der Wicklungen zu messen. Differenzen zwischen den beiden Widerstandsmessungen zeigen das Auftreten von Wicklungsschäden an.

Die Isolationsmessungen an Akkumulatorenbatterien sind nicht einfach durchführbar. Näheres darüber siehe Kalender der Elektrotechniker 1927/28, S. 142. Wenn nur ein ausgeprägter Isolationsfehler vorhanden ist, liefert die Methode von Liebenow annähernd richtige Werte. Man legt zuerst den einen und darauf den anderen Pol der Batterie durch einen Strommesser von möglichst kleinem Widerstand an Erde. Die gemessenen Stromstärken seien J_1 und J_2. Ist E die Klemmspannung der Batterie, so ist der Widerstand $R = \dfrac{E}{J_1 + J_2}$. Unter Verwendung einer Hilfsbatterie kann man bessere Ergebnisse erzielen. Näheres darüber siehe an der angegebenen Stelle des Kalenders für Elektrotechniker.

5 Freileitungen und die Teile von Anlagen, die in feuchten und durchtränkten Räumen, z B in Brauereien, Färbereien, Gerbereien usw, oder im Freien verlegt sind,

brauchen der Regel 4 nicht zu genügen Wo eine größere Anlage feuchte Teile enthält,
sollen sie bei der Isolationsprüfung abgeschaltet sein und die trockenen Teile sollen der
Regel 4 genügen

    In B u T gilt dieses auch für Räume, in denen Tropfwasser auftritt, und für
durchtränkte Grubenräume, vorausgesetzt ist hierbei, daß sich die elektrischen
Einrichtungen sonst in bester Ordnung befinden

    6 Lackierung und Emaillierung von Metallteilen gilt nicht als Isolierung im Sinne
des Berührungsschutzes

*Als Isolierstoffe für Hochspannung gelten faserige oder poröse Stoffe, die mit geeigneter
Isoliermasse getränkt sind, ferner feste feuchtigkeitsichere Isolierstoffe*

    Werkstoffe, wie Holz und Fiber, sollen nur unter Öl und nur mit geeigneter Isolier-
masse getränkt als Isolierstoff angewendet werden (Ausnahme siehe § 12[1]) Die nicht
polierten Flächen von Steinplatten sind durch einen geeigneten Anstrich gegen Feuchtigkeit zu schützen

    In B u T sollen Steinplatten (Marmor, Schiefer und dergleichen) nur unter Öl
Anwendung finden

Über Isolierlacke sind vom staatlichen Materialprüfungsamt ausführliche mechanisch-technologische Untersuchungen durchgeführt worden, die
ETZ 1926, S. 626 veröffentlicht sind. Diese beziehen sich bei getrockneten
Lacken auf die Zerreißfestigkeit und Dehnung der Lackfilme und auf die
Widerstandsfähigkeit gegen Öl und Wasser. Bei flüssigen Lacken beziehen
sie sich auf das spezifische Gewicht, die Viskosität, die Gewichtsänderung
beim Trocknen, die Fluoreszenz, die chemische Analyse und die Röntgen-
analyse. Ferner sei auf die Aufsätze über Isolierlacke von Professor Max
Bottler, ETZ 1917, S. 149 und Dr W. Brauen, Bulletin des Schweiz.
El. Vereins 1926, S. 426, ETZ 1927, S. 440 verwiesen.

Die dauernde Erhaltung eines guten Isolationszustandes einer Anlage
ist von höchster Bedeutung und wird nur möglich sein, wenn bei der Herstellung wirklich zuverlässige Isolierstoffe Verwendung finden. Um nach
dieser Richtung Sicherheit zu haben, sind sowohl vom Verbande deutscher
Elektrotechniker, wie auch von der Technischen Vereinigung von Fabrikanten gummifreier Isolierstoffe, und zwar in gemeinschaftlicher Arbeit
mit dem Staatlichen Materialprüfungsamt in Berlin-Dahlem, eine Reihe
von Bestimmungen aufgestellt worden. Bei dem Installationsmaterial
ist vom VDE festgesetzt, daß nichtkeramische, gummifreie Isolierpreßteile
ein Ursprungszeichen tragen müssen, das den Hersteller erkennen läßt.
Weiter müssen sie eine Klassenbezeichnung besitzen, gemäß der nächstehend
erwähnten Klasseneinteilung der Isolierstoffe. Schließlich müssen sie mit
einem als Warenzeichen eingetragenen Zeichen versehen sein, dessen
Führung vom Staatlichen Materialprüfungsamt den Fabrikanten des
Isolierstoffes nur unter der Bedingung gestattet wird, daß er sich der
laufenden Überwachung durch das genannte Amt unterwirft.

Über die Klassifizierung der Isolierpreßmassen sind ausführliche Angaben ETZ 1923, S. 137 und 1924, S. 730, und 1925, S. 979 abgedruckt;
es sind 10 Klassen festgelegt gemäß nachstehender Tabelle:

Klasse	Wärmebeständigkeit	Biegefestigkeit
I.	mind. 150°	mind. 500 kg/cm²
II.	„ 150°	„ 350 kg/cm², unter 500 kg/cm²
III	„ 150°	„ 200 kg/cm², „ 350 kg/cm²

Klasse	Wärmebeständigkeit		Biegefestigkeit	
IV	mind. 150°		mind. 150 kg/cm²,	„ 200 kg/cm²
V.	„ 150°			„ 150 kg/cm²
VI.	„ 100°, unter 150°		„ 350 kg/cm²	
VII.	„ 65°, „ 100°		„ 250 kg/cm²,	unter 350 kg/cm²
VIII.	„ 45°, „ 65°		„ 125 kg/cm²,	„ 200 kg/cm²
IX	„ „ 45°		„ 125 kg/cm²,	„ 200 kg/cm²
X	funkensichere Isolierstoffe.			

Zur Kennzeichnung der Fabrikate der Mitglieder der Technischen Vereinigung von Fabrikanten gummifreier Isolierstoffe wird das nachstehend wiedergegebene Zeichen verwendet:

Bezüglich der Bedeutung des Überwachungszeichens über die Isolierpreßmaterialien ist Näheres aus ETZ 1925, S. 1585 zu ersehen.

Ferner ist ETZ 1926, S. 867 eine Liste der klassifizierten Isolierpreßmassen vom Staatlichen Materialprüfungsamt veröffentlicht.

Über nicht imprägnierte und imprägnierte faserige elektrische Isolierstoffe ist seitens der Kommission für Isolierstoffe des VDE ein Entwurf bezüglich deren Prüfung aufgestellt worden[1]), der voraussichtlich in kurzer Zeit endgültig in Kraft treten wird. Er betrifft die mechanisch-technologische Prüfung nach folgenden Gesichtspunkten:

1. Bruchfestigkeit und Reißlänge.
2. Bruchdehnung.
3. Ungleichmäßigkeit des Materials in Beziehung auf 1. und 2
4. Wärmefestigkeit.
5. Empfindlichkeit gegen Wasser.
6. Empfindlichkeit gegen Öl.
7. Prüfung auf Gehalt an Säuren und Alkalien.

Vorstehende Prüfungsbestimmungen beziehen sich auf folgende faserigen Isolierstoffe: Zellstoff, Papier, Baumwolle, Seide, Tussah-Seide und Kunstseide.

Bei der Auswahl des Isolierstoffes, der bei Hochspannung verwendet werden soll, ist auch auf die Formgebung Rücksicht zu nehmen. Man bevorzuge solche Formen, die zusammenhängende Feuchtigkeitsschichten vermeiden, wodurch eine Ableitung zwischen Teilen verschiedener Spannung oder zwischen spannungsführenden Teilen und Erde eintreten könnten. Bei der Formgebung ist ferner zu beachten, daß die Ansammlung vermindert und eine leichte Reinigung ermöglicht wird.

C. Maschinen, Transformatoren und Akkumulatoren.

§ 6
Elektrische Maschinen

a) Elektrische Maschinen sind so aufzustellen, daß etwa im Betriebe der elektrischen Einrichtung auftretende Feuererscheinungen keine Entzündung von brennbaren Stoffen der Umgebung hervorrufen können.

---

[1]) ETZ 1925, S. 204.

Zu beachten sind hier auch die Bestimmungen des § 33 c bezüglich Motoren über 1000 V in Betriebsstätten und Lagerräumen mit ätzenden Dünsten, sowie des § 34 a betr. Maschinen in feuergefährlichen Betriebsstätten und Lagerräumen.

In explosionsgefährlichen Betriebsstätten und Lagerräumen dürften nur Maschinen verwendet werden, soweit dafür explosionssichere Bauarten bestehen. Näheres darüber siehe bei dem zu § 35 a Gesagten. In schlagwettergefährlichen Grubenräumen dürfen nur Maschinen Verwendung finden, die den „Vorschriften für die Ausführung von Schlagwetterschutzvorrichtungen an elektrischen Maschinen und Apparaten" des VDE entsprechen. Näheres darüber siehe bei dem zu § 41 b Gesagten.

Über Motoren, die in der Landwirtschaft Verwendung finden, sind besondere Angaben in den „Leitsätzen für die Errichtung elektrischer Starkstromanlagen in der Landwirtschaft" des VDE gemacht worden. Näheres darüber siehe im Teil III unter A § 7.

b) Bei Hochspannung müssen die Körper elektrischer Maschinen entweder geerdet und, soweit der Fußboden in ihrer Nähe leitend ist, mit diesem leitend verbunden sein oder sie müssen gut isoliert aufgestellt und in diesem Falle mit einem gut isolierenden Bedienungsgange umgeben sein

Wie schon bei § 3 d hervorgehoben worden ist, müssen bei Maschinen alle betriebsmäßig keine spannungsführenden Metallteile, die aber in der Nähe von spannungsführenden Teilen liegen, oder mit diesen in Verbindung kommen können, metallisch leitend untereinander und mit der Erdzuleitung verbunden werden.

Beim Abteufbetrieb in Bergwerken unter Tage müssen gemäß § 44 b alle nicht unter Spannung stehenden Metallteile elektrischer Maschinen geerdet sein. Tragbare Elektro-Motoren (z. B. Bohrmaschinen) sollen in Bergwerken unter Tage bei Wechselstrom mit höchstens 70 V Spannung gegen Erde und bei Gleichstrom mit Niederspannung betrieben werden. Nur in trockenen Grubenräumen ist Wechselstrom bis 220 V verkettet zulässig.

c) Die spannungführenden Teile der Maschinen und die zugehörenden Verbindungsleitungen unterliegen nur den Vorschriften über Berührungsschutz nach § 3 a. *Bei Hochspannung müssen auch die mit Isolierstoff bedeckten Teile gegen zufällige Berührung geschützt sein.*

Soweit dieser Schutz nicht schon durch die Bauart der Maschine selbst erzielt wird, muß er bei der Aufstellung durch Lage, Anordnung oder besondere Schutzvorkehrungen erreicht werden

Verschlage für luftgekühlte Motoren müssen so beschaffen und bemessen sein, daß ihre Entzündung ausgeschlossen und die Kühlung der Motoren nicht behindert ist

In feuchten, durchtränkten und ähnlichen Räumen sollen gemäß § 31³ Motoren tunlichst nicht untergebracht werden; läßt sich dieses nicht vermeiden, so soll für besonders gute Isolierung, guten Schutz gegen Berührung und etwaige schädliche Einflüsse Sorge getragen werden. Nicht spannungsführende zugängliche Metallteile sollen gut geerdet werden.

Über die Ausführung der Klemmen elektrischer Maschinen sind Angaben unter DIN VDE 2960 gemacht. Es werden dort die Klemmen in folgender Weise unterschieden:

a) mit Berührungsschutz,
b) mit Schutz gegen Tropf= und Spritzwasser,
c) mit Schutz gegen Überflutung.

In den REM 1923 sind 10 normale Schutzarten für Maschinen vorgesehen, und zwar wie folgt:

1. Offene Maschinen.
2. Geschützte Maschinen.
3. Tropfwassersichere Maschinen.
4. Spritz= oder schwallwassersichere Maschinen.
5. Geschlossene Maschinen mit Rohranschluß.
6. Geschlossene Maschinen mit Mantelkühlung.
7. Geschlossene Maschinen mit Wasserkühlung.
8 Gekapselte Maschinen.
9. Schlagwettergeschützte Maschinen.
10. Maschinen mit schlagwettergeschützten Schleifringen.

Näheres über die Ausführung dieser 10 Schutzarten siehe REM § 19.

In Fabriken, in denen beim Betrieb Staub oder Späne entstehen, sowie in der Landwirtschaft hat sich vielfach der Mißbrauch herausgebildet, nachträglich Schutzkasten aus Holz oder Blech über die Motoren zu setzen. Das ist aber nicht zu empfehlen, da man nicht die Sicherheit hat, daß der Motor dafür gebaut ist, in einem solchen Kasten zu arbeiten. Wenn das nämlich nicht der Fall ist, wird der Motor viel zu warm, weil ja die Wärmeabfuhr behindert ist. Richtiger ist, die Motoren von vornherein in einer, den örtlichen Verhältnissen entsprechenden Schutzart (2—10) ausführen zu lassen.

d) Die äußeren spannungfuhrenden Teile der Maschinen mussen auf feuersicheren Unterlagen befestigt sein

Bezüglich der Klemmen der Maschinen sei auf das vorstehend zu c Gesagte hingewiesen.

e) Elektrische Maschinen mussen ein Leistungsschild besitzen, auf dem die in den §§ 80 und 81 der „Regeln fur die Bewertung und Prufung elektrischer Maschinen (REM/1923)" geforderten Angaben vermerkt sind.

Die §§ 80 und 81 der REM verlangen im wesentlichen folgende Angaben:

1. Hersteller= oder Ursprungszeichen.
2. Modellbezeichnung oder Listennummer.
3. Fertigungsnummer.
4. Zusätzliche Angaben gemäß folgender Tafel.

Spalte	I	II	III	IV
Reihe	Gleichstrom=maschinen	Synchron=maschinen	Asynchron=maschinen	Einanker= u. Kas=kadenumformer
1	Verwendungsart	Verwendungsart	Verwendungsart	Verwendungsart
2	Nennleistung	Nennleistung	Nennleistung	Nennleistung
3	Betriebsart	Betriebsart	Betriebsart	Betriebsart
4	Nennspannung	Nennspannung	Nennspannung Läuferspannung	Nenngleich=spannung Nennwechsel=spannung
5	Nennstrom	Nennstrom	Nennstrom Läuferstrom	Nenngleich=strom Nennwechsel=strom
6	Nenndrehzahl	Nenndrehzahl	Nenndrehzahl	Nenndrehzahl
7	—	Nennfrequenz	Nennfrequenz	Nennfrequenz
8	—	Nennleistungs=faktor	Nennleistungs=faktor	Nennleistungs=faktor
9	Bei Eigen= und Fremderregung Nennerreger=spannung	Bei Eigen= und Fremderregung Nennerreger=spannung	—	Bei Eigen= und Fremderregung Nennerreger=spannung
10	Erregerstrom bei Nennbetrieb bei Generatoren und bei Motoren für Drehzahlregelung	Erregerstrom bei Nennbetrieb	—	Erregerstrom bei Nennbetrieb
11	—	Schaltart der Ständerwicklung	Schaltart der Ständerwicklung	—
12	—	—	Schaltart der Läuferwicklung	Schaltart der Läuferwicklung

Bei Kleinmotoren, das sind hier Motoren bis einschließlich 200 Watt Nennleistung, können die unter 4 aufgeführten zusätzlichen Angaben auf folgende vermindert werden.

Verwendungsart
Nennleistung.
Nennspannung.

Nennstrom.
Nennfrequenz.
Nenndrehzahl

Außer dem zu § 3¹ bezüglich Berührungsschutz und Abdeckungen, sowie zu § 5⁴ Isolationszustand und dem zu vorstehenden Abschnitt c) [Auf=stellung] und e) [Leistungsschild] Gesagten, enthalten die REM 1923 noch eine große Anzahl technischer Einzelheiten betr. die Bewertung und Prüfung von elektrischen Maschinen, von denen nachstehend die grundlegenden ganz kurz behandelt werden sollen, da es für jeden, der elektrische Anlagen baut, wichtig ist, über diese Hauptbestimmungen zum mindesten Bescheid zu wissen. Im übrigen muß natürlich auf den Wortlaut der REM 1923 der ETZ 1922, S. 657 und 1442 abgedruckt ist, verwiesen werden. Weiterhin sei auf die ausführlichen Erläuterungen zu diesen Regeln von G. Dettmar, 6. Aufl. 1925, Verlag Julius Springer, verwiesen. Die wesentlichsten Bestimmungen der REM sind folgende:

Die REM befaßt sich mit nachstehend angeführten Arten von umlaufenden Maschinen und Maschinensätzen:

1. Gleichstromgeneratoren und -motoren.
2. Synchrongeneratoren, -motoren und -phasenschieber.
3. Einankerumformer.
4. Kaskadenumformer.
5. Asynchronmotoren und -generatoren, sowie -umformer.
6. Wechselstrom-Kommutator-Maschinen.

Ausgenommen von der Behandlung sind Bahn- und andere Fahrzeugmotoren.

Die normalen Nennspannungen für Maschinen sind wie folgt festgesetzt:

Gleichstrom			Drehstrom 50 Per/s			Einphasenstrom 16²/₃ Per/s		
Normale Betriebsspannung nach DIN VDE 2	Nennspannung für Generatoren	Nennspannung für Motoren	Normale Betriebsspannung nach DIN VDE 2	Nennspannung für Generatoren	Nennspannung für Motoren	Normale Betriebsspannung nach DIN VDE 2	Nennspannung für Generatoren	Nennspannung für Motoren
110	115	110	125	130	125	220	—	220
220	230	220	220	230	220	380	—	—
440	460	440	380	400	380	6000	6000	6000
—	—	—	500	525	500	15000	15750	15000
—	—	—	3000	3150	3000	—	—	—
—	—	—	5000	5250	5000	—	—	—
—	—	—	6000	6300	6000	—	—	—
—	—	—	10000	10500	10000	—	—	—
—	—	—	15000	15750	15000	—	—	—

Ferner sind die normalen Drehzahlen für Wechselstrommaschinen, gemäß nachstehender Tafel festgelegt, wobei die schräg gedruckten Werte möglichst vermieden werden sollen.

Polzahl	Drehzahl	Polzahl	Drehzahl
2	3000	*28*	*214*
4	1500	32	188
6	1000	*36*	*167*
8	750	40	150
10	600	48	125
12	500	*56*	*107*
16	375	64	94
20	300	*72*	*83*
24	250	80	75

Für Gleichstrommaschinen gelten, soweit wie möglich, die gleichen Drehzahlen.

Als normale Leistungsfaktoren für Generatoren gelten:

1,0 0,8 0,7 0,6.

Sofern nichts anderes angegeben, wird der Nennleistungsfaktor angenommen zu:

0,8 bei Synchron-Generatoren,
1,0 bei Synchron-Motoren und Einanker-Umformern.

Als Erwärmung einer Wicklung gilt der höhere der beiden folgenden Werte:

1 Mittlere Erwärmung, errechnet aus der Widerstandszunahme
2 Örtliche Erwärmung an der heißesten zugänglichen Stelle, gemessen mit dem Thermometer

Spalte	I	II	III	IV	V
Reihe Nr.	Isolierung	Maschinenteil	Grenztemperatur °C	Grenzerwärmung °C	Meßverfahren
1	Faserstoff ungetränkt Klasse I	In Nuten gebettete Wechselstrom-Ständerwicklungen	75	40	
2		Alle anderen Wicklungen mit Ausnahme von Reihe 9 u. 10	85	50	
3	Faserstoff getränkt Klasse II	In Nuten gebettete Wechselstrom-Ständerwicklungen	85	50	
4		Alle anderen Wicklungen mit Ausnahme von Reihe 9 u 10	95	60	
5	Faserstoff in Füllmasse Klasse III	Alle Wicklungen mit Ausnahme von Reihe 9 u. 10	95	60	
6	Lackisolierung (Lackdraht) Klasse IV	Alle Wicklungen mit Ausnahme von Reihe 9 u. 10	95	60	
7	Glimmer und Asbestpräparate Klasse V	Alle Wicklungen mit Ausnahme von Reihe 9 u. 10	115	80	
8	Rohglimmer, Porzellan und feuerfeste Stoffe Klasse VI	Alle Wicklungen mit Ausnahme von Reihe 9 u. 10	Nur beschränkt durch den Einfluß auf benachbarte Isolierteile		
9	Isolierung Klasse I bis VI	Einlagige blanke Feldwicklungen mit Papier-Zwischenlagen	100	65	
10		Dauernd kurzgeschlossene Wicklungen	5° mehr als Reihe 1 bis 7		

Widerstandszunahme. Nachprüfung durch Thermometer

Spalte	I	II	III	IV	V
Reihe Nr.	Isolierung	Maschinenteil	Grenztemperatur °C	Grenzerwärmung °C	Meßverfahren
11	unisoliert	Dauernd kurzgeschlossene Wicklungen	Nur beschränkt durch den Einfluß auf benachbarte Isolierteile		Thermometer
12	—	Eisenkern ohne eingebettete Wicklungen			
13	—	Eisenkern mit eingebetteten Wicklungen	Wie Reihe 1 bis 7		
14	—	Kommutator und Schleifringe	95	60	
15	—	Lager	80	45	
16	—	Alle andere Teilen	Nur beschränkt durch den Einfluß auf benachbarte Isolierteile		

Wenn die Widerstandsmessung untunlich ist, so wird die Thermometermessung allein angewendet.

Die Erwärmung t in $°C$ von Kupferwicklungen wird nach folgenden Formeln der Widerstandszunahme berechnet, in denen

T_{kalt} die Temperatur der kalten Wicklung,

R_{kalt} den Widerstand der kalten Wicklung,

R_{warm} den Widerstand der warmen Wicklung

bedeutet:

1. bei Maschinen für Dauer- und aussetzenden Betrieb

$$t = \frac{R_{\text{warm}} - R_{\text{kalt}}}{R_{\text{kalt}}} (235 + T_{\text{kalt}}) - (T_{\text{Kuhlmittel}} - T_{\text{kalt}}),$$

2. bei Maschinen für kurzzeitigen Betrieb

$$t = \frac{R_{\text{warm}} - R_{\text{kalt}}}{R_{\text{kalt}}} (235 + T_{\text{kalt}}),$$

wobei die Werte R_{kalt} und T_{kalt} für den Beginn der Prüfung gelten. Was als Temperatur des Kuhlmittels anzunehmen ist, ist in § 37 der REM im einzelnen festgelegt, während in § 39 derselben die höchst zulässigen Grenzwerte von Temperatur und Erwärmung, gemäß nachstehender Tafel zusammengestellt sind.

Maschinen für Dauerbetrieb müssen in betriebswarmem Zustande während 2 Min. den 1,5fachen Nennstrom ohne Beschädigung oder bleibender Formänderung aushalten. Motoren müssen bei Nennspannung Wechselstrommotoren auch bei Nennfrequenz mindestens folgende Kippmomente entwickeln können.

1. Motoren für Dauer- und kurzzeitigen Betrieb: Kippdrehmoment $\geq 1{,}6 \times$ Nenndrehmoment.
2. Motoren für aussetzenden Betrieb: Kippdrehmoment $\geq 2 \times$ Nenndrehmoment.

Maschinen und Kommutator müssen bei jeder Belastung von Leerlauf bis Nennleistung praktisch funkenfrei arbeiten. Bei der Überlastungsprobe müssen sie derartig kommutieren, daß weder die Betriebsfähigkeit von Kommutator und Bürsten beeinträchtigt wird, noch Rundfeuer auftritt.

Wechselstrommotoren sollen bei Nennspannung und Nennfrequenz mit dem zugehörigen Anlasser in jeder Läuferstellung beim Anzuge und während des ganzen Anlaufes ein Drehmoment (Anlaufmoment) entwickeln, das mindestens 0,3 mal Nenndrehmoment ist.

Als Kurzschlußdauerstrom eines Generators gilt der Strom, der sich bei Klemmenkurzschluß der Maschine und der dem Nennbetriebe entsprechenden Erregung einstellt.

Als Stoßkurzschlußstrom gilt der höchste Augenblickswert des Stromes, der bei plötzlichem Klemmenkurzschluß der auf Nennspannung erregten Maschine im ungünstigsten Schaltaugenblick auftreten kann. Der Stoßkurzschlußstrom von Synchronmaschinen soll das 15fache des Scheitelwertes des Nennstromes nicht überschreiten.

Hinsichtlich des Wirkungsgrades unterscheidet man:

1. Den direkt gemessenen.
2. Den indirekt gemessenen.

Bei Gewährleistungen ist das Meßverfahren anzugeben; sofern nicht anders vereinbart, ist unter Wirkungsgrad der indirekt gemessene zu verstehen. Die direkte Messung des Wirkungsgrades ist bei Maschinen mit mehr als 80% Wirkungsgrad unzweckmäßig.

Der direkt gemessene Wirkungsgrad wird nach einem der folgenden Verfahren ermittelt:

1. Leistungsmeßverfahren.
2. Bremsverfahren.
3. Belastungsverfahren.

Der indirekt gemessene Wirkungsgrad wird nach einem der beiden nachstehenden Verfahren ermittelt:

I Rückarbeitsverfahren zur Messung des gesamten Verlustes.
II Einzelverlustverfahren.

Bei den Einzelverlustverfahren werden folgende Verluste unterschieden:

1. Leerverluste:
 A Verluste im Eisen und in der Isolierung (Eisenverluste).
 B Verluste durch Lüftung, Lager- und Bürstenreibung (Reibungsverluste).
2. Erregerverluste bei Maschinen mit besonderer Erregerwicklung:
 C Stromwärmeverluste in Nebenschluß- und fremderregten Erregerkreisen.
 D Übergangsverluste an den Erreger-Schleifringen.
3. Lastverluste:
 E Stromwärmeverluste in Anker- und Reihenschlußwicklungen.
 F Übergangsverluste an Kommutatoren und Schleifringen, die Laststrom führen.
 G Zusatzverluste, d. s. alle oben nicht genannten Verluste.

Die nachstehenden Tafeln zeigen die Aufteilung der Verluste.

<table>
<tr><td colspan="3" align="center">Verlustverteilung bei Maschinen mit
besonderer Erregerwicklung:</td></tr>
</table>

Gesamtverlust					
Leerlaufverlust			Belastungsverlust		
Leer= verlust		Erreger= verlust		Last= verlust	
A	B	C	D	E	F	G

Verlustverteilung bei Maschinen ohne besondere Erregerwicklung:

Gesamtverlust			
Leerlaufverlust		Belastungsverlust	
Leerverlust		Lastverlust	
A	B	E	F	G

Über die Leerverluste, die Erregerverluste und die Zusatzverluste geben die §§ 59—63 der REM noch eingehende Unterlagen.

Die Maschinen sollen bei Nennleistung und Nennfrequenz, Generatoren auch bei Nenndrehzahl und Nennleistungsfaktor eine Spannung entwickeln oder mit ihr betrieben werden können, die bis zu $\pm$ 5% von der Nennspannung abweicht, ohne daß bei den Grenzwerten der Spannung die Erwärmungsgrenzen um mehr als 5° C überschritten werden.

Generatoren müssen so reichlich bemessen sein, daß sie bei den Nennwerten von Drehzahl und Leistungsfaktor und Erregerspannung bei 25% Stromüberlastung im betriebswarmen Zustande die Nennspannung erzeugen können.

In den §§ 70—75 der REM ist festgelegt, was unter Spannungsänderung zu verstehen ist, und wie sie anzugeben und zu messen ist. Ebenso sind in den §§ 76—78 Angaben über Drehsinn und Drehzahländerung gemacht.

Gemäß nachstehender Tafel müssen die verschiedenen Maschinengattungen einer Schleuderprobe während 2 Min. unterworfen werden.

Reihe	Maschinengattung	Schleuderdrehzahl
1	Generatoren außer Reihe 2 u. 3	1,2 $\times$ Nenndrehzahl
2	Generatoren für Wasserturbinenantrieb	1,8 $\times$ Nenndrehzahl
3	Generatoren für Dampfturbinenantrieb	1,25 $\times$ Nenndrehzahl
4	Einanker= und Kaskadenumformer	1,2 $\times$ Nenndrehzahl
5	Motoren für gleichbleibende Drehzahl	1,2 $\times$ Leerlaufdrehzahl
6	Motoren mit Drehzahlstufen	1,2 $\times$ höchste Leerlaufdrehzahl
7	Motoren mit Drehzahlregelung	1,2 $\times$ höchste Leerlaufdrehzahl
8	Motoren mit Reihenschlußverhalten	1,2 $\times$ der auf dem Schild gestempelten Höchstdrehzahl, mindestens aber 1,5 $\times$ Nenndrehzahl

Bei Dampfturbinen ist ein Dampfschnellschlußventil anzuwenden, das bei 10% Überschreitung der Nenndrehzahl anspricht.

Für eine Reihe von Bestimmungen ist die höchste zulässige Abweichung des festgestellten Wertes von dem gewährleisteten Werte, d. h. eine

Toleranz festgelegt. Sie soll die unvermeidlichen Ungleichmäßigkeiten in der Beschaffenheit der Rohstoffe, Ungenauigkeiten in der Fertigung und Meßfehler decken. Solche Toleranzen sind gemäß § 87 der REM festgelegt für:

Drehzahlen.

Wirkungsgrad.

Leistungsfaktor.

Spannungsänderung.

Stoßkurzschlußstrom.

Dauerkurzschlußstrom.

Kippmoment.

Anlaufmoment.

Es sei hier nochmals besonders hervorgehoben, daß Motoren und Maschinen für Bahnzwecke in diesem Wegweiser nicht behandelt sind, so daß auf die für solche Maschinen besonders aufgestellten REB 1925 nicht eingegangen wird.

Die „Leitsätze für den Schutz elektrischer Anlagen gegen Überspannungen"[1] schreiben für Generatoren, die auf Netze großer Kapazität arbeiten, vor, daß sie mit einer ausreichenden Querfelddämpfung (z. B. mit Dämpferkäfigen) versehen sein sollen, um eine Bekämpfung der bei einphasigem Kurzschluß auftretenden Überspannungen zu erreichen. Bezüglich der Verwendung von Schutzschaltern bei Maschinen ist folgendes angegeben:

Bei Asynchronmaschinen ist ein Schutzwiderstand zu empfehlen bei Spannungen über 3 kV, falls die Leistung in kW zahlenmäßig kleiner ist als $10\,E^2$ bei Dreiphasen- und $6\,E^2$ bei Einphasenmotoren, wobei E die Nennspannung in kV ist.

Der Schutzwiderstand soll vor allem die Sprungwellen, die die Windungsisolation beim Einschalten beanspruchen, vermindern.

Der Ohmwert des Schutzwiderstandes für jeden Pol soll sein:

$$R = 4\,\frac{E'}{J_N}\,\Omega,$$

wobei E' die Spannung je Pol und J_N der Nennstrom des Motors ist.

Im Gegensatz zu vorstehender Empfehlung sind bei Kurzschlußläufermaschinen mit synchroner Einschaltung und bei Leistungen über 200 kW für 50 Per/s stets Schutzwiderstände zu verwenden; bei geringerer Frequenz für eine proportional kleinere Grenzleistung.

Die Schutzwiderstände sollen die Stoßströme, die die Wicklung beim Einschalten mechanisch zerstören können, abschwächen. Da diese Ströme langsam abklingen, so muß der Widerstand ausreichend lange eingeschaltet bleiben.

Als Wert des Schutzwiderstandes für jeden Pol wird empfohlen:

$$R = 0{,}2\,\frac{E'}{J_N}\,\Omega,$$

wobei E' die Spannung je Pol und J_N der Nennstrom des Motors ist.

Der Läuferkreis von Asynchrommaschinen muß (gemäß § 42 der REA) beim Abschalten für Motoren aller Leistungen und Spannungen

---

[1] ETZ 1925, S. 472, 942 und 1526

stets geschlossen bleiben, da sonst durch das Abschalten des Magnetfeldes starke Überspannungen in der Ständerwicklung entstehen.

Als Höchstwert des Widerstandes für den Läuferkreis beim Abschalten empfiehlt sich:

$$R = 4\,\frac{E'}{J_{\text{läufer}}}\,\Omega,$$

wobei R der Widerstand für jeden Pol, E' die Läuferspannung je Pol und $J_{\text{läufer}}$ der Läuferstrom bei Nennleistung ist.

Der Schutzschalter im Ständer wird durch den geschlossenen Läuferkreis nicht entbehrlich.

Für die Anlasser und Steuergeräte der elektrischen Maschinen bestehen ausführliche Bestimmungen des VDE, und zwar die „Regeln für die Bewertung und Prüfung von Anlassern und Steuergeräten" REA 1925, die ETZ 1922, S. 627 und 1924, S. 600 und 1068 abgedruckt sind. In ETZ 1922, S. 341 sind dazu Erläuterungen von Dr.-Ing. Natalis erschienen. Diese Regeln gelten für:

<table>
<tr><td>1. Anlasser.</td><td>3. Regler.</td></tr>
<tr><td>2. Anlaßschalter.</td><td>4. Hilfsschalter</td></tr>
</table>

und zwar für Maschinen für Dauerbetrieb. Für aussetzenden Betrieb bestehen besondere „Regeln für die Bewertung und Prüfung von Steuergeräten, Widerstandsgeräten und Bremslüftern für aussetzenden Betrieb REA 1926", die ETZ 1925, S. 356, 1017 und 1526 und 1926, S. 539 veröffentlicht sind. Sie gelten für:

1. Steuergeräte.
2. Widerstandsgeräte.
3. Bremslüfter.

Für die sogenannten Handapparate sind vom VDE „Leitsätze für die Konstruktion und Prüfung elektrischer Starkstrom-Handapparate für Niederspannungsanlagen (ausschließlich Koch- und Heizgeräte) aufgestellt worden, die ETZ 1924, S. 71 und 478 veröffentlicht sind. Sie gelten für Massageapparate, Heißluftapparate, Tischventilatoren, Haushaltungsmotoren und Staubsauger und werden bei § 15c eingehend behandelt.

Bei Elektrizitätswerken für die die Normalanschlußvorschriften der Vereinigung der Elektrizitätswerke gelten, sind auch die Bestimmungen zu beachten, die in § 15 dieser Normalanschlußvorschriften über die Zulässigkeit von Anlassern und Sterndreieckschaltern zum Anlassen von kleinen Motoren gemacht sind. Diese Angaben sind in Teil IV dieses Buches unter H abgedruckt. Ebenso sind dort Angaben gemacht, welche Vorrichtungen bei Motoren, die ohne Wartung arbeiten, vorzusehen sind mit Rücksicht auf das Ausbleiben und die Wiederkehr der Netzspannung.

Für eine Reihe von elektrisch betriebenen Maschinen und Werkzeugen sind besondere Bestimmungen vom VDE aufgestellt worden. Es sind dies:

Regeln für die Bewertung und Prüfung von Handbohrmaschinen (ETZ 1926, S. 568 und 862).

Regeln für die Bewertung und Prüfung von Hand= und Support=Schleifmaschinen
(ETZ 1924, S. 105, 600 und 1068; 1925, S. 787 und 1526).
Regeln für die Bewertung und Prüfung von Schleif= und Poliermaschinen (ETZ
1926, S. 569 und 862).

Die vorstehenden drei Regeln werden gleichfalls bei § 15c noch eingehend
behandelt.

Zur Vereinfachung der Ausführung von Maschinenschaltungen sind
vom VDE „Normen für die Bezeichnung von Klemmen bei Maschinen,
Anlassern, Reglern und Transformatoren" aufgestellt worden, die seit
dem 1. Juli 1909 in Geltung sind[1]). Darin wird empfohlen, bei den Ma=
schinen und den dazu gehörenden Apparaten einheitliche Bezeichnungen
an den Klemmen anzubringen. Für die wichtigsten Arten von Gleich= und
Wechselstrommaschinen sind diese Bezeichnungen festgelegt. Einige Bei=
spiele seien nachstehend wiedergegeben.

Gleichstromgeneratoren und =motoren.

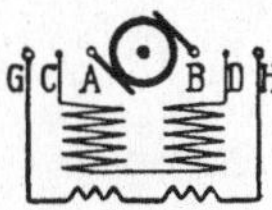

Mit Nebenschluß=
Wicklung

Mit Reihenschluß=
Wicklung

Mit Verbund=
Wicklung

Mit Nebenschluß=
und Wendepol=
Wicklung

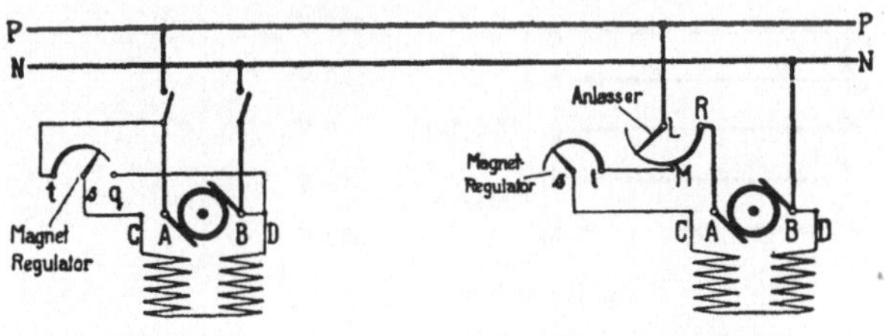
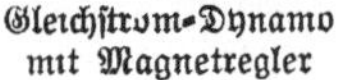
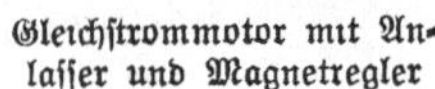

Gleichstrom=Dynamo
mit Magnetregler

Gleichstrommotor mit An=
lasser und Magnetregler

Dreileiter=
Gleichstrom=
Dynamo

Wechselstromgeneratoren und =motoren.

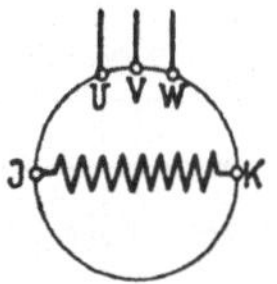
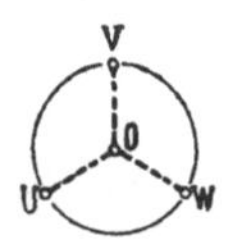
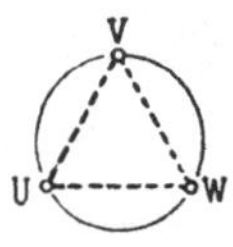

Drehstromgenerator und Synchronmotor.

[1]) ETZ 1908, S. 874 und 1909, S. 506.

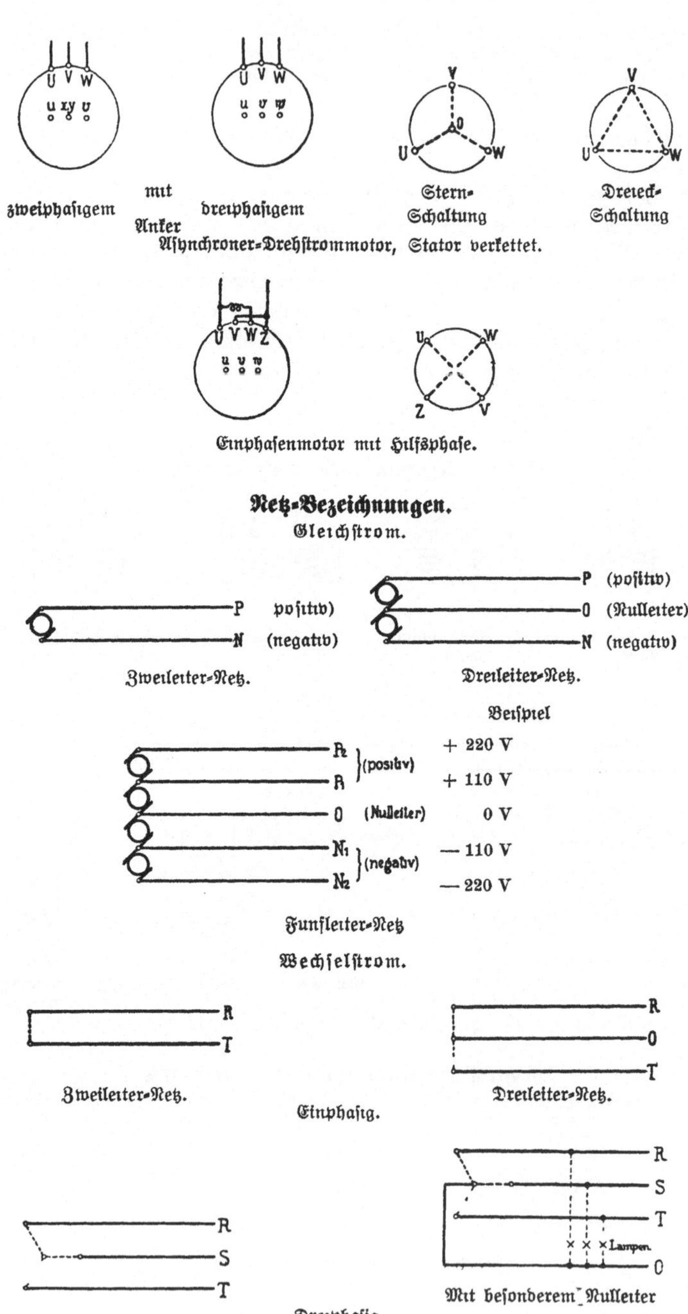

Netz-Bezeichnungen.

Gleichstrom.

Wechselstrom.

Regeln für die Bewertung und Prüfung von Hand= und Support=Schleifmaschinen
  (ETZ 1924, S. 105, 600 und 1068; 1925, S. 787 und 1526).
Regeln für die Bewertung und Prüfung von Schleif= und Poliermaschinen (ETZ
  1926, S. 569 und 862).

Die vorstehenden drei Regeln werden gleichfalls bei § 15c noch eingehend
behandelt.

Zur Vereinfachung der Ausführung von Maschinenschaltungen sind
vom VDE „Normen für die Bezeichnung von Klemmen bei Maschinen,
Anlassern, Reglern und Transformatoren" aufgestellt worden, die seit
dem 1. Juli 1909 in Geltung sind[1]). Darin wird empfohlen, bei den Maschinen und den dazu gehörenden Apparaten einheitliche Bezeichnungen
an den Klemmen anzubringen. Für die wichtigsten Arten von Gleich= und
Wechselstrommaschinen sind diese Bezeichnungen festgelegt. Einige Beispiele seien nachstehend wiedergegeben.

Gleichstromgeneratoren und =motoren.

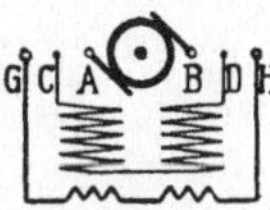

Mit Nebenschluß=
Wicklung

Mit Reihenschluß=
Wicklung

Mit Verbund=
Wicklung

Mit Nebenschluß=
und Wendepol-
Wicklung

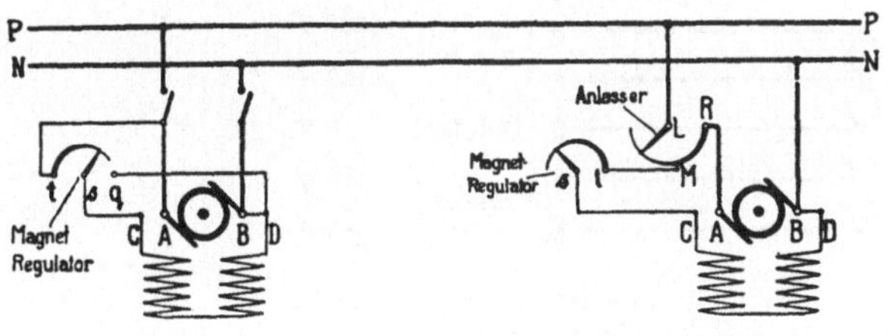
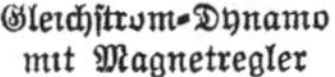

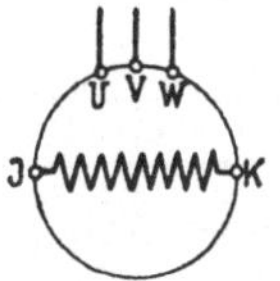
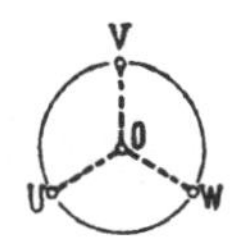
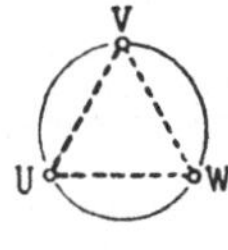

Gleichstrom=Dynamo
mit Magnetregler

Gleichstrommotor mit An-
lasser und Magnetregler

Dreileiter-
Gleichstrom-
Dynamo

Wechselstromgeneratoren und =motoren.

Drehstromgenerator und Synchronmotor.

---

[1]) ETZ 1908, S. 874 und 1909, S. 506.

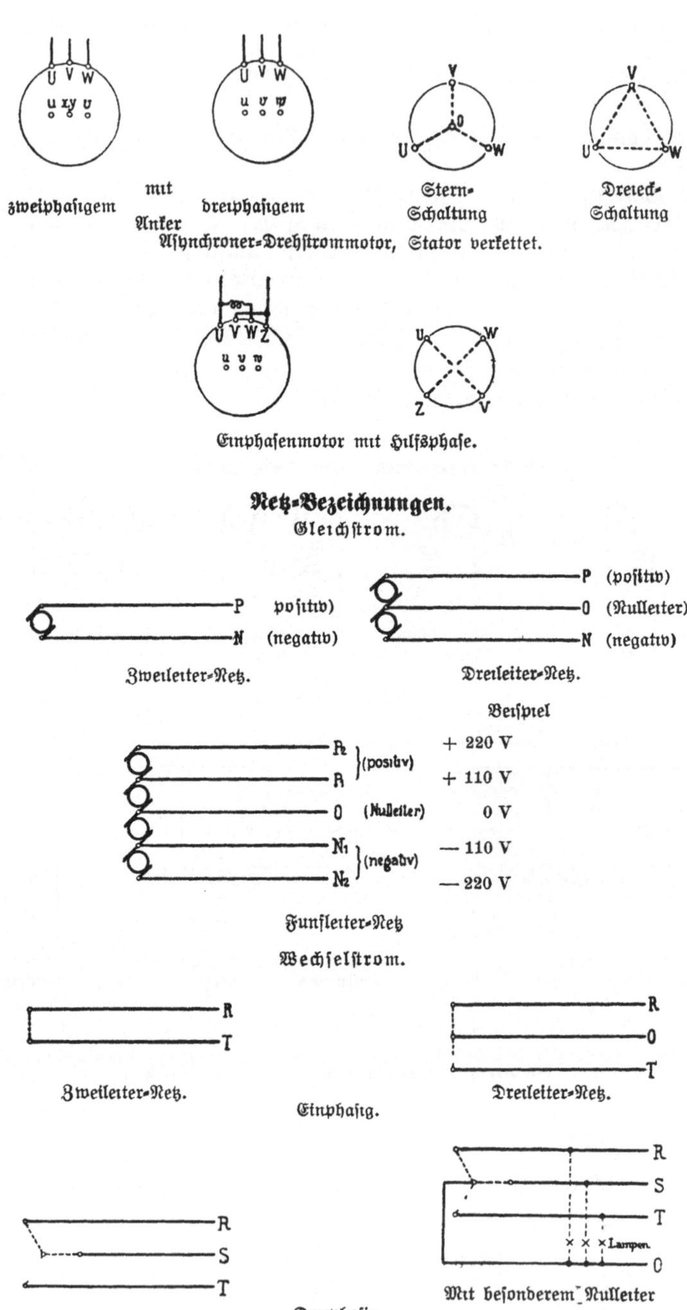

Asynchroner-Drehstrommotor, Stator verkettet.

Einphasenmotor mit Hilfsphase.

Netz-Bezeichnungen.

Gleichstrom.

Zweileiter-Netz.   Dreileiter-Netz.

Beispiel

Fünfleiter-Netz

Wechselstrom.

Zweileiter-Netz.   Dreileiter-Netz.

Einphasig.

Dreiphasig   Mit besonderem Nulleiter

| Normale Leistung | | Kurzschlußanker | | | | | | Schleifringanker | | | | | | Normale Leistung | |
| | | Leistungsfaktor für Umdr/min | | | | | | Leistungsfaktor für Umdr/min | | | | | | | |
kW	PS	3000	1500	1000	750	600	500	3000	1500	1000	750	600	500	kW	PS
0,125	0,17	0,78	0,70	0,66										0,125	0,17
0,2	0,27	0,80	0,73	0,69	0,6									0,2	0,27
0,33	0,45	0,82	0,76	0,71	0,64									0,33	0,45
0,5	0,7	0,84	0,79	0,73	0,67									0,5	0,7
0,8	1,1	0,86	0,80	0,75	0,70									0,8	1,1
1,1	1,5	0,87	0,82	0,77	0,72					0,71	0,66			1,1	1,5
1,5	2	0,88	0,83	0,78	0,74				0,8	0,74	0,69			1,5	2
2,2	3	0,89	0,85	0,80	0,76			0,86	0,82	0,76	0,72			2,2	3
3	4	0,89	0,86	0,81	0,78			0,86	0,83	0,78	0,75			3	4
4	5,5	0,89	0,87	0,82	0,80			0,86	0,84	0,80	0,77			4	5,5
5,5	7,5	0,89	0,87	0,84	0,82			0,87	0,84	0,82	0,79			5,5	7,5
7,5	10	0,89	0,87	0,85	0,83	0,81		0,87	0,85	0,83	0,81	0,79		7,5	10
11	15	0,89	0,87	0,85	0,84	0,82	0,79	0,88	0,86	0,84	0,82	0,80	0,77	11	15
15	20	0,89	0,87	0,85	0,84	0,82	0,79	0,89	0,87	0,85	0,84	0,81	0,78	15	20
22	30	0,90	0,88	0,86	0,85	0,82	0,79	0,90	0,88	0,86	0,85	0,82	0,79	22	30
30	40	0,90	0,89	0,87	0,86	0,83	0,80	0,90	0,89	0,87	0,86	0,83	0,81	30	40
40	55	0,90	0,90	0,88	0,87	0,84	0,81	0,90	0,90	0,88	0,87	0,84	0,82	40	55
50	68	0,91	0,90	0,88	0,87	0,85	0,82	0,91	0,90	0,88	0,87	0,85	0,83	50	68
61	87	0,91	0,90	0,89	0,88	0,86	0,83	0,91	0,90	0,89	0,88	0,86	0,84	64	87
80	110	0,91	0,90	0,89	0,88	0,86	0,85	0,91	0,90	0,89	0,88	0,86	0,85	80	110
100	136	0,91	0,90	0,89	0,88	0,86	0,85	0,91	0,90	0,89	0,88	0,86	0,85	100	136

Um bezüglich der Bedingungen für den Anschluß von Motoren an öffentliche Elektrizitätswerke eine Einheitlichkeit zu erreichen und Störungen in den Netzen tunlichst zu vermeiden, sind vom Verband deutscher Elektrotechniker in Gemeinschaft mit der Vereinigung der Elektrizitätswerke „Normal-Bedingungen für den Anschluß von Motoren an öffentliche Elektrizitätswerke" aufgestellt worden, deren neuester Wortlaut seit dem 1. Januar 1923 in Kraft ist. Sie gelten für Motoren bis einschließlich 100 kW und bis 500 V. Der Anschluß größerer Motoren, sowie solcher, die besondere Schwierigkeiten machen können, wie Kran- und Aufzugsmotoren, besonders langsam laufende Drehstrommotoren, Synchronmotoren und Motoren mit besonders schweren Anlaufsverhältnissen oder sonstige abnormalen Bauarten unterliegen besonderer Vereinbarung mit dem betreffenden Werke. In diesen Bestimmungen ist hauptsächlich das Verhältnis des Anlaßspitzenstromes zum Nennstrom nach oben hin begrenzt. Dieses Verhältnis soll nicht überschreiten:

bei Gleichstrommotoren von	1,5—5 kW den Wert 1,75	
	5—100 kW „ „ 1,6	
„ Drehstrommotoren mit Schleifringanker	1,5—5 kW „ „ 1,75	
	5—100 kW „ „ 1,6	
„ Drehstrommotoren mit Kurzschlußanker		
„ 3000 und 1500 Umdrehungen von .	1,5—15 kW „ „ 2,4	
„ 1000 und 750 Umdrehungen von	1,5—15 kW „ „ 2,1	
„ 600 und 500 Umdrehungen von .	1,5—15 kW „ „ 1,7	

In Niederspannungsverteilungsnetzen sind Kurzschlußmotoren im allgemeinen bis 4 kW zulässig, wenn das zu überwindende Drehmoment nicht größer ist, als ein Drittel des normalen. In Anlagen, die durch einen besonderen Transformator gespeist werden, sind unter Umständen Kurzschlußmotoren bis 15 kW zulässig.

Für den Leistungsfaktor von Drehstrommotoren müssen bestimmte Werte eingehalten werden. Näheres hierüber siehe auf Tafel S. 53.

Über elektrische Maschinen sind vom VDE eine große Anzahl von Normenblättern aufgestellt worden, die technische Einzelheiten zur Vereinheitlichung von Leistungsangaben, Abmessungen usw. enthalten. Sie sind nachstehend aufgeführt:

DIN VDE	Aufschrift	Veröffentlicht ETZ	Letzte Ausgabe
	Gleichstrom		
1999	Gleichstrommaschine, Normenübersicht	1926, S. 139	VII 26.
2000	Offene Gleichstrommotoren. Leistungsangaben	1922, S. 552	VI 23.
2001	Offene Gleichstrommotoren mit Drehzahlregelung. Leistungsangaben	1922, S. 553	VI 23.
2010	Gleichstrom-Kranmotoren mit Reihenschlußwicklung. Geschlossene Ausführung. Normale Leistungen und Drehzahlen	1924, S. 287	XI. 24.
2050	Offene Gleichstromgeneratoren. Leistungsangaben	1923, S. 1045	IV 24.

DIN VDE	Aufschrift	Veröffentlicht ETZ	Letzte Ausgabe
2051	Offene Gleichstromgeneratoren für Antrieb durch Drehstrommotoren. Leistungsangaben	1923, S. 1046	IV. 24.
2100	Gleichstrommotoren nach DIN VDE 2000 u. 2001. Zuordnung der Wellenstümpfe und Riemenscheiben zu den Leistungen	1923, S. 884	IV 24.
2105	Gleichstrom-Kranmotoren. Zuordnung der Wellenstümpfe zu den Leistungen	1924, S. 287	XI 24.
	Drehstrom		
2649	Drehstrommotoren, Normenübersicht	1926, S. 140	VII 26
2650	Offene Drehstrommotoren mit Kurzschlußläufer. Leistungsangaben	1922, S. 555	VI 23.
2651	Offene Drehstrommotoren mit Schleifringläufer. Leistungsangaben	1922, S. 556	VI 23.
2652	Drehstrommotoren für unterirdische Wasserhaltungen		
Bl. 1, 2		1922, S. 481/82	III 23.
Bl. 3		1923, S. 855	IV 24.
2660	Drehstrom-Kranmotoren mit Schleifringläufer. Geschlossene Ausführung. Normale Leistungen	1924, S. 169	XI. 24.
2700	Drehstrommotoren nach DIN VDE 2650 u. 2651. Zuordnung der Wellenstümpfe und Riemenscheiben zu den Leistungen	1923, S. 884	IV 24.
2701	Drehstrom-Kranmotoren. Zylindrische Wellenstümpfe	1924, S. 170	XI 24.
2702	Drehstrom-Kranmotoren. Kegelige Wellenstümpfe	1924, S. 171	XI 24.
	Zubehör und Allgemeines (unabhängig von der Stromart)		
2900	Flachkohlenbürsten für Kommutatoren und		
Bl. 1, 2	Schleifringe	1923, S. 854	I 24.
2905	Bürstenbolzen, blank u. isoliert, Durchmesser	1923, S. 1048	IV 26.
2910	Wellenstümpfe für elektrische Maschinen	1923, S. 884	IV 24.
2923	Elektrische Maschinen auf Spannschienen. Verschiebung	1924, S. 254	XI 24.
2930	Räderübersetzungen für Elektromotoren nach DIN VDE 2000, 2001, 2650, 2651	1923, S. 1048	IV 24.
2939	Maßbezeichnungen elektrischer Maschinen	1924, S. 171	XI 24.
2940	Achshöhen elektrischer Maschinen	1923, S. 1048	IV 24.
2941	Vertikal-, Kran- und Pumpenmotoren. Befestigungsflansche	1924, S. 476	XI 24.
2950	Formen elektrischer Maschinen	1923, S. 937	IV 24.
2960	Klemmen für elektrische Maschinen von 1,1 bis 250 kW, 3000 bis 5000 Umdr/min und Spannungen bis 12000 V	1923, S. 1047	IV. 24.
2961	Elektrische Maschinen. Leistungsschilder. Richtlinien	1924, S. 1419	IV 25.
2965	Schleifringe für elektrische Maschinen	1923, S. 1048	V 24.

Aus einigen dieser Normenblätter seien nachstehend einige Angaben über Drehzahl, Leistung und Wirkungsgrade der Normalmaschinen gemacht. Letztere sind wertvoll für die Berechnung der Stromstärken der mit den Maschinen in Verbindung stehenden Leitungen. Bei den offenen Gleichstrommotoren (DIN VDE 2000) läßt sich die Drehzahl durch Feldschwächung um 15% bei gleichbleibender Leistung erhöhen. Die angegebenen Wirkungsgrade gelten bei den Größen 1—7 für 110, 220 und 440 V, bei den Größen 8—23 für 220 und 440 V; bei 110 V sind die Wirkungsgrade 1% niedriger.

Offene Gleichstrommotoren DIN VDE 2000.

Größe	n	kW	$\eta\%$
1	1400	0,125	64
	2000	0,2	67
	2800	0,25	68
2	910	0,125	59
	1400	0,2	66
	2000	0,3	69
	2800	0,4	70
3	920	0,2	62
	1400	0,33	69
	2000	0,45	71
	2800	0,7	73
4	920	0,3	65
	1400	0,5	71
	2000	0,7	74
	2800	1	75
5	930	0,5	68
	1410	0,8	74
	2000	1,1	76
	2825	1,5	77
6	930	0,7	70
	1410	1,1	75
	2000	1,5	77
	2825	2,2	78
7	935	1	72
	1410	1,5	77
	2000	2,2	79
	2825	3	80
8	935	1,4	74
	1420	2,2	78
	2000	3	80,5
	2850	4	81

Größe	n	kW	$\eta\%$
9	940	1,8	75
	1420	3	80
	2000	4	81,5
	2850	5,5	82
10	940	2,4	77
	1430	4	81
	2000	5,5	82,5
11	950	3,3	78
	1430	5,5	82
	2000	7,5	83,5
12	950	4,5	79,5
	1440	7,5	83
	2000	10	84
13	950	7	81,5
	1440	11	84
14	460	4,5	75,5
	550	6	78,5
	700	7,5	81
	950	11	83
	1150	14	84,5
	1440	17	85,5
15	460	6	77,5
	550	8,5	80,5
	700	11	82,5
	950	15	84,5
	1150	20	86
	1450	23	86,5
16	460	8,5	79,5
	560	12	82
	710	15	84
	960	22	86
	1160	26	87
	1450	32	87,5

Größe	n	kW	$\eta\%$
17	465	12	81
	560	16	83,5
	710	22	85,5
	960	30	87
	1160	36	88
	1460	45	88
18	470	17	82,5
	565	22	85
	715	30	86,5
	965	40	88
	1160	50	88,5
	1460	64	88,5
19	470	22	83,5
	570	30	86
	720	40	87,5
	970	50	89
	1170	64	89
20	470	30	85
	570	40	87
	720	50	88,5
	970	64	89,5
	1170	80	89,5
21	475	40	86
	570	50	88
	720	64	89
	970	80	90
	1170	100	90
22	475	50	87
	575	64	88,5
	725	80	89,5
	975	100	90,5
23	475	64	87,5
	575	80	89
	725	100	90
	975	125	91

Bei den offenen Gleichstromgeneratoren (DIN VDE 2050) gelten die Wirkungsgrade bei den Größen 4—7 für 115 und 230 V bzw. 115/160 und

230/320 V. Bei den Größen 8—23 für 230 und 460 V bzw. 230/320 V; bei 115 bzw. 115/160 V sind sie um 1% niedriger.

Offene Gleichstromgeneratoren DIN VDE 2050.

Größe	n bei: konst. Spg.	n bei: Lade-spg.	kW	η %	Große	n bei: konst. Spg.	n bei: Lade-spg.	kW	η %
4	~3000	—	0,8	75	16	1000	1230	18,5	84,5
						1290	1580	26	86,5
5	2000	—	0,8	74		1520	—	30	87
	~3000	—	1,15	77		1840	—	37	87,5
6	~1500	—	0,8	71	17	990	1220	26	86
	2000	—	1,2	76		1280	1570	35	87,5
	~3000	—	1,75	79		1510	—	42	88
						1830	—	50	88
7	~1500	—	1,1	73	18	810	1000	26	85
	2000	—	1,7	78		980	1200	35	87
	~3000	—	2,4	80		1270	1550	45	88,5
						1510	—	57	88,5
8	~1500	1700	1,65	75	19	800	990	36	86
	1950	—	2,5	79,5		970	1190	47	88
	~3000	—	3,3	81		1260	1540	57	89
9	~1500	1700	2,2	76,5		1500	—	72	89
	1900	—	3,4	80,5	20	—	660	36	85
	~3000	—	4,5	82		—	820	36	85
10	~1500	1650	3	78		790	980	44	87
	1900	—	4,8	81,5		960	1180	57	88,5
	~3000	—	6,2	83		1250	1530	73	89,5
11	~1500	1600	4,2	79,5		1500	—	90	89,5
	1900	—	6,6	82,5	21	—	660	47	86
12	~1500	1600	6	81		—	810	47	86
	1900	—	9	83,5		780	—	57	88
13	~1500	1600	9	82,5		950	—	72	89
	1900	—	12,5	84,5		1250	—	92	90
14	1030	1260	9,5	81,5		1490	—	112	90
	1320	1620	12,5	84	22	—	650	57	86,5
	1530	1880	16,5	85		—	800	57	86,5
	1880	—	19,5	85,5		770	960	72	88,5
15	1010	1240	13,5	83		940	1160	90	89,5
	1300	1600	19	85,5		1240	—	110	90,5
	1520	1870	23	86	23	—	650	73	87
	1860	—	27	86,5		—	800	73	87
						760	950	90	89
						930	1150	112	90

Bei den offenen Drehstrommotoren (DIN VDE 2650 und 2651 gelten die Wirkungsgrade nur für Ausführungen mit normalem Luftspalt und für Spannungen von 220—500 V. Bei Kurzschlußankermotoren mit Dreieckschaltung für 1,5 kW und 380 V ist der Wirkungsgrad um 1% geringer.

Offene Drehstrommotoren DIN VDE 2650 u. 2651.

| kW | Kurzschlußläufer | | | | | | Schleifringläufer | | | | | |
| | Wirkungsgrad für Drehzahl | | | | | | Wirkungsgrad für Drehzahl | | | | | |
	3000	1500	1000	750	600	500	3000	1500	1000	750	600	500
0,125	66,5	69,5	66,5	—	—	—	—	—	—	—	—	—
0,2	70	72,5	69,5	64,5	—	—	—	—	—	—	—	—
0,33	73,5	74,5	72,5	68,5	—	—	—	—	—	—	—	—
0,5	76	76,5	75	71,5	—	—	—	—	—	—	—	—
0,8	78,5	79,5	77,5	75	—	—	—	—	—	—	—	—
1,1	80	81,5	79,5	77	—	—	—	—	75,5	73,5	—	—
1,5	81,5	82,5	81	78,5	—	—	—	79,5	77,5	75,5	—	—
2,2	83	83,5	82,5	80,5	—	—	80,5	80,5	79,5	77,5	—	—
3	84	84,5	83,5	81,5	—	—	81,5	82	81	79	—	—
4	84,5	85,5	84,5	82,5	—	—	82	83,5	82	80	—	—
5,5	85,5	86,5	85,5	83,5	—	—	82	84,5	83	81	—	—
7,5	86	87	86	84	84	—	83	85	84	83,5	83,5	—
11	86,5	87,5	86,5	85	85	84	84	85,5	86	84,5	84,5	83,5
15	86,5	87,5	86,5	86	85,5	85	85	87,5	86,5	86	85,5	85
22	87,5	88	87,5	87	86,5	86	87,5	88	87,5	87	86,5	86
30	88,5	89	88,5	88	87,5	87	88,5	89	88,5	88	87,5	87
40	89	89,5	89	89	88,5	88	89	89,5	89	89	88,5	88
50	89,5	90	90	89,5	89	88,5	89,5	90	90	89,5	89	88,5
64	90	90,5	90,5	90	89,5	89	90	90,5	90,5	90	89,5	89
80	90	90,5	90,5	90,5	90	90	90	90,5	90,5	90,5	90	90
100	90,5	91	91	91	90,5	90,5	90,5	91	91	91	90,5	90,5
125	—	—	—	—	—	—	91	91,5	91,5	91	91	91
160	—	—	—	—	—	—	91,5	92	92	91,5	91,5	91,5
200	—	—	—	—	—	—	92	92,5	92,5	92	92	92
250	—	—	—	—	—	—	92,5	93	93	92,5	92,5	92,5

§ 7

Transformatoren.

a) Bei Hochspannung mussen Transformatoren entweder in geerdete Metallgehause eingeschlossen oder in besonderen Schutzverschlagen untergebracht sein. Ausgenommen von dieser Vorschrift sind Transformatoren in abgeschlossenen elektrischen Betriebsraumen (siehe § 29) und solche, die nur mit besonderen Hilfsmitteln zuganglich sind.

Verschlage fur selbstgekuhlte Transformatoren mussen so beschaffen und bemessen sein, daß ihre Entzundung ausgeschlossen und die Kuhlung der Transformatoren nicht behindert ist.

Wie schon bei § 3c und d hervorgehoben worden ist, müssen alle betriebsmäßig keine Spannung führenden Metallteile, die aber in der Nähe von spannungsführenden Teilen liegen, oder mit diesen in Verbindung kommen können, metallisch leitend untereinander und mit der Erdzuleitung verbunden werden. Dazu gehören auch die betriebsmäßig nicht unter Spannung stehenden Metallteile von Transformatoren.

In feuchten, durchtränkten und ähnlichen Räumen wird man, ähnlich wie dies in § 31³ für Motoren und Apparate angegeben ist, Transformatoren tunlichst nicht unterbringen. Wenn sich dies nicht vermeiden läßt, so soll für gute Isolierung, guten Schutz gegen Berührung und Schutz gegen schädliche Einflüsse Sorge getragen werden.

Die Umgebung von Transformatoren ist in feuergefährlichen Betriebsstätten und Lagerräumen von entzündlichen Stoffen freizuhalten (§ 34a).

In explosionsgefährlichen Betriebsstätten und Lagerräumen dürfen Transformatoren nur insoweit verwendet werden, als für die besonderen Verhältnisse explosionssichere Bauarten bestehen (§ 35a).

In schlagwettergefährlichen Grubenräumen in Bergwerken unter Tage, dürfen nur schlagwettersichere Transformatoren verwendet werden (§ 41b).

Wenn die natürliche Lüftung eines Transformators durch Aufstellung in einem zu engen Raume, oder durch einen nachträglich angebrachten Schutzkasten gehindert wird, so kann der Transformator dauernd nur eine geringere Leistung oder seine Nennleistung nur kurzzeitig abgeben (§ 18 der RET 1923).

Transformatoren werden nach dem RET für folgende Kühlungsarten ausgeführt:

Trockentransformatoren mit Selbstlüftung,
       „   „   Fremdlüftung,
       „   „   Wasserkühlung.
Öltransformatoren mit Selbstlüftung,
       „   „   Fremdlüftung,
       „   „   Fremdlüftung und Ölumlauf,
       „   „   innerer Wasserkühlung,
       „   „   Ölumlauf und äußerer Wasserkühlung,
       „   „   Ölumlauf und äußerer Selbstlüftung,
       „   „   Ölumlauf und äußerer Fremdlüftung.

Über die für Transformatoren zu verwendenden Öle gelten die vom VDE aufgestellten „Vorschriften für Transformatoren= und Schalteröle", die seit dem 1. 10. 1924 in Kraft und ETZ 1923, S. 600 und 1098, 1924, S. 346 und 1068 abgedruckt sind[1]. Danach sollen als Mineralöle für Trans=formatoren nur Raffinade verwendet werden (auf Schiefer= und Braun=kohlenteeröle beziehen sich diese Vorschriften nicht). Das spezifische Ge=wicht darf nicht weniger als 0,85 und nicht mehr als 0,95 bei 20° C be=tragen. Der Flüssigkeitsgrad (Viskosität), bezogen auf Wasser von 20° darf bei einer Temperatur von 20° C nicht über 8° Engler sein. Der Flammpunkt, nach Marcusson, im offenen Tiegel bestimmt, darf nicht unter 145° C liegen. Der Stockpunkt des Transformatorenöles braucht nicht tiefer als bei — 5° C zu liegen.

Das neue Öl muß bei 20° C vollkommen klar sein; es muß frei sein von Mineralsäure. Der Gehalt an organischer Säure darf höchstens 0,2 (be=rechnet als Säurezahl) betragen. Der Gehalt an Asche darf 0,01% nicht übersteigen.

---

[1] Der Jahresversammlung 1927 des VDE soll ein neuer Wortlaut dieser Vorschriften vor=gelegt werden Näheres siehe ETZ 1927, S 473

Das neue Öl muß praktisch frei von mechanischen Beimengungen sein.

Die Verteerungszahl des neuen ungekochten Öles darf 0,2% nicht überschreiten.

Bezüglich der in Transformatoren schon gebrauchten Öle ist festgesetzt, daß die bielektrische Festigkeit im Mittel 60 kV/cm nicht unterschreiten soll. Ist sie geringer, so muß das Öl gereinigt, bzw. erneuert werden. Für die Untersuchung der Öle sind eingehende Prüfvorschriften aufgestellt, und es sind auch darin Angaben gemacht, in welcher Weise die Probe den Kesselwagen oder Eisenfässern entnommen werden soll. Zu den Vorschriften sind ferner Erläuterungen beigegeben, die ETZ 1923, S. 600 und 1098 abgedruckt sind.

Über Transformatoren, die in der Landwirtschaft Verwendung finden, sind besondere Angaben in der „Betriebsanweisung für die Bedienung elektrischer Starkstromanlagen für Hochspannung in der Landwirtschaft" des VDE gemacht worden. Näheres hierüber siehe in Teil III C. dieses Buches unter II und III.

b) Öltransformatoren über 20 kVA mussen in B u. T. in feuersicheren Raumen aufgestellt werden Bei Öltransformatoren unter 50 kVA konnen jedoch Erleichterungen zugelassen werden.

c) Die Transformatorenräume sind in B. u. T. mit Ölfanggruben oder gleichwertigen Vorrichtungen zur Aufnahme des auslaufenden Öles auszustatten

Die Entzündung auslaufenden Öles wird zweckmäßig durch Anordnung einer mit Schotter ausgefüllten Fanggrube verhindert bzw. ungefährlich gemacht. Auf die Abführung des bei einem Ölbrand entstehenden Qualmes ist besonders zu achten.

In Bergwerken unter Tage sind für den Bohrbetrieb besondere Transformatoren kleiner Leistung zu empfehlen, die den Betrieb vor Ort von den übrigen Betrieben trennen (§ 46¹).

d) *An Hochspannungtransformatoren, deren Körper nicht betriebsmäßig geeidet ist, mussen Vorrichtungen angebracht sein, die gestatten, die Erdung des Körpers gefahrlos vorzunehmen oder die Transformatoren allseitig abzuschalten.*

e) Die spannungfuhrenden Teile der Transformatoren und die zugehorenden Verbindungsleitungen unterliegen nur den Vorschriften uber Beruhrungsschutz nach § 3 a

f) Die außeren spannungfuhrenden Teile der Transformatoren mussen auf feuersicheren Unterlagen befestigt sein.

g) Transformatoren mussen ein Leistungschild besitzen, auf dem die in den §§ 63—65 der „Regeln für die Bewertung und Prüfung von Transformatoren (RET 1923)" geforderten Angaben vermerkt sind.

Die §§ 63—65 der RET verlangen im wesentlichen folgende Angaben:

1. Hersteller oder Ursprungszeichen.
2. Modellbezeichnung oder Listennummer.
3. Fertigungsnummer.
4. Zusätzliche Angaben gemäß folgender Tafel:

Reihe	Trans- formator T	Spar- transformator SpT	Zusatz- transformator ZT	Strom- transformator ST	Drossel- spule Dl
1	Nennleistung	Nennleistung	Nennleistung	Nennleistung	Nennleistung
2	Frequenz	Frequenz	Frequenz	Frequenz	Frequenz
3	Kühlungsart	Kühlungsart	Kühlungsart	Kühlungsart	Kühlungsart
4	Betriebsart	Betriebsart	Betriebsart	Betriebsart	Betriebsart
5	—	—	Netzspannung	Netzspannung	Netzspannung
6	Nenn-Primär- spannung	Nenn-Primär- spannung	Nenn-Primär- spannung	—	Nenn-Primär- spannung
7	Nenn- Sekundär- spannung	Nenn- Sekundär- spannung	Nenn- Sekundär- spannung	Nenn- Sekundär- spannung	—
8	Nenn- Primärstrom	Nenn- Primärstrom	Nenn- Primärstrom	Nenn- Primärstrom	Nenn- Primärstrom
9	Nenn- Sekundärstrom	Nenn- Sekundärstrom	Nenn- Sekundärstrom	Nenn- Sekundärstrom	—
10	Schaltgruppe	—	Schaltgruppe	—	—
11	Nenn- Kurzschluß- spannung	Nenn- Kurzschluß- spannung	Nenn- Kurzschluß- spannung	—	—

Außer dem zu § 3¹ bezüglich Berührungsschutz und Abdeckungen, sowie zu § 5⁴ bezüglich Isolationszustand, und außer dem zu vorstehenden Abschnitten a) [Aufstellung] und g) [Leistungsschild] Gesagten, enthalten die RET 1923 noch eine große Anzahl technischer Einzelheiten betr. Bewertung und Prüfung von Transformatoren, von denen nachstehend die grundlegenden ganz kurz behandelt werden sollen, da es für jeden, der elektrische Anlagen baut, wichtig ist, mindestens über diese Hauptbestimmungen Bescheid zu wissen. Im übrigen muß natürlich auf den Wortlaut der RET 1923, der ETZ 1922, S. 666 und 1443, sowie 1924, S. 1068 abgedruckt ist, verwiesen werden. Weiterhin seien die ausführlichen Erläuterungen zu diesen Regeln von G. Dettmar: 6. Auflage 1925. Verlag Julius Springer, hervorgehoben.

Die wesentlichsten Bestimmungen der RET sind folgende:

Diese Regeln gelten für folgende Arten von Transformatoren (ausgenommen ortsfeste Bahntransformatoren):

I. Transformatoren mit getrennten Primär- und Sekundärwicklungen (T).
II Spartransformatoren (SpT).
III Zusatztransformatoren (ZT).
IV Stromtransformatoren (ST).
V. Drosselspulen (Dl).

Der Schaltung nach werden bei Dreiphasentransformatoren fol=
gende Schaltgruppen unterschieden:

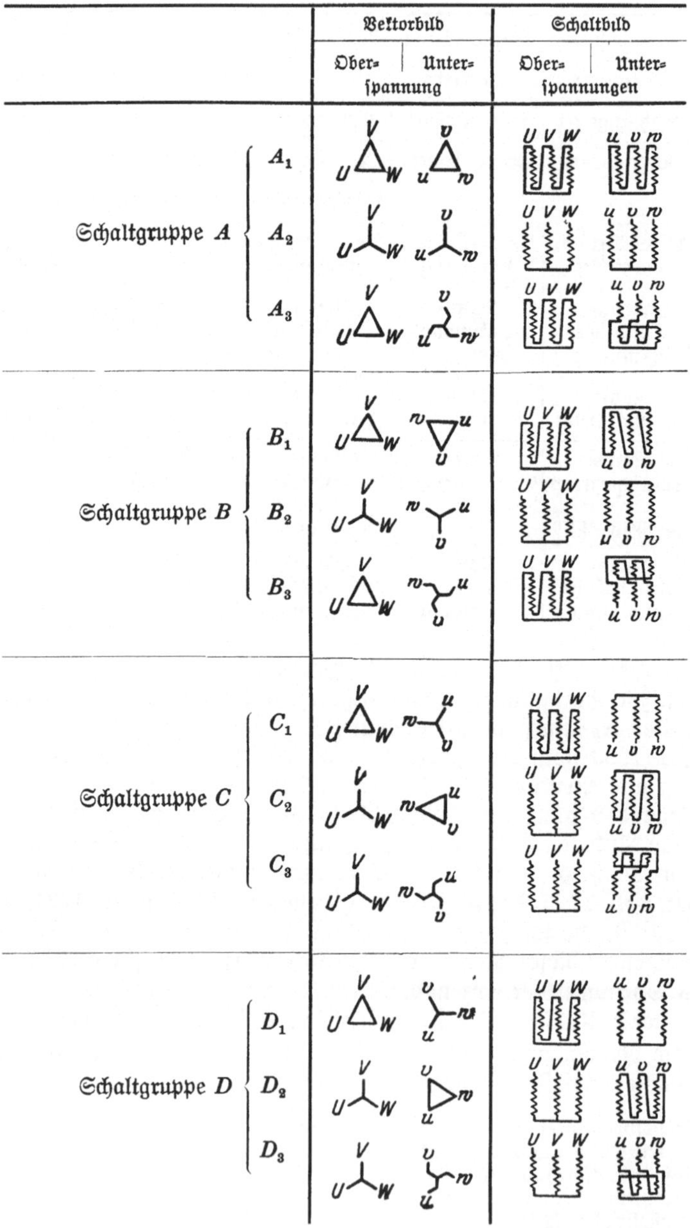

		Vektorbild		Schaltbild	
		Ober=spannung	Unter=spannung	Ober=spannungen	Unter=spannungen
Schaltgruppe *A*	A_1				
	A_2				
	A_3				
Schaltgruppe *B*	B_1				
	B_2				
	B_3				
Schaltgruppe *C*	C_1				
	C_2				
	C_3				
Schaltgruppe *D*	D_1				
	D_2				
	D_3				

Die Schaltgruppe wird nach dem Verwendungszwecke gewählt. Wenn keine besonderen Gründe vorliegen, wird gewöhnlich Stern-Stern-Schaltung vorgesehen. Diese Schaltung eignet sich jedoch nur für Betriebe, in denen der sekundäre Nullpunkt überhaupt nicht oder nur zu Erdungszwecken benutzt wird. Bei Kerntransformatoren ist außerdem noch eine Belastung des Nullpunktes von höchstens 10% des Nennstromes zulässig, bei Manteltransformatoren dagegen nicht. Zur Speisung von Verteilungsnetzen mit viertem (neutralem) Leiter eignet sich diese Schaltung somit meistens nicht; es wird dann vorteilhaft bei kleinen Leistungen Stern-Zickzack- und bei größeren Leistungen Dreieck-Stern-Schaltung vorgesehen. Diese beiden Schaltungen sind in dieser Beziehung gleichwertig. Es sind meistens Fragen konstruktiver Natur, die den Hersteller veranlassen, entweder Stern-Zickzack oder Dreieck-Stern zu empfehlen. Dreieck-Stern- oder Stern-Dreieck-Schaltung wird bei großen Transformatoren außerdem oft gewählt, um das Austreten eines magnetischen Flusses aus dem Kern und damit zusätzliche Verluste zu vermeiden.

Vorwiegend werden folgende Schaltgruppen angewendet:

A_2 bei kleinen Verteilungstransformatoren mit sekundär wenig belastbarem Nulleiter,

C_1 bei großen Verteilungstransformatoren mit sekundär voll belastbarem Nulleiter,

C_2 bei Haupttransformatoren großer Kraftwerke und Unterstationen, die nicht zur Verteilung dienen,

C_3 bei kleinen Verteilungstransformatoren mit sekundär voll belastbarem Nulleiter.

Transformatoren, die der gleichen Schaltgruppe angehören, laufen unter sich ohne weiteres bei Verbindung gleichnamiger Klemmen parallel, entsprechende Kurzschlußspannung und gleiches Leerlauf-Übersetzungsverhältnis vorausgesetzt.

Von Transformatoren verschiedener Schaltgruppen können nur die Gruppen C und D parallel laufen, wenn die Verbindung ihrer Klemmen nach folgendem Schema erfolgt:

Sammelschienen	R	S	T	r	s	t
Anschluß der	Oberspannung			Unterspannung		
Schaltgruppe C_1 C_2 C_3	U	V	W	u	v	w
D_1 D_2 D_3 $\{$	U	W	V	w	v	u
oder	W	V	U	v	u	w
oder	V	U	W	u	w	v

Es ist notwendig, vor der erstmaligen Parallelschaltung von Transformatoren durch Messung festzustellen, daß zwischen den zu verbindenden Klemmen keine Spannung auftritt.

Als normale Nennleistungen von Transformatoren (T) gelten:

I. Bei Drehstromtransformatoren:
5; 10; 20; 30; 50; 75; 100; 125; 160; 200; 250; 320; 400; 500; 640; 800; 1000; 1250; 1600; 2000; 2500; 3200; 4000; 5000; 6400; 8000; 10000 usw. kVA

II. Bei Einphasentransformatoren:
1; 2; 3; 5; 7; 10; 13; 20; 35; 50; 70 kVA.

Erwärmung eines Transformatorenteiles ist bei Dauer- und aussetzendem Betriebe der Unterschied zwischen seiner Temperatur und der des zutretenden Kuhlmittels, Luft oder Wasser, bei kurzzeitigem Betriebe der Unterschied seiner Temperaturen bei Beginn und am Ende der Prüfung.

Als Erwärmung der Wicklung bei Trockentransformatoren gilt der höhere der beiden folgenden Werte:

I. Mittlere Erwärmung errechnet aus der Widerstandszunahme während des Probelaufes.

II. Örtliche Erwärmung an der heißesten zugänglichen Stelle, mit dem Thermometer gemessen.

Bei Öltransformatoren wird die Erwärmung aus der Widerstandszunahme ermittelt.

Die Erwärmung des Eisenkernes ist an der heißesten zugänglichen Stelle mit dem Thermometer zu bestimmen.

Die Erwärmung des Öles ist in der obersten Ölschicht des Kastens mit dem Thermometer zu bestimmen.

Zur Einführung eines Thermometers muß eine Einrichtung am Transformator vorhanden sein, deren Lochdurchmesser mindestens 12 mm beträgt.

Die Erwärmung t in ° C von Kupferwicklungen wird aus der Widerstandszunahme nach folgenden Formeln berechnet, in denen

R_{kalt} den Widerstand der kalten Wicklung,

T_{kalt} die Temperatur der kalten Wicklung,

R_{warm} den Widerstand der warmen Wicklung

bedeutet:

1. bei allen Transformatoren (ausgenommen DKB und KB):

$$t = \frac{R_{\text{warm}} - R_{\text{kalt}}}{R_{\text{kalt}}} (235 + T_{\text{kalt}}) - (T_{\text{Kuhlmittel}} - T_{\text{kalt}}) \,,$$

2. bei Transformatoren für kurzzeitigen Betrieb unter einer Stunde (DKB und KB):

$$t = \frac{R_{\text{warm}} - R_{\text{kalt}}}{R_{\text{kalt}}} (235 + T_{\text{kalt}}) \,,$$

wobei die Werte R_{kalt}, T_{kalt} für den Beginn der Prüfung gelten.

Die Messungen der Widerstandszunahme sind möglichst unmittelbar nach dem Ausschalten vorzunehmen.

Die Thermometermessungen sind ebenfalls unmittelbar nach dem Ausschalten, aber wenn möglich auch während der Prüfung vorzunehmen. Wenn auf dem Thermometer nach dem Ausschalten höhere Temperaturen abgelesen werden als während der Prüfung, so sind diese höheren Werte maßgebend.

Ist bei Widerstandsmessungen vom Augenblick des Ausschaltens bis zu den Messungen so viel Zeit verstrichen, daß eine merkliche Abkühlung zu vermuten ist, so sollen die Meßergebnisse durch Extrapolation auf den Augenblick des Ausschaltens umgerechnet werden.

Die höchſtzuläſſigen Grenzwerte von Temperatur und Er=
wärmung ſind nachſtehend zuſammengeſtellt. Sie gelten unter der Vor=
ausſetzung, daß:

I. bei Luftkühlung die Kühlmitteltemperatur 35° C nicht überſchreitet,
II. bei Waſſerkühlung die Kuhlmitteltemperatur 25° C nicht überſchreitet.

Spalte	I	II	III	IV	V
Reihe		Transformatorenteile	Grenz= tempera= tur	Grenz= erwär= mung	Meß= ver= fahren
1	Wicklungen, iſo= liert durch Faſerſtoffe z. B. Papiere, unge= bleichte Baum= wolle, natürliche Seide, Holz	Ungetränkt	85° C	50° C	Errechnet aus Wider= ſtandszunahme
2		Ungetränkt, jedoch Spule getaucht	85° C	50° C	
3		Getränkt .	95° C	60° C	
4		Imprägniert oder in Füllmaſſe	95° C	60° C	
5		In Öl	105° C	70° C	
6	Praparate aus Glimmer oder Asbeſt . .		115° C	80° C	
7	Rohglimmer, Porzellan oder andere feuer= feſte Stoffe		5° mehr als Reihe 1–6		
8	Einlagige blanke Wicklungen		5° mehr als Reihe 1—6		
9	Dauernd kurzgeſchloſſene Wicklungen		Wie andere Wick= lungen bei Meſſung durch Widerſtands= zunahme		Thermometer
10	Eiſenkern	bei Trockentransforma= toren .	95° C	60° C	
11		bei Öltransformatoren	105° C	70° C	
12	Öl in der oberſten Schicht		95° C	60° C	
13	Alle anderen Teile .		Nur beſchränkt durch benachbarte Iſolierteile		

Was als Temperatur des Kühlmittels bei den verſchiedenen Küh=
lungsarten einzuſetzen iſt, iſt in § 40 der RET eingehend feſtgelegt.

Für die Berechnung des Wirkungsgrades ſind folgende Verluſte zu
berückſichtigen:

I. Leerlaufverluſte.
II. Wicklungsverluſte.

Leerlaufverluſt iſt die Aufnahme bei Nenn=Primärspannung, Nenn=
frequenz und offener Sekundärwicklung. Er beſteht aus Eiſenverluſt, Ver=

lusten im Dielektrikum und dem Stromwärmeverlust des Leerlaufstromes. Bei Transformatoren mit Anzapfungen ist die der benutzten Nenn=Primärspannung entsprechende Stufe zu wählen.

Wicklungsverlust ist die gesamte Stromwärmeleistung bei Nennstrom und Nennfrequenz, die in allen Wicklungen und Ableitungen (also zwischen den Klemmen) in betriebswarmem Zustande verbraucht wird. Wenn der betriebswarme Zustand nicht festgestellt ist, ist auf die gewährleistete Temperatur umzurechnen.

Der Wicklungsverlust wird ermittelt, indem bei kurzgeschlossenen Sekundärwicklungen an den Transformator die Kurzschlußspannung angelegt wird. Etwaige zusätzliche Verluste durch Wirbelströme sind hierbei im Wicklungsverluste enthalten.

Transformatoren müssen einen plötzlichen Kurzschluß an den Sekundärklemmen bei der Nenn=Primärspannung aushalten können, ohne daß ihre Betriebsfähigkeit beeinträchtigt wird.

Die Klemmenanordnung von Drehstromtransformatoren soll grundsätzlich nach folgendem Schema vorgenommen werden, sofern es sich oberspannungsseitig um drei, unterspannungsseitig um vier Klemmen handelt.

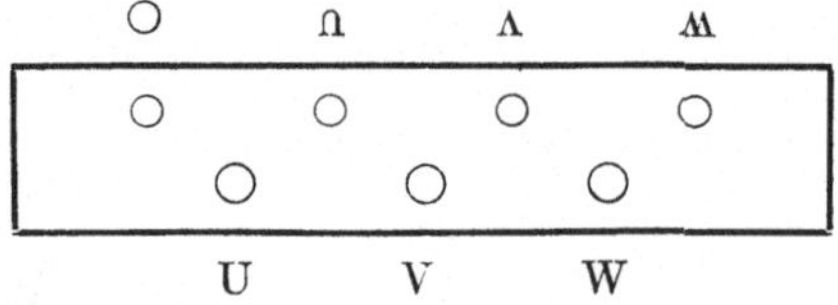

Es wird empfohlen, vom Dauer=Parallelbetrieb bei Transformatoren, deren Nennleistungsverhältnis größer als 3 : 1 ist, abzusehen.

Der einwandfreie Parallelbetrieb, d. h. die Verteilung der Belastungen entsprechend den Nennleistungen, gilt als erreicht, wenn die Nennkurzschlußspannungen nicht mehr als $\pm$ 10% von ihrem Mittel abweichen, sofern nicht andere Bestimmungen vorliegen.

Außerdem ist erforderlich:

1. Gleiche Nennspannung primär und sekundär
2. Gleiche Schaltgruppe.
3. Verbindung gleichnamiger Klemmen.
4. Gleiche Nenn=Kurzschlußspannungen, die nicht mehr als $\pm$ 10% von ihrem Mittel abweichen (bei Einheitstransformatoren ist eine Abweichung von den für sie festgesetzten Nenn-Kurzschlußspannungen um $+$ 10 und $-$ 20% zulässig).

Im Anhang zu den RET 1923 sind noch besondere Angaben über die Bewertung und Prüfung von Drehtransformatoren (DrT) gemacht (§ 70—82 der RET 1923).

Mit Rücksicht auf den Schutz der Anlagen gegen Überspannungen sind in den vom VDE aufgestellten „Leitsätzen für den Schutz elektrischer Anlagen gegen Überspannungen" ausführliche Angaben über die zweckmäßigste Bauart der Transformatoren niedergelegt[1]). Die wichtigsten Bestimmungen sind folgende:

---

[1]) ETZ 1925, S. 472, 942 und 1526).

Für Transformatoren in Kraftwerken empfiehlt sich Dreieck=Stern=schaltung. Sie sichert dem Transformator eine ungezwungene Magnetisierung und verhindert infolgedessen das Auftreten von dreifachen Harmonischen.

Bei Transformatoren in Stern=Sternschaltung bestehen wesentliche Unterschiede zwischen den Transformatoren ohne freien magnetischen Rückschluß (Kerntransformatoren mit nur drei Schenkeln) und solchen mit freiem magnetischen Rückschluß (Manteltransformatoren, Vier= oder Fünf=schenkeltransformatoren sowie drei zu einem Dreiphasensatz zusammengeschaltete Einphasentransformatoren).

Transformatoren mit freiem magnetischen Rückschluß in Stern=Sternschaltung führen in den Sternspannungen beträchtliche Oberschwingungen 3ter, 9ter, 15ter usw. Ordnung. Diese können bei höheren Spannungen von etwa 50 kV ab auch bei ungeerdetem Sternpunkt die Wicklung infolge ihrer Erdkapazität durch Resonanzüberspannungen gefährden.

Eine Tertiärwicklung in geschlossenem Dreieck macht sämtliche Formen in Stern=Sternschaltung der Dreieck=Sternschaltung gleichwertig. Durch Zickzack=Schaltung kann man zwar das Auftreten der dreifachen Oberwellen in ihrer Sternspannung unterdrücken, nicht aber im magnetischen Fluß und infolgedessen auch nicht in der in Stern geschalteten anderen Wicklung.

Was für Kraftwerktransformatoren gesagt ist, gilt in gleicher Weise für Großtransformatoren in Unterwerken.

Spartransformatoren eignen sich ebensowenig für den Anschluß von Generatoren wie für das Kuppeln von Hochspannungsnetzen über 6 kV, wenn das Übersetzungsverhältnis den Wert von 1,25 übersteigt, weil dann im Falle eines Erdschlusses der Unterspannungsteil zu stark beansprucht wird.

Hochgesättigte Transformatoren können mittelbar zur Ausbildung höherer Harmonischer in der Spannung führen. Bei sehr hoher Spannung ist es wegen der Resonanzgefahr geboten, mit mäßiger Kraftliniendichte im Eisen zu arbeiten.

Für die Erdung des Sternpunktes eignen sich alle Transformatoren, die irgendeine Dreieckwicklung besitzen, sei es primär, sekundär oder tertiär. Fehlt diese Dreieckwicklung, so kann bei hohen Eisensättigungen die dritte Oberwelle in erheblicher Stärke auftreten.

Die unmittelbare Erdung des Hochspannungssternpunktes von Transformatoren mit freiem magnetischen Rückschluß in Stern=Stern oder Stern=Zickzackschaltung ohne Tertiärwicklung ist zu vermeiden. Die dritte Oberwelle kann die Ursache von Kippüberspannungen werden. Weiterhin kann die Erdung des Sternpunktes derartiger Transformatoren zur Beeinflussung von Fernmeldeleitungen durch Oberwellen führen (siehe § 10 der „Leitsätze für Maßnahmen an Fernmelde= und an Drehstromanlagen im Hinblick auf gegenseitige Näherungen"). Bei großen Transformatoren empfiehlt es sich, wegen ihrer geringen Dämpfung für Wanderwellen die Isolatoren der Nullpunktsdurchführungen (und ebenso die Stützer der Nullpunktssammelschienen) für die verkettete Spannung zu bemessen. Der Anschluß geerdeter Spannungswandler zur Erdschlußüberwachung und von Erdungsdrosselspulen zur Ableitung statischer Ladungen ist zulässig. Sie sollen jedoch betriebsmäßig mit höchstens 7000 Gauß gesättigt werden, weil dann unter dem Einfluß ihres hohen Widerstandes Kippüberspannungen im allgemeinen nicht auftreten.

Zusatztransformatoren mit fester Wicklung sollen möglichst mit einer in Dreieck geschalteten Erregerwicklung oder einer Dreiecktertiärwicklung versehen sein. Bei Drehtransformatoren sind wegen des Luftspaltes solche Maßnahmen nicht erforderlich.

Bei Transformatoren ist ein Schutzwiderstand zu empfehlen:
bei Drehstrom von 50 Per/s bei Einzelleistungen über 2000 kVA,
bei Einphasenstrom von 15 Per/s bei Einzelleistungen über 250 kVA.

Der Schutzschalter soll die beim Einschalten auftretenden Sättigungsstöße, vor allem in ihrer Wirkung auf die Betätigung der Auslöser, und die Überspannungen beim Abschalten der leerlaufenden Transformators verringern.

Der Widerstand soll für jeden Pol sein:

$$R = 10 \frac{E'}{J_N} \Omega,$$

wobei E' die Spannung je Pol (Phasenspannung) und J_N der Nennstrom des Transformators ist.

Über die Bezeichnung der Klemmen von Transformatoren zur Erreichung einer sicheren Ausführung der Schaltungen sind in den „Normen für die Bezeichnung von Klemmen bei Maschinen, Anlassern, Reglern und Transformatoren" ausführliche Angaben gemacht[1]). Nachstehend seien einige Beispiele dieser einheitlichen Bezeichnung der Klemmen wiedergegeben.

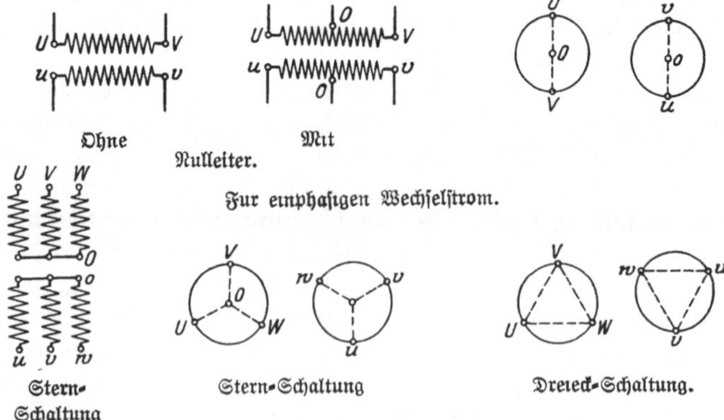

Ohne   Mit
Nulleiter.

Für einphasigen Wechselstrom.

Stern-   Stern-Schaltung   Dreieck-Schaltung.
Schaltung

Für Drehstrom, Transformator in verketteter Schaltung.

---

[1]) ETZ 1908, S. 874 und 1909, S. 506.

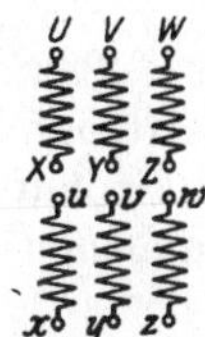 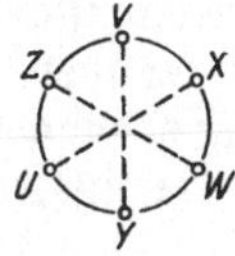 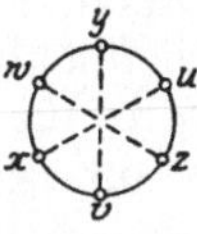

Für Drehstrom, Transformator in offener Schaltung.

Für die bei Netzen angewendeten Bezeichnungen sind Beispiele auf S. 52 gegeben.

Über Transformatoren sind vom VDE eine Anzahl von Normenblättern aufgestellt worden, die technische Einzelheiten über Leistungsangaben, Abmessungen usw. enthalten.

DIN VDE	Aufschrift	Veröffentlicht ETZ	Letzte Ausgabe
2600	Einheitstransformatoren Hauptreihe HET 23	1922, S. 410	VI. 23.
2601	Einheitstransformatoren Sonderreihe SET 23	1922, S. 411	VI 23.
Beibl.	zu VDE 2600 und 2601	1922, S. 409	VI. 23.
2602	Einheitstransformatoren. Raumbedarf	—	VI. 23.
2610	Transformatoren. Normale Übersetzungsververhältnisse und Nenn-Kurzschlußspannungen	1923, S. 1047	V. 24.
2611	Transformatoren. Mittenabstände und Spurweiten für Transportrollen	1924, S. 224	IV. 25.

Aus den Normenblättern DIN VDE 2600 und 2601 seien nachstehend die Wirkungsgradangaben der Einheitstransformatoren wiedergegeben,

Einheitstransformatoren Hauptreihe HET 23. DIN VDE 2600.

kVA	$\eta^0/_0$ bei:			
	5000/6000 V	10000 V	15000 V	20000 V
5	95,3	95,1	94,8	94,5
10	95,8	95,7	95,5	95,3
20	96,1	96,1	96,0	95,9
30	96,4	96,3	96,3	96,2
50	96,7	96,6	96,6	96,5
75	96,9	96,9	96,8	96,8
100	97,2	97,1	97,1	97,0

Einheitstransformatoren Sonderreihe SET 23. DIN VDE 2601.

kVA	$\eta^0/_0$ bei:			
	5000/6000 V	10000 V	15000 V	20000 V
5	96,0	95,8	95,5	95,2
10	96,5	96,4	96,3	96,2
15	96,7	96,6	96,6	96,5
25	97,0	97,0	96,9	96,9
37,5	97,2	97,1	97,1	97,0
50	97,3	97,3	97,2	97,2

da sie für die Berechnung von Stromstärken, für die Bemessung von Lei=
tungen usw. zweckmäßig sind. Es sei aber dazu bemerkt, daß diese Wirkungs=
grade Mittelwerte für die verschiedenen möglichen Schaltungsarten sind,
so daß sie also nur angenähert, je nach der vorhandenen Schaltungsart,
gelten können.

§ 8.
Akkumulatoren (siehe auch § 32)

a) Die einzelnen Zellen sind gegen das Gestell, dieses ist gegen Erde
durch feuchtigkeitssichere Unterlagen zu isolieren.

*b) Bei Hochspannung mussen die Batterien mit einem isolierenden Be-
dienungsgange umgeben sein.*

c) Die Batterien mussen so angeordnet sein, daß bei der Bedienung eine
zufallige gleichzeitige Beruhrung von Punkten, zwischen denen eine Spannung von mehr als 250 V herrscht, nicht erfolgen kann. *Im ubrigen gilt bei
Hochspannung der isolierende Bedienungsgang als ausreichender Schutz bei
zufalliger Beruhrung unter Spannung stehender Teile.*

*1 Bei Batterien, die 1000 V oder mehr gegen Erde aufweisen, empfiehlt es sich, ab-
schaltbare Gruppen von nicht uber 500 V zu bilden*

d) Zelluloid darf bei Akkumulatorenbatterien fur mehr als 16 V Spannung außerhalb des Elektrolyten und als Baustoff fur Gefaße nicht verwendet werden.

In den vom VDE aufgestellten „Betriebsvorschriften" sind in § 10
einige Bestimmungen über Akkumulatorenräume gemacht, deren Erfül=
lung schon beim Bau berücksichtigt werden muß, so daß also schon von vorn=
herein darauf Rücksicht zu nehmen ist. Diese Räume müssen danach so
eingerichtet sein, daß sie gelüftet werden können; für die Beleuchtung sind
zweckmäßig nur Glühlampen zu verwenden; da während der Über=
ladung offene Flammen nicht benutzt werden dürfen. Die Gebäudeteile
und Betriebsmittel, einschließlich der Leitungen, sowie die isolierenden
Bedienungsgänge sollen vor schädlicher Einwirkung der Säuren nach
Möglichkeit geschützt werden.

Für die Zellenschalter ist in § 38 der „Regeln für die Konstruktion, Prü=
fung und Verwendung von Schaltgeräten bis 500 V Wechselspannung und
3000 V Gleichspannung RES 1928" eine normale Zahl von Kontaktstücken
vorgesehen; sie beträgt bei Einfach=Zellenschaltern 12 und bei Doppel=
Zellenschaltern 22. Zwischen je zwei Kontaktstücken ist eine möglichst
gleiche Zellenzahl anzuschließen, überzählige Kontaktstücke sind zu verbin=
den. Nach § 43 der gleichen Regeln sind beim Anschluß von mehr als zwei
Zellen zwischen zwei Kontaktstücken, ferner bei allen Zellenschaltern von
350 A aufwärts besondere Abtrennstücke oder ein Funkenentzieher vor=
zusehen.

Die Bewegung der Kontaktbürsten bei Rundzellenschaltern muß bei
steigender Spannung im Sinne des Uhrzeigers (auf die Kontaktbahn ge=
sehen) erfolgen.

Für die Anzeigevorrichtung von Zellenschaltern und Regelschaltern sind die Worte „Spannung steigt", „Spannung fällt", zu verwenden.

Über die Prüfung von Zellenschaltern geben die §§ 67 und 70 der genannten Regeln Aufschluß.

D. Schalt= und Verteilungsanlagen.

§ 9.

a) Schalt- und Verteilungstafeln, Schaltgeruste und Schaltkasten mussen aus feuersicherem Isolierstoff oder aus Metall bestehen. Holz ist als Umrahmung, Schutzhulle und Schutzgelander zulassig.

Nach den „Leitsätzen für Schutzerdungen in Hochspannungsanlagen" sind alle betriebsmäßig keine Spannung führenden Metallteile, die in der Nähe von spannungsführenden Teilen liegen, oder mit diesen in Verbindung kommen können, metallisch leitend untereinander und mit der Erdzuleitung zu verbinden. Das bezieht sich auf die Gerüste von Schaltanlagen, Durchführungsflansche, Isolatorenträger, Kabelarmaturen, Sekundärstromkreise von Meßwandlern, die betriebsmäßig nicht unter Spannung stehenden Metallteile von Apparaten und die betriebsmäßig mit den Händen anzufassenden Metallteile, wie Handräder, Hebel, Kurbeln usw.

Bei Schaltanlagen ist ferner die Bestimmung des § 5⁶ zu beachten, wonach die nicht polierten Flächen von Steinplatten durch einen geeigneten Anstrich gegen Feuchtigkeit zu schützen sind.

Wenn die Rückseite der Schalttafel als abgeschlossener elektrischer Betriebsraum gelten kann, können die Erleichterungen der §§ 28 und 29 in Anspruch genommen werden.

b) Bei Schalttafeln und Schaltgerusten, die betriebsmaßig auf der Ruckseite zuganglich sind, mussen die Gange hinreichend breit und hoch sein und von Gegenstanden freigehalten werden, die die freie Bewegung stören.

1. Die Entfernung zwischen ungeschutzten, Spannung gegen Erde fuhrenden Teilen der Schaltanlage und der gegenuberliegenden Wand soll bei Niederspannung etwa 1 m *bei Hochspannung etwa 1,5 m* betragen. Sind beiderseits ungeschutzte, Spannung gegen Erde fuhrende Teile in erreichbarer Hohe angebracht, so sollen sie in der Horizontalen etwa 2 m voneinander entfernt sein.

In Gangen sollen Hochspannung fuhrende Teile besonders geschutzt sein, wenn sie weniger als 2,5 m hoch liegen.

In B u T genugt fur Schaltgange, in denen die spannungfuhrenden Teile der einzelnen Schaltzellen durch Schutzturen besonders abgeschlossen sind, eine freie Breite, die den dort auszufuhrenden Arbeiten entspricht, doch soll sie nicht geringer als 1 m sein. In Gangen, die nur Kabelendverschlusse, Sammelschienen und Leitungsverbindungen unter Schutz gegen zufallige Beruhrung enthalten, die also nicht betriebsmaßig, sondern nur zur Nachprufung betreten werden, kann die freie Breite bis auf 0,6 m verringert werden.

Die bei Schalt= und Verteilungsanlagen verwendeten Apparate müssen den in den §§ 10—15 gegebenen Bestimmungen entsprechen, sowie den Sonderbestimmungen der „Vorschriften für die Konstruktion und Prüfung von Installationsmaterial", den „Regeln für die Konstruktion, Prüfung und Verwendung von Schaltgeräten bis 500 V Wechselspannung und 3000 V Gleichspannung RES 1928", sowie den „Leitsätzen des VDE für die Konstruktion von Wechselstrom=Hochspannungsapparaten von einschließlich 1500 V Nennspannung aufwärts", bzw. vom 1. VII. 1928 ab den „Regeln für die Konstruktion, Prüfung und Verwendung von Wechselstrom=Hochspannungsgeräten für Schaltanlagen (REH 1928)". Ferner sind die „Regeln für Meßgeräte", die „Regeln für die Bewertung und Prüfung von Meßwandlern" und die „Regeln und Normen für Elektrizitätszähler" des VDE zu beachten.

In Betriebsstätten muß bei Hochspannung die Bestimmung des § 30 b berücksichtigt werden, wonach ausgedehnte Verteilungsleitungen während des Betriebes für Notfälle ganz oder streckenweise müssen spannungslos gemacht werden können.

Nach den Leitsätzen des VDE für den Schutz elektrischer Anlagen gegen Überspannung sollen Schaltstationen so ausgeführt werden, daß die über die Leitung eilenden Wanderwellen in ihrer Bahn möglichst ungehemmt sind.

Für die in Schalt= und Verteilungsanlagen zu verwendenden Stütz=isolatoren und Durchführungen gelten die „Normen und Prüfvorschriften für Porzellanisolatoren" des VDE, die vom 1. 10. 1920 ab in Kraft und ETZ 1920, S. 737; 1921, S. 473; 1922, S. 26 und 1923, S. 163 abgedruckt sind. Weiterhin sind auch die Normenblätter DIN VDE 8000, 8001, 8010, 8021, 8022, 8030, 8031 und 8032 zu beachten. Ferner sei auch auf ETZ 1921, S. 1377; 1924, S. 653; 1925, S. 1669; 1926, S. 594, 688, 863, und 1927, S. 372 hingewiesen.

c) Schalt- und Verteilungstafeln, -geruste und -kasten mit unzugang-licher Ruckseite mussen so beschaffen sein, daß nach ihrer betriebsmaßigen Befestigung an der Wand die Leitungen derart angelegt und angeschlossen werden konnen, daß die Zuverlassigkeit der Leitungsanschlußstellen von vorn gepruft werden kann. Die Klemmstellen der Zu- und Ableitungen durfen nicht auf der Ruckseite der Tafeln oder Geruste liegen

2 Verteilungstafeln sollen durch eine Umrahmung oder ahnliche Mittel so geschutzt sein, daß Fremdkorper nicht an die Ruckseite der Tafel gelangen konnen

3 Der Mindestabstand spannungfuhrender, ruckseitig angeordneter Teile von der Wand soll bei Schalt- und Verteilungstafeln und -gerusten nach c) 15 mm betragen

Werden hinter diesen metallene oder metallumkleidete Rohre oder Rohrdrahte ge-fuhrt, so gilt der gleiche Mindestabstand zwischen den genannten spannungfuhrenden Teilen und den Rohren oder Rohrdrahten

Nach § 50 der „Vorschriften für die Konstruktion und Prüfung von Installationsmaterial" können die Unterlagen von Verteilungstafeln aus Metall oder Isolierstoff bestehen. Im letzteren Falle sollen sie feuer=, wärme= und feuchtigkeitssicher sein. Die einzelnen Apparate sollen für sich befestigt sein. Sammelschienen, denen mehr als 50 A zugeführt werden, sollen nicht aus aneinandergereihten Stücken bestehen.

d) In jeder Verteilungsanlage sind für die einzelnen Stromkreise Bezeichnungen anzubringen, die näheren Aufschluß über die Zugehörigkeit der angeschlossenen Leitungen mit ihren Schaltern, Sicherungen, Meßgeräten usw. geben.

4. Nachträglich zu der Schaltanlage hinzukommende Apparate sollen entweder auf die bestehenden Unterlagen und Umrahmungen oder auf ordnungsmäßig gebaute und installierte Zusatztafeln oder -gerüste gesetzt werden.

5. Bei Schaltanlagen, die für verschiedene Stromarten und Spannungen bestimmt sind, sollen die Einrichtungen für jede Stromart und Spannung entweder auf getrennten und entsprechend bezeichneten Feldern angeordnet oder deutlich gekennzeichnet sein.

6. Bei Schaltanlagen, die von der Rückseite betriebsmäßig zugänglich sind, soll die Polarität oder Phase von Leitungsschienen und dergleichen kenntlich gemacht sein. Die Bedeutung der benutzten Farben und Zeichen soll bekanntgegeben werden.

Über die Kennfarben für blanke Leitungen in Starkstromschaltungen ist von VDE ein Normenblatt aufgestellt worden, DIN VDE 705, das zweckmäßig stets zu beachten ist. Für die verschiedenen Stromarten sind nachstehende Farben festgelegt, wobei die Bezeichnungen und Zahlen in Klammer sich auf die hundertteilige Ostwaldsche Farbenskala beziehen. Es sind zu bezeichnen bei:

Gleichstrom, positive Leitung (P) rot (25).
        „   negative Leitung (N) ublau (54).
Drehstrom, Phase R. gelb (00).
      „   „   S laubgrün (88).
      „   „   T. Veil m. weiß (38 1a).
Wechselstrom, Phase R. gelb (00).
      „   „   T. Veil m. weiß (38 1a).

Für geerdete positive und negative Leitungen, bei Gleichstrom, Phasenleitungen bei Wechselstrom und Drehstrom, sowie für geerdete Nulleiter bei allen Stromarten ist weiß, hellgrau oder schwarz zu verwenden, mit Querstreifen in laubgrün (88). Für ungeerdete Nulleiter ist gleichfalls weiß, hellgrau oder schwarz zu verwenden, aber mit Querstreifen in rot (25).

Es sind möglichst haltbare Farben zu nehmen; der Anstrich ist auf der ganzen Leitungslänge innerhalb des betriebsmäßig zugänglichen Bereiches der Schaltanlage mindestens auf der dem Beschauer zugewendeten Seite anzubringen. Die roten bzw. grünen Querstriche sind in angemessenen Abständen aufzutragen, so daß der Leitungsverlauf ohne Mühe verfolgt werden kann. Nicht strom= und spannungsführende Teile einer Schaltanlage, wie Wände, Gerüste usw. dürfen nur in Farben gestrichen werden, die sich von den Farben der Tafel deutlich abheben.

e) In jeder Verteilungsschaltanlage müssen die Zuführungsleitungen durch Schalter, Trennschalter oder Sicherung, *bei Spannungen von über 500 V durch Leistungsschalter*, abtrennbar sein (vgl. § 211).

E. Apparate.

§ 10.

Allgemeines.

a) Die äußeren spannungführenden Teile und, soweit sie betriebsmäßig zugänglich sind, auch die inneren müssen auf feuer-, wärme- und feuchtigkeitssicheren Körpern angebracht sein

Abdeckungen und Schutzverkleidungen müssen mechanisch widerstandsfähig und wärmesicher sein Solche aus Isolierstoff, die im Gebrauch mit einem Lichtbogen in Berührung kommen können, müssen auch feuersicher sein (Ausnahme siehe § 15 b) Sie müssen zuverlässig befestigt werden und so ausgebildet sein, daß die Schutzumhüllungen der Leitungen in diese Schutzverkleidung eingeführt werden können.

Für die Isolierstoffe selbst sind vom VDE „Vorschriften für die Prüfung elektrischer Isolierstoffe" aufgestellt worden, die seit dem 1. 10. 1924 gelten und ETZ 1922, S. 445; 1923, S. 577 und 768; 1924, S. 964 und 1068 abgedruckt sind. Diese Bestimmungen können aber nicht für die Prüfung fertiger Isolierteile angewendet werden. Um auch für diese Unterlagen zu schaffen, sind vom VDE „Leitsätze für Untersuchung der Isolierkörper von Installationsmaterialien" zunächst als Entwurf bekanntgegeben worden und zwar ETZ 1924, S. 1389. Sie beziehen sich auf die Prüfung hinsichtlich:

a) Feuchtigkeitssicherheit,
b) mechanische Widerstandsfähigkeit,
c) Wärmesicherheit,
d) Feuersicherheit.

Der VDE hat ferner in Nürnberg eine Untersuchungsstelle für Isolierteile bei der Bayrischen Landesgewerbeanstalt eingerichtet, über deren Tätigkeit ETZ 1924, S. 1148 und 1925, S. 145 berichtet ist. Es sind ferner auch von anderen Seiten Versuche an fertigen Isolierteilen gemacht worden, über die aus ETZ 1922, S. 1285 und 1926, S. 1281 Näheres zu ersehen ist. Die Hersteller von nicht keramischen, gummifreien Isolierpreßteilen für Isolationsmaterial haben sich durch einen Vertrag der laufenden Überwachung durch das Staatliche Materialprüfungsamt Berlin-Dahlem unterworfen, worüber Näheres schon vorstehend bei § 5, S. 39 ausgeführt worden ist. Ferner siehe auch ETZ 1925, S. 205, 865 und 1585.

b) Die Apparate sind so zu bemessen, daß sie durch den stärksten normal vorkommenden Betriebstrom keine für den Betrieb oder die Umgebung gefährliche Temperatur annehmen können.

c) Die Apparate müssen so gebaut oder angebracht sein, daß einer Verletzung von Personen durch Splitter, Funken, geschmolzenes Material oder Stromübergange bei ordnungsmäßigem Gebrauch vorgebeugt wird (siehe auch § 3).

d) Die Apparate müssen so gebaut und angebracht sein, daß für die anzuschließenden Drähte (auch an den Einführungsstellen) eine genügende Isolation gegen benachbarte Gebäudeteile, Leitungen und dergleichen erzielt wird.

In § 3 der „Vorschriften für die Konstruktion und Prüfung von In=
stallationsmaterial" ist bestimmt, daß für Sockel bis 60 mm Durchmesser
oder 60 mm Seitenlänge folgende Mindestmaße an den Befestigungs=
stellen gelten:

Lochdurchmesser für die Schraube oder Schlißbreite	Durchmesser der Einsenkung für den Schraubenkopf	Wandstärke unter dem Schraubenkopf
4,5 mm	8,5 mm	5 mm

Bei Dosen mit Befestigungsschlitzen dürfen die Schraubenköpfe nicht
über den Rand des Sockels hinausragen.

Die Normenblätter DIN VDE 6200 und 6206 geben ferner Angaben
über die Abmessungen von Anschlußbolzen und Kopfkontaktschrauben
bis 200 A. Diese sind abgedruckt ETZ 1924, S. 786 und 788.

1 Bei dem Bau der Apparate soll bereits darauf geachtet werden, daß die unter
Spannung gegen Erde stehenden Teile der zufälligen Berührung entzogen werden
können (Ausnahme siehe § 15 b)

2 Griffe, Handräder und dergleichen können aus Isolierstoff oder Metall bestehen
Im letzten Falle ist § 3 d zu berücksichtigen Bei Spannungen bis 1000 V sind metallene
Griffe, Handräder und dergleichen, die mit einer haltbaren Isolierschicht vollständig
überzogen sind, auch ohne Erdung zulässig

Bei Spannungen über 1000 V sollen isolierende Griffe (entweder ganz aus Isolier-
stoff oder nur damit überzogen) so eingerichtet sein, daß sich zwischen der bedienenden
Person und den spannungsführenden Teilen eine geerdete Stelle befindet Ganz aus Isolier-
stoff bestehende Schaltstangen sind von dieser Bestimmung ausgenommen

e) Ortsfeste Apparate müssen für Anschluß der Leitungsdrähte durch
Verschraubung oder gleichwertige Mittel eingerichtet sein (siehe auch § 21[13]).

f) Metallteile, für die eine Erdung in Frage kommen kann, müssen mit
einem Erdungsanschluß versehen sein

Bezüglich der Erdung aller betriebsmäßig keine Spannung führenden
Metallteile, die in der Nähe von spannungsführenden Teilen liegen, oder
mit diesen in Verbindung kommen können, sei auf das zu § 9 a Gesagte ver=
wiesen.

Ein Erdanschluß muß als solcher entweder durch ein E oder das Er=
dungsschaltzeichen gekennzeichnet und als Schraubkontakt ausgebildet
sein (§ 3 der Vorschriften für die Konstruktion und Prüfung von Instal=
lationsmaterial).

Metallene Kapseln und metallene Abdeckungen von Schaltgeräten
müssen mit leicht zugänglichem Erdungsanschluß versehen sein.

g) Alle Schrauben, die Kontakte vermitteln, müssen metallenes Muttergewinde haben

h) Bei ortsveränderlichen oder beweglichen Apparaten müssen die An-
schluß- und Verbindungstellen von Zug entlastet sein

i) Bei ortsveränderlichen Stromverbrauchern bis 250 V und bis zu einer
Nennaufnahme von 2000 W bei höchstens 20 A darf der Stecker auch zum

In- und Außerbetriebsetzen dienen, in allen anderen Fällen müssen besondere Schalter vorgesehen werden.

k) Der Verwendungsbereich (Stromstärke, Spannung, Stromart usw.) muß, soweit es für die Benutzung notwendig ist, auf den Apparaten angegeben sein

Die auf den Apparaten erforderlichen Angaben über Stromstärke, Spannung usw. brauchen nicht so angebracht zu sein, daß sie von außen erkennbar sind[1]). Über die Anbringung der Bezeichnungen und die dabei zu benutzenden Abkürzungen sind Angaben gemacht in §§ 3, 4, 15, 24 und 34 der „Vorschriften für die Konstruktion und Prüfung von Installationsmaterial", in §§ 32, 33 und 55 der „Regeln für die Konstruktion, Prüfung und Verwendung von Schaltgeräten bis 500 V Wechselspannung und 3000 V Gleichspannung RES 1928" und in den §§ 1 und 2 der „Leitsätze für die Konstruktion und Prüfung von Wechselstrom-Hochspannungsapparaten von einschließlich 1500 V Nennspannung aufwärts", bzw. in § 82 der „Regeln für die Konstruktion, Prüfung und Verwendung von Wechselstrom-Hochspannungsgeräten für Schaltanlagen (REH 1928)".

Die „Normen des VDE für die Abstufung von Stromstärken bei Apparaten", die ETZ 1910, S. 323 und 1927, S. 555 abgedruckt sind, geben ferner Angaben über die Normalstromstärken. Dazu siehe auch ETZ 1925, S. 623. Des weiteren bestehen „Normen des VDE für Anschlußbolzen und ebene Schraubkontakte für Stromstärken von 10 bis 1500A", sowie das Normenblatt DIN VDE 6200, das ETZ 1924, S. 788 abgedruckt ist.

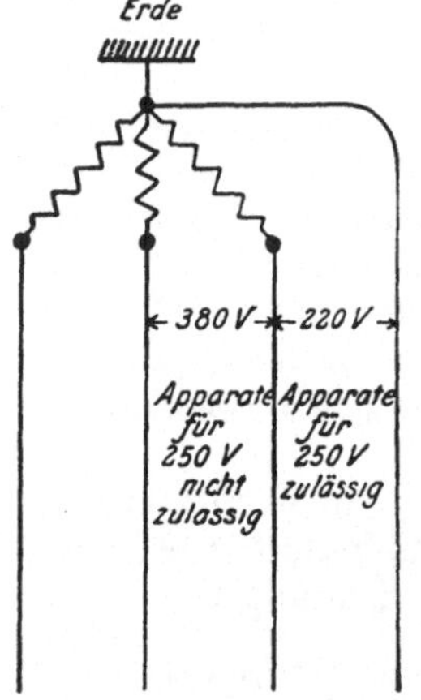

In den in neuerer Zeit aufgekommenen Drehstromanlagen von 380 V Außenspannung mit geerdetem Nulleiter wird öfters der Fehler gemacht, daß Apparate für 250 V Nennspannung an 380 V angeschlossen werden, in der Meinung, das sei deshalb zulässig, weil es sich infolge der Erdung des Nulleiters um eine Niederspannungsanlage handelt. Diese Anwendung der Apparate für 250 V ist falsch. Wenn auch die Spannung gegen Erde nur 220 V beträgt und die Apparate daher nicht den in den Errichtungsvorschriften aufgestellten Forderungen für Hochspannungsanlagen zu entsprechen brauchen, so sind doch Apparate für 250 V bei Anschluß zwischen 2 Phasen nicht zulässig, weil die Betriebsspannung, welcher der Apparat ausgesetzt ist, in diesem Falle 380 V beträgt. Die Apparate für 250 V sind nur zwischen Außenleiter und geerdetem Nulleiter zulässig (vgl. vorstehende Abbildung). Die gleichen Ausführungen gelten auch für Dreileiteranlagen von 2 × 220 V bei Anschluß zwischen den Außenleitern.

---

[1]) ETZ 1925, S. 1513.

l) Alle Apparate mussen am Hauptteil ein Ursprungzeichen tragen

Der VDE hat schon im Jahre 1920 eine Einrichtung geschaffen, wo=
durch die elektrischen Starkstromapparate daraufhin geprüft werden
können, ob sie den vom Verband aufgestellten Vor=
schriften, Regeln, Leitsätzen oder Normen entsprechen
und somit die notwendige Sicherheit in der Benutzung
erwarten lassen können. Dies ist die „Prüfstelle des
VDE", die den Herstellern der geprüften und als zu=
verlässig befundenen Typen das nebenstehend abgebil=
dete, dem VDE geschützte Zeichen verleiht. Näheres
darüber siehe auch in Teil IV dieses Buches unter C, sowie ETZ 1920,
S. 881 und 949 und 1923, S. 488.

§ 11
Schalter.

a) Alle Schalter, die zur Stromunterbrechung dienen, mussen so gebaut
sein, daß beim ordnungsmaßigen Öffnen unter normalem Betriebstrom kein
Lichtbogen bestehen bleibt (Ausnahme siehe § 28 d). Sie mussen mindestens
fur 250 V gebaut sein.

Schalterabdeckungen mit offenen Schlitzen sind nicht zulassig

Außer den Bestimmungen des § 11 gelten natürlich auch die allgemeinen
Vorschriften über Apparate des § 10.

Über die Verwendung von Schaltern in verschiedenen Räumen sind
in den Errichtungsvorschriften noch einzelne Bestimmungen enthalten.
Solche befinden sich bezüglich der explosionsgefährlichen Betriebsstätten
und Lagerräume in § 35 a. Danach dürfen nur für die jeweiligen Verhält=
nisse explosionssichere Bauarten verwendet werden. In § 36 d ist bezüg=
lich der Schaufenster, Warenhäuser und ähnlicher Räume mit leichtent=
zündlichen Stoffen bestimmt, daß alle Schalter mit widerstandsfähigen
Schutzkästen umgeben und an solchen Plätzen fest angebracht sein müssen,
wo eine Berührung mit leichtentzündlichen Stoffen ausgeschlossen ist.
Bezüglich der Fahrzeuge, elektrischer Streckenförderung in Bergwerken
unter Tage, ist bestimmt, daß die unter Spannung stehenden Teile von
Schaltern mit Schutzverkleidungen aus Isolierstoff versehen sein müssen,
wobei Pappe nicht als solcher gilt. Bezüglich des Schießbetriebes in Berg=
werken unter Tage, die im Anschluß an Starkstromanlagen betrieben
werden, ist vorgeschrieben, daß der Anschluß der Schießleitung nur mittels
eines allpoligen unter Verschluß befindlichen Schalters erfolgen darf.

Soweit Schalterbauarten auf dem Markte sind, die das Prüfzeichen
des VDE erhalten haben, sollte diesen der Vorzug gegeben werden, da
bei ihnen die Sicherheit vorhanden ist, daß sie allen VDE=Bestimmungen
entsprechen. Näheres darüber siehe Teil IV C.

Neben den grundsätzlichen Bestimmungen der Errichtungsvorschriften
bestehen ausfuhrliche Bestimmungen des VDE über Schalter in den „Vor=
schriften für die Konstruktion und Prüfung von Installationsmaterial",

die seit dem 1. Juli 1926 gelten und ETZ 1925, S. 712, 1169 und 1526 abgedruckt sind. Danach ist bestimmt, daß die Kontakte von Dosenschaltern
Schleifkontakte sein müssen. Es sind ferner in diesen Vorschriften in den
§§ 11 bis 14 eingehende Prüfbestimmungen für Dosenschalter aufgestellt,
die sich beziehen auf die Durchführung der Spannungsprüfung, auf die
zulässige Erwärmung, auf das richtige Funktionieren der Stromunterbrechung und auf die mechanische Haltbarkeit.

Über die für kleinere Stromkreise vorwiegend verwendeten einpoligen
Drehschalter für 6 A und 250 V sind vom VDE besondere Vorschriften,
Regeln und Normen aufgestellt worden, die ab 1. Juli 1928 gelten. Sie
sind ETZ 1924, S. 782 und 1068 veröffentlicht. Diese Konstruktionsvor-
schriften und Regeln enthalten Angaben über den Bau der Drehschalter,
in bezug auf vorteilhafte Anschluß- und Betriebssicherheit, und verfolgen
das Ziel, die Schalter auch als Schaltereinsätze unabhängig von ihrer Herkunft gegenseitig austauschbar zu machen und unbrauchbar gewordene
durch neue an Ort und Stelle ersetzen zu können. Für diese einpoligen
Drehschalter ist bestimmt, daß zum Anschluß der Leitungen Schraubklemmen verwendet werden müssen, und zwar solche, bei denen die Leitungsenden ohne besondere Zurichtung eingeführt werden und nicht aus-
weichen können. Der Raum für das Unterbringen der Leitungen muß
reichlich bemessen sein. Die Sockel sollen so gestaltet und die Metallteile
derart angeordnet werden, daß Leitungsenden bis 2,5 mm² angelegt und
vorderseitig festgeschraubt werden können. Die Schalter sollen so ausgebildet sein, daß die Leitungen rechtwinklig zur Verbindungslinie der
Befestigungslöcher eingeführt werden können. Der Griff soll in der Ausschaltstellung in der Verbindungslinie der Befestigungslöcher stehen.

Über sog. Handgeräte-Einbauschalter hat der VDE des weiteren noch
besondere Vorschriften aufgestellt, die seit dem 1. Juli 1926 gelten und
ETZ 1925, S. 1322 und 1526 abgedruckt sind. Unter Handgeräte-Einbauschalter sind Ausschalter unter 4 A und Umschalter unter 2 A, die in mechanisch fester Verbindung mit einem Handgerät sind (s. § 15 der Errichtungsvorschriften) zu verstehen. Diese Vorschriften gewähren gewisse
Erleichterungen für solche kleinen Schalter. Die Nennstromstärke derselben
kann dem Stromverbrauch des Handgerätes angepaßt werden, sie darf
aber nicht kleiner als 0,25 A sein. Die Schaltstellungen müssen gesichert
sein. Griffe, Knöpfe usw. müssen so befestigt sein, daß sie ohne Werkzeuge und auch beim Rückwärtsdrehen nicht entfernt werden können.

Für größere Schalter gelten die von VDE aufgestellten „Regeln für
die Konstruktion, Prüfung und Verwendung von Schaltgeräten bis
500 V Wechselspannung und 3000 V Gleichspannung RES 1928", die ab
1. Juli 1928 gelten und ETZ 1925, S. 507, 1207 und 1526; 1927, S. 515
abgedruckt sind. In ihnen werden folgende Kontaktarten unterschieden:

Druckkontakte,	Wälzkontakte,
Schleifkontakte,	Flüssigkeitskontakte.
Rollenkontakte,	

Hinsichtlich der Schutzart werden folgende Bauarten unterschieden:

<table>
<tr><td>Offen,</td><td>Gekapselt,</td></tr>
<tr><td>Geschirmt,</td><td>Wasserdicht gekapselt,</td></tr>
<tr><td>Abgedeckt,</td><td>Gasgeschützt.</td></tr>
<tr><td>Geschlossen,</td><td></td></tr>
</table>

Kontaktverbindungen müssen so beschaffen sein, daß sich der Kontakt zwischen stromführenden Teilen durch die betriebsmäßige Erwärmung, die unvermeidliche Veränderung der Isolierstoffe und die betriebsmäßige Erschütterung nicht ändert. Die mechanische Ausführung muß derart sein, daß das Gerät die betriebsmäßig entstehenden Erschütterungen und Beanspruchungen aushält.

Abdeckungen und Schutzverkleidungen müssen mechanisch widerstandsfähig und wärmesicher sein. Solche aus Isolierstoff, die im Gebrauch mit einem Lichtbogen in Berührung kommen können, müssen auch feuersicher oder feuersicher ausgekleidet sein. Sie müssen zuverlässig befestigt werden und so ausgebildet sein, daß die Schutzumhüllungen der Leitungen in diese Schutzverkleidungen eingeführt werden können. Weiteres über die Abdeckungen siehe auch bei dem zu § 3¹ Gesagten.

Hinsichtlich der Prüfung der Schaltgeräte wird zwischen Modell- und Stückprüfung unterschieden. Die Modellprüfung erstreckt sich auf:

<table>
<tr><td>Erwärmungsprobe,</td><td>Spannungsprobe,</td></tr>
<tr><td>Schalthäufigkeitsprobe,</td><td>Schaltleistungsprobe,</td></tr>
</table>

über deren Durchführung in den §§ 57 bis 71 der Regeln für Schaltgeräte genaue Angaben gemacht sind.

Die Stückprüfung besteht in einer gekürzten Spannungsprüfung und der Messung des Spannungsabfalls (Einzelheiten s. § 72 der Regeln für Schaltgeräte).

Bei der Anbringung der Schaltgeräte ist zu beachten, daß die Möglichkeit der Ablenkung des Lichtbogens von der beabsichtigten Bahn durch das Feld der eigenen oder fremden Anschlußleitungen oder durch Luftzug vermieden wird.

Es wird empfohlen, folgende Geräte entweder hinter der Schalttafel oder erhöht anzubringen, so daß spannungsführende Teile außer Handbereich liegen (Gestängeantrieb).

1. Offene oder geschirmte Handleistungsschalter für volle Leistung,
2. Offene oder geschirmte Schalter mit Selbst- oder Fernauslösung,
3. Offene oder geschirmte Sicherungen,

von 500 V einschließlich aufwärts.

Die Schaltgeräte müssen gegen eine durch fremde Wärmequellen verursachte zusätzliche Erwärmung geschützt werden.

Für Hochspannung sind vom VDE „Regeln für die Konstruktion, Prüfung und Verwendung von Wechselstrom-Hochspannungsgeräten für Schaltanlagen (REH 1928)" aufgestellt worden, die ab 1. Juli 1928 in Kraft und ETZ 1927, Heft 4 und 21 abgedruckt sind. Sie gelten für Ölschalter, Trennschalter, Stützisolatoren, Durchführungen, Überspannungsschutzgeräte, Schmelzsicherungen, Freiluftgeräte und Ausläuferschalter. Als

Nennspannungen sind festgelegt: 1, 3, 6, 10, 15, 20, 30, 45, 60, 80, und 100 kV. Hochspannungsgeräte, für die diese Regeln gelten, mit Ausnahme der Freiluftgeräte, erhalten eine Reihenbezeichnung (1—100). Sie darf nur angebracht werden, wenn alle für die betr. Reihen geltenden Bestimmungen erfüllt sind.

Nach dem Aufstellungsort werden unterschieden Schaltgeräte für:

a) Innenräume:
  1. Trockene Innenräume (Betriebsklasse I).
  2. Feuchte oder staubige Innenräume (Betriebsklasse II).
b) Aufstellung im Freien.

Bei Betriebsklasse I ist die Reihe der Hochspannungsgeräte entsprechend nachstehender Tabelle zu wählen. Bei Betriebsklasse II wird die nächst höhere Reihe empfohlen.

Tabelle für Reihe und Nennspannung.

Reihe	Nennspannung kV	Reihe	Nennspannung kV
1	1	20	20
3	3	30	30
6	6	45	45
10	6	60	60
10	10	80	80
20	15	100	100

An Geräten, welche geerdet werden sollen, muß ein zuverlässiger Anschluß der Erdleitung ermöglicht sein.

Für Reihenölschalter (abgesehen Ausläuferschalter) gelten bei Drehstrom 50 Hertz die nachfolgenden Nennausschaltleistungen:

Reihe 1   20 mVA
„   3   50 mVA
„   6 bis 30   75 mVA

Bei anderen Stromarten sind die vorstehenden Leistungen nach folgender Tafel zu verkleinern.

Polzahl	Stromart	Frequenz in Hertz	Ausschaltleistung in %
2	Einphasenstrom	50	100
2	„	$16^2/_3$	60
1	„	50	50
1	„	$16^2/_3$	30

Bei der Auswahl der Schalter ist nicht nur die Ausschaltleistung, sondern auch die Einschaltfestigkeit zu berücksichtigen.

Ölschalter mit Handeinschaltung und selbsttätiger Auslösung müssen so eingerichtet sein, daß sie durch das Betätigungsorgan bei selbsttätiger Auslösung in keiner Stellung festgehalten werden können. Ölschalter mit selbsttätiger Auslösung müssen mit einem Energiespeicher versehen sein, der bei selbsttätiger Auslösung in jeder Stellung und bei Versagen der Verklinkung in der Einschaltstellung ein sicheres Ausschalten gewährleistet.

Bei Ölschaltern müssen zum Ablassen des Öles geeignete Einrichtungen vorgesehen sein, sofern das Gewicht des Ölbehälters mit Öl 30 kg über-

schreitet. Bei Ölkesseln über 500 kg Fassungsvermögen muß die Ablaß=
einrichtung die vollkommene Entleerung der Kessel ermöglichen. Ölschalter
sind mit einer Einrichtung zu versehen, die das Vorhandensein des ord=
nungsmäßigen Ölstandes erkennen läßt.

Ölschalter müssen eine Vorrichtung zum Ausgleich der bei bestimmungs=
gemäßer Verwendung in ihnen auftretenden Drucksteigerungen haben,
oder sie müssen so eingerichtet sein, daß sie diese schadlos aushalten. Bei
Ölschaltern mit oberem Anschluß sind Öffnungen an der Oberseite des
Deckels, die ein Austreten größerer Gasmengen nach oben gestatten,
nicht zulässig. Bei Ölschaltern von 1000 A aufwärts sind in die Leitung
elastische Glieder einzubauen, welche eine mechanische Beanspruchung der
Bolzen oder Schienen der Ölschalter durch die Zuleitungen verhindern.

Bei Primärauslösung mit Hauptschlußwicklung gelten folgende
Stromwerte als normal: 6, 10, 15, 25, 35, 60, 100, 200, 350, 600, 1000 A.
Wicklungen für weniger als 6 A Nennstrom sind unzulässig. Bei Sekundär=
relais mit Hauptschlußwicklung gilt 5 A als sekundäre Nennstromstärke.

Elektrisch betätigte Einschaltvorrichtungen müssen noch bei einer Be=
tätigungsspannung wirken, die von der normalen um $\pm$ 10% abweicht.
Auslöser für Fernbetätigung müssen noch bei einer Betätigungsspannung
wirken, die von der normalen um $+$ 10 und $-$ 25% abweicht. Auslöser
mit Spannungsrückgangsauslösung dürfen erst nach 35% Rückgang der
Spannung wirken.

Für das bei Ölschaltern zu verwendende Öl sind vom VDE „Vorschriften
für Transformatoren= und Schalteröle" aufgestellt worden, über die bereits
bei § 7 eingehend berichtet ist, so daß auf das dort Gesagte verwiesen werden
kann mit dem Bemerken, daß alle Bestimmungen, die dort für Trans=
formatorenöle gegeben sind, unverändert auch für Schalteröle gelten,
mit Ausnahme derjenigen über den Stockpunkt. Dieser muß für Schalter=
öle mindestens $-$ 15° C betragen.

Trennschalter sind nur für Stromstärken von 200 A einschließlich auf=
wärts zulässig. Sie müssen so gebaut werden, daß die vollzogene Unter=
brechung an allen Trennmessern zuverlässig erkennbar ist. Trennschalter
unter Öl sind nur für Spannungen bis 6000 V zulässig.

Bei Freiluftschaltgeräten sind nur Schaltstücke von 200 A einschließlich
aufwärts zulässig. Bei ihnen müssen Kittstellen zwischen Metall und Iso=
latoren mit einem Schutzanstrich gegen Eindringen von Feuchtigkeit
versehen sein. Durch den normalen Zug der Freileitungen dürfen An=
schlußkontakte überhaupt nicht, die sie tragenden Isolatorkonstruktionen
nicht auf Biegung beansprucht werden.

Ausläuferschalter sind für den Einbau an solchen Stellen bestimmt,
in denen keine höhere Dauerkurzschlußstromstärke entstehen kann, als in
nachstehender Tafel angegeben ist, und an denen der Stoßkurzschlußstrom
den Dauerkurzschlußstrom nicht erheblich übersteigt. Die Schaltstücke von
Ausläuferschaltern sind für mindestens 60 A zu bemessen.

Reihe	kV	Höchster Auslösernenn- strom in A	Höchste Dauerkurz- schlußstromstärke	Höchste Nennleistung kVA
10	6	25	400	250
10	10	25	300	400
20	15	15	250	400
20	20	10	200	350
30	25	6	200	300

Als Verkehrsbezeichnung der Hochspannungsgeräte ist in erster Linie die Reihe, sodann die Stromstärke zu verwenden. Jeder Ölschalter muß ein Schild mit der Reihe, der Nennstromstärke in A, der Nennspannung in kV, der Ausschaltleistung in kVA, der Nennfrequenz, dem Hersteller- oder Ursprungszeichen und der Fabrikationsnummer tragen. Bei Schutzschaltern ist der Widerstand je Pol in Ohm anzugeben.

Die Regeln über Hochspannungsgeräte enthalten ferner noch eingehende Bestimmungen über die Prüfung derselben, sowie über die zulässige Erwärmung.

Über Schalter, die in landwirtschaftlichen Anlagen Verwendung finden, sind besondere Angaben in den vom VDE aufgestellten „Leitsätzen für die Errichtung elektrischer Starkstromanlagen in der Landwirtschaft" gemacht. Es ist dort besonders hervorgehoben, daß die Schalter leicht zugänglich angebracht und vor Beschädigung geschützt sein müssen. In Stallungen und sonstigen feuchten Räumen sind Stangenschalter oder ähnliche Bauarten aus Isolierstoff zu verwenden. Näheres darüber s. auch Teil III dieses Buches.

1 Schalter für Niederspannung bis 5 kW sollen in der Regel Momentschalter sein

2 Ausschalter sollen in der Regel nur an den Verbrauchsapparaten selbst oder in festverlegten Leitungen angebracht werden

Am Ende beweglicher Leitungen sind Schalter nur zulässig, wenn die Anschlußstellen der Leitungen an beiden Enden von Zug entlastet sind und die Leitungen nicht mit leicht entzündlichen Gegenständen in Berührung kommen können

Nach den Vorschriften für die Konstruktion und Prüfung von Installationsmaterial des VDE ist bei Dosenschaltern der Begriff der Momentschaltung dahin festgelegt, daß bei ordnungsmäßiger, auch langsamer Handhabung des Betätigungsorganes der Schaltstern von einer Stellung in die andere springen muß. Ferner ist bestimmt, daß bei Drehstromschaltern statt der Momentschaltung auch gesicherte Schaltstellungen als ausreichend erachtet werden. Beim Drehen des Schaltsterns um weniger als 30° soll der Schaltstern selbsttätig in die Ursprungslage zurückgehen.

b) Nennstromstärke und Nennspannung sind auf dem Hauptteil des Schalters zu vermerken

Nach den Vorschriften für die Konstruktion und Prüfung von Installationsmaterial des VDE sind für Dosenschalter folgende Normalstromstärken festgelegt:

bei 250 V . . . . . {	für Ausschalter:			4	6	10	25	60 A
	„ Umschalter:		2	4	6	10	25	60 A
bei 500 und 750 V . {	„ Ausschalter:		2	4	6	10	25	60 V
	„ Umschalter:	1	2	4	6	10	25	60 A

Als normale Nennspannungen sind festgesetzt 250, 500 und 750 V.

Die Angabe von Nennstrom und Nennspannung auf dem ortsfesten Teil des Schalters ist so auszuführen, daß sie am montierten Schalter nach Entfernen der Abdeckung leicht und deutlich zu erkennen ist.

Bei Umschaltern ist der Netzanschluß durch den Buchstaben P zu kennzeichnen.

Nach den Regeln für Schaltgeräte des VDE gelten als normale Nennspannungen 250 und 500 V Gleich= und Wechselspannung, 550, 750, 1100, 1500, 2200 und 3000 V Gleichspannung. Die normalen Nennstromstärken sind in nachstehender Tabelle angegeben.

Gerät	Normale Nennstromstärken in A												
eistungsschalter ohne Momentschaltung .	10	25	60	100	200	350	600	1000	1500	2000	3000	4000	6000
eistungsschalter mit Momentschaltung	10	25	60	100	200	350	—	—	—	—	—	—	—
ennschalter .	—	25	60	100	200	350	600	1000	1500	2000	3000	4000	6000
nschalter ohne Momentschaltung .	—	25	60	100	200	350	600	1000	1500	2000	3000	4000	6000
chleifbürsten=Wahlschalter außer Meßumschalter	—	—	60	100	200	350	600	1000	—	—	—	—	—
eßumschalter und Meßsteckvorrichtungen	10	Für höhere Stromstärken Schleifbürsten=Umschalter verwenden											
mit — Überstromauslösung	10	25	60	100	200	350	600	1000	1500	2000	3000	4000	6000
mit — Unterstromauslösung	—	25	60	100	200	350	600	1000	—	—	—	—	—
mit — Rückstromauslösung	—	25	60	100	200	350	600	1000	1500	2000	3000	4000	6000
mit — Spannungrückgangsauslösung	—	25	60	100	200	350	600	1000	—	—	—	—	—
llenschalter	—	25	60	100	200	350	600	1000	1500	2000	3000	4000	6000
cherungen	—	25	60	100	200	350	600	1000	1500	2000	—	—	—
eckvorrichtungen	—	25	60	100	200	350	—	—	—	—	—	—	—

Die Aufschriften müssen dauerhaft und gut leserlich ausgeführt und an dem betriebsfertig angebrachten und angeschlossenen Gerät, gegebenenfalls nach Abnahme der Abdeckung, gut ablesbar sein. Die Aufschriften müssen umfassen

1. Ursprungs= oder Herkunftzeichen.
2. Fertigungsnummer oder Listennummer (soweit ohne praktische Schwierigkeiten durchführbar).
3. Stromart, wenn das Gerät nur für eine Stromart verwendbar ist.
4. Die elektrischen Größen.
5. Hinweis auf das Schaltbild (bei größeren Apparaten mit verwickeltem Schaltbild)
6. Hinweis auf Zubehör, z. B. auf Vorwiderstände, Drosselspulen, Hilfschalter usw.).
7. Es empfiehlt sich eine Klemmenbezeichnung für Netz= und Verbraucheranschluß.

In den alten Leitsätzen für Wechselstrom=Hochspannungsapparate des VDE waren als normale Nennspannungen festgesetzt: 1500, 3000, 6000, 12000, 24000, 35000, 50000, 80000, 110000, 150000, 200000 V. Als normale Nennstromstärke galten: 2, 4, 6, 10, 25, 60, 100, 200, 350,

600, 1000, 1500, 2000, 3000, 4000 und 6000 A Bei Ölschaltern galt da=
gegen die Einschränkung, daß die Stromstufen von 2 bis 25 A und von
Serie II einschließlich der unter 200 A liegenden Stromstufen als nicht
normal galten. An Hochspannungsmastschaltern durften Kontakte für
weniger als 200 A Stromstärke nicht verwendet werden.

Vom VDE sind Normenblätter über die Ausführung von Dreh= und
Dosenschaltern aufgestellt worden, von denen sich DIN, VDE 9200 auf
einpolige Aus= und Umschalter bezieht und ETZ 1924, S. 789 abgedruckt
ist, während DIN, VDE 9290 Schalterbezeichnungen behandelt und ETZ
1925, S. 751 veröffentlicht ist.

c) Der Beruhrung zugangliche Gehause und Griffe mussen, wenn sie
nicht geerdet sind, aus nichtleitendem Baustoff bestehen oder mit einer
haltbaren Isolierschicht ausgekleidet oder umkleidet sein.

d) Griffdorne fur Hebelschalter, Achsen von Dosen- und Drehschaltern
und diesen gleichwertige Betatigungsteile durfen nicht spannungfuhrend sein.

Griffe fur Hebelschalter mussen so stark und mit dem Schalter so zuverlassig verbunden sein, daß sie den auftretenden mechanischen Beanspruchungen dauernd standhalten und sich bei Betatigung des Schalters
nicht lockern

Die Vorschriften für die Konstruktion und Prüfung von Installations=
material bestimmen, daß bei der Verwendung von Metallketten als Be=
tätigungsorgan ein isolierendes Zwischenstück in unmittelbarer Nähe des
Schalters vorhanden sein muß.

Bei den Drehschaltern muß der Griff so befestigt sein, daß er sich beim
Rückwärtsdrehen nicht ohne weiteres abschrauben läßt.

Vom VDE sind über Bedienungsteile für Schalter Normenblätter
aufgestellt worden, und zwar DIN, VDE 6000 betr. Dorne für Isolier=
griffe und Isolierknöpfe[1]), DIN, VDE 6001 betr. feste Isoliergriffe für
Nennspannungen bis 750 V[2]) und DIN, VDE 6002 betr. feste Isolier=
knöpfe für Nennspannungen bis 750 V[3]).

e) Ausschalter fur Stromverbraucher mussen, wenn sie geoffnet werden,
alle Pole ihres Stromkreises, die unter Spannung gegen Erde stehen, abschalten. Ausschalter fur Niederspannung, die kleinere Gluhlampengruppen
bedienen, unterliegen dieser Vorschrift nicht.

Trennschalter sind so anzubringen, daß sie nicht durch das Gewicht
der Schaltmesser von selbst einschalten konnen.

3 Als kleinere Gluhlampengruppen gelten solche, die nach § 14[7] mit 6 A gesichert
sind.

Nach den Regeln für Schaltgeräte des VDE können Trennschalter in
beliebiger Lage angebracht werden, jedoch darf ein Selbstschließen, etwa
durch Schwerkraft oder Erschütterungen nicht erfolgen können.

Schalter sind, wenn möglich, so anzuschließen, daß der bewegliche Teil

---

[1]) ETZ 1922, S. 1194.   [2]) ETZ 1922, S. 1195.   [3]) ETZ 1922, S. 1195.

in der Ausschaltstellung nicht spannungsführend ist, besonders bei Anbrin=
gung auf der Bedienungsseite der Tafel.

Nach den alten Leitsätzen für Wechselstrom=Hochspannungsgeräte sind
Trennschalter nur für Stromstärken von 200 A (einschließlich) aufwärts
zulässig.

f) An Hochspannungschaltern muß die Schaltstellung erkennbar sein

*Kriechströme über die Isolatoren müssen bei Spannungen über 1500 V
durch eine geerdete Stelle abgeleitet werden*

*Hochspannungsölschalter in großen Schaltanlagen sind so einzubauen,
daß zwischen ihnen und der Stelle, von der aus sie bedient werden, eine Schutzwand besteht*

*In B u T sind Ölschalter mit Vorkontakten (Schutzschalter) ver-
boten. Die durch diese Schalter bedienten Motoren usw. müssen dem
stufenlosen Einschalten standhalten*

*4 Als große Schaltanlagen gelten solche, deren Sammelschienen mehr als 10 000 kW
abgeben Die Schutzwand soll die Bedienenden gegen Flammen und brennendes Öl schutzen*

*g) Vor gekapselten Hochspannungschaltern, die nicht ausschließlich als
Trennschalter dienen, müssen bei Spannungen über 1500 V erkennbare Trennstellen vorgesehen sein*

In B u T gilt diese Vorschrift bereits von 500 V ab

*5 Unter Umständen kann eine gemeinsame Trennstelle für mehrere eingekapselte
Schalter genügen Bei parallel geschalteten Kabeln und Ringleitungen sollen nicht nur
vor, sondern auch hinter eingekapselten Schaltern erkennbare Trennstellen vorgesehen
werden*

Nach den Regeln für Schaltgeräte des VDE muß der Betätigungssinn,
sofern ein Zweifel über ihn besteht, gekennzeichnet sein. Der Einschalt=
oder Ausschaltzustand muß durch eine mechanische oder elektrische Anzeige=
vorrichtung gekennzeichnet sein, bei allen Geräten mit Ausnahme der
offenen Bauart, bei Geräten mit mittelbarer Handbetätigung, sofern ein
Zweifel bestehen kann, und bei Geräten für Fernbetätigung. Für die An=
zeigevorrichtungen der Schalter sind die Worte „Ein — Aus" zu ver=
wenden. Die rote Farbe dient bei sichtbaren Schaltstellungszeigern zur
Kennzeichnung des Einschaltzustandes. Die Schaltmesser von Umschaltern
mit Messerkontakt müssen in der Ausschaltmittelstellung eine zuverlässige
Rast haben, die durch betriebsmäßige Erschütterungen nicht unwirksam
wird.

In gedeckten Räumen müssen alle betriebsmäßig keine Spannung
führenden Teile, die in der Nähe von spannungsführenden Teilen liegen,
oder mit diesen in Verbindung kommen können, metallisch leitend unter=
einander und mit der Erdleitung verbunden werden. Das gilt auch für
die betriebsmäßig nicht unter Spannung stehenden Metallteile von
Apparaten und die betriebsmäßig mit den Händen anzufassenden Metall=
teile, wie Handräder, =hebel, =kurbeln usw. von Apparaten.

Zur Bekämpfung der bei betriebsmäßigem Schalten auftretenden Ge=
fährdungen elektrischer Einrichtungen werden vielfach Schutzschalter ver=
wendet, die in den „Leitsätzen für den Schutz elektrischer Anlagen gegen

Überspannung" in gewissen Fällen empfohlen werden. Es sollten danach Schutzwiderstände vorgesehen werden bei Drehstromtransformatoren über 2000 kVA und bei Einphasentransformatoren über 250 kVA Leistung, bei Freileitungen über 50 kV und bei Kabeln über 20 kV, bei Asynchron= maschinen über 3 kV. Welche Werte die Widerstände erhalten sollen, ist in dem zu den §§ 6, 7, 22 und 27 Gesagten angegeben.

h) Nulleiter und betriebsmäßig geerdete Leitungen dürfen entweder gar nicht oder nur zwanglaufig zusammen mit den übrigen zugehörenden Leitungen abtrennbar sein (Ausnahme siehe § 28 e)

§ 12
Anlasser und Widerstande

a) Anlasser und Widerstande, an denen Stromunterbrechungen vorkommen, mussen so gebaut sein, daß bei ordnungsmaßiger Bedienung kein Lichtbogen bestehen bleibt (vgl. „Regeln fur die Bewertung und Prufung von Anlassern und Steuergeraten [REA 1925]", § 47 a)

Außer den Bestimmungen des § 12 gelten natürlich auch die allgemeinen Vorschriften über Apparate des § 10.

Über Anlasser und Widerstände sind vom VDE ausführliche Be= stimmungen aufgestellt worden, und zwar sowohl für solche für gewöhn= liche Benutzungsart, wie für aussetzenden Betrieb. Die Bestimmungen für gewöhnliche Benutzungsart sind enthalten in den „Regeln für die Be= wertung und Prüfung von Anlassern und Steuergeräten REA 1925", die vom 1. Juli 1925 ab in Kraft und ETZ 1922, S. 627 und 1924, S. 600 und 1068 abgedruckt sind[1]). Hierzu sind von Dr.-Ing. Natalis ausführliche Erläuterungen in der ETZ 1922, S. 341 erschienen. Sie gelten für Geräte zur Steuerung von Maschinen für Dauerbetrieb.

Anlasser sind Geräte, mittels deren während des Anlassens Wider= stände in den Haupt= oder Läuferkreis von Motoren eingeschaltet werden.
a) Flüssigkeitsanlasser,
b) Metallanlasser.

Anlaßschalter sind Schaltgeräte ohne Widerstand oder mit einem einstufigen Metallwiderstand oder mit einem Transformator.
a) Anwurfschalter,
b) Stern=Dreieckschalter,
c) Stufenschalter zu Anlaßtransformatoren.

Regler sind Geräte, die zur Regelung der Drehzahl oder Spannung durch Einschaltung von Widerständen dienen.
a) Feldregler, bei denen Widerstände in den Erregerstromkreis elektrischer Maschinen geschaltet werden.
  1. Spannungsregler zur Regelung der Spannung von Generatoren.
  2. Drehzahlfeldregler zur Drehzahlerhöhung von Motoren.
b) Regelanlasser sind Geräte, die sowohl zum Anlassen wie zum Regeln der Drehzahl von Motoren dienen.

---

[1]) Der Jahresversammlung 1927 des VDE soll ein neuer Wortlaut dieser Regeln zur Beschlußfassung vorgelegt werden (ETZ 1927, S. 625).

1. Hauptstrom-Regelanlasser, bei denen zur Drehzahlverminderung in den Haupt- oder Läuferstromkreis Widerstände eingeschaltet werden, die auch zum Anlassen dienen.
2. Feld-Regelanlasser, bei denen ein Anlasser mit einem Drehzahlfeldregler vereinigt ist.
3. Haupt- und Feld-Regelanlasser, bei denen die vorstehend unter 1 und 2 genannten Geräte vereinigt sind.

Man unterscheidet folgende Ausführungsarten der Stufenschalter:

a) Flachbahn: Die feststehenden Kontakte liegen in einer Ebene und werden von einem beweglichen Kontakt bestrichen.

b) Trommelbahn: Die feststehenden Kontakte bilden einen Zylinder und werden von einem beweglichen Kontakt bestrichen.

c) Walzenbahn: Die Kontaktfläche wird durch eine bewegliche zylindrische Walze gebildet; der feststehende Kontaktkörper besteht aus mehreren Einzelfingern, die auf den zugehörigen Ringsegmenten der beweglichen Walze schleifen.

d) Steuerschalter: Er besteht aus einer Reihe von Einzelschaltern, die durch Kurvenscheiben mechanisch betätigt werden.

e) Schützensteuerung: Sie besteht aus einer Reihe von Schützen; diese werden durch einen Betätigungsschalter, der in Walzenform (Meisterwalze) ausgeführt werden kann, betätigt.

Man unterscheidet ferner folgende Schutzarten:

Ausführung 1: Offen.
Keine Abdeckung oder eine Abdeckung mit so großen Öffnungen, daß Berührung spannungsführender Teile nicht verhindert wird.

Ausführung 2: Geschützt.
Abdeckung (z. B. gelochtes Blech oder dgl.), die nur Öffnungen für Zuleitungen oder Kühlluft enthält. Zufällige oder fahrlässige Berührung spannungsführender Teile ist verhindert.

Ausführung 3: Geschlossen.
Vollständige Abdeckung ohne ausgesprochene Öffnungen, die eine Berührung spannungsführender Teile und das Eindringen von Fremdkörpern verhindert. Vollständiger Schutz gegen Staub, Feuchtigkeit oder Gasgehalt der Luft wird nicht erzielt.

Ausführung 4: Gekapselt.
Gedichteter Abschluß ohne Öffnung. Die Berührung spannungsführender Teile, Eindringen von Staub und Wasser ist verhindert. Ein vollständiger Abschluß wird nicht erzielt. Das Innere kann bei Temperatur- und Druckwechsel atmen.

Ausführung 5: Gasgeschützt.
Alle spannungsführenden Teile mit Ausnahme der Anschlußklemmen liegen unter Öl.

Die Erwärmung der Anlasser und Regler darf bei ordnungsgemäßer Benutzung folgende Werte nicht überschreiten:
1. Widerstände mit Luftkühlung. Die Übertemperatur soll, an der Austrittsstelle der Luft gemessen, nicht höher als 175° C sein, und keine Stelle des Gehäuses soll eine höhere Übertemperatur als 125° C zeigen.
2. Widerstände mit Ölkühlung. Das Öl soll an der wärmsten Stelle zwischen den Widerstandselementen nicht mehr als 80° C Übertemperatur zeigen.

3. Widerstände mit Sandkühlung. Der Sand soll zwischen den Widerstands=
elementen keine höhere Übertemperatur als 150° C haben.

4. Wasserwiderstände mit Zusatz von Soda u. dgl. Die Übertemperatur des
Elektrolyten soll 60° C nicht überschreiten.

5. Stufenschalter. Die Übertemperatur der Kontakte von Stufenschaltern in Luft
soll an keiner Stelle 40° C überschreiten. Solche unter Öl dürfen die für das Öl
zulässige Temperatur erreichen.

Für Magnetwicklungen gelten nach REM 1923, §§ 38 bis 41, für Iso=
lierung durch Faserstoff:

	ungetränkt	getränkt
als Grenzwerte der Temperatur	75° C	85° C
als Grenzwerte der Erwärmung (Übertemperatur)	40° C	50° C

Die Grenzwerte für die Erwärmung gelten unter der Voraussetzung,
daß die Temperatur der Umgebung 35° nicht überschreitet.

Betr. Hilfsmotoren siehe REM 1923, § 41, betr. Transformatoren
RET 1923, § 42.

Die zugelassenen Übertemperaturen werden durch Thermometer oder
Thermoelemente gemessen.

Als Betätigungssinn gilt der Drehsinn, der eine Erhöhung der Dreh=
zahl oder Spannung hervorruft; er wird auf die Bedienungsseite bezogen.
Bei jedem Gerät soll die Stellung, in der das Gerät eingeschaltet und die,
in der es ausgeschaltet ist, sowie der Schaltweg deutlich gekennzeichnet
sein, z. B. durch einen Kreisbogen.

Bei Anlaßschaltern (z. B. Stern=Dreieck=Schaltern) ist außerdem die
Anlaufstellung gegenüber der Betriebsstellung zu kennzeichnen, z. B.

Bei Regelanlassern sind der Anlaß= und der Regelbereich zu kenn=
zeichnen.

Die Schwere des Anlaufs wird durch das Verhältnis

$$\frac{\text{Mittlere Anlaßaufnahme}}{\text{Leistungsaufnahme des Motors bei Vollast}} = \frac{E\,J_m}{E\cdot J} = \frac{J_m}{J}$$

gekennzeichnet.

Normalwerte dieses Verhältnisses sind:

Ausführung des Anlassers	Halblast=anlauf h=Anlau	Vollast=anlauf v=Anlauf	Schwer=anlauf s=Anlauf
Flüssigkeitsanlasser, Flach= und Trommelbahnanlasser $\frac{J_m}{J}$	0,65	1,3	1,7
Walzenbahnanlasser $\frac{J_m}{J}$	0,75	1,5	2,0

Die Anlasser werden auf Grund folgender Angaben bewertet:

Nennleistung des Motors und die entsprechende Leistungsaufnahme.
Mittlere Anlaßaufnahme.
Anlaßzeit.
Anlaßzahl.
Anlaßhäufigkeit
Zulässige Belastung des Endkontaktes.

Bei allen Reglern wird Dauereinschaltung angenommen. Regler für kurzzeitige Beanspruchung müssen als solche gekennzeichnet sein. Für Feldregelung ist nur Dauereinschaltung zulässig.

Als normale Regelgenauigkeit gelten folgende Abweichungen von der Nennspannung

	bis 100 kW	über 100 kW
Für Gleichstrom-Nebenschlußgeneratoren	± 2%	± 1%
Für Wechselstromgeneratoren mit Regelung in der Haupterregung	± 2%	± 1%
Für Wechselstromgeneratoren mit Regelung im Feld der Erregermaschine:		
bei Selbsterregung der Erregermaschine	± 3%	± 2%
bei Fremderregung der Erregermaschine	± 2%	± 1%

Bei Selbstreglern gelten diese Werte nur für die Einstellung nach Beendigung des Regelvorganges.

Die Anschlußklemmen der Geräte müssen nach den Normen für die Bezeichnung von Klemmen bei Maschinen, Anlassern, Reglern und Transformatoren kenntlich gemacht werden. Jedem Gerät ist ein Schaltbild mitzugeben, aus dem sich die Anschlüsse und die innere Schaltung erkennen lassen.

Bei Anlassern für Gleichstrom-Nebenschlußmotoren ist dafür zu sorgen, daß beim Ausschalten der Induktionsstrom der Nebenschlußwicklung über den Anker oder geeignete Nebenschlußwiderstände verlaufen kann. Ein geeigneter höchster Widerstandswert für diese ist bei 440 V der 3fache, bei 110 und 220 V der 6fache Widerstandswert der Nebenschlußwicklung

Die Läuferanlasser aller Einphasen- und Drehstrommotoren müssen so gebaut sein, daß sie die Läuferkreise nicht unterbrechen können.

Anlasser, Regler usw. sollen ein Leistungsschild haben, auf dem die notwendigen Angaben, gemäß §§ 43 und 44 der „Regeln für Anlasser und Steuergeräte", enthalten sind. Das Schild soll so angebracht sein, daß es auch im Betriebe bequem abgelesen werden kann.

Anlasser mit Ölfüllung sind mit einer Einrichtung zu versehen, mittels deren sich das Vorhandensein des normalen Ölstandes erkennen läßt.

Bei Anlassern und Reglern müssen alle voneinander isolierten Teile des Gerätes, einschließlich der Wicklungen, eine ausreichende Isolierfestigkeit haben, über deren Prüfung der § 45 der „Regeln für Anlasser und Steuergeräte" ausführliche Angaben macht.

Für Steuergeräte und Bremslüfter zu Maschinen, die einem aussetzenden Betriebe unterworfen sind, hat der VDE besondere „Regeln für die Bewertung und Prüfung von Steuergeräten, Widerstandsgeräten und

Bremslüftern für aussetzenden Betrieb RAB 1927" aufgestellt, die vom
1. Januar 1927 ab gelten und ETZ 1925, S. 356, 1047 und 1526; 1926,
S. 539, 688 und 862 abgedruckt sind. Es werden dort drei Gruppen von
Steuergeräten unterschieden:

> Steuerwalzen.
> Steuerschalter.
> Schützensteuerungen.

Die dem natürlichen Verschleiß unterworfenen Kontaktteile (Segmente
und Finger) müssen auf metallener Unterlage befestigt und leicht aus-
wechselbar sein; ihre Lebensdauer ist von der Schalthäufigkeit abhängig.
Die einzelnen Anlaß- und Regelstellungen der Steuergeräte sind durch
Rastenscheiben fühlbar zu machen. Die Geräte müssen mit einem Schild
versehen sein, über dessen Aufschriften die §§ 11, 16 und 20 der RAB 1927
Aufschluß geben.

Die abstreichende Luft darf bei Widerstandsgeräten an der Austrittsstelle aus dem Gehäuse 200° C Übertemperatur nicht überschreiten, falls
die Raumtemperatur höchstens 35° C ist. Für Aufstellung in heißeren
Räumen sind die Widerstandsgeräte entsprechend reichlicher zu bemessen.
Bei Widerstandsgeräten, die mit dem Steuergerät zusammengebaut werden, darf die Übertemperatur 175° C nicht überschreiten; keine Stelle des
Gehäuses soll eine höhere Übertemperatur als 125° C zeigen.

Schraubenverbindungen sind mit Rücksicht auf Erschütterungen möglichst zu sichern. Bei Aufstellung von Widerstandsgeräten in Führerständen
wird eine Abdeckung empfohlen, die das Hereinfallen von Fremdkörpern
verhindert.

Über die Prüfung der Widerstandsgeräte gibt der § 15 der RAB 1927
Aufschluß.

Die Wicklungen von Bremslüftern sind wie die Wicklungen von Maschinen für aussetzenden Betrieb (REM 1923) zu bemessen. Die Bewertung
derselben erfolgt auch nach der relativen Einschaltdauer. Näheres darüber
siehe S. 17.

Bei Gleichstrom-Nebenschluß-Magnetbremslüftern sind Mittel vorzusehen, um die beim Ausschalten auftretende Spannungserhöhung unschädlich zu machen. Die Abfallzeit soll je Zentimeter Hub 0,05—0,1 Sek. betragen. Bremslüfter über 50 cm/kg Hubleistung sollen mit einstellbarer
Dämpfung versehen sein.

Die Normen für die Bezeichnung von Klemmen bei Maschinen, Anlassern, Reglern und Transformatoren sind natürlich durchweg zu beachten. Näheres darüber siehe S. 51.

b) Die Anbringung besonderer Ausschalter (siehe § 11 e) ist bei Anlassern
und Widerstanden nur dann notwendig, wenn der Anlasser nicht selbst den
Stromverbraucher allpolig abschaltet.

1 In eingekapselten Steuerschaltern ist bis 1000 V Holz, das durch geeignete Behandlung feuchtigkeitssicher und warmesicher gemacht ist, auch außerhalb eines Öl-
bades zulassig, abgesehen von Raumen mit atzenden Dunsten (siehe § 33¹)

2 Die stromführenden Teile von Anlassern und Widerstanden sollen mit einer Schutzverkleidung aus feuersicherem Stoff versehen sein (Ausnahmen siehe § 28[1] und 39 h) Diese Apparate sollen auf feuersicherer Unterlage, und zwar freistehend oder an feuersicheren Wanden und von entzundlichen Stoffen genugend entfernt angebracht werden

Drehzahl=Feldregler für Gleichstrommotoren dürfen nicht ausschalt= bar sein. Wenn Spannungsregler für Generatoren ausschaltbar sind, so müssen sie bei Erregerspannungen von 50 V an mit Einrichtung versehen sein, die eine Unterbrechung des Feldstromes ohne Gefahr für die Feld= wicklungen der zu regelnden Maschine oder für den Regler selbst gestatten. Für Gleichstrom wird die Moglichkeit der Ausschaltung des stillstehenden Motors durch den Anlasser nur bei Flüssigkeitsanlassern und Anlaßwalzen gefordert.

c) Bei Apparaten mit Handbetrieb darf die Achse der Betatigungs- vorrichtung nicht spannungfuhrend sein.

Alle der Berührung zugänglichen Metallteile müssen untereinander dauernd leitend verbunden und mit einem gemeinsamen Erdanschluß ver= sehen sein. Die Erdungsklemme des Gehäuses muß metallisch blank und mit „E" oder „Erde" bezeichnet sein. Die betriebsmäßig nicht unter Spannung stehenden Metallteile von Anlassern und Widerstanden und die betriebsmäßig mit den Händen anzufassenden Metallteile, wie Handräder, Hebel, Kurbeln usw. müssen gut geerdet sein.

Anlasser müssen derart gebaut sein, daß die Widerstande (Spiralen, Bleche usw.) bei den betriebsmäßigen Beanspruchungen nicht mit Metall= teilen des Gehäuses oder miteinander in Berührung kommen können. Hierbei sind Größe des Anlaßstromes, Dauer und Häufigkeit des Anlassens besonders zu berücksichtigen.

Alle Verbindungsleitungen sind so zu verlegen, daß sie bei den im Be= triebe auftretenden Erschütterungen ihre Lage nicht verändern.

Verbindungsleitungen mit nicht feuchtigkeitssicherer Isolierung dürfen nicht mit dem Gehäuse in Berührung kommen.

Verbindungsleitungen mit nicht wärmebeständiger Isolierung müssen einer schädlichen Einwirkung der im Gerät entwickelten Wärme entzogen sein.

Blanke Verbindungsleitungen sind mit den erforderlichen Abständen derart zu verlegen, daß eine Berührung mit dem Gehäuse oder anderen Teilen sicher verhindert wird.

Die Widerstand=leiter müssen von Wärme= und feuersicherer Unter= lage getragen sein. Falls diese nicht feuchtigkeitssicher ist, muß sie noch besonders vom Gehäuse isoliert sein.

d) Kontaktbahn und Anschlußstellen mussen mit einer widerstands- fahigen, zuverlassig befestigten und abnehmbaren Abdeckung versehen sein, sie darf keine Offnung enthalten, die eine unmittelbare Beruhrung spannungfuhrender Teile zulaßt (Ausnahmen siehe §§ 28 und 29)

Die Kontaktbahnen müſſen mit nicht entflammbaren, zuverläſſig be=
feſtigten und abnehmbaren Abdeckungen verſehen ſein; dieſe dürfen keine
Öffnungen (Schlitze) enthalten, die eine unbeabſichtigte Berührung ſpan=
nungsführender Teile zulaſſen. Die Anſchlußſtelle muß gegen zufällige
Berührung geſchützt ſein. Über die Abdeckungen ſiehe des weiteren das auf
S. 19 Geſagte.

Abdeckungen, die zur Inſtandhaltung der Steuergeräte für ausſetzen=
den Betrieb häufig abgenommen werden müſſen, ſind leicht lösbar anzu=
ordnen. Schraubverbindungen ſind mit Rückſicht auf Erſchütterungen
möglichſt zu ſichern.

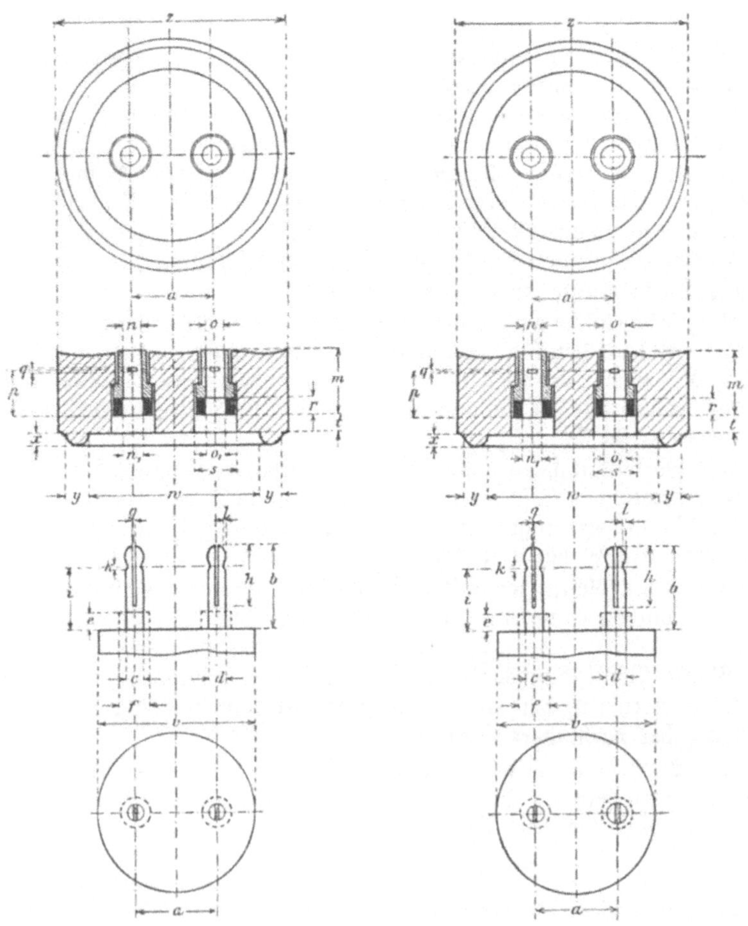

Verwechſelbare Ausführung.   Unverwechſelbare Ausführung.

Zweipolige Steckvorrichtung.

§ 13
Steckvorrichtungen

a) Nennstromstärke und Nennspannung müssen auf Dose und Stecker verzeichnet sein

Stecker dürfen nicht in Dosen für höhere Nennstromstärke und Nennspannung passen.

An den Steckvorrichtungen müssen die Anschlußstellen der ortsveränderlichen oder beweglichen Leitungen von Zug entlastet sein

Die Kontakte in Steckdosen müssen der unmittelbaren Berührung entzogen sein.

Außer den Bestimmungen des § 13 gelten natürlich auch die allgemeinen Vorschriften über Apparate des § 10.

Soweit Bauarten von Steckvorrichtungen auf dem Markte sind, die das Prüfzeichen des VDE erhalten haben, sollte diesen der Vorzug gegeben werden, da bei ihnen die Sicherheit vorhanden ist, daß sie allen VDE-Bestimmungen entsprechen. Näheres darüber siehe Teil IV C

In explosionsgefährlichen Betriebsstätten und Lagerräumen dürfen nur explosionssichere Bauarten von Steckvorrichtungen verwendet werden (§ 35 der Errichtungsvorschriften).

In Schaufenstern, Warenhäusern und ähnlichen Räumen mit leicht entzündlichen Stoffen müssen die Anschlußdosen mit widerstandsfähigen Schutzkästen umgeben und an solchen Plätzen fest angebracht sein, wo eine Berührung mit leicht entzündlichen Stoffen ausgeschlossen ist (§ 36 der Errichtungsvorschriften).

Im Abtäufbetrieb in Bergwerken unter Tage sind nur Steckvorrichtungen zu verwenden, die mit von Hand lösbarer Sperrung versehen sind (§ 44 der Errichtungsvorschriften).

Die normalen Nennstrom-

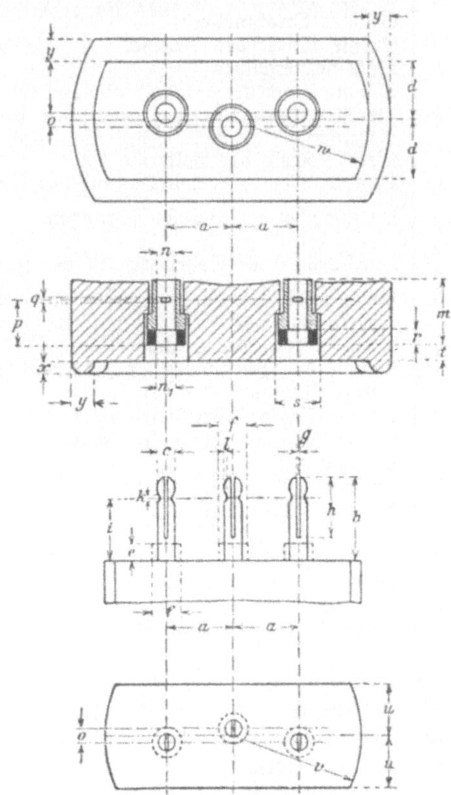

Dreipolige Steckvorrichtung.

stärken für Steckvorrichtungen sind 6, 10, 25 und 60 A. Die normalen Nennspannungen sind: 250, 500 und 750 V. Hülsen und Stifte der Steckvorrichtungen dürfen in dem Körper nicht drehbar befestigt sein. Die Anschlußleitungen dürfen nicht mittels der Hülsen oder Stifte festgeschraubt werden. Die Kontakthülsen in Steckdosen müssen eine Isolierabdeckung haben. Über zweipolige Stiftsteckvorrichtungen aus Isolierstoff für 250 V Nennspannung sind folgende Abmessungen festgelegt.

	Stromstärke in A	Verwechselbar	Unverwechselbar	
		6	6	25
		mm	mm	mm
a	Mittenabstand der Stifte und Buchsen .	19	19	28
b	Länge der Stifte	19	19	24
c	}Durchmesser der Stifte	4	4	6
d		4	5	7
e	Größte Höhe . . }des Bundes[1])	4	4	6
f	Größter Durchmesser .	7	7	10
g	Größte Breite des Schlitzes	0,8	0,8	1
h	Tiefe des Schlitzes	14	14	17
i	Abstand der Mitte der Halterille von der Auflagefläche	14,5	14,5	20
k	Kleinste Breite der Halterille (vor Abrundung der Kanten)	1,5	1,5	2
l	Kleinste Tiefe der Halterille	0,5	0,5	0,8
m	Kleinste Tiefe der Bohrung für die Stifte	15	15	18
n	}Durchmesser der Buchsenbohrungen	4,05	4,05	6,05
o		4,05	5,05	7,05
n_1	}Durchmesser der Bohrungen in der Isolierabdeckung	4,55	4,55	6,55
o_1		4,55	5,55	7,55
p	Abstand der Stirnfläche der Isolierabdeckung von der Mitte der Haltefeder	10,5	10,5	14
q	Größte Breite der Haltefeder	0,8	0,8	1
r	Abstand der Stirnfläche der Isolierabdeckung von der Kontaktbuchse	4	4	5
s	Durchmesser der Steckdosenlöcher	10	10	14
t	Lichte Tiefe der Steckdosenlöcher	4	4	6
v	Kleinster }Durchmesser des Steckers	36	36	47
	Größter	37	37	49
w	Kleinster }Durchmesser der ebenen Stirnfläche der Steckdose	38	38	50
	Größter	40	40	52
x	Kleinste Höhe des Randes der Steckdose	3	3	5
y	Kleinste Stärke des Randes der Steckdose	5	5	6
z	Kleinster Durchmesser der Dose in der Ebene der Fläche der Isolierabdeckung .	56	56	82

Ebenso sind für dreipolige Stiftsteckvorrichtungen, aus Isolierstoff für 250 V Nennspannung, die Abmessungen entsprechend nach folgenden Angaben festgelegt. Die Unverwechselbarkeit in bezug auf Stromstärken wird durch unterschiedlichen Abstand der Stifte und Buchsen, und die Unverwechselbarkeit der Polarität durch seitliche Ausrückung der mittel-

---

[1]) Der Bund (e, f) ist nicht obligatorisch, die Länge der Stifte ist jedoch in jedem Falle b.

ſten Stifte und Buchſenbohrungen erreicht. Die Steckerſtifte ſollen an ihren Enden halbkugelförmig verrundet und der Länge nach mit einem Schlitz verſehen ſein.

	Stromſtärke in A	6	25
		mm	mm
a	Abſtand der Mittellinie der Stifte und Buchſen	15	21
b	Länge der Stifte	19	24
c	Durchmeſſer der Stifte	4	6
d	Kleinſte } halbe Breite der ebenen Fläche der Doſe	13	18
	Größte	14	19
e	Größte Höhe } des Bundes[1])	4	6
f	Größter Durchmeſſer	7	10
g	Größte Breite des Schlitzes	0,8	1
h	Tiefe des Schlitzes	14	17
i	Abſtand der Mitte der Halterille von der Auflagefläche	14,5	20
k	Kleinſte Breite der Halterille (vor der Abrundung der Kanten)	1,5	2
l	Kleinſte Tiefe der Halterille	0,5	0,8
m	Kleinſte Tiefe der Bohrung für die Stifte	15	18
n	Durchmeſſer der Buchſenbohrung	4,05	6,05
n_1	Durchmeſſer der Bohrung in der Iſolierabdeckung	4,55	6,55
o	Breitenabſtand der Stifte und Buchſen	3	4
p	Abſtand der Stirnfläche der Iſolierabdeckung von der Mitte der Haltefeder	10,5	14
q	Größte Breite der Haltefeder	0,8	1
r	Abſtand der Stirnfläche der Iſolierabdeckung von der Kon= taktbuchſe	4	5
s	Durchmeſſer der Steckdoſenlöcher	10	14
t	Lichte Tiefe der Steckdoſenlöcher	4	6
u	Kleinſte } halbe Breite des Steckers	11	16
	Größte	12	17
v	Kleinſter } Halbmeſſer der Länge des Steckers	29	39
	Größter	30	40
w	Kleinſter } Halbmeſſer der ebenen Länge der Steckdoſe	31	41
	Größter	32	42
x	Kleinſte Höhe des Randes der Steckdoſe	3	5
y	Kleinſte Stärke des Randes der Steckdoſe	5	6

Über die Prüfungen, denen die Steckvorrichtungen ausgeſetzt werden müſſen, geben die §§ 20—23 der Vorſchriften für die Konſtruktion und Prüfung von Inſtallationsmaterial Aufſchluß. Sie erſtrecken ſich auf die Iſolierung, auf die richtige Kontaktgebung, auf das ſichere Aushalten des Nennſtromes und auf die mechaniſche Haltbarkeit.

Über ungeſchützte zweipolige Steckdoſen und Stecker für 6 und 10 A bei 250 V hat der VDE Vorſchriften, Regeln und Normen aufgeſtellt, die ab 1. Juli 1928 Geltung haben und ETZ 1924, S. 782, 783 und 1068 abgedruckt ſind.

Über Steckvorrichtungen ſind vom VDE einige Normenblätter heraus= gegeben worden und zwar folgende:

---

[1]) Der Bund (*e, f*) iſt nicht obligatoriſch, die Länge der Stifte iſt jedoch in jedem Falle *b*.

DIN VDE	Aufschrift	Veröffentlicht ETZ	Letzte Ausgabe
9400	Ungeschützte zweipolige Steckdosen 6 A/250 V Richtmaße	1924, S. 786	XI 24.
9401	Zweipoliger Stecker 6 A/250 V Richtmaße	1924, S. 787	XI 24
9402	Ungeschützte zweipolige Steckdosen 10 A/250 V Richtmaße	1924, S. 788	XI 24
9403	Zweipoliger Stecker 10 A/250 V Richtmaße	1924, S. 786	XI 24.
9490	Steckvorrichtung für elektrische Heizgeräte und Heizeinrichtungen	1925, S. 635	VII 25

Bei Elektrizitätswerken, für die die Normal=Anschlußvorschriften gelten, ist darauf zu achten, daß beim Bestehen verschiedener Tarife für Licht und Kraft die Lichtstecker nicht in die Kraftsteckdosen passen dürfen. Näheres darüber siehe § 18 der Normal=Anschlußvorschriften der Vereinigung der Elektrizitätswerke, die im Teil IV dieses Buches unter H abgedruckt sind.

b) Soweit nach § 14 Sicherungen an der Steckvorrichtung erforderlich sind, dürfen sie nicht im beweglichen Teil angebracht werden

   1 Wenn an ortsveränderlichen Stromverbrauchern eine Steckvorrichtung angebracht wird, so soll die Dose mit der Leitung und der Stecker mit dem Stromverbraucher verbunden sein

c) Der Berührung zugängliche Teile der Dosen und Steckerkörper müssen wenn sie nicht für Erdung eingerichtet sind, aus Isolierstoff bestehen

Erdverbindungen der Stecker müssen hergestellt sein, bevor sich die Polkontakte berühren

d) Bei Hochspannung müssen Steckvorrichtungen so gebaut sein, daß das Einstecken und Ausziehen des Steckers unter Spannung verhindert wird.

Bei Zwischenkupplungen ortsveränderlicher Leitungen genügt es, wenn ihre Betätigung durch Unberufene verhindert ist.

Eine unbeabsichtigte Berührung spannungsführender Metallteile der Dose, wie des Steckers muß unmöglich sein. Alle betriebsmäßig keine Spannung führenden Metallteile, die aber Spannung annehmen können, müssen leitend untereinander und mit Erde verbunden sein. Das gilt besonders auch für die betriebsmäßig mit den Händen anzufassenden Metallteile.

Über die bei Heizgeräten verwendeten Steckvorrichtungen bestehen besondere Bestimmungen des VDE, über die näheres bei § 15 gesagt ist.

§ 14

Stromsicherungen (Schmelzsicherungen und Selbstschalter).

a) Schmelzsicherungen und Selbstschalter sind so zu bemessen oder einzustellen, daß die von ihnen geschützten Leitungen keine gefährliche Erwärmung annehmen können; sie müssen so eingerichtet oder angeordnet sein, daß ein etwa auftretender Lichtbogen keine Gefahr bringt.

Geflickte Sicherungsstöpsel sind verboten.

Außer den Bestimmungen des § 14 gelten natürlich auch die allgemeinen Vorschriften über Apparate des § 10.

Soweit Bauarten von Sicherungen auf dem Markte sind, die das Prüfzeichen des VDE erhalten haben, sollte diesen der Vorzug gegeben werden, da bei ihnen die Sicherheit vorhanden ist, daß sie allen VDE-Bestimmungen entsprechen. Näheres darüber s. Teil IV C.

Die zulässige Belastung der Leitungen ist in § 20¹ angegeben.

In explosionsgefährlichen Betriebsstätten und Lagerräumen dürfen nur Schmelzsicherungen und Selbstschalter in explosionssicherer Bauart verwendet werden.

In Schaufenstern, Warenhäusern und ähnlichen Räumen mit leicht entzündlichen Stoffen, müssen Sicherungen mit widerstandsfähigen Schutzkästen umgeben und an solchen Stellen fest angebracht sein, an denen eine Berührung mit leicht entzündlichen Stoffen ausgeschlossen ist.

Bei Fahrzeugen elektrischer Streckenförderung unter Tage, müssen Schmelzsicherungen und Selbstschalter mit einer Schutzverkleidung aus Isolierstoff versehen sein, wobei aber Pappe nicht als solcher gilt.

Die Vorschriften für die Konstruktion und Prüfung von Installationsmaterial bestimmen bezüglich der Schmelzsicherungen im wesentlichen folgendes:

Für Sicherungssockel sind die
normalen Nennstromstärken: 25, 60, 100, 200 A.
normalen Nennspannungen: 500, 750 V

Für Schmelzeinsätze sind die:
normalen Nennstromstärken: 6, 10, 15, 20, 25, 35, 60, 80, 100, 125, 160, 200 A
Für höhere Stromstärken werden bestimmte Abstufungen nicht festgelegt;
normalen Nennspannungen: 500, 750 V. Die geringste Nennspannung beträgt
500 V mit Ausnahme der Schmelzeinsätze in Steckdosen, für die 250 V zulässig ist

Für Patronen sind die:
normalen Nennstromstärken: 6, 10, 15, 20, 25 A,
die Kennplättchen sind farbig, und zwar den vorstehenden Stromstärken entsprechend.
grün, rot, grau, blau und gelb,
die normale Nennspannung ist: 500 V

Der Sicherungssockel muß aus solchem Werkstoff hergestellt sein, daß seine Brauchbarkeit durch die höchste Temperatur, die im Betriebe mit dem stärksten zulässigen Schmelzeinsatz auftreten kann, auch auf die Dauer nicht beeinträchtigt wird.

Der Kragen der Paßschraube muß aus solchem Isolierstoff hergestellt sein, daß die Brauchbarkeit der Paßschraube durch die höchste Temperatur, die im Betriebe mit dem zugehörenden Schmelzeinsatz auftreten kann, nicht beeinträchtigt wird.

Der Gewindering und die Brille müssen aus einem Stück bestehen. Die Anschlußbolzen bei Schalttafelsicherungssockeln müssen gegen Lockerung gesichert, befestigt und die Fußkontaktschiene muß gegen Lageänderung gesichert sein.

Der Schmelzraum muß abgeschlossen sein und darf ohne besondere Hilfsmittel und ohne Beschädigung nicht geöffnet werden können.

98 Errichtungsvorschriften.

Es empfiehlt sich, das erfolgte Abschmelzen kenntlich zu machen.

In den „Vorschriften für die Konstruktion und Prüfung von Installationsmaterial" sind in § 29 außerdem noch eingehende Angaben über die Prüfung von Schmelzsicherungen auf Isolierung, Arbeiten bei Kurzschluß und richtige Abschmelzstromstärke enthalten.

Nach den Regeln für Schaltgeräte werden die Sicherungen je nach Bauart in Trennsicherungen und Rohrsicherungen eingeteilt. Die Schmelzeinsätze werden, wenn der Schmelzleiter allseitig eingeschlossen ist, als Patronen, und je nach Bauart als Steck- oder Schraubpatronen bezeichnet. Bezüglich der normalen Stromstärken von Sicherungen sei auf die Tabelle auf S. 83 verwiesen. Die normalen Nennströme für Schmelzeinsätze sind folgende:

Nennstrom des Sicherungskörpers und der Sicherungsbrücke in A	10	25	60	100	200	350	600	1000	1500	2000
Nennstrom des Schmelzeinsatzes	—	—	6	60	100	200	350	600	—	—
	—	—	10	80	125	225	430	700	—	—
	—	—	15	100	160	260	500	850	—	—
	—	—	20	—	200	300	600	1000	—	—
	—	—	25	—	—	350	—	—	—	—
	—	—	35	—	—	—	—	—	—	—
	—	—	60	—	—	—	—	—	—	—

Schmelzeinsätze müssen wie folgt wirken:

Art des Schmelzeinsatzes		Soll in einer Stunde durchschmelzen bei	Darf in einer Stunde nicht durchschmelzen bei
Schmelzstreifen		1,8 × Nennstrom	1,6 × Nennstrom
Patronen	6 und 10 A	2,1 × „	1,5 × „
	15,25 A	1,75 × „	1,4 × „
	35 A und darüber	1,6 × „	1,3 × „

Kontaktverbindungen müssen so beschaffen sein, daß sich der Kontakt zwischen stromführenden Teilen durch die betriebsmäßige Erwärmung, die unvermeidliche Veränderung der Isolierstoffe und die betriebsmäßige Erschütterung nicht ändert. Z. B. darf der Kontaktdruck bei festen Verbindungen (Schraub- oder Nietkontakte) nicht über eine Zwischenlage von Isolierstoff übertragen werden.

Die mechanische Ausführung muß derart sein, daß das Gerät die betriebsmäßig entstehenden Erschütterungen und Beanspruchungen aushält.

Bei Selbstschaltern muß die elektromagnetische Auslösung wie folgt wirken:

1. Überstromauslösung: Geräte mit Überstromauslösung müssen bei unverzögerter Auslösung vom 1- bis 2fachen, bei verzögerter Auslösung vom 1,2- bis 2fachen Wert des Auslösernennstromes einstellbar sein.

Verzögerte Überstromauslösungen müssen, ohne auszulösen, auf die Anfangsstellung zurückgehen, wenn innerhalb $^2/_3$ der Auslösezeit der Strom auf den Wert des Nennstromes zurückgeht.

Der Auslösestrom darf vom Einstellstrom nicht mehr als $\pm 7,5\%$ abweichen.

2. Unterstromauslösung: Geräte mit Unterstromauslösung müssen bei höchstens 10% des Auslösernennstromes auslösen; beim Einschalten müssen sie nach Belastung mit dem Auslösernennstrom 15% dieses Stromes noch halten, Befestigung an erschütterungsfreier Unterlage vorausgesetzt.

3 Rückstromauslösung: Geräte mit Rückstromauslösung müssen im allgemeinen die Auslösung eines Rückstromes von 10% des Auslösernennstromes ermöglichen. Nach vorheriger Belastung mit Auslösernennstrom und bei Nennspannung müssen sie noch halten, wenn kein Strom fließt, Befestigung an erschütterungsfreier Unterlage vorausgesetzt.

4. Spannungrückgangsauslösung: Geräte mit Spannungrückgangsauslösung müssen im Einschaltzustand verbleiben und einschaltbar sein, wenn die Spannung 70% der Auslösernennspannung beträgt; sinkt die Spannung unter 35% der Auslösernennspannung, so muß die Auslösung erfolgen.

5. Arbeitsstromauslösung: Geräte mit Arbeitsstromauslösung (Nebenschluß- oder Fremdschlußwicklungen) müssen bei 0,5- bis 1,1facher Auslösernennspannung bzw. Betätigungsspannung richtig auslösen.

Die Auswahl der Überstromschalter ist so zu treffen, daß der an der Verwendungsstelle auftretende Kurzschlußstrom den nach § 71 der Regeln für Schaltgeräte festgelegten Prüfstrom nicht überschreitet. Sicherungen mit Polhörnern dürfen nur offen oder geschirmt verwendet werden. Offene Schmelzstreifen und Rohrsicherungen dürfen in geschlossenen, gekapselten, wasserdicht gekapselten, oder gasgeschützten Schaltgeräten nicht verwendet werden. Es wird empfohlen, offene oder geschirmte Sicherungen entweder hinter der Schalttafel, oder erhöht so anzubringen, daß spannungsführende Teile außer Handbereich liegen.

Schmelzsicherungen und Selbstschalter für Wechselstrom über 1500 V müssen den „Leitsätzen für die Konstruktion und Prüfung von Wechselstrom-Hochspannungsapparaten von einschließlich 1500 V Nennspannung aufwärts" entsprechen. Diese Vorschriften gelten seit dem 1. Januar 1914 und sind ETZ 1913, S. 1067 abgedruckt. Ihr Inhalt ist im wesentlichen durch den heutigen Stand der Technik überholt. Es ist deswegen auch zur Zeit eine neue Formulierung fertiggestellt worden; vgl. die Entwürfe, die ETZ 1923, S. 986 und 1003; 1926, S. 377 und 401 und 1927, S. 119 veröffentlicht sind. Der endgültige Wortlaut wird der Jahresversammlung 1927 des VDE vorgelegt. Näheres siehe auch S. 79.

In landwirtschaftlichen Anlagen sind Sicherungen nach den „Leitsätzen für die Errichtung elektrischer Starkstromanlagen in der Landwirtschaft" in Räumen mit leicht entzündlichem Inhalt (Heu- und Strohlager usw.) verboten.

Aus der Erkenntnis heraus, daß die Verwendung von reparierten Schmelzsicherungen nicht nur unvorteilhaft, sondern sogar gefahrbringend ist, ist die Verwendung geflickter Sicherungsstöpsel verboten worden. Schon seit dem Jahre 1908 führt der Verband deutscher Elektrotechniker einen Kampf gegen die unsachgemäß reparierten Schmelzstöpsel. Näheres darüber siehe ETZ 1908, S. 829; 1909, S. 709 und 1913, S. 416. Da es außerdem wesentlich ist, nur zuverlässig wirkende Sicherungen und Selbstschalter zu verwenden, hat der VDE z. B. der Regierung in Frankfurt a. O. empfohlen, eine Polizeiverordnung zu erlassen, die im wesentlichen folgendes enthält. Es ist verboten, zum Schutze der elektrischen Licht- und Kraftstromleitungen Sicherungen oder Selbstschalter zu verwenden oder verwenden zu lassen, die nicht den Vorschriften des VDE entsprechen, und es ist ferner verboten, Schmelzeinsätze von Sicherungen durch behelfs- mäßige Mittel, wie Drähte, Nägel, Schraubenzieher, Staniol und dgl. zu ersetzen. — Eine solche Polizeiverordnung ist von der Regierung in Frankfurt a. O. am 19. Juli 1926 erlassen worden. Auch von anderen Regierungsstellen sind bzw. werden ähnliche Verordnungen erlassen, und es ist anzunehmen, daß in kurzer Zeit alle preußischen Provinzen derartige Verordnungen herausbringen werden.

Die Verwendung von Installationsselbstschaltern in Form von Sockel- oder Stöpselschaltern statt Sicherungen findet in steigendem Maße statt und hat bereits verhältnismäßig großen Umfang angenommen. Anderer- seits haben einige Elektrizitätswerke, trotzdem nach § 14 der Errichtungs- vorschriften die Verwendung von kleinen Selbstschaltern nicht eingeschränkt ist, gegen die Zulassung dieser Apparate Bedenken gehabt, da bezüglich ihrer Ausführung, Prüfung und Verwendbarkeit keine Klarheit bestand.

Die Kommission für Installationsmaterial des VDE hat daher zur Klärung der sich ergebenden Fragen eine besondere Unterkommission für Installationsselbstschalter eingesetzt. Diese hat nach eingehenden Arbeiten und Prüfungen auf dem Markt befindlicher Apparate einen Ent- wurf für „Leitsätze für Installationsselbstschalter" fertiggestellt, der die Begriffserklärung, Richtlinien für Nennstrom und Nennspannung, Ab- grenzung der Zulässigkeit und schließlich Prüfbestimmungen für Instal- lationsselbstschalter enthält.

Der nachstehende Entwurf soll vorläufig als Grundlage für Prüfungen und gutachtliche Äußerungen dienen.

Installationsselbstschalter müssen für mindestens 250 V gebaut sein. Normale Nennspannungen für Sockelselbstschalter sind 250 und 500 V. Die normale Nennspannung für Stöpselselbstschalter ist 250 V.

Normale Nennstromstärken sind (2, 4), 6, 10, 15, 20, 25 A.

Installationsselbstschalter sind in Verteilungsstromkreisen statt Sicherun- gen hinter Hauptsicherungen von höchstens 100 A Nennstrom zulässig.

Installationsselbstschalter müssen Freiauslösung oder eine Einrichtung, die das Wiedereinschalten der Schaltkontakte nur im stromlosen Zustand ermöglicht, besitzen.

Mehrpolige Installationsselbstschalter müssen für jeden Pol eine Über=
stromauslösevorrichtung haben.

Im übrigen gelten die §§ 2 und 3 der „Vorschriften für die Konstruktion
und Prüfung von Installationsmaterial."

Ein Verzeichnis der von der Prüfstelle des VDE auf Grund eines
Gutachtens des elektr. Prüfamtes 3 in München zugelassenen Installations=
selbstschalter befindet sich ETZ 1925, S. 790 und 1709, 1926, S. 1114,
1211 und 1245, 1927 S. 376 und 519.

Bezüglich der Schmelzsicherungen hat der VDE eine Anzahl von Nor=
menblättern aufgestellt, die nachstehend verzeichnet sind:

DIN VDE	Aufschrift	Veröffentlicht ETZ	Letzte Ausgabe
9301	Gewinde für Unverwechselbarkeitseinsätze zu Schraubstopselsicherungen bis 60 A	1924, S. 786	XI 24
9310	Sicherungssockel 25 A/500 V mit quadratischem Grundriß und rückseitigem Anschluß für Schalt= und Verteilungstafeln	1924, S. 787	XI. 24
9311	Sicherungssockel 60 A/500 V mit quadratischem Grundriß und rückseitigem Anschluß für Schalt= und Verteilungstafeln	1924, S. 785	XI. 24
9320	Sicherungssockel mit vorderseitigem Anschluß 25 A/500 V	1925, S. 1457	VII 26.
9321	Sicherungssockel mit vorderseitigem Anschluß 60 A/500 V	1925, S. 1457	VII 26
9350	L=Sicherung=Schraubstopsel und Kontakt= schrauben 6—25 A/500 V	1925, S. 1456	VII 26
9351	L=Sicherung=Schraubstopsel und Kontakt= schrauben 6—60 A/500 V	1925, S 1460	VII. 26
9352	Sicherungssockel, L=Sicherung=Schraubstopsel 6—25 A/500 V Lehren	1925, S. 1458	VII 26
9353	Sicherungssockel, L=Sicherung=Schraubstopsel 6—60 A/500 V Lehren	1925, S. 1456	VII. 26
9360	D=Sicherung=Schraubstopsel 6—25 A/500 V und Zubehör	1925, S. 1459	VII. 26
9361 Bl. 1—3	D=Sicherung=Schraubstopsel, D=Paßschrauben 6—60 A/500 V Lehren	1925, S. 1457 bis 1459	VII 26

1 Die Stärke der Schmelzsicherung soll der Betriebstromstärke der zu schützenden
Leitungen und der Stromverbraucher tunlichst angepaßt werden. Sie soll jedoch
nicht größer sein, als nach der Belastungstafel und den übrigen Regeln des § 20 für
die betreffende Leitung zulässig ist.

2 Bei Schmelzsicherungen sollen weiche, plastische Metalle und Legierungen nicht
unmittelbar den Kontakt vermitteln, sondern die Schmelzdrähte oder Schmelzstreifen
sollen mit Kontaktstücken aus Kupfer oder gleichgeeignetem Metall zuverlässig ver=
bunden sein.

3 Schmelzsicherungen, die nicht spannunglos gemacht werden können, sollen so ge=
baut oder angeordnet sein, daß sie auch unter Spannung, gegebenenfalls mit geeigneten
Hilfsmitteln, von unterwiesenem Personal ungefährlich ausgewechselt werden können.

Vielfach werden noch Streifensicherungen verwendet, die aus Preß-
span mit aufgelegten Stanniolplättchen bestehen. Solche Sicherungen
entsprechen nicht den vorstehenden Bestimmungen unter 2. und sollten
daher keine Verwendung finden.

b) Schmelzsicherungen fur niedere Stromstarken mussen in Anlagen
mit Betriebspannungen bis 500 V so beschaffen sein, daß die fahrlassige
oder irrtumliche Verwendung von Einsatzen fur zu hohe Stromstarken
durch ihre Bauart ausgeschlossen ist (Ausnahme siehe § 28h). Fur niedere
Stromstarken durfen nur Sicheiungen mit geschlossenem Schmelzeinsatz
verwendet werden

4. Als niedere Stromstarken gelten hier solche bis 60 A, doch soll fur Stromstarken
unter 6 A die Unverwechselbarkeit der Schmelzeinsatze nicht gefordert werden

Bezüglich der Unverwechselbarkeit bestehen die vom VDE aufgestellten
Normenblätter DIN VDE 9301, 9350, 9351 und 9360, die in vorstehender
Aufstellung enthalten sind.

c) Nennstromstarke und Nennspannung sind sichtbar und haltbar auf
dem Hauptteil der Sicherung sowie auf dem Schmelzeinsatz zu verzeichnen

Wenn die Bezeichnungen für Nennstrom und Nennspannung abge-
kürzt werden, so ist für den Nennstrom A, für die Nennspannung V zu
verwenden.

d) Leitungen sind durch Schmelzsicherungen oder Selbstschalter zu
schutzen (Ausnahmen siehe f und g)

5 Bei Niederspannung sollen die Sicherungen an einer den Berufenen leicht zugänglichen Stelle angebracht werden, es empfiehlt sich, solche tunlichst auf besonderer
gemeinsamer Unterlage zusammenzubauen

Bezüglich der Zentralisierung von Verteilungstafeln, sowie deren Aus-
führung gibt der § 9 genaue Angaben. Es ist des weiteren das zu § 9 auf
S. 73 Gesagte zu beachten. Ferner gibt § 50 der „Vorschriften für die
Konstruktion und Prüfung von Installationsmaterial" weitere ausführ-
liche Angaben über Verteilungstafeln, worüber gleichfalls auf S. 72
Unterlagen gegeben sind.

e) Sicherungen sind an allen Seiten anzubringen, wo sich der Querschnitt
der Leitungen nach der Verbrauchstelle hin vermindert, jedoch sind da,
wo davorliegende Sicherungen auch den schwacheren Querschnitt schutzen,
weitere Sicherungen nicht erforderlich

Sicherungen mussen stets nahe an der Stelle liegen, wo das zu schutzende
Leitungsstuck beginnt Dieses ist bei Schraubstopselsicherungen stets
mit den Gewindeteilen zu verbinden

6. Bei Abzweigungen kann das Anschlußleitungsstuck von der Hauptleitung
zur Sicherung, wenn seine einfache Lange nicht mehr als etwa 1 m beträgt, von gerin-
gerem Querschnitt sein als die Hauptleitung, wenn es von entzundlichen Gegenstanden
feuersicher getrennt und nicht aus Mehrfachleitungen hergestellt ist
7 In Gebauden konnen bei Niederspannung mehrere Verteilungsleitungen eine
gemeinsame Sicherung von hochstens 6 A Nennstromstarke ohne Rucksicht auf die
verwendeten Leitungsquerschnitte erhalten Stromkreise, in denen nur hochkerzige

Gluhlampen (mit Edison-Lampensockel 40 [Goliathsockel]) von einer Leitung gleichen Querschnittes in Parallelschaltung abgezweigt werden, konnen eine dem Querschnitt entsprechende gemeinsame Sicherung, hochstens aber eine solche von 15 A erhalten

f) **Betriebsmaßig geerdete Leitungen durfen im allgemeinen keine Sicherung enthalten**

8 Die Nulleiter von Mehrleiter- oder Mehrphasensystemen sollen keine Sicherungen enthalten Ausgenommen hiervon sind isolierte Leitungen, die von einem Nulleiter abzweigen und Teile eines Zweileitersystemes sind, diese durfen Sicherungen enthalten, dann aber nicht zur Schutzerdung benutzt werden Sie durfen nicht schlechter isoliert sein als die Außenleiter Wird ein solches System nur einpolig gesichert, so sind die Abzweigungen vom Nulleiter zu kennzeichnen

g) **Die Vorschriften uber das Anbringen von Sicherungen beziehen sich nicht auf Freileitungen, Kabel im Erdboden, Leitungen an Schaltanlagen, ferner in elektrischen Betriebsraumen nicht auf die Verbindungsleitungen zwischen Maschinen, Transformatoren, Akkumulatoren, Schaltanlagen und dergleichen, sowie auf Falle, in denen durch das Wirken einer etwa angebrachten Sicherung Gefahren im Betriebe der betreffenden Einrichtungen hervorgerufen werden konnten (siehe auch § 20²)**

9 Abzweigungen von Freileitungen nach Verbrauchstellen (Hausanschlusse) sollen, wenn nicht schon an der Abzweigstelle Sicherungen angebracht sind, nach Eintritt in das Gebaude in der Nahe der Einfuhrung gesichert werden

Uber die Belastung von Freileitungen sind keine Vorschriften gemacht, solange ihre Festigkeit durch die gewählte Belastung nicht merklich leidet (vgl. 22⁴).

Fälle, in denen durch das Wirken einer etwa angebrachten Sicherung Gefahren im Betriebe hervorgerufen werden können, liegen z. B. vor, wenn die Erregung eines Motors infolge des Durchbrennens einer Sicherung abgeschaltet, oder wenn durch Abschmelzen der Sicherung ein Bremsmagnet arbeitsunfähig würde. Näheres hierüber siehe Erläuterungen von Weber S. 73 und 74.

Wegen der Moglichkeit des Strombiebstahles müssen Hausanschlußsicherungen und die Verbindungsleitung zwischen dieser und dem Zähler unter besonderer Aufsicht der liefernden Elektrizitätswerke stehen. Deswegen werden die Hausanschlußsicherungen meist vom Werke geliefert und plombiert. Diese Sicherungen müssen den Beamten der Werke stets bequem zugänglich sein. Uber die Moglichkeit von Strombiebstahl siehe Näheres ETZ 1921, S. 1227.

§ 15

Andere Apparate

a) Bei ortsfesten Meßgeraten fur Hochspannung mussen die Gehause entweder gegen die Betriebspannung sicher isolieren oder sie mussen geerdet sein oder es mussen die Meßgerate von Schutzkasten umgeben oder hinter Glasplatten derart angebracht sein, daß auch ihre Gehause gegen zufallige Beruhrung geschutzt sind (siehe § 3) Die an Meßwandler angeschlossenen Meßgerate unterliegen dieser Vorschrift nicht, wenn der Sekundarstromkreis gegen den Ubertritt von Hochspannung gemaß § 4 geschutzt ist.

b) Bei ortsveränderlichen Meßgeraten (auch Meßwandlern) kann von den Forderungen der §§ 10a, 10¹, 10² und 10f abgesehen werden

Außer den Bestimmungen des § 15 gelten natürlich auch die allgemeinen Vorschriften über Apparate des § 10.

Soweit Bauarten von Apparaten auf dem Markte sind, die das Prüf=zeichen des VDE erhalten haben, sollte diesen der Vorzug gegeben werden, da bei ihnen die Sicherheit vorhanden ist, daß sie allen VDE=Bestimmungen entsprechen. Näheres darüber siehe Teil IV C.

Nach den Leitsätzen für Schutzerdungen in Hochspannungsanlagen müssen alle betriebsmäßig keine Spannung führenden Metallteile, die in der Nähe von spannungsführenden Teilen liegen oder mit diesen in Verbindung kommen können, metallisch leitend untereinander und mit der Erdungsleitung verbunden sein. Das gilt für Meßwandlerapparate und be=sonders auch für die betriebsmäßig mit den Händen anzufassenden Metall=teile wie Handräder, Hebel, Kurbeln usw.

Über Meßgeräte sind vom VDE ausführliche Bestimmungen unter der Bezeichnung „Regeln für Meßgeräte" aufgestellt worden, die seit dem 1. Juli 1922 gelten und ETZ 1922, S. 290 und 858 abgedruckt sind. Der Geltungsbereich für diese Regeln erstreckt sich auf Gleich= und Wechsel=strom=Meßapparate bis 1000 A und 20000 V. Es fallen darunter:

Strommesser,	Leistungsmesser,
Spannungsmesser,	Frequenzmesser
Leistungsfaktor= und Phasenmesser,	

Die Meßgeräte sind in Klassen eingeteilt und erhalten besondere Klassenzeichen gemäß folgender Aufstellung:

Klassenzeichen E Feinmeßgerate 1. Kl.
       „   F   „   2. Kl
       „   G Betriebsmeßgerate 1 Kl
       „   H   „   2. Kl.

Folgende Schutzarten sind als normale festgelegt:

S 1 Schaufrei,	S 4 Druckwassersicher,
S 2 Geschützt,	S 5 Schlagwettersicher,
S 3 Spritzwassersicher,	S 6 Tropensicher.

Das Gehäuse muß das Meßwerk und empfindliche Teile von ein=gebautem Zubehör vor Beschädigung bei gewöhnlichem Gebrauch schützen und das Meßwerk staubsicher umschließen.

Gehäuse, die geerdet werden sollen, müssen mit Vorrichtungen ver=sehen sein, die den sicheren Anschluß an Erdzuleitungen von 16 mm² ermöglichen. Hierfür genügt z. B. eine Schraube von 6 mm Durchmesser.

Bei Meßgeräten, deren Ausschlag von der Stromrichtung abhängig ist, muß die Stromrichtung deutlich und dauerhaft gekennzeichnet sein.

Bei Meßgeräten mit mehreren Klemmen sind Bezeichnungen anzu=bringen, die die richtige Art des Anschlusses erkennen lassen.

Instrumente der Klasse E und F müssen eine Vorrichtung besitzen, mit der man den Zeiger verstellen kann, ohne das Gehäuse zu entfernen.

Die Vorrichtung soll bei Instrumenten für Höchstspannungen über 40 V gefahrlos betätigt werden können, ohne daß eine Berührung spannungsführender Teile eintritt; sie muß also durch eine ausreichende Isolation von diesen getrennt sein. Es wird empfohlen, auch Instrumente der Klasse G mit einer solchen Einstellungsvorrichtung zu versehen, sofern sie Federrichtkraft besitzen.

Wenn die Isolierung nicht ausreichend ist, muß ein Warnungsschild angebracht werden.

Es wird empfohlen, die Skala von links nach rechts (bzw. von unten nach oben) zu beziffern und Ausnahmen von dieser Regel auch bei Instrumenten mit zwei Ableseseiten zu vermeiden.

Der Abstand zweier Teilstriche soll 1 oder 2 oder 5 Einheiten der Meßgröße oder einem dezimalen Vielfachen bzw. einem dezimalen Bruchteil dieser Werte entsprechen.

Strom- und Spannungsmeßgeräte der Klassen E und F müssen dauernd innerhalb ihres Meßbereiches belastet werden können. Eine Ausnahme ist nur bei Instrumenten zulässig, die mit einem Schalter versehen sind, der beim Loslassen zurückfedert und nicht feststellbar ist.

Strom- und Spannungsmeßgeräte der Klassen G und H müssen dauernd den dem 1,2fachen Endwert des Meßbereiches entsprechenden Betrag der Meßgröße aushalten.

Leistungs- und Leistungsfaktormesser müssen dauernd die 1,2fachen Werte ihres Nennstromes bzw. ihrer Nennspannung aushalten. Ausgenommen von dieser Bestimmung sind Instrumente mit Bandaufhängung.

Frequenzmesser müssen dauernd den 1,2fachen Betrag ihrer Nennspannung aushalten.

Diese Bestimmungen gelten sinngemäß auch für das Zubehör.

Durch vorstehend angegebene Überlastungen dürfen keine bleibenden Veränderungen hervorgerufen werden, durch die die Erfüllung dieser Bestimmungen aufgehoben wird.

Die Beruhigungszeit darf nicht überschreiten:

$$\text{Bei Instrumenten der Klassen E und F: } 3 + \frac{L}{100}\,s,$$

$$\text{„ „ „ „ G: } 3 + \frac{L}{50}\,s,$$

$$\text{„ „ „ „ H: } 4 + \frac{L}{40}\,s,$$

wobei L die in mm gemessene Zeigerlänge ist.

Ausgenommen hiervon sind Hitzdrahtinstrumente, Elektrostatische Instrumente und Vibrationsinstrumente.

In den Regeln für Meßgeräte sind ferner noch Einzelheiten enthalten über Anzeigefehler, Temperatureinfluß, Frequenzeinfluß, Spannungseinfluß, Fremdeinfluß und über Lagefehler; ferner sind darin Angaben gemacht, welche Aufschriften die verschiedenen Arten von Meßgeräten

haben müssen. Schließlich sind noch Bestimmungen über die anzuwen=
denden Zeichen und Abkürzungen gemäß folgender Aufstellung festgelegt:

a)

	für	Einheit	Abkürzung
	Stromstärke	Ampere	A
	„	Milliampere	mA
	Spannung	Volt	V
	„	Millivolt	mV
	„	Kilovolt	kV
	Leistung	Watt	W
	„	Kilowatt	kW
	Widerstand	Ohm	Ω
		Kiloohm	$k\Omega$
		Megohm	$M\Omega$

b) Klassenzeichen. Als Klassenzeichen werden die Kennbuchstaben E, F, G und H
verwendet.

c) Stromartzeichen. Als Stromartzeichen wird für Gleichstrom das Gleichheits=
zeichen, für Wechselstrom das Wellenzeichen verwendet.

d) Art des Meßwerkes. Es werden die nachstehend zusammengestellten Sym=
bole benutzt.

e) Lagezeichen. Instrumente mit bestimmter Lage werden durch einen Strich
oder ein Winkelzeichen beim Meßwerksymbol gekennzeichnet.

f) Prüfspannungszeichen. Farbige Sterne werden zu dem Kennbuchstaben
des Klassenzeichens gesetzt.

g) Übersetzung der Meßwandler. Sie wird in Form eines Bruches aus=
druckt, dessen Zähler die primäre und dessen Nenner die sekundäre Nenngröße ist.

h) Auf Betriebsinstrumenten der Klassen G und H mit mehr als zwei Klemmen
oder getrenntem Zubehör ist ein Schaltbild zu befestigen, das die Außenschaltung
zeigt und in dem die Fertigungsnummer des nicht austauschbaren Zubehörs
eingetragen ist.

Symbole der Meßwerke.

Lfd Nr.	Art der Meßwerke	Symbole mit Richtkraft	Symbole ohne Richtkraft (Kreuzspule)
M 1	Drehspule		
M 2	Dreheisen (Weicheisen)	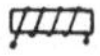	
M 3	Elektrodynamisch eisenlos		
	eisengeschirmt		
	eisengeschlossen		
M 4	Induktion		

Lfd. Nr.	Art der Meßwerkzeuge	Symbole	
		mit Richtkraft	ohne Richtkraft (Kreuzspule)
M 5	Hitzdraht		
M 6	Elektrostatisch		
M 7	Vibration		

Klassenzeichen, Stromart, Lagezeichen.

Bezeichnung	Zeichen	bedeutet
Klassenzeichen	E F G H	Feinmeßgerat 1. Kl „ 2 „ Betriebsmeßgerat 1. „ „ 2. „
Stromart:	$=$	Gleichstrom
	$\sim$	Wechselstrom
	$\approxeq$	Gleich= und Wechselstrom
	$\approx$	Zweiphasenstrom
	≋	Drehstrom gleiche Belastung
	≋	Drehstrom ungleiche Belastung
	≋	Vierleitersysteme
Lagezeichen: (am Symbol für Meßwerk anfugen)	| ∠60° —	Senkrechte Gebrauchslage Schräge „ Wagerechte „
Beispiele:		Dreheisen (Weicheisen) Klasse F Wechselstrom senkrechte Gebrauchslage
		Dreheisen (Weicheisen) Klasse G Gleichstrom schrage Gebrauchslage
		Elektrodynamisch Klasse E Gleich= und Wechselstrom wagerechte Gebrauchslage

Auch über Meßwandler hat der VDE ausführliche Bestimmungen unter der Bezeichnung „Regeln für die Bewertung und Prüfung von Meß= wandlern" herausgegeben, die seit dem 1. Juli 1922 gelten und ETZ 1921, S. 209 und 836 abgedruckt sind. Der Geltungsbereich für diese Regeln erstreckt sich auf Stromwandler und Spannungswandler, die zum Anschluß von folgenden Instrumenten dienen sollen:

Strommesser,	Frequenzmesser,
Spannungsmesser,	Elektrizitätszähler,
Leistungsmesser,	Relais und ähnliche Vorrichtungen
Leistungsfaktormesser,	

Die genannten Instrumente können zeigend, zählend oder schreibend sein.

Meßwandler, die diesen Regeln entsprechen, erhalten ein Klassen= zeichen.

Hierfür werden mit dem Vorsatz „Klasse" folgende Buchstaben ver= wendet:

für Stromwandler E, F, G, H, I;
für Spannungswandler E, F, H.

Über die zulässigen Übertemperaturen und ihre Ermittlung gelten allgemein die „Regeln für die Bewertung und Prüfung von Transfor= matoren" (RET 1923).

Die Temperatur der Wicklungen ist in der Regel aus der Widerstands= zunahme festzustellen. Nur bei dicken Kupferschienen von geringem Wider= stand kann, wenn sie zugänglich sind, die Messung mit dem Thermometer angewendet werden.

Primär= und Sekundärwicklungen sollen stets voneinander und in der Regel auch vom Eisenkern isoliert sein, doch darf bei Stromwandlern, die ohne sonstige Befestigung von den primären Zuleitungen getragen werden (z. B. Schienenstromwandlern), eine der Wicklungen betriebsmäßig mit dem nicht geerdeten Eisenkern verbunden werden.

Ein den Meßwandler umgebendes Gehäuse soll gegen beide Wicklungen isoliert sein. Ausnahmsweise darf bei Spannungswandlern für sehr hohe Spannung die Primärwicklung einseitig mit dem geerdeten Gehäuse ver= bunden sein.

Das Gehäuse ist mit einer kräftigen Schraube von wenigstens 8 mm ⌀ zum Anschluß der Erdzuleitung zu versehen.

Fehlt das Gehäuse, so ist diese Erdungsschraube an dem Eisenkern oder den mit ihm zu verbindenden Befestigungsteilen aus Metall anzubringen.

Für die Lichtmaße und Prüfspannungen der Primärseite gelten die Leitsätze für die Konstruktion und Prüfung von Wechselstrom=Hochspannungs= apparaten sowie die Regeln für die Bewertung und Prüfung von Trans= formatoren RET 1923. Für die Sekundärseite gilt als Prüfspannung 2000 V.

Für die Anschlüsse der Stromwandler gilt folgendes:

Die Anschlüsse sind gleichsinnig zu bezeichnen.

Die Anschlüsse der Primärwicklung werden durch den Buchstaben L, die der Sekundärwicklung durch l bezeichnet. Die einzelnen Anschlüsse einer Wicklung erhalten der Reihe nach die Kennziffern 1, 2 usw. Sind mehrere untereinander gleiche Wicklungen vorhanden, die einander parallel geschaltet werden können, so erhält die erste die Kennziffer a, die zweite b usw. zu den im übrigen gleichlautenden Bezeichnungen.

Wenn gleichzeitig alle Wicklungsanfänge mit den zugehörenden Wicklungsenden vertauscht werden können (z. B. bei Wicklungen ohne Anzapfungen), empfiehlt es sich, die sich dafür ergebenden Anschlußbezeichnungen in Kreise eingeschlossen neben die ursprünglichen zu setzen.

Der Erdungsanschluß ist mit E zu bezeichnen.

Für die Anschlüsse von Spannungswandlern gilt:

Die Anschlüsse sind gleichsinnig zu bezeichnen. Für die primäre Seite werden große, für die sekundäre Seite unterstrichene kleine Buchstaben verwendet.

Entsprechend den „Normen für die Bezeichnung von Klemmen bei Maschinen usw." erhalten einphasige Wandler die Bezeichnung U, V ($\underline{u}, \underline{v}$); dreiphasige Wandler und Wandlergruppen bei geschlossener Schaltung die Bezeichnungen U, V, W ($\underline{u}, \underline{v}, \underline{w}$), bei offener Schaltung die Bezeichnungen U, V, W, X, Y, Z ($\underline{u}, \underline{v}, \underline{w}, \underline{x}, \underline{y}\ \underline{z}$)

Nullpunkte werden mit O ($\underline{o}$) bezeichnet.

Treten mehrere Anzapfungen an die Stelle eines Anschlusses, so werden sie in der Richtung abnehmender Spannung der Reihe nach mit den Kennziffern 1, 2, 3 usw. versehen.

Sind mehrere untereinander gleiche Wicklungen vorhanden, die einander parallel geschaltet werden können, so erhält die erste die Kennziffer a, die zweite b usw. zu den im übrigen gleichlautenden Bezeichnungen.

Wenn gleichzeitig alle Wicklungsanfänge mit den zugehörenden Wicklungsenden vertauscht werden können (z. B. bei unverketteten Wicklungen ohne Anzapfungen), empfiehlt es sich, die sich dafür ergebenden Anschlußbezeichnungen in Kreise eingeschlossen neben die ursprünglichen zu setzen.

Der Erdungsanschluß ist mit E zu bezeichnen.

Über die an den Meßwandlern anzubringenden Schildaufschriften sind in den §§ 29 und 35 dieser Regeln genaue Angaben gemacht.

Für die Messung sehr hoher Spannungen hat der VDE besondere „Regeln für Spannungsmessungen mit der Kugelfunkenstrecke in Luft" aufgestellt, die ETZ 1926, S. 594 u. 862 abgedruckt sind. Sie gelten ab 1. Juli 1926.

Vom VDE sind des weiteren „Regeln und Normen für Elektrizitätszähler" aufgestellt worden, die seit dem 1. Januar 1927 in Kraft und ETZ 1926, S. 566 und 862 abgedruckt sind.

Als normale Nennstromstärken für Elektrizitätszähler gelten:

Ampere			
1,5	15	150	1500
—	20	200	2000
3	30	300	3000
5	50	500	5000
—	75	750	7500
10	100	1000	10000

Für elektrische Apparate gelten nach den Regeln des VDE die Abstufungen:

$$4, 6, 10, 25, 60 \text{ und } 100 \text{ A}$$

als normal. Für Elektrizitätszähler wird im allgemeinen eine größere Unterteilung verlangt, ferner die Berücksichtigung der Größen, die seit Jahren bei den Elektrizitätswerken in Gebrauch sind. Insbesondere mußten die Größen 3 und 5 A beibehalten werden, da diese für die Betriebsspannungen von 220 bzw. 120 V nahezu die gleiche Belastbarkeit besitzen und unter Zugrundelegung einer vorübergehenden Überlastbarkeit zum Gebrauch in Anlagen bis zu 1 kW-Anschlußwert dienen. Die Abstufung der Stromstärken 5, 10, 15, 20 und 30 A ist die gleiche wie bei den Meßwandlern. Die Größe 1,5 A mußte mit Rücksicht auf die Verwendung vom Amperestundenzählern in kleinen Gleichstromanlagen beibehalten werden.

Elektrizitätszähler, die für Betriebsspannungen über 250 V gegen Erde bestimmt sind, erhalten eine Vorrichtung für die Erdung des Gehäuses, die den Anschluß einer Leitung von mindestens 16 mm² Querschnitt gestattet.

Für die einheitliche Aufhängung von Elektrizitätszählern, mit 3 Aufhängepunkten gelten nachstehende Maße:

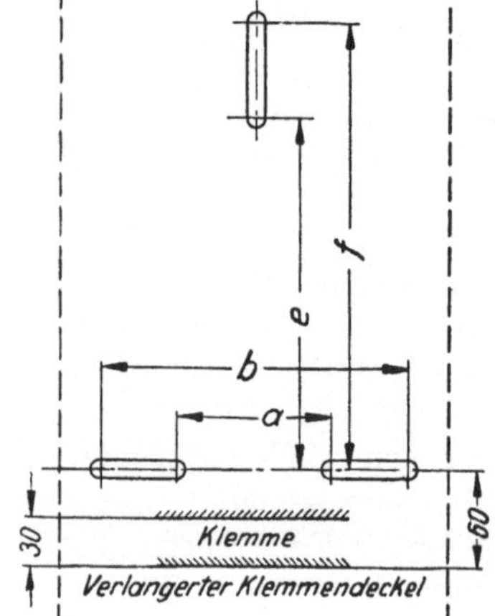

Große	a	b	e	f
I	60	120	100	160
II	100	180	200	280
III	100	200	200	360

a und b sind die kleinste und die größte Entfernung für die Mittelpunkte der unteren Befestigungslaschen des Zählers.

e und f sind die kleinste und die größte Entfernung der Mittelpunkte von der oberen Befestigungslasche bis zu den beiden unteren Befestigungslaschen des Zählers.

Das Maß 60 mm gibt die Entfernung von der Mittellinie der unteren Befestigungslaschen bis zum Rand des verlängerten Klemmendeckels des Zählers an.

Der VDE hat weiterhin auch „Leitsätze für Spannungssucher bis 750 V" aufgestellt, die seit dem 1. IV 1927 gelten und ETZ 1927 S. 155

und 409 abgedruckt sind. Spannungsucher dienen zur Feststellung des Vorhandenseins von Spannungen in elektrischen Stromkreisen. Solche mit optischer Anzeige (Glühlampen) sind nicht als Handleuchter anzusehen.

Normale Nennspannungen sind 250, 500 und 750 V. Die Nennspannung ist auf dem Spannungsucher anzugeben. Spannungsucher für 500 V Nennspannung sollen einen Prüfbereich von 200 bis 500 V, Spannungsucher für 750 V einen solchen von 500 bis 750 V aufweisen.

Die Spannungsucher sollen den betriebsmäßigen und mechanischen Anforderungen standhalten und den Errichtungsvorschriften entsprechen. Schaltvorrichtungen sollen den „Vorschriften für Handgeräte-Einbauschalter" sinngemäß entsprechen.

Das Gehäuse der Spannungsucher soll, soweit es aus Isolierstoff besteht, den an Handleuchter zu stellenden Anforderungen entsprechen (siehe „Leitsätze für Untersuchung der Isolierkörper von Installationsmaterialien"). Bei Spannungsuchern mit Glühlampen soll das Gehäuse Schutz gegen Splitterwirkung gewähren.

Die spannungsführenden Teile sollen auf feuersicheren Körpern angebracht sein. Abdeckungen aus Isolierstoff, die im Gebrauch mit einem Lichtbogen in Berührung kommen können, sollen feuersicher sein.

Alle Teile, auch die Schutzabdeckungen, sollen so befestigt sein, daß Lockerungen und Lageveränderungen im Gebrauch nicht eintreten können.

Der Berührung zugängliche Gehäuse und Griffe sollen, wenn sie nicht geerdet sind, aus nichtleitendem Baustoff bestehen oder mit einer haltbaren Isolierschicht ausgekleidet oder umkleidet sein. Metallteile, für die eine Erdung in Frage kommen kann, sind mit einem Erdungsanschluß zu versehen. Bei Fassungen für 250 V darf die kürzeste Kriechstrecke zwischen stromführenden Teilen verschiedener Polarität oder zwischen solchen und einer metallenen Umhüllung 3 mm nicht unterschreiten. Alle Schrauben, die Kontakte vermitteln, sollen metallenes Muttergewinde haben.

Die unter Spannung gegen Erde stehenden Teile sollen gemäß § 3a der Errichtungsvorschriften gegen zufällige Berührung geschützt sein, z. B. durch Kragen oder Manschetten an den Tastern. Die vorn überstehende Länge der metallenen Prüfstifte soll 20 mm nicht überschreiten. Die Handgriffe der Prüftaster sollen aus Isolierstoff bestehen. Die Zuleitungen sollen mit dem Gehäuse fest verbunden und beiderseits von Zug entlastet sein. Als Zuleitungen sind nur Hochspannungsschnüre (NHSGK) zulässig (siehe § 19 der Err.=Vor.).

Die Spannungsucher sollen am Hauptteil ein Ursprungszeichen tragen.

c) Handapparate für den Hausgebrauch sind nur für Betriebsspannungen bis 250 V zulässig. Elektrisch betriebene Werkzeuge müssen den Regeln für die Bewertung und Prüfung derartiger Maschinen entsprechen.

1 Handapparate sollen besonders sorgfältig ausgeführt und ihre Isolierung soll derart bemessen sein, daß auch bei rauher Behandlung Stromübergänge vermieden werden. Die Bedienungsgriffe der Handapparate mit Ausnahme der von Betriebswerk-

zeugen sollen möglichst nicht aus Metall bestehen und im übrigen so gestaltet sein, daß eine Berührung benachbarter Metallteile erschwert ist

d) Über den Anschluß ortsveränderlicher Apparate siehe §§ 10h und 21n

Während bei Handapparaten für den Hausgebrauch in vorstehender Bestimmung als Grenze für die Anwendung 250 V festgelegt ist, sind für elektrisch betriebene Werkzeuge hier keine Grenzen angegeben, so daß sie also für höhere Spannungen zulässig sind, und zwar gelten dafür die nachstehend behandelten Sonderbestimmungen über die elektrisch betriebenen Werkzeuge. Für tragbare Motoren in Bergwerken unter Tage ist außerdem die Bestimmung des § 46^1 zu beachten.

Über Handapparate bestehen eine Reihe von Sonderbestimmungen des VDE, aus denen nachstehend kurz das Wichtigste erwähnt sei.

Die „Vorschriften für elektrisches Spielzeug" gelten ab 1. Januar 1927 und sind ETZ 1926, S. 426 und 1530 abgedruckt. Sie behandeln Spielgegenstände wie Kinderbügeleisen, Kinderkochherde, Dampfkessel, Maschinen, Bahnen, Kleinbeleuchtung für Bahnen, Puppenstuben, Kinderkinos und dgl., die für eine Nennspannung bis 24 V hergestellt sind. Gegenstände für höhere Spannung werden nicht als Spielzeug, sondern als Gebrauchsgegenstände angesehen und unterliegen den jeweils gültigen Vorschriften und Normen des VDE. Im übrigen sei auf das bei § 3a Gesagte verwiesen.

Die „Vorschriften für elektrische Gas- und Feueranzünder" gelten ab 1. Januar 1927 und sind ETZ 1926, S. 427 abgedruckt. Danach gelten als elektrische Gas- und Feueranzünder Gegenstände, bei denen durch elektrische Funken oder Lichtbögen brennbare Stoffe oder Gase zur Entzündung gebracht werden. Sie sollen nur für eine Nennspannung bis 24 V oder für ungefährliche Frequenzen hergestellt werden. Im übrigen sei auf das bei § 3a Gesagte verwiesen.

Die „Vorschriften für elektrische Fanggeräte" gelten ab 1. Januar 1927 und sind ETZ 1926, S. 427 abgedruckt. Als elektrische Fanggeräte gelten Vorrichtungen, bei denen durch die Wirkung des elektrischen Stromes Tiere (z. B. Ungeziefer) getötet werden sollen. Bei diesen Geräten findet in der Regel ein Stromschluß durch die Tierkörper statt. Der Anschluß an das Starkstromnetz darf unter Verwendung eines kurzschlußverhindernden Mittels erfolgen, das den Strom bei Kurzschluß zwischen den blanken Leitern auf höchstens 1 A begrenzt. Als Spannungsgrenze käme hier, der vorstehenden Bestimmung entsprechend, 250 V in Anwendung.

Zu den Vorschriften für elektrische Gas- und Feueranzünder, sowie für Fanggeräte sind Erläuterungen in der ETZ 1926, S. 828 erschienen.

Der VDE hat ferner „Leitsätze für die Konstruktion und Prüfung elektrischer Starkstromhandapparate für Niederspannungsanlagen (ausschließlich Koch- und Heizgeräte)" aufgestellt, die seit dem 1. Juli 1914 gelten und ETZ 1914, S. 71 und 478 abgedruckt sind. Diese Leitsätze gelten für Massageapparate, Heißluftapparate, Tischventilatoren, Haushaltungsmotoren, Staubsauger, Handmagnete, Spannfutter, sowie ähnliche elektrische Betriebswerkzeuge u. dgl. Ihr Inhalt ist folgender:

A. Allgemeines.

1. Jeder Apparat soll ein Ursprungszeichen haben, das den Hersteller erkennen läßt.

2. Auf jedem Apparat sollen Spannung, Stromstärke, Stromart und Frequenz verzeichnet sein.

3. Alle einzelnen Teile der Apparate und Zuleitungen sollen den jeweils in Betracht kommenden Vorschriften und Normen des Verbandes Deutscher Elektrotechniker entsprechen.

4. Jeder Apparat muß Abweichungen vom Nennwert der Spannung bis zu $\pm$ 10% schadlos aushalten können.

5. Im allgemeinen sollen Apparate eine vorübergehende Stromüberlastung von mindestens 25% aushalten.

„vorübergehend": etwa 5 bis 15 min, je nach der normalen Benutzungsart der Apparate.

6. Handapparate mit Ausnahme der Betriebswerkzeuge sollen bei normaler Belastung und ordnungsmäßiger Benutzung an den äußeren Teilen, deren Berührung betriebsmäßig in Frage kommen kann, keine höhere Übertemperatur als 35° C, an den Handgriffen nicht mehr als 20° C annehmen.

7. Handapparate mit einer Aufnahme bis einschließlich 0,3 kW sind für Betriebsspannungen von mehr als 250 V nicht zulässig.

B. Berührungsschutz.

1. Spannungführende Teile der Apparate dürfen ohne besondere Maßnahmen nicht berührt werden können.

2. Die spannungführenden Teile sollen von den nicht spannungführenden Metallteilen und insbesondere von metallenen Gehäuseteilen dauernd zuverlässig isoliert sein.

3. Die Hüllen und Abdeckungen spannungführender Teile sollen mechanisch widerstandsfähig, stoßfest und besonders zuverlässig befestigt sein.

4. Innere Verbindungen sollen so geführt und befestigt sein, daß sie durch Erwärmung oder Erschütterungen nicht gelockert werden und mit den Gehäuseteilen nicht in leitende Berührung kommen können.

5. Die Bedienungsgriffe der Handapparate mit Ausnahme der von Betriebswerkzeugen sollen möglichst nicht aus Metall bestehen und im übrigen so gestaltet sein, daß eine Berührung benachbarter Metallteile erschwert ist.

Für das Äußere der Apparate ist möglichst weitgehende Verwendung von Isolierstoffen anzustreben.

6. An Apparaten, für die Erdung notwendig ist, soll ein besonderer Anschluß für die Erdzuleitung vorhanden sein.

C. Anschlüsse und Verbindungsstellen.

1. Die Enden von Litzen sollen in sich verlötet sein.

2. Anschlusse und Verbindungsstellen sind derartig anzuordnen, daß sie äußerer Beschädigung und schädlichen Einflüssen nach Möglichkeit ent-

zogen sind. Sie müssen mechanisch fest und gegen Lockerung genügend sicher sein.

3. Die Anschluß= und Verbindungsstellen sollen von Zug entlastet sein.

D. Zuleitungen.

1. Die Zuleitungen müssen an beiden Enden mit Zugentlastung ver= sehen sein.

2. Bei Anschluß von Apparaten, bei denen Erdung nötig ist, muß ein Erdungsleiter in der Zuleitung vorhanden sein.

E. Prüfung.

1. Alle Apparate sind mit mindestens 1000 V Wechselstrom 1 min lang auf Isolation zu prüfen. Die Stromquelle, die die Prüfspannung hergibt, soll eine Leistung von mindestens 3 kW besitzen.

Beabsichtigt ist, diese Prüfspannung in einiger Zeit noch zu erhöhen.

Die „Vorschriften für elektrische Handgeräte mit Kleinstmotoren VEHgM" des VDE gelten ab 1. Januar 1927 und sind ETZ 1926, S. 402 abgedruckt. Unter diese Vorschriften fallen Kleingeräte aller Art, die mit einem Elektromotor ausgerüstet sind, wie Heißluftduschen, Tischfächer, Staubsauger, Massiergerät, elektrisch ausgerüstete Haushaltmaschinen (Nähmaschinen, Sprechmaschinen, Büromaschinen) und dgl. Die Geräte sind nur für Spannungen bis 250 V zulässig. Sie müssen so gebaut und bemessen sein, daß bei ordnungsmäßigem Gebrauch durch die bei ihrem Betriebe auftretende Erwärmung weder die Wirkungsweise und Hand= habung beeinträchtigt wird, noch eine für die Umgebung gefährliche Tem= peratur entstehen kann.

Die Geräte müssen so gebaut sein, daß einer Verletzung von Personen durch Splitter, Funken, geschmolzene Teile oder Stromübergänge bei ordnungsmäßigem Gebrauch vorgebeugt wird.

Die blanken spannungsführenden Anschlußteile müssen auf feuer=, wärme= und feuchtigkeitssicheren Körpern angebracht sein.

Widerstandsleiter müssen von feuer= und wärmesicherer Unterlage getragen sein. Falls diese nicht feuchtigkeitssicher ist, muß sie noch besonders vom Gehäuse isoliert sein.

Abdeckungen und Schutzverkleidungen müssen mechanisch widerstands= fähig, stoßfest, wärmesicher und besonders zuverlässig befestigt sein. Wenn sie mit spannungsführenden Teilen in Berührung stehen, müssen sie auch feuchtigkeitssicher sein. Abdeckungen und Schutzverkleidungen aus Isolier= stoff, die beim Gebrauch einem Lichtbogen ausgesetzt sein können, müssen auch feuersicher sein. Sie müssen ferner so ausgebildet sein, daß die Lei= tungen mit ihrer Isolierung und Umhüllung in diese Schutzverkleidungen eingeführt werden können.

Schrauben, die Kontakte vermitteln, müssen in metallene Mutter= gewinde eingeschraubt sein.

Der Kontakt zwischen spannungführenden Teilen muß so ausgeführt sein, daß er sich durch die betriebsmäßige Erwärmung, die unvermeidliche Veränderung der Isolierstoffe sowie durch betriebsmäßige Erschütterungen nicht lockert (z. B. darf der Kontaktdruck bei festen Verbindungen — Schrauben- oder Nietkontakten — nicht über eine Zwischenlage aus Isolierstoff übertragen werden).

Innere Verbindungen müssen so geführt und befestigt sein, daß sie durch Erwärmung oder Erschütterungen nicht gelockert werden und mit den Gehäuseteilen nicht in leitende Berührung kommen können. Eiserne Verbindungen sind vor Rost zu schützen.

Kriechstrecken dürfen 4 mm nicht unterschreiten. Nur in Fällen, in denen die Möglichkeit einer Verschmutzung sowie Feuchtigkeitseinflüsse ausgeschlossen sind, sind 3 mm zulässig.

Die Verbindung der Geräteanschlußleitung mit dem Gerät muß durch Verschraubung, Lötung oder mittels einer Gerätesteckvorrichtung erfolgen. In diesem Fall muß die Dose an der Leitung, der Stecker am Gerät angebracht sein.

Normale Nennstromstärken für Gerätesteckvorrichtungen .	6	10	20	A
Querschnitt der Zuleitung in mm²	0,75	1	2,5	
Wandstecker für A .	6	10	25	

Anschluß- und Verbindungsstellen sind derart anzuordnen, daß sie bei ordnungsmäßigem Gebrauch äußerer Beschädigung und schädlichen Einflüssen entzogen sind. Sie müssen mechanisch fest und gegen Lockerung und Berührung genügend gesichert sein.

Eine unbeabsichtigte Berührung spannungführender Metallteile der Gerätesteckvorrichtung (Dose und Stecker) muß unmöglich sein. Einzelstecker sind infolgedessen nicht zulässig.

Die Gerätedose muß so ausgeführt sein, daß sie von Hand bequem mit dem Gerätestecker verbunden werden kann. Wandstecker müssen das VDE-Prüfzeichen haben.

Hülsen und Stifte der Gerätesteckvorrichtung dürfen in dem Körper nicht drehbar befestigt sein. Sie müssen gegen Verdrehen gesichert sein. Die Anschlußleitungen dürfen nicht mittels der Hülsen oder Stifte festgeschraubt werden.

Als Zuleitungen dürfen nur Zimmerschnüre oder Gummischlauchleitungen verwendet werden. Fassungsadern sind als Zuleitung verboten. Die Zuleitung muß an der Einführungsstelle gegen starke Verbiegung oder Verletzung (z. B. durch scharfe Metallränder) geschützt sein. Sofern nicht andere Vorkehrungen getroffen sind, muß bei Einführung der Zuleitung durch Metallteile in das Gerät eine isolierende Buchse verwendet werden, die im Gerät gesichert befestigt ist (Gegenmutter, Sprengring o. dgl.).

Jede Anschlußleitung muß an den Anschlußstellen ihrer beiden Enden von Zug entlastet sowie ihre Umhüllung sicher gefaßt und gegen Verdrehung gesichert sein.

Die Enden der Litzen müssen in sich verlötet oder mit einer besonderen

Umkleidung versehen sein, die das Abspleißen einzelner Drähte zuverlässig verhindert.

Alle Schalter an Handgeräten müssen den VDE-Vorschriften für Schalter entsprechen (Dosenschalter, Handgeräteeinbauschalter). Schalter müssen so eingebaut sein, daß sie mechanischen Beschädigungen bei Gebrauch nicht ausgesetzt sind.

Die unter Spannung gegen Erde stehenden Teile müssen der zufälligen Berührung entzogen sein.

Auf dem Gerät müssen nachstehende Angaben deutlich lesbar und haltbar angebracht sein:

1. Hersteller oder Ursprungszeichen
2. Stromart, falls erforderlich.
3. Nennspannung in V.
4. Frequenz, falls erforderlich.
5 VDE-Zeichen, falls erteilt.

Anlaßvorrichtungen müssen insbesondere dem § 12 der Errichtungsvorschriften entsprechen (vgl. auch die „Regeln für die Bewertung und Prüfung von Anlassern und Steuergeräten REA 1925").

Anlasser und Regler, an denen Stromunterbrechungen vorkommen, müssen so gebaut sein, daß bei ordnungsmäßiger Betätigung kein Lichtbogen stehen bleibt.

Die Kontaktbahn muß mit einer nicht entflammbaren, zuverlässig befestigten und abnehmbaren Abdeckung versehen sein; sie darf keine Öffnungen (Schlitze) enthalten, die eine unbeabsichtigte Berührung spannungführender Teile zulassen. Die Anschlußstellen müssen gegen zufällige Berührung geschützt sein.

Bei Heißluftduschen muß die zufällige oder fahrlässige Berührung umlaufender Teile ausgeschlossen sein. Das Eindringen von Fremdkörpern (z. B. Haare) muß erschwert sein.

Der Handgriff darf nicht aus Metall bestehen und muß so gestaltet sein, daß eine Berührung benachbarter Metallteile erschwert ist.

Heißluftduschen dürfen bei normaler Belastung und ordnungsmäßiger Benutzung an den äußeren Teilen, deren Berührung betriebsmäßig in Frage kommen kann, keine höhere Übertemperatur als 35° C, an den Handgriffen keine höhere Übertemperatur als 20° C annehmen.

Die den Heizkörper umgebende Hülle darf sich nicht so stark erwärmen, daß sich brennbare Stoffe an ihr entzünden können.

Heizkörper müssen den „Vorschriften für elektrische Heizgeräte und elektrische Heizeinrichtungen" entsprechen.

Einschaltung der Heizkörper muß bei stillstehendem Motor unmöglich sein. Gleichzeitiges Ein- und Ausschalten von Heizkörper und Motor ist zulässig.

Staubsauger müssen im betriebsmäßigem Zustande bei offener Düse einen ununterbrochenen Betrieb von mindestens 30 min aushalten, ohne daß die Erwärmung des Motors die in den REM, § 39 festgesetzten Grenzwerte überschreitet.

Der Anlaßstrom darf 12 A nicht überschreiten.

Die Luft muß beim Saugen so geführt sein, daß mitgerissene Fremd=
körper den Motor nicht beschädigen können.

Tischfächer müssen einen Betrieb von 2 h aushalten, ohne daß die Er=
wärmung des Motors die in § 39 der REM festgesetzten Grenzwerte über=
schreitet. Die äußere Erwärmung des Motors darf hierbei nicht mehr
als 25° C Übertemperatur betragen.

Die Zuleitungen müssen von einer zuverlässig befestigten Vorrichtung so
umgeben sein, daß die Gefahrzone gegen zufällige Berührung erkennbar ist.

Wenn eine Verbindungsleitung innerhalb des Gerätes durch ein Ge=
lenk geht, so muß die Leitung an dieser Stelle besonders geschützt sein.

Bei Antriebsmotoren von Haushaltmaschinen (einschl. Nähmaschinen)
darf der Anlaßstrom 12 A nicht überschreiten.

Bei Reglern zu Antriebsmotoren von Haushaltmaschinen (einschl.
Nähmaschinen) darf die Übertemperatur an keiner Stelle des Gehäuses
höher als 60° C sein.

Die stromführenden Teile von Anlassern und Reglern müssen mit einer
Schutzverkleidung aus wärme= und feuersicheren Stoffen versehen sein.
Sie müssen so gebaut sein, daß in der Nähe befindliche brennbare Stoffe
nicht entzündet werden können.

Bei Geräten mit biegsamer Welle (z. B. Haarschneidemaschinen und
dgl.) ist die biegsame Welle vom Motor durch eine elektrisch isolierte Kupp=
lung zu trennen.

Für gewisse Handgeräte sind Erleichterungen bez. der Schalter vom
VDE aufgestellt worden, und zwar in den „Vorschriften für Handgeräte=
Einbauschalter", die seit dem 1. Juli 1926 gelten und ETZ 1925, S. 1322
und 1526 abgedruckt sind.

Handgeräte=Einbauschalter sind Ausschalter unter 4 A und Umschalter
unter 2 A, die in mechanisch fester Verbindung mit einem Handgerät
stehen. Als Handgerät im Sinne dieser Vorschrift sind zu verstehen:

Geräte mit Kleinstmotoren wie: Staubsauger, Heißluftduschen, Tischfächer usw ,
Gas= und Feueranzünder, elektrisches Spielzeug und Fanggeräte.

Ausschalter von 4 A und Umschalter von 2 A an, unterliegen den „Vor=
schriften für die Konstruktion und Prüfung von Installationsmaterial"
(KPI).

Schalter für Stromverbraucher mit veränderlicher Stromstärke, wie
Wirtschaftsmotoren, Anbaumotoren, müssen den KPI genügen, auch wenn
die Betriebsstromstärke kleiner als 4 bzw. 2 A ist.

Für Handgeräte=Einbauschalter gelten außer den nachstehenden Vor=
schriften die §§ 2, 3 (außer Vorschrift e und 1), 7 und 9 der KPI (Vorschriften
für die Konstr. u. Prüfung von Inst.=Mat.).

Die Nennstromstärke kann dem Stromverbrauch des Handgerätes
angepaßt, darf aber nicht kleiner als 0,25 A sein.

Handelsware muß mit der Nennstromstärke, entsprechend 250 V Gleich=
strom, gekennzeichnet sein.

Einbauschalter müssen gesicherte Schaltstellungen haben.

Die Betätigungsteile, wie Griffe, Knöpfe usw., müssen so befestigt sein, daß sie ohne Werkzeug und auch beim Rückwärtsdrehen nicht entfernt werden können.

Vom VDE sind ferner „Vorschriften für elektrische Heizgeräte und elektrische Heizeinrichtungen VEHz 1925" aufgestellt worden, die seit 1. Januar 1925 gelten und ETZ 1924, S. 665, 695, 964 und 1068; 1927, S. 304 abgedruckt sind. Diese Vorschriften gelten für alle elektrisch beheizten Geräte und Einrichtungen, sowie auch für die Heizkörper solcher Geräte, deren übrige Bestandteile in den Geltungsbereich anderer VDE=Vorschriften fallen, wie z. B. die Motoren und die Schalter der Heißluftduschen. Soweit Gerätegattungen zur Prüfung durch die VDE=Prüfstelle zugelassen sind, gelten die betr. Geräte nur dann als verbandsmäßig, wenn diese die Berechtigung zur Führung des VDE=Prüfzeichens besitzen.

Unterschieden werden ortsfeste und ortsveränderliche Geräte, ferner spülbare und nicht spülbare.

Normale Nennspannungsbereiche sind:

$$110\text{—}120\text{—}130 \text{ V,}$$
$$210\text{—}220\text{—}240 \text{ V.}$$

Die vorstehenden Angaben geben Aufschluß über:

1. Nennspannung, für die das Gerät gebaut ist (mittlere Zahl),

2. den Nennspannungsbereich, für den das Gerät betriebsmäßig Verwendung finden kann,

3. die der Nennaufnahme zugrunde gelegte Nennspannung

Für die Nennaufnahme ist ein Spiel von $\pm$ 10% zulässig. Für Heizgeräte mit weniger als 125 W Nennaufnahme ist ein Spiel von $\pm$ 20% zulässig.

Nicht normale Spannungen sollen einen Nennspannungsbereich von $\pm$ 10% haben.

Es sind folgende Abstufungen für Normaltypen üblich:

Wasserkocher

Nenninhalt in l . . .	0,5	1	1,5	2	3

Kochtöpfe (Gußeisen und gezogen)

Nenninhalt in l . .	1	2	3	4	6

Kochplatten (auch Bratpfannen)

Durchmesser in mm .	130	180	220

Öfen

W . .	1000	1500	2000	3000	4000	6000

Lampenöfen und Strahlöfen

Lampenzahl .	2	3	4
W	500	750	1000

Bügeleisen

Gewicht in kg	1	2	2,5	3	4	6	8	10

Für Betriebsspannungen von mehr als 250 V sind nicht zulässig:

1. ortsveränderliche Geräte,

2. ortsfeste Geräte mit einer Nennaufnahme von weniger als 1500 W, sofern sie nicht unter fachmännischer Aufsicht stehen.

Spülbare Geräte müssen als solche gekennzeichnet werden.

Geräte, die nur zum Wasserkochen bestimmt sind, brauchen nicht spülbar zu sein.

Nicht spülbare Geräte müssen so hergestellt sein, daß überlaufendes Wasser nicht in den Heizraum eindringen und Flüssigkeit nicht durch den Boden aufgesaugt werden kann.

Geräte, bei denen spannungsführende Teile unmittelbar mit dem zu erhitzenden Wasser in Berührung kommen können, dürfen in Gleichstromanlagen wegen der elektrolytischen Wirkungen und der damit verbundenen Explosionsgefahr nicht verwendet werden. Sie müssen deshalb als nur für Wechselstrom verwendbar gekennzeichnet sein. Sie dürfen ferner nur dort Verwendung finden, wo sichere Gewähr für gute Erdung vorhanden ist.

Die Geräte müssen so gebaut und bemessen sein, daß bei ordnungsmäßigem Gebrauch durch die bei ihrem Betriebe auftretende Erwärmung weder die Wirkungsweise und Handhabung beeinträchtigt wird, noch eine für die Umgebung gefährliche Temperatur entstehen kann.

Die Widerstandsleiter müssen von wärme= und feuchtigkeitssicherer Unterlage getragen sein. Falls diese nicht feuchtigkeitssicher ist, muß sie noch besonders vom Gehäuse isoliert sein.

Die auf Wärme beanspruchten Isolierstoffe müssen wärmesicher sein, bis zu Temperaturen, die um mindestens 50° höher sind, als die Temperatur des sie umgebenden und ihre Temperatur bestimmenden Geräteteiles bei ½ stündiger Überlastungsprobe mit der 1,4fachen Nennaufnahme, die nach Erreichung der betriebsmäßigen Endtemperatur vorzunehmen ist. Isolierstoffe für die Gerätesteckdosen müssen die Mindesttemperatur von 350° während 3 h aushalten, ohne praktisch an elektrischer und mechanischer Festigkeit einzubüßen.

Innere Verbindungen müssen so geführt und befestigt sein, daß sie durch Erwärmung oder Erschütterungen nicht gelockert werden und mit den Gehäuseteilen nicht in leitende Berührung kommen können. Eiserne Verbindungen sind vor Rost zu schützen.

Kriechstrecken, die der Möglichkeit einer Verschmutzung und Feuchtigkeitseinflüssen völlig entzogen sind, dürfen bei Spannungen unter 250 V 3 mm nicht unterschreiten.

Alle anderen Kriechstrecken dürfen folgende Maße nicht unterschreiten:

V	250	500	750	1000
mm	4	6	8	10

Der Anschluß darf nur bei Geräten bis 250 V und bis zu einer Nennaufnahme von 2000 W bei höchstens 20 A durch eine Geräteanschlußschnur,

in anderen Fällen nur durch Verschraubung oder Lötung am Gerät er=
folgen. Normale Nennstromstärken für Gerätesteckvorrichtungen sind:

	6	10	20 A
Querschnitt der Zuleitung in mm² . .	0,75	1	2,5
Wandstecker für A	6	10	25

Bei Geräten bis 250 V und bis zu einem Nennstrom von höchstens
10 A darf die Gerätesteckvorrichtung zum Ein= und Ausschalten dienen.
Bei Stromstärken über 10 bis 20 A soll die Gerätesteckvorrichtung nur zum
Anschluß und nicht zur Ausschaltung dienen; in letzterem Falle muß das
Gerät durch Schalter am Gerät oder an der Wand stromlos gemacht
werden können.

Ist bei Geräten bis 250 V und bis 1 A Nennstromstärke die Zuleitung
fest mit dem Gerät verbunden, so dürfen Regelschalter in die Zuleitung ein=
gebaut werden, wenn die Betriebsweise den Einbau in die fest verlegte
Leitung nicht zuläßt.

Bei Verwendung von Regelschaltern müssen die Schaltstellungen durch
Worte oder Zahlen bezeichnet sein. Dabei muß der höheren Aufnahme
die höhere Zahl und der Ausschaltstellung die Zahl Null entsprechen.

Zum Einschalten von Geräten mit mehr als 750 W Nennaufnahme,
deren Einschaltstromstärke mehr als das Doppelte der Nennstromstärke
betragen würde, muß ein Anlasser verwendet werden. Als Anlasser im
Sinne dieser Vorschriften gelten auch Regelschalter (Gruppen= oder Reihen=
Parallelschalter).

Alle Schalter an Heizgeräten müssen den VDE=Vorschriften für
Schalter entsprechen.

Schalter an den Geräten müssen gegen überfließendes Kochgut ge=
schützt sein.

Anschluß= und Verbindungsstellen sind derart anzuordnen, daß sie
äußerer Beschädigung und schädlichen Einflüssen entzogen sind. Sie
müssen mechanisch fest und gegen Lockerung und Berührung genügend
gesichert sein.

Eine unbeabsichtigte Berührung spannungführender Metallteile der
Gerätesteckvorrichtung (Dose und Stecker) muß unmöglich sein.

Gerätesteckvorrichtungen sowie Zwischenstecker sind in ihren Grund=
abmessungen nach DIN VDE 9490 auszuführen. Die den Zeichnungen
beigefügten Anweisungen sind zu erfüllen. Die Gerätedose muß so aus=
geführt sein, daß sie von Hand bequem mit dem Gerätestecker verbunden
werden kann. Falls die Gerätedose mit einem Metallmantel versehen
ist, so muß dieser mindestens 3 mm von der Stirnfläche der Gerätedose
zurückstehen. Die Gerätedosen müssen ab 1. I. 1928 das VDE=Zeichen
tragen.

Hülsen und Stifte dürfen in dem Körper nicht drehbar befestigt sein.
Sie müssen gegen Verdrehen gesichert sein. Die Anschlußleitungen dürfen
nicht mittels der Hülsen oder Stifte festgeschraubt werden.

Alle Leitungen für ortsveränderliche Stromverbraucher müssen den „Vorschriften für isolierte Leitungen in Starkstromanlagen" entsprechen und von runder Ausführung sein (z. B. Gummischlauchleitungen).

Jede Geräteanschlußschnur muß an den Anschlußstellen ihrer beiden Enden von Zug entlastet, sowie ihre Umhüllung sicher gefaßt und gegen Verdrehung gesichert sein.

Die Enden der Litzen müssen in sich verlötet oder mit einer besonderen Umkleidung versehen sein, die das Abspleißen einzelner Drähte zuverlässig verhindert.

Die unter Spannung gegen Erde stehenden Teile müssen der zufälligen Berührung entzogen sein. Bei Geräten für Spannungen über 250 V gegen Erde müssen die blanken und die mit Isolierstoff bedeckten, unter Spannung gegen Erde stehenden Teile durch ihre Lage, Anordnung oder besondere Schutzvorrichtungen der Berührung entzogen sein.

Bei Geräten für Spannung über 250 V gegen Erde sowie bei einer Aufnahme über 2 kW bei allen Spannungen müssen alle nichtspannung= führenden Metallteile, die Spannung annehmen können, miteinander gut leitend verbunden und geerdet werden, wenn nicht durch andere Mittel eine gefährliche Spannung vermieden oder unschädlich gemacht wird.

Metallteile, für die eine Erdung in Frage kommen kann, müssen mit einem Erdungsanschluß versehen sein. Die Erdung der Geräte muß bei Betriebsspannungen bis zu 250 V in den Räumen, in denen sie nach den Errichtungsvorschriften notwendig ist, zwangläufig vor unter Spannung= setzen erfolgen.

Bei Spannungen über 1000 V müssen isolierende Griffe so eingerichtet sein, daß sich zwischen der bedienenden Person und den spannungführenden Teilen eine geerdete Stelle befindet.

Auf dem Gerät sind anzugeben:

Ursprungzeichen (und Fertigungsnummer),
Nennspannungbereich oder Nennspannung in V,
Nennaufnahme in W,
Etwaige Angaben über Spulbarkeit (S),
Stromart (falls erforderlich),
VDE=Prüfzeichen (falls erteilt).

Bei Drehstrom ist die verkettete Spannung anzugeben und die Schaltung der Heizkörper durch das Stern= und Dreieckzeichen anzudeuten.

Heizkörper müssen mit haltbarem Ursprungszeichen und Angabe des Widerstandes bei 20° oder der Nennaufnahme oder der Nennspannung versehen sein.

An jeder Gerätedose sind ein Ursprungszeichen und VDE=Prüfzeichen (falls erteilt) anzubringen.

Es sind des weiteren in den §§ 47 bis 55 der Vorschriften für elektrische Heizgeräte und Heizeinrichtungen eingehende Prüfbestimmungen auf= gestellt. Diese beziehen sich auf den gebrauchsmäßigen Betrieb, auf die Isolierung und auf die Wirkung überkochenden Kochgutes. Außerdem sind noch besondere Prüfungen der Gerätesteckvorrichtungen vorgesehen, und zwar auf:

Isolation,	Mechanische Haltbarkeit,
Schaltleistung,	Wärme- und Feuersicherheit.

Im Anhang zu den Vorschriften für elektrische Heizgeräte und Heizeinrichtungen sind noch Sonderbestimmungen über Bügeleisen, Heizkissen, Tauchsieder, Kochgeräte, Durchlauferhitzer, Elektrodenheizgeräte, Öfen und Küchengeräte aufgestellt. Bezüglich der Bügeleisen ist bestimmt, daß die Gerätesteckdose nicht zum Ein- und Ausschalten benutzt werden soll, und daß als Anschlußleitung eine Gummischlauchleitung verwendet werden muß.

Bezüglich der Heizkissen ist festgelegt, daß der Heizleiter allseitig von einer mechanisch haltbaren Asbestschicht umgeben sein muß, und daß die Heizkissen eine Aufschrift besitzen müssen, die darauf hinweist, daß sie bei Schweißbildung und nassen Kompressen nicht ohne feuchtigkeitssichere Unterlage verwendet werden dürfen, sofern sie nicht bereits mit einem Feuchtigkeitsschutz versehen sind. Heizkissen müssen in jeder Schaltstellung durch Temperaturbegrenzer in solcher Zahl und Verteilung geschützt werden, daß sie auch nicht stellenweise selbst bei teilweiser Abdeckung gefährliche Temperaturen annehmen können. Die Temperaturbegrenzer müssen bei der eingestellten Temperatur sicher ausschalten.

Abgeschaltete Tauchsieder dürfen unmittelbar nach Herausnehmen aus dem Kochgut nicht auflöten oder unbrauchbar werden. Die größte Eintauchtiefe ist durch eine Marke zu kennzeichnen, bis zu der die Tauchsieder warmwasserdicht auszuführen sind. Als Anschlußschnüre dürfen nur Gummischlauchleitungen verwendet werden.

Durchlauferhitzer müssen so eingerichtet und installiert sein, daß Dampfbildung unter erhöhtem Druck nicht möglich ist. Strom- und Wasserdurchgang müssen derart zwangsläufig geregelt sein, daß Wasser durch das Gerät fließt, bevor der Strom eingeschaltet ist.

Elektrodenheizgeräte, bei denen die Flüssigkeit selbst den Heizleiter bildet, sind nur dann zulässig, wenn die Elektroden mit einem geerdeten Schutzgehäuse versehen sind, das sowohl die Berührung spannungsführender Teile verhindert, als auch im Gebrauch die Erdung der Flüssigkeit bewirkt.

Die unter Spannung gegen Erde stehenden Teile der Heizlampen und Heizkörper von Öfen müssen der zufälligen Berührung entzogen sein. Dieser Schutz gegen zufälliges Berühren muß auch während des Einschraubens der Lampen und Heizkörper wirksam sein. In Glühlampenfassungen für Edison-Lampensockel 27 (Normal-Edison-Sockel) dürfen nur Heizlampen und Heizkörper bis 500 W Nennaufnahme eingesetzt werden.

Bei Verwendung von Heizgeräten in Küchen ist ein leicht lösbarer schnurloser Anschluß zu erstreben. (Näheres s. Mitteilungen der Vereinigung der Elektrizitätswerke, Jahrg. 1919, S. 95).

In einem weiteren Anhang zu den „Vorschriften für elektrische Heizgeräte und Heizeinrichtungen" sind die vom Elektrotechnischen Verein in Wien aufgestellten Leitsätze für Ausführung und Betrieb elektrischer Raumheizung mittels freigespannter Heizleiter (elektrische Linearheizung abgedruckt.

Solche Heizanlagen sind nur in gewerblichen Betriebsräumen zulässig, sofern eine Gefährdung der persönlichen Sicherheit, sowie eine Feuersgefahr verhütet werden kann. Die Spannung zwischen zwei Heizleitern darf im allgemeinen höchstens 220 V, bei Anlagen mit geerdetem Standpunkt höchstens 380 V betragen. Unter besonderen Verhältnissen kann sie auf 500 V erhöht werden (näheres f. in den Leitsätzen). Die Heizleiter müssen so verlegt werden, daß eine zufällige Berührung ohne besondere Hilfsmittel ausgeschlossen ist; der Abstand vom Boden oder von anderen Standorten muß mindestens 2,5 m betragen. Die Heizleiter müssen von Transmissionen oder sonstigen zu bedienenden Betriebseinrichtungen in solcher Entfernung geführt werden, daß sie für die beschäftigten Personen außer Reichweite sind; wo dieses nicht möglich ist, sind Schutzvorrichtungen anzubringen, die bei Ausführung in Metall geerdet sein müssen. Heizleiter, die Spannung gegeneinander führen, dürfen im allgemeinen nur nebeneinander und nicht übereinander verlegt werden. Die Heizleiter sind in Entfernungen von höchstens 2,5 m zu stützen, bzw. aufzuhängen. Die Strombelastung jedes Heizleiters darf nur so groß sein, daß er bei höchster Raumtemperatur auf höchstens 130° erwärmt wird. In jedem Raum ist ein Hauptausschalter vorzusehen, mit dem die ganze Heizanlage des Raumes allpolig ausgeschaltet werden kann. An geeigneten Stellen müssen gut sichtbare, rote elektrische Warnungslampen angeordnet werden, die bei eingeschalteter Heizanlage leuchten.

Über elektrisch betriebene Werkzeuge sind eine Anzahl von Sondervorschriften vom VDE aufgestellt worden, über die nachstehend kurz berichtet werden möge[1]).

Die „Regeln über die Bewertung und Prüfung von Handbohrmaschinen" gelten vom 1. Juli 1927 ab und sind ETZ 1926, S. 568 und 862 abgedruckt. Die Handbohrmaschinen müssen außer den Errichtungsvorschriften, soweit keine anderen Bestimmungen getroffen werden, auch noch den Regeln für die Bewertung und Prüfung elektrischer Maschinen REM 1923 des VDE entsprechen.

Spannungen für normale Maschinen sind:
Für Gleichstrom 110 und 220 V,
bei einer abgegebenen Leistung von 200 W und darüber auch 440 und 550 V.
Für Drehstrom 125, 220 und 380 V.
Für Wechselstrom 125 und 220 V.

Die Normalfrequenz ist 50 Per/s.

Als Zuführungsleitungen zu der Maschine dürfen drahtbeflochtene Leitungen nicht verwendet werden.

Die Zuführungsleitung muß einen zur Erdung oder zur Betätigung von Schutzvorrichtungen dienenden Leiter besitzen, der mit dem Körper

---

[1]) Siehe auch ETZ 1927, S 555.

der Maschine dauernd oder bei lösbarer Verbindung zwangsläufig vor Unterspannungsetzen der Maschine leitend verbunden wird. Bauart und Querschnitt des Erdungsleiters müssen den Bestimmungen unter A II 3c der „Vorschriften für isolierte Leitungen in Starkstromanlagen" entsprechen.

Mit Handbohrmaschinen festverbundene Zuleitungen müssen einen am Gehäuse angeschlossenen und als solchen gekennzeichneten Erdungsleiter besitzen, um eine Erdung oder Betätigung von Schutzvorrichtungen zu ermöglichen; ferner müssen diese Zuleitungen gegen Verdrehen und Zug gesichert sein.

Jede Maschine ist mit einem Schalter zu versehen, durch den die Wicklungen und sonstigen stromführenden Teile des Motors spannungslos gemacht werden können. Bei Maschinen für Spannungen unter 250 V, bei denen der zulässige Bohrdurchmesser 100 mm nicht übersteigt, sind auch Schalter zulässig, durch die die Maschinen nur stromlos gemacht werden.

Der Schalter und die Gerätesteckvorrichtung müssen gegen mechanische Beschädigungen durch Metallkapselung geschützt sein und, wenn nicht an sich mit dem Körper der Maschine leitend verbunden, ebenfalls geerdet sein.

Jede Maschine muß mit einem Ursprungszeichen versehen sein.

An jeder Maschine ist ein Schild anzubringen, das folgende Angaben enthält:

1. Fertigungsnummer.
2. Stundenleistung oder Halbstundenleistung in W an der Bohrspindel.
3. Schutzart.
4. Höchstzulässiger Bohrdurchmesser für Werkstoffe von 50 kg Zugfestigkeit bei dieser Leistung.
5. Stromart.
6. Spannung.
7. Frequenz.
8. Drehzahl der Bohrspindel bei obiger Leistung.

Die „Regeln für die Bewertung und Prüfung von Hand- und Support-Schleifmaschinen" gelten ab 1. Januar 1926 und sind ETZ 1924, S. 105, 600 und 1068, 1925, S. 787 und 1526 abgedruckt. Die Schleifmaschinen müssen den Regeln für die Bewertung und Prüfung von elektrischen Maschinen REM 1923 des VDE entsprechen, soweit nicht besondere Bestimmungen getroffen sind. Alle Hand- und Support-Schleifmaschinen sind zu kapseln und mit einer Schutzvorrichtung zu versehen, die den Unfallverhütungsvorschriften der Berufsgenossenschaft entspricht und möglichst ⅔ des Umfanges der Schleifscheibe umfaßt. Diese Schutzvorrichtung darf nur fortgelassen werden in Fällen, in denen jede Gefährdung von Personen ausgeschlossen ist. Die Hand- und Support-Schleifmaschinen müssen so gebaut sein, daß die Umfangsgeschwindigkeit der Schleifscheibe in keinem Falle die in den Unfallverhütungsvorschriften des Verbandes deutscher Berufsgenossenschaften festgesetzte Grenze überschreitet. Schleifmaschinen müssen mit einem Drehsinnzeichen versehen sein.

Als Zuführungsleitung zu der Maschine dürfen Leitungen mit Draht= bewicklung und Drahtbeflechtung nicht benutzt werden. Die Zuführungs= leitung muß einen zur Erdung dienenden Leiter besitzen, der mit dem Körper der Maschine dauernd oder bei lösbarer Verbindung zwangsläufig vor Unterspannungsetzen der Maschine leitend verbunden wird. Bauart und Querschnitt des Erdungsleiters müssen den Bestimmungen unter A II 3c der „Vorschriften für isolierte Leitungen in Starkstromanlagen" entsprechen.

Bei Schleifmaschinen mit einer Leistungsabgabe bis 100 W und für Spannungen unter 250 V ist eine zwangsläufige Erdung nicht erforderlich; es ist dann aber am Körper jeder Maschine eine Erdungsklemme vorzu= sehen und als solche zu kennzeichnen, um nötigenfalls die Erdung zu er= möglichen.

Spannungen für normale Maschinen sind:

fur Gleichstrom .	125, 220 V
	550 V bei einer abgegebenen Leistung von 200 W und darüber,
fur Drehstrom .	125, 220, 380 V,
fur Wechselstrom	110, 220 V

Die Normalfrequenz ist 50 Per/s.

Für jede Maschine ist ein in Reichweite des Arbeiters liegender Schalter vorzusehen, durch den die Wicklungen und sonstigen stromführenden Teile des Motors spannungslos gemacht werden können. Bei Maschinen bis zu 100 W Leistungsabgabe und für Spannungen unter 250 V sind auch Schalter zulässig, durch die die Maschinen nur stromlos gemacht werden. Der Schalter und die Steckvorrichtung müssen gegen mechanische Beschädi= gungen durch Metallkapselung geschützt sein und, wenn nicht an sich mit dem Körper der Maschine leitend verbunden, ebenfalls geerdet sein.

Jede Maschine muß mit einem Ursprungszeichen versehen sein.

An jeder Maschine ist ein Schild anzubringen, das folgende Angaben enthält:

1. Fertigungsnummer.
2. Stundenleistung in W an der Schleifspindel.
3. Drehzahl der Schleifspindel in der Minute bei Stundenleistung.
4. Größter zulässiger Durchmesser der Schleifscheibe in mm.
5. Größte zulässige Breite der Schleifscheibe in mm.
6. Stromart.
7. Spannung.
8. Frequenz.

Die „Regeln für die Bewertung und Prüfung von Schleif= und Polier= maschinen" des VDE gelten seit dem 1. Juli 1927 und sind ETZ 1926, S. 569 und 862 abgedruckt. Die Maschinen müssen den Regeln für die Bewertung und Prüfung von elektrischen Maschinen REM 1923 des VDE entsprechen, soweit nicht andere Bestimmungen getroffen sind. Alle Schleif= und Poliermaschinen sind geschlossen auszuführen, damit ein

Eindringen von Staub verhindert wird. Dieses gilt auch für eingebaute Schalt= und Anlaßgeräte, sowie für die Anschlüsse.

Die Leistungsmessung und =angabe erfordert eine Berücksichtigung des dem Schleifen eigentümlichen Betriebsspieles (aussetzender Betrieb bei dauernd eingeschaltetem Feld). Die Motoren sind so zu bemessen, daß sie nach zweistündigem Leerlauf bei einer Nennleistung bis 250 W 15 min, über 250 W 30 min lang die Nennleistung abgeben können, ohne sich un= zulässig zu erwärmen.

Die Leistung soll durch Abbremsen der Arbeitswelle gemessen werden.

In den Preislisten und Angeboten sollen die Leistung der Maschinen in W oder kW, abgegeben an der Arbeitswelle, die minutliche Nenndreh= zahl, sowie Durchmesser und Breite der größten zulässigen Schleifscheibe bei dieser Leistung angegeben werden.

Alle elektrischen Schleif= und Poliermaschinen müssen mit einem Dreh= sinnzeichen versehen sein.

Elektrische Schleifmaschinen müssen so gebaut sein, daß die Umfangs= geschwindigkeit der Schleifscheibe in keinem Falle, auch nicht bei Leerlauf, die in den Unfallverhütungsvorschriften des Verbandes deutscher Berufs= genossenschaften festgesetzte Grenze überschreitet.

Folgende Umfangsgeschwindigkeiten dürfen bei Schmirgelscheiben nicht überschritten werden:

a) bei Scheiben vegetabilischer oder keramischer Bindung und Zu= führung des Arbeitsstückes mit der Hand 25 m/s.

b) bei Scheiben vegetabilischer und keramischer Bindung und me= chanischer Zuführung des Arbeitsstückes 35 m/s.

Im Fall b) kann ausnahmsweise eine Höchstgeschwindigkeit von 50 m/s zugelassen werden, jedoch nur unter der Bedingung, daß ein entsprechend schneller Probelauf nachgewiesen ist, und daß besonders starke Schutz= hauben vorhanden sind.

c) Scheiben mit mineralischer Bindung dürfen nur in Sonderfällen angewendet werden. Ihre höchste Umfangsgeschwindigkeit beträgt 15 m/s.

Elektrische Poliermaschinen müssen so gebaut sein, daß ihre Drehzahl in keinem Falle, auch nicht bei Leerlauf, höher als 20% über die auf dem Leistungsschild angegebene Nenndrehzahl ansteigt. Falls Poliermaschinen mit Schleifscheiben ausgerüstet werden, darf die zulässige Umfangs= geschwindigkeit dieser auch bei Leerlauf, die vorstehend angegebenen Werte, nicht überschreiten.

Die Schleifscheiben der elektrischen Schleifmaschinen und der mit Schleifscheiben ausgerüsteten Poliermaschinen sind mit einer Schutz= vorrichtung zu versehen, die den Unfallverhütungsvorschriften des Ver= bandes deutscher Berufsgenossenschaften entspricht, und mindestens ⅔ des Umfanges (240°) der Schleifscheibe umfaßt. Die Schutzvorrichtung muß aus Schmiedeeisen oder gleich zähem Werkstoff bestehen.

Die Schleifscheiben müssen so befestigt werden, daß ein unbeabsich= tigtes Lockern ausgeschlossen ist.

Als Zuführungsleitungen zu der Maschine dürfen drahtbeflochtene Leitungen nicht verwendet werden.

Die Zuführungsleitung muß einen zur Erdung oder zur Betätigung von Schutzvorrichtungen dienenden Leiter besitzen, der mit dem Körper der Maschine dauernd oder bei lösbarer Verbindung zwangsläufig vor Unterspannungsetzen der Maschine leitend verbunden wird. Bauart und Querschnitt des Erdungsleiters müssen den Bestimmungen unter A II 3c der „Vorschriften für isolierte Leitungen in Starkstromanlagen" entsprechen.

Mit Maschinen festverbundene Zuleitungen müssen einen am Gehäuse angeschlossenen und als solchen gekennzeichneten Erdungsleiter besitzen, um eine Erdung oder Betätigung von Schutzvorrichtungen zu ermöglichen; ferner müssen diese Zuleitungen gegen Verdrehen und Zug gesichert sein.

Für jede Maschine ist in Reichweite des Arbeiters ein Schalter anzubringen, durch den der Motor in allen seinen Teilen spannungslos gemacht werden kann.

Jede Maschine muß mit einem Ursprungszeichen (Firma oder Fabrikzeichen des Herstellers) versehen sein.

An jeder Maschine ist ein Schild anzubringen, das folgende Angaben enthält:

1. Fertigungs- oder Seriennummer.
2. Die Leistung in W oder kW an der Arbeitswelle mit dem Zusatz 2 h Leerlauf 15 bzw. 30 min.
3. Drehzahl der Arbeitswelle bei der angegebenen Leistung.
4. Bei Schleifmaschinen und gegebenenfalls auch bei Poliermaschinen der größte zulässige Durchmesser und die Breite der Schleifscheibe in mm.
5. Stromart.
6. Spannung.
7. Frequenz.
8 VDE-Zeichen (falls erteilt).

Spannungen für Normalmaschinen sind:

Für Gleichstrom 110, 220, 440, 550 V,
für Drehstrom 125, 220, 380 V,
für Wechselstrom 125, 220 V.

Die normale Frequenz ist 50 Per/s.

Vom VDE sind des weiteren noch Normenblätter über Polier- und Schleifmaschinen aufgestellt worden, und zwar gemäß folgender Liste:

DIN VDE		ETZ	Letzte Ausgabe
4500	Wellenstümpfe und Befestigungsflansche	1924, S. 1417	IV. 26.
4501	Auswechselbare Polierspitzen	1924, S. 1417	IV. 26.
4502	Verlängerungsstücke	1924, S. 1418	IV. 26.

F. Lampen und Zubehör.

§ 16
Fassungen und Gluhlampen.

a) Jede Fassung ist mit der Nennspannung zu bezeichnen.

Bei Fassungen verwendete Isolierstoffe mussen warme-, feuer- und feuchtigkeitsicher sein.

Die unter Spannung gegen Erde stehenden Teile der Fassungen mussen durch feuersichere Umhullung, die jedoch nicht unter Spannung gegen Erde stehen darf, vor Beruhrung geschutzt sein.

In Anlagen, die mit geerdetem Nulleiter arbeiten, muß bei ortsfesten Lampen das Gewinde der Fassungen mit dem Nulleiter verbunden werden.

In Stromkreisen, die mit mehr als 250 V betrieben werden, mussen die außeren Teile der Fassungen aus Isolierstoff bestehen und alle spannung-fuhrenden Teile der Beruhrung entziehen Fassungen fur Edison-Lampensockel 14 (Mignonsockel) sind in solchen Stromkreisen nicht zulassig

Außer den Bestimmungen des § 16 sind hier sinngemäß noch die allgemeinen Vorschriften, die in § 10 über Apparate aufgestellt sind, zu beachten.

Soweit Bauarten von Fassungen auf dem Markte sind, die das Prüfzeichen des VDE erhalten haben, sollte diesen der Vorzug gegeben werden, da bei ihnen die Sicherheit vorhanden ist, daß sie allen VDE-Bestimmungen entsprechen. Näheres darüber s. Teil IV C.

Mit Rücksicht auf den innigen Zusammenhang, der zwischen Fassung und Gluhlampe, sowie Beleuchtungskörper, Schnurpendel und Handleuchter besteht, sei auf das zu § 18 Gesagte verwiesen.

Über Fassungen befinden sich ferner noch besondere Bestimmungen in § 31, der die feuchten, durchtränkten und ähnlichen Räume behandelt, unter f), in § 33, der die Betriebsstätten und Lagerräume mit ätzenden Dünsten behandelt, unter b), in § 35, der die explosionsgefährlichen Betriebsstätten und Lagerräume behandelt, unter c), in § 41, der die schlagwettergefährlichen Grubenräume in Bergwerken unter Tage behandelt, unter c) und [1], sowie in § 43, der die Fahrzeuge elektrischer Streckenförderungen in Bergwerken unter Tage behandelt, unter h).

Die Bestimmung, daß bei ortsfesten Lampen das Gewinde der Fassungen mit dem Nulleiter zu verbinden ist, führt zu der Forderung, daß in Beleuchtungskörpern mit mehreren Lampen, die Gewinde aller Fassungen mit ein und derselben Zuleitung des Beleuchtungskörpers verbunden sein müssen. Diese Bestimmung ist in § 18 noch nicht zum Ausdruck gebracht. Die Bestimmung des Abs. 4 wird wesentlich leichter durchführbar, wenn in mehradrigen Rohrdrähten und Kabeln der Nulleiter einheitlich kenntlich gemacht wird[1]).

Nach den Vorschriften für die Konstruktion und Prüfung von Installationsmaterial sind die normalen Nennspannungen für Fassungen: 250, 500 und 750 V.

---

[1]) ETZ 1925, S. 1513.

Bei Fassungen für Hochspannung müssen die äußeren Teile aus Isolierstoff bestehen, und sämtliche spannungsführenden Teile zufälliger Berührung entziehen.

Für Fassungen, die zeitweilig wie Handleuchter benutzt werden, gelten die Bestimmungen über Handleuchter.

Bei Fassungen für 250 V darf die kürzeste Kriechstrecke zwischen stromführenden Teilen verschiedener Polarität oder zwischen solchen und einer metallenen Umhüllung 3 mm nicht unterschreiten.

Für Fassungen mit Metallgehäuse gilt:

Der Fassungsmantel muß am Fassungsboden befestigt sein.

Werden zur Einhaltung des Abstandes zwischen Fassungsmantel und Gewindekorb Isolierringe verwendet, so dürfen diese nicht ohne besondere Werkzeuge abnehmbar sein.

Die Leitungsanschlüsse sollen als Buchsenklemmen ausgeführt werden.

Der Fassungsstein soll kreisrund sein.

Die Anschlußklemme für den Null- oder Erdungsanschluß ist besonders kenntlich zu machen, z. B. durch „*E*".

Bei allen Fassungen für 250 V müssen die in nachstehender Tafel gegebenen Mindestmaße eingehalten sein.

Gewinde	Edisongewinde		
	14	27	40
	mm	mm	mm
Wandstärke des Gewindekorbes	0,28	0,28	0,5
Bei Verwendung von Kopfschrauben für den Leitungsanschluß:			
Gewindelänge im Anschlußkontakt	1,5	1,5	2,5
Gewindedurchmesser ⎱ der Kopf-	2,4	2,8	4,8
Kopfdurchmesser ⎰ schraube	5	6	9
Kopfhöhe	2	2,5	5
Bei Verwendung von Buchsenklemmen:			
Durchmesser der Buchsenbohrung	2,5	3	4
Länge des Gewindes für die Anschlußschraube	2	2,5	4
Durchmesser der Anschlußschraube	2,4	2,8	4

Bei Fassungen mit Metallgehäuse müssen außerdem die in nachstehender Tafel gegebenen Mindestmaße eingehalten sein.

Gewinde	Edisongewinde		
	14	27	40
	mm	mm	mm
Wandstärke des Mantels	0,28	0,28	1
Wandstärke des Fassungsbodens	0,28	0,28	1
Lichte Pfeilhöhe der Wölbung des Fassungsbodens	5	7	12
Wandstärke des Nippels	2,5	2,5	4
Lichte Weite des Nippels	7	10	13
Länge des Nippelgewindes	7	7	10
Durchmesser der Nippelschraube	3,5	3,5	4,5
Länge der Gewindeüberdeckung zwischen Fassungsmantel und -boden	5	7	10

Bei Fassungen und Lampensockeln (mit Edisongewinde *E* 27) für das Pauschalsystem sollen die Unverwechselbarkeitsorgane die in den nachstehenden Abbildungen und der Tafel gegebene Abmessungen haben.

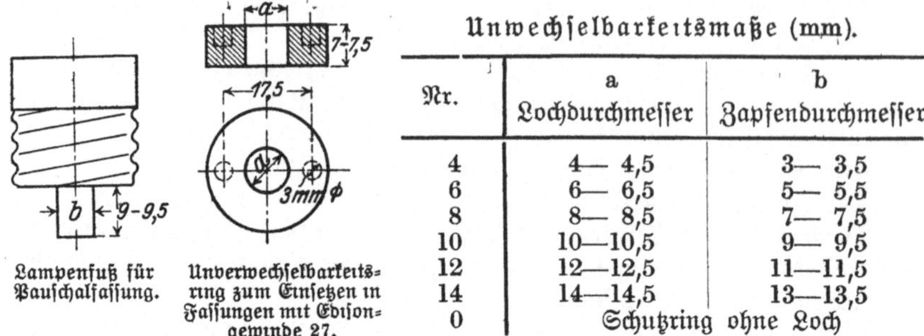

Lampenfuß für Pauschalfassung.   Unverwechselbarkeitsring zum Einsetzen in Fassungen mit Edisongewinde 27.

Unwechselbarkeitsmaße (mm).

Nr.	a Lochdurchmesser	b Zapfendurchmesser
4	4— 4,5	3— 3,5
6	6— 6,5	5— 5,5
8	8— 8,5	7— 7,5
10	10—10,5	9— 9,5
12	12—12,5	11—11,5
14	14—14,5	13—13,5
0	Schutzring ohne Loch	

Es sind ferner in den Vorschriften des VDE noch genaue Prüfbestimmungen für Fassungen enthalten, die sich auf die Isolierung, auf das Funktionieren bei Belastung und auf die mechanische Haltbarkeit beziehen.

Des weiteren sind vom VDE nachfolgende Normenblätter über Fassungen und Glühlampen bzw. Edisongewinde aufgestellt worden:

DIN VDE	Aufschrift	Veröffentlicht ETZ	Letzte Ausgabe
400	Edisongewinde, Gewindeform und Grenzmaße	1924, S. 380	XI. 24.
401 Bl. 1, 2	Edisongewinde, Gewindelehren	1924, S. 380	IV. 25.
9610	Edisonlampensockel 10 für Spannungen bis 24 V	1924, S. 788	XI. 24.
9611	Edisonlampensockel, Lehren für Einschraubtiefen	1925, S. 1458	VII. 26.
9615	Edisonlampensockel 14	1924, S. 789	VII. 26.
9620	Edisonlampensockel 27	1924, S. 789	VII. 26.
9625	Edisonlampensockel 40	1924, S. 788	VII. 26.

b) Schaltfassungen sind nur für normale Gewinde und für Lampen bis 250 V zulässig, der Schalter muß in der Verbindung zum Mittelkontakt liegen; für Fassungen für Edison-Lampensockel 14 und 40 (Mignon- und Goliathsockel) sind sie unzulässig.

Schaltfassungen müssen im Inneren so gebaut sein, daß eine Berührung zwischen den beweglichen Teilen des Schalters und den Zuleitungsdrähten ausgeschlossen ist. Handhaben zur Bedienung der Schaltfassungen dürfen nicht aus Metall bestehen. Die Schaltachse muß von den spannungführenden Teilen und von dem Metallgehäuse isoliert sein.

⛏| In B. u. T. sind Schaltfassungen unzulässig. |

Über Schaltfassungen sind in den §§ 31 (feuchte und durchtränkte

Räume) und 33 (Betriebsstätten und Lagerräume mit ätzenden Dünsten) noch besondere Bestimmungen enthalten.

Die in Fassungen angebrachten Schalter (Hähne) müssen naturgemäß die allgemeinen Bestimmungen über Schalter insofern erfüllen, als sie Momentschalter sein müssen. Es ist zweckmäßig, daß der Griff des Schalters so ausgeführt wird, daß man die Schaltstellung daraus ersehen kann, um eine Auswechselung der Lampen gegebenenfalls in spannungslosem Zustande vornehmen zu können[1]).

Da früher die Bestimmung, daß die Handhaben zur Bedienung der Schaltfassung nicht aus Metall bestehen dürfe, nicht bestanden hat, findet man hin und wieder noch Material, was dieser Vorschrift, auf die ganz besonders zu achten ist, nicht entspricht.

Hinsichtlich der bei Fassungen zuweilen verwendeten Metallketten sei auf das zu § 11d Gesagte verwiesen.

c) Die unter Spannung gegen Erde stehenden Teile der Lampen mussen der zufalligen Beruhrung entzogen sein. Dieser Schutz gegen zufalliges Beruhren muß auch wahrend des Einschraubens der Lampen wirksam sein.

Die Tatsache, daß durch Berührung des Gewindesockels der Glühlampen Personen mehr oder weniger stark gefährdet werden können, veranlaßte bekanntlich den VDE, die Vorschriften für die Konstruktion von Berührungsschutzmitteln an den Glühlampenschraubfassungen, Armaturen und Handleuchtern usw. durch wesentlich strengere zu ersetzen.

Es müssen genannte Schutzmittel so beschaffen sein, daß sie zufällige Berührung des Lampensockels verhindern, d. h., es muß die Gewindehülse des Lampensockels sowohl während der Bedienung der Lampe (beim Ein= und Ausschrauben) als auch in eingeschraubtem Zustande sicher gegen zufälliges Berühren geschützt sein.

Diesen Vorschriften, die am 1. Januar 1926 in Kraft getreten sind, widersprechen die früheren Fassungen, Armaturen und Handleuchter usw. mit sogenannten Fassungsringen oder dem Ersatz für diese vollständig.

Um Klarheit bezüglich der viel umstrittenen Frage des Berührungsschutzes zu schaffen, sind vom VDE „Vorläufige Leitsätze für die Prüfung des Berührungsschutzes bei nackten Fassungen, Armaturen und Handleuchtern" aufgestellt worden, die vom 1. Juli 1926 ab gelten. Die wichtigsten Bestimmungen derselben sind nachstehend wiedergegeben:

Vorrichtungen zur Erreichung des Berührungsschutzes müssen so beschaffen sein, daß spannungsführende Teile der zufälligen Berührung entzogen sind, beim Ein= und Ausschrauben bzw. Einsetzen und Herausnehmen der Lampe (z. B. auch beim schrägen Einsetzen) und sich auf alle im Handel befindlichen Lampenformen mit genormten Sockeln erstrecken.

Schutz gegen zufällige Berührung muß auch bei eingesetzter Lampe vorhanden sein.

Die eigentlichen Berührungsschutzvorrichtungen dürfen nur mittels

---

[1]) Vgl. dazu Weber, Erlauterungen S. 77).

Werkzeug entfernt werden können. Nackte Metallfassungen brauchen dieser Forderung nicht zu genügen, wenn die Berührungsschutzvorrichtungen so angeordnet sind, daß bei ihrer Entfernung die Fassung in ihre Bestandteile (Stein, Einsatz, Mantel und Schutzring) zerfällt.

Die Berührung des Gewindekorbes mit dem Metallmantel und sonstigen Metallteilen soll durch Mittel verhindert sein, die nicht ohne Werkzeug abnehmbar sind.

Die Verschiebbarkeit des Schutzorganes, die den Berührungsschutz etwa unwirksam machen könnte, soll durch Mittel verhindert sein, die in allen Lagen wirksam sind.

Teile der Schutzvorrichtung, die mit dem Glas der Lampe in Berührung kommen oder kommen können, sollen so beschaffen sein, daß sie bei ordnungsgemäßem Einsetzen das Glas der Lampe nicht beschädigen können.

Die Kommission für Installationsmaterial hat auf Grund der in der Unterkommission für Fassungen stattgehabten Beratungen folgendes bekanntgegeben[1]):

Der in § 16c der Errichtungsvorschriften und § 38a der „Vorschriften für die Konstruktion und Prüfung von Installationsmaterial" geforderte Berührungsschutz an Fassungen ist für die Zeit bis zum 31. Dezember 1928 auch dann als gegeben anzusehen, wenn Fassungen, Armaturen und Beleuchtungskörper der bisherigen Art mit einem Berührungsschutzmittel versehen werden, das den Leitsätzen für den Berührungsschutz[2]) entspricht, und als solches von der Prüfstelle des VDE begutachtet ist. In der ETZ wird durch die Prüfstelle des VDE laufend bekanntgegeben, welche zusätzlichen Berührungsschutzmittel den Leitsätzen des VDE entsprechen. Diese Berührungsschutzmittel sind bei Nachweis einer derartigen Äußerung der Prüfstelle, sofern sie ein Ursprungszeichen haben, ebenso bis zum oben festgesetzten Zeitpunkte zulässig wie andere Apparate, die durch Erteilung des Prüfzeichens als die Bestimmungen des VDE erfüllend gekennzeichnet sind.

Durch vorstehenden Beschluß soll versucht werden, den Wünschen der Beleuchtungskörperindustrie, des Handels und der Installateure bezüglich Verwertung der Lager entgegenzukommen, da sich gezeigt hat, daß die von der letzten Jahresversammlung angenommene Hinausschiebung des Termins für die Verwendung berührungssicherer Fassungen an auf Lager befindlichen fertigen Beleuchtungskörpern nicht ausreichend war. Die Vorräte sind so groß, daß ein Zeitraum von über zwei Jahren notwendig sein dürfte, währenddessen es gestattet sein muß, den Berührungsschutz nicht nur durch berührungssichere Fassungen, sondern auch durch zusätzliche Schutzvorrichtungen zu Fassungen bisheriger Bauart zu erreichen. Ob durch diese nachträglich anzubringenden Vorrichtungen die Leitsätze für den Berührungsschutz erfüllt werden, soll durch die vorgesehene Be-

---

[1]) ETZ 1926, S. 1272.   [2]) ETZ 1926, S. 539.

qutachtung durch die Prüfstelle des VDE festgestellt werden. Da es sich aber um kein allein verwendbares Erzeugnis handelt, sondern nur um einen lösbaren Teil eines solchen, ist es nach den Grundsätzen der Prüfstelle nicht möglich, hierfür die Berechtigung zur Führung des Prüfzeichens zu erteilen. Der Nachweis einer von der Prüfstelle ohne Beanstandung durchgeführten Prüfung wird dadurch erbracht, daß die Hersteller seitens der Prüfstelle in der ETZ jeweils bekanntgegeben werden. Dies ist geschehen ETZ 1927, S. 27 und S. 481.

Infolge der neuen Bestimmungen über den Berührungsschutz sind eine große Anzahl von Fassungen auf den Markt gebracht worden, die diesen Bestimmungen entsprechen.

Da über die praktische Durchführung des nach § 16c, der Errichtungsvorschriften, für Glühlampenfassungen geforderten Berührungsschutzes sich vielfach Unklarheiten gezeigt haben, seien nachstehend die Fassungsarten, für die dieser Berührungsschutz gefordert wird, und die Mittel, mit denen dieser Berührungsschutz zu erreichen ist, zusammengestellt[1]).

1. Nackte Fassungen.

(Nackte Fassungen bestehen z. B. aus Boden, Mantel, Einsatz, Berührungsschutzmittel).

Nackte Fassungen müssen den Berührungsschutz unter allen Umständen aufweisen. Die den Berührungsschutz herbeiführenden Einrichtungen müssen für alle den Prüflehren entsprechenden Lampensorten mit genormtem Sockel verwendbar sein.

2. Fassungen mit Kaschierungen.

In Kaschierungen, Glasschalen und Schirmen müssen Fassungen mit Berührungsschutz verwendet werden. Bis zum 31. Dezember 1928 können jedoch zur Aufarbeitung der Lager Fassungen bisheriger Bauart, die das VDE-Zeichen tragen, in Kaschierungen verwendet werden, sofern durch die Form der Kaschierung der Berührungsschutz gewährleistet ist. Fassungen müssen den Verbandsvorschriften entsprechen. (Wird durch VDE-Zeichen gewährleistet). Schirme und Reflektoren, die ohne Werkzeug entfernt werden können, sowie Glasschalen, gelten nicht als Kaschierungen und demzufolge nicht als Berührungsschutzmittel.

3. Armaturen und Handleuchter.

Bei Armatur-, Hand- und Maschinenleuchtern muß der Berührungsschutz für alle genormten Lampensockel vorhanden sein, auch wenn einzelne Lampentypen nicht zum Brennen gebracht werden können.

4. Fassungen mit zusätzlichen Berührungsmitteln.

Um Fassungen alter Ausführung aus Lagenbeständen, die bereits in Beleuchtungskörper eingebaut sind, nachtraglich in Fassungen mit

---

[1]) ETZ 1927, S 155.

Berührungsschutz zu verwandeln, sind bis zum 31. Dezember 1928 zu=
sätzliche Berührungsschutzmittel behelfsmäßig zugelassen, sofern das Be=
rührungsschutzmittel nur mit Werkzeugen entfernt werden kann. Die
Schutzmittel werden auf Erfüllung der Forderung nach Berührungs=
schutz durch die Prüfstelle des VDE begutachtet[1]). Die Prüfstelle wird
jeweils in der ETZ bekanntgeben, welche Arten von Schutzmitteln für
die Herbeiführung des Berührungsschutzes ausreichend sind.

5. Fassungen für Bühnen= und Christbaumbeleuchtungen.

Soweit keine Spezialfassungen verwendet werden, gelten die vor=
stehenden Erläuterungen. Bei Spezialfassungen genügt ein Berührungs=
schutz bei brennfertig eingesetzter Lampe.

6. Fassungen für Reklamebeleuchtungen und Illuminationszwecke.

Bei Fassungen für Reklame= und Illuminationszwecke wird außer=
halb des Handbereiches Berührungsschutz nicht gefordert, da die Be=
dienung in der Regel durch geschultes Personal erfolgt. In Transparen=
ten, Schaufenstern und Schaukästen muß der Berührungsschutz im Sinne
der vorstehenden Erläuterungen vorhanden sein.

7. Fassungen für Soffittenlampen.

Die Fertigung derartiger Fassungen ist noch nicht soweit entwickelt,
daß bereits Ausführungen mit dem VDE=Zeichen versehen werden kön=
nen. Daher ist die Frage des Berührungsschutzes für diese Fassungen
zunächst zurückgestellt.

Durch die vorstehenden Erläuterungen für den Berührungsschutz bei
Glühlampenfassungen scheidet die in § 16 a, Absatz 4 der Errichtungs=
vorschriften festgelegte Schutzmaßnahme durch Anschluß des geerdeten
Nulleiters an das Fassungsgewinde als Berührungsschutz aus. Desgleichen
scheiden aus in § 16 b die Worte „Der Schalter muß in der Verbindung
zum Mittelkontakt liegen".

In landwirtschaftlichen Anlagen ist für Lampen, die in feuchten Räu=
men, wie Stallungen, Molkereien, Futterküchen usw. angebracht werden,
die Verwendung von Fassungen aus Isolierstoff vorgeschrieben, die außer=
dem mit starken Überglocken versehen sein müssen, welche auch·die Fas=
sungen mit abschließen. Sofern eine Gefahr der Beschädigung vorliegt,
sind des weiteren Schutzkörbe zu verwenden.

d) Gluhlampen in der Nahe von entzundlichen Stoffen mussen mit Vor=
richtungen versehen sein, die die Beruhrung der Lampen mit solchen Stoffen
verhindern.

Bezüglich der Anbringung von Glühlampen sei noch im Hinblick auf
Entzündungsgefahr, auf die Bestimmungen der §§ 35 c (explosionsgefähr=

---

[1]) ETZ 1926, S. 1272.

liche Betriebsstätten und Lagerräume), 36b (Schaufenster, Waren=
häuser und ähnliche Räume mit leicht entzündlichen Stoffen), 39i und k
(Bühnenhäuser, Theater und gleichzustellende Versammlungsräume)
verwiesen. In landwirtschaftlichen Anlagen müssen Lampen, die in
Räumen mit leicht entzündlichem Inhalt, wie Heu= und Strohlager usw.
angebracht werden, Fassungen aus Isolierstoff haben, die mit starken
Überglocken versehen sind und auch die Fassungen abschließen. Liegt
die Gefahr der Beschädigung vor, so müssen auch Schutzkörbe verwendet
werden.

e) In Hochspannungstromkreisen sind zugängliche Glühlampen und Fassungen nur für Gleichstrom und nur für Betriebspannungen bis 1000 V gestattet.

In B. u. T. sind Glühlampen und Glühlampenfassungen in Hochspannungstromkreisen nur zulässig, wenn sie im Anschluß an vorhandene Gleichstrom-Bahn- oder -Kraftanlagen betrieben werden. Es müssen jedoch in diesem Falle die unter f) geforderten isolierten Fassungen und außerdem Schutzkörbe angewendet werden.

f) In B. u. T. dürfen Glühlampen in erreichbarer Höhe, bei denen die Fassungen äußere Metallteile aufweisen, nur mit starken Überglocken, die die Fassung umschließen, verwendet werden. Die Überglocke ist nicht erforderlich, wenn die äußeren Teile der Fassung aus Isolierstoff bestehen und alle stromführenden Teile der Berührung entzogen sind.

Über die Bewertung von Licht, Lampen und Beleuchtung hat der
VDE besondere Regeln aufgestellt[1]) aus denen nachstehend die Angaben
über die Grundgrößen und Einheiten wiedergegeben werden mögen.

Zwischen den verschiedenen photometrischen Grundgrößen und Ein=
heiten bestehen folgende Beziehungen:

Größe		Einheit	
Name	Zeichen	Name	Zeichen
1 Lichtmenge	Q	Lumenstunde	Lmh
2 Lichtstrom	$\Phi = \dfrac{Q}{T}$	Lumen	Lm
3 Lichtstärke	$J = \dfrac{\Phi}{\omega}$	Hefnerkerze	HK
4. Beleuchtungsstärke	$E = \dfrac{\Phi}{F} = \dfrac{J}{r^2}\cos i$	Lux	Lx
5. Leuchtdichte (Flächenhelle)	$e = \dfrac{J\varepsilon}{f\cos\varepsilon}$	Hefnerkerze für den Quadratzentimeter	HK/cm²

[1]) ETZ 1925, S. 471 u. 1526.

Hierin bedeuten:

T die Zeit in Stunden,

ω den Raumwinkel = dem Verhältnis eines Stückes der Kugeloberfläche zum Quadrat ihres Halbmessers,

F eine Fläche in m²,

f eine Fläche in cm²,

r eine Länge (Entfernung) in m,

ι den Einfallwinkel (Inzidenzwinkel),

ε den Ausstrahlungswinkel (Emissionswinkel).

§ 17.
Bogenlampen.

a) An Örtlichkeiten, wo von Bogenlampen herabfallende glühende Kohleteilchen gefahrbringend wirken können, muß dieses durch geeignete Vorrichtungen verhindert werden. Bei Bogenlampen mit verminderter Luftzufuhr oder bei solchen mit doppelter Glocke sind keine besonderen Vorrichtungen hierfür erforderlich.

Aus der Bestimmung des § 32 geht hervor, daß für Akkumulatoren= räume Bogenlampen nicht verwendet werden dürfen, da dort nur Lampen zulässig sind, deren Leuchtkörper luftdicht abgeschlossen ist; dasselbe trifft zu gemäß § 35c für explosionsgefährliche Betriebsstätten und Lagerräume.

Für Bühnenscheinwerfer, Projektionsapparate, Blitzlampen und der= gleichen ist, wenn sie in den Bühnenhäusern von Theatern und diesen gleichzustellenden Versammlungsräumen verwendet werden, die vor= stehende Vorschrift nochmals besonders wiederholt, weil sie dort von großer Bedeutung ist. Auf ihre Erfüllung ist im Interesse der Feuer= sicherheit dort besonders zu achten.

b) Bei Bogenlampen sind die Laternen (Gehänge, Armaturen) gegen die spannungführenden Teile zu isolieren und bei Verwendung von Tragseilen auch diese gegen die Laternen.

    1 Die Einführungsöffnungen für die Leitungen an Lampen und Laternen sollen so beschaffen sein, daß die Isolierhüllen nicht verletzt werden. Bei Lampen und Laternen für Außenbeleuchtung ist darauf Bedacht zu nehmen, daß sich in ihnen kein Wasser ansammeln kann.

c) Werden die Zuleitungen als Träger der Bogenlampe verwendet, so müssen die Anschlußstellen von Zug entlastet sein, die Leitungen dürfen nicht verdrillt werden.

Bei Hochspannung dürfen die Zuleitungen nicht als Aufhängevorrichtung dienen.

d) Bei Hochspannung muß die Lampe entweder gegen das Aufzugseil und, wenn sie an einem Metallträger angebracht ist, auch gegen diesen doppelt isoliert sein oder Seil und Träger sind zu erden. Bei Spannungen über 1000 V müssen beide Vorschriften gleichzeitig befolgt werden.

e) Bei Hochspannung müssen Bogenlampen während des Betriebes unzu- gänglich und von Abschaltvorrichtungen abhängig sein, die gestatten, sie zum Zweck der Bedienung spannunglos zu machen.

    f) In B. u. T. sind Bogenlampen in Hochspannungkreisen unzu- lässig.

§ 18.

Beleuchtungskorper, Schnurpendel und Handleuchter.

a) In und an Beleuchtungskorpern mussen die Leitungen mit einer Isolierhulle gemäß § 19 versehen sein. Fassungsadern durfen nicht als Zuleitungen zu ortsveränderlichen Beleuchtungskorpern verwendet werden.

Wird die Leitung an der Außenseite des Beleuchtungskorpers gefuhrt, so muß sie so befestigt sein, daß sie sich nicht verschieben und durch scharfe Kanten nicht verletzt werden kann. *Bei Hochspannung durfen die Leitungen von zuganglichen Beleuchtungskörpern nur geschutzt gefuhrt werden.*

1. Die zur Aufnahme von Drähten bestimmten Hohlräume von Beleuchtungskörpern sollen so beschaffen sein, daß die einzufuhrenden Drähte sicher ohne Verletzung der Isolierung durchgezogen werden können, die engsten fur zwei Drähte bestimmten Rohre sollen bei Niederspannung wenigstens 6 mm, *bei Hochspannung wenigstens 12 mm* im Lichten haben.

In B. u. T. sollen Rohre an Beleuchtungskörpern für Niederspannung, die fur zwei Drähte bestimmt sind, mindestens 11 mm lichte Weite haben

2. Bei Niederspannung sollen Abzweigstellen in Beleuchtungskörpern tunlichst zusammengefaßt werden.

3. *Bei Hochspannung sollen Abzweig- und Verbindungstellen in Beleuchtungskörpern nicht angeordnet werden*

4. Beleuchtungskorper sollen so angebracht werden, daß die Zufuhrungsdrähte nicht durch Bewegen des Korpers verletzt werden können, Fassungen sollen an den Beleuchtungskorpern zuverlässig befestigt sein.

Außer den Bestimmungen des § 18 sind hier sinngemäß noch die allgemeinen Vorschriften, die in § 10 über Apparate aufgestellt sind, zu beachten.

Soweit Bauarten von Handleuchtern auf dem Markte sind, die das Prufzeichen des VDE erhalten haben, sollte diesen der Vorzug gegeben werden, da bei ihnen die Sicherheit vorhanden ist, daß sie allen VDE=Bestimmungen entsprechen. Näheres darüber f. Teil IV C

Über die Anschlußleitungen, die für Beleuchtungskörper in Schaufenstern, Warenhäusern und ähnlichen Räumen mit leicht entzündlichen Stoffen benutzt werden, macht der § 36c hinsichtlich des Schutzes gegen mechanische Beschädigung besondere Vorschriften.

In ähnlicher Weise gibt der § 39 Sonderbestimmungen über Beleuchtungskörper, die in Bühnenhäusern von Theatern und ihnen gleichzustellenden Versammlungsräumen verwendet werden, und zwar enthält Abschnitt b) Sonderbestimmungen hinsichtlich der Beleuchtungskörper mit Farbenwechsel, Abschnitt g) bezüglich Oberlichter, Kulissen, Rampen, Horizont=, Spielflächen=, Versatz= und Scheinwerferbeleuchtung, Abschnitt k) hinsichtlich der Oberlichter, Kulissen, Rampen, Effekt= und Versatzbeleuchtungen und die Abschnitte [5] und [6] hinsichtlich der Horizont= und Spielflächen=Beleuchtung, sowie der Bühnenbeleuchtungskörper.

Vom VDE sind besondere „Vorschriften für die elektrische Ausrüstung von Stehlampen (Stehleuchter)" aufgestellt worden, die seit dem 1. Juli 1926 gelten und ETZ 1925, S. 1322 und 1526 abgedruckt sind. Diese

Vorschriften gelten für Stehlampen, die in Wohnräumen und trockenen Wirtschaftsräumen benutzt werden. Für Handleuchter, Maschinenleuchter und ortsveränderliche Werkstattleuchter gelten die Vorschriften des § 18.

Die elektrische Ausrüstung der Stehlampe umfaßt folgende Bestandteile.

1. Fassung.
2. Fassungsnippel
3. Anschlußklemmen.
4. Schalter.
5. Zuleitung.
6. Stecker.

Fassungen müssen den Vorschriften für die Konstruktion und Prüfung von Installationsmaterial entsprechen und das VDE-Prüfzeichen tragen.

Alle Fassungen müssen mit dem Lampenkörper zuverlässig befestigt sein. Alle Bohrungen, durch die die Leitungen geführt werden, müssen einen Durchmesser von mindestens 6 mm haben.

Wenn besondere Schalter am Lampenkörper verwendet werden, so müssen sie so eingebaut sein, daß sie mechanischen Beschädigungen bei Gebrauch der Lampe nicht ausgesetzt sind. Die Schalter müssen den Vorschriften für Handgeräte-Einbauschalter entsprechen und das VDE-Prüfzeichen haben. Die Nennstromstärke der Einbauschalter muß mindestens 2 A betragen; im übrigen ist für jede Fassung 1 A zu berücksichtigen.

In allen Fällen, in denen innerhalb des Lampenkörpers von der Zuleitungsschnur auf Fassungsader übergegangen wird, oder eine Aufteilung auf mehrere Brennstellen stattfindet, sind Verbindungsklemmen anzuwenden.

Die Metallteile der Klemmen müssen auf feuer-, wärme- und feuchtigkeitssicheren Körpern angebracht und gegen zufällige Berührung geschützt sein.

Die Verbindungsklemmen müssen fest gelagert sein. Der Abstand zwischen den spannungsführenden Teilen und dem Lampenkörper muß mindestens 3 mm betragen.

Als Zuleitungsschnüre dürfen nur Zimmerschnüre (NSA) oder leichte Gummischlauchleitungen (NLHG) verwendet werden. Zum Einziehen in den Lampenkörper können Fassungsadern (NFA) benutzt werden. Die Verwendung der Fassungsadern als Zuleitungen ist verboten. Alle bei Stehlampen verwendeten Schnüre müssen den Vorschriften des VDE für isolierte Leitungen entsprechen, und einen von der Prüfstelle des VDE zugewiesenen Kennfaden enthalten.

Die Einführung der Schnur muß durch eine isolierte Buchse erfolgen, die im Lampenkörper durch Gegenmutter, Sprengring oder dgl. gesichert befestigt ist. Die Anschlußstellen der Zuleitungsschnur innerhalb des Lampenkörpers müssen von Zug entlastet sein.

Stecker an der Zuleitungsschnur müssen den „Vorschriften für die Konstruktion und Prüfung von Installationsmaterial" entsprechen und das VDE-Prüfzeichen haben. Die Anschlußschnur muß an den Anschlußstellen von Zug entlastet, sowie ihre Umhüllung sicher gefaßt und gegen Verdrehung gesichert sein.

Wird die Zuleitung durch ein Gelenk geführt, so muß sie in dem Gelenk gegen Verletzung geschützt sein.

Bezüglich der Stehlampen sei auch noch auf die Erläuterungen zu vorstehenden Vorschriften ETZ 1925, S. 1323, sowie auf eine Veröffentlichung des Messe-Ausschusses des VDE in ETZ 1924, S. 315 verwiesen.

Der VDE hat des weiteren besondere „Vorschriften für Christbaumbeleuchtungen" aufgestellt, die seit dem 1. Januar 1926 gelten und ETZ 1925, S. 864, 1323 und 1526 abgedruckt sind. Danach sind Christbaumbeleuchtungen nur für Niederspannung gestattet; zum Anschluß derselben sind Steckvorrichtungen zu verwenden, die gegen eine Berührung spannungsführender Teile schützen. Zwischen der Christbaumbeleuchtung und der an der Wand befindlichen Steckdose dürfen nur NSA- oder NLHG-Leitungen benutzt werden (vgl. § 19). Innerhalb der Christbaumbeleuchtung sind nur mehrdrähtige Fassungsadern NFA mit mindestens 0,5 mm² Querschnitt zulässig. Die der Berührung zugänglichen Teile der Fassungen müssen aus Isolierstoff bestehen. Der Anschluß der Fassungsadern an die Fassung muß durch Lötung oder Verschraubung erfolgen. Doppelpolige Steckvorrichtungen müssen das VDE-Zeichen haben. Die Anschlußleitung muß an der Anschlußstelle von Zug entlastet sein. Die Christbaumbeleuchtungen müssen ein haltbares und sicheres Ursprungszeichen besitzen, das den Hersteller erkennen läßt, sowie (falls erteilt) das VDE-Prüfzeichen.

Bezüglich der Lampen in feuchten Räumen (Stallungen, Molkereien, Futterküchen usw.), so wie in Räumen mit leicht entzündlichem Inhalt (Heu- und Strohlager usw.) von landwirtschaftlichen Anlagen sei auf das bei §§ 16c und d Gesagte verwiesen.

b) Bei Hochspannung sind zugängliche Beleuchtungskörper nur bei Gleichstrom und nur bis 1000 V gestattet. Ihre Metallkörper müssen geerdet sein.

⚒ | *Für B u. T. siehe § 16, e.* |

Über Moorelichtanlagen sind in den Errichtungsvorschriften keine besonderen Bestimmungen gemacht, weil hierfür die allgemeinen Vorschriften genügen, die sinngemäß anzuwenden sind; zudem sind diese Anlagen wenig verbreitet und werden im allgemeinen von Spezialisten ausgeführt. Der VDE hatte im Jahre 1913 in der ETZ S. 307 „Leitsätze für die Herstellung und den Anschluß von Moorelichtanlagen" veröffentlicht, die nachstehend wiedergegeben sein mögen.

1. Wegen der hohen Spannungen, welche bei Moorelichtanlagen in Frage kommen, sind sowohl bei der Herstellung wie bei der Inbetriebsetzung und Inbetriebhaltung solcher Anlagen genau die Vorschriften für die Errichtung elektrischer Starkstromanlagen zu befolgen, insbesondere die §§ 3b und 3c, 4, 6, 7, 18a und b, sowie die Vorschriften für den Betrieb elektrischer Starkstromanlagen.

Transformatoren und Apparate müssen, insbesondere in bezug auf Prüfspannungen den jeweils geltenden Normalien für Maschinen und Apparate entsprechen.

2. Die unter Hochspannung stehenden Apparate und Metallteile sind allseitig zu verschließen, so daß eine Berührung derselben auch bei der Inbetriebsetzung einer Anlage ausgeschlossen ist. Es sind deshalb die Vertikalwände des Apparate-

ſchutzkaſtens aus vollem, nicht perforiertem Material herzuſtellen, die Horizontalwände dagegen aus durchlochten Platten, welche doppelt anzuordnen ſind, u. zw.
derart, daß die Öffnungen gegeneinander verſetzt liegen.

3. Das Öffnen plombierter Teile iſt durch entſprechende Aufſchrift zu unterſagen.
4. Die unter Niederſpannung ſtehenden Teile (wie z. B. Regulierſpule mit Regulierventilen) ſind derartig anzuordnen, daß ſie von hochſpannungsführenden Teilen von Apparaten durch Scheidewände aus Iſolierſtoff getrennt ſind, und ihre
Berührung vollkommen gefahrlos iſt.
5. Die unter Hochſpannung ſtehende Luftpumpe iſt in einem hölzernen Kaſten zu
montieren, in welchem die Pumpe während der Arbeiten eingeſchloſſen bleibt.
Die Pumpe muß in dieſem Kaſten ſo iſoliert aufgeſtellt werden, daß eine Berührung des Kaſtens, auch wenn die Pumpe unter Spannung ſteht, ohne jede
Gefahr erfolgen kann.
6. Die Erdungsleitungen ſind offen und ſehr ſorgfältig zu verlegen.
7. Die Monteure ſind vor Beginn auf die Gefahren bei der Inbetriebſetzung einer
Anlage aufmerkſam zu machen und genügend zu informieren.

c) Werden **die** Zuleitungen als Träger des Beleuchtungskörpers verwendet
(Schnurpendel), so müssen die Anschlußstellen von Zug entlastet sein.

⚒ | In B. u. T. sind Schnurpendel unzulässig. |

d) *Bei Hochspannung sind Schnurpendel unzulässig.*

Es iſt wichtig, darauf zu achten, daß der Durchmeſſer von Rollen bei
Schnurzugspendeln groß genug gewählt wird, um ein Brechen der
Drähte zu vermeiden. ETZ 1902, S. 733 wird ein Mindeſtdurchmeſſer der
Rolle von 4 cm empfohlen.

e) Körper und Griff der Handlampen (Handleuchter) müssen aus
feuer-, wärme und feuchtigkeitsicherem Isolierstoff von großer Schlag-
und Bruchfestigkeit bestehen. Die spannungführenden Teile müssen auch
während des Einsetzens der Lampe, mithin auch ohne Schutzglas, durch
ausreichend mechanisch wiederstandsfähige und sicher befestigte Ver-
kleidungen gegen zufällige Berührung geschützt sein.

Sie müssen Einrichtungen besitzen, mit deren Hilfe die Anschlußstellen
der Leitung von Zug entlastet und deren Umhüllungen gegen Abstreifen
gesichert werden können. Die Einführungsöffnung muß die Verwendung
von Werkstattschnüren und Gummischlauchleitungen (siehe § 19 III) gestatten und mit Einrichtungen zum Schutz der Leitungen gegen Verletzung versehen sein.

Metallene Griffauskleidungen sind verboten.

Jeder Handleuchter muß mit Schutzkorb oder -glas versehen sein.
Schutzkorb, Schirm, Aufhängevorrichtung aus Metall oder dergleichen
müssen auf dem Isolierkörper befestigt sein. Schalter an Handleuchtern
sind nur für Niederspannungsanlagen zulässig; sie müssen den Vorschriften
für Dosenschalter entsprechen und so in den Körper oder Griff eingebaut
werden, daß sie bei Gebrauch des Leuchters nicht unmittelbar mechanisch
beschädigt werden können. Alle Metallteile des Schalters müssen auch bei
Bruch der Handhabungsteile der zufälligen Berührung entzogen bleiben.

Handleuchter für feuchte und durchtränkte Räume sowie solche zur
Beleuchtung in Kesseln müssen mit einem sicher befestigten Überglas und

Schutzkorb versehen sein und dürfen keine Schalter besitzen. An der Eintrittsstelle müssen die Leitungen durch besondere Mittel gegen das Eindringen von Feuchtigkeit und gegen Verletzung geschützt sein.

Bezüglich der Handlampen (Handleuchter) ist in § 28 noch besonders bestimmt, daß sie für Wechselstrom bei Maschinen mit Führerbegleitung (Hebezeuge und verwandte Transportmaschinen) nur für Niederspannung zulässig sind.

In Betriebsstätten und Lagerräumen mit ätzenden Dünsten dürfen nach § 33e Handleuchter nur in Leitungen verwendet werden, die mit besonderer, gegen die chemischen Einflüsse schützender, Hülle versehen sind.

Die Vorschriften für Konstruktion und Prüfung von Installationsmaterial geben zu den vorstehenden Bestimmungen noch folgende Ergänzungen.

Bei Handleuchtern für Hochspannung dürfen Kriechstrecken von 6 mm nicht unterschritten werden.

Gewöhnliche Schaltfassungen in Handleuchtern sind verboten.

Schalter in Handleuchtern sind nur bis 250 V zulässig.

Die Einführungstellen für die Leitungen müssen derart ausgebildet sein, daß eine Beschädigung der biegsamen Leitungen auch bei rauher Behandlung nicht zu befürchten ist.

Ist die Lampe mit einem Schutzkorbe, Aufhängehaken, Tragbügel oder dgl. aus Metall versehen, so müssen diese auf dem isolierenden Körper befestigt sein. Der Schutzkorb muß so am Körper befestigt sein, daß er sich nicht selbsttätig lösen kann.

In den Vorschriften für die Konstruktion und Prüfung von Installationsmaterial sind ferner noch Prüfbestimmungen für Handleuchter angegeben.

Nach den gleichen Vorschriften (§ 36) müssen Fassungen, die zeitweilig wie Handleuchter benutzt werden, auch den vollen Vorschriften über Handleuchter entsprechen.

f) **Maschinenleuchter ohne Griffe.** Zur ortsveränderlichen Aufhängung an Maschinen und sonstigen Arbeitsgeräten und zum gelegentlichen Ableuchten von Hand müssen Körper, Schirm, Schutzkorb und Schalter den Bestimmungen für Handleuchter entsprechen. Die gleichen Bestimmungen gelten in bezug auf Berührungsschutz spannungführender Teile, Bemessung der Einführungsbohrung und hinsichtlich der Einrichtungen für Zugentlastung der Leitungsanschlüsse sowie des Schutzes der Leitungen an der Einführungstelle.

g) **Ortsveränderliche Werktischleuchter.** Spannungführende Teile der Fassung und der Lampe, und zwar die Teile der letztgenannten, auch während diese eingesetzt wird, müssen durch sicher befestigte, besonders widerstandsfähige Schutzkörper gegen zufällige Berührung geschützt sein.

Zur Entlastung der Kontaktstellen und zum Schutz der Leitungsumhüllung gegen Abstreifen und Beschädigung an der Einführungstelle sind geeignete Vorrichtungen vorzusehen. Die Einführungsöffnung muß in dauerhafter Weise mit Isolierstoff ausgekleidet sein. Die spannung-führenden Teile der Fassung müssen gegen die übrigen Metallteile besonders sicher isoliert sein. Das Gehäuse der Fassung muß aus Isolierstoff be tehen.

Fassungen an Werktischleuchtern, die zum gelegentlichen Ableuchten aus dem Hälter entfernt werden, müssen den Bedingungen für Maschinen-leuchter entsprechen.

h) **Faßausleuchter** brauchen diesen Anforderungen nicht zu genügen, wenn sie geerdet oder mit Spannungen unter 50 V betrieben werden.

i) Bei Hochspannung sind Handleuchter nicht zulässig (Ausnahme siehe § 28 k).

5. In feuchten und durchtränkten Räumen (vgl. § 2), sowie in Kesseln und ähnlichen Räumen mit gutleitenden Bauteilen empfiehlt es sich, die Spannung für Handleuchter bei Wechselstrom durch besondere Volltransformatoren auf eine Spannung unter 40 V herabzusetzen.

In elektrischen Betriebsräumen sind nach § 28 k, Handleuchter bei Gleichstrom bis 1000 V zulässig, jedoch nur in Anlagen über Tage; in Bergwerken unter Tage fällt diese Erleichterung fort.

Soweit in feuchten und durchtränkten Räumen von der Empfehlung Gebrauch gemacht wird, die Spannung für Handleuchter bei Wechselstrom durch besondere Volltransformatoren herabzusetzen, ist die seit der Jahresversammlung 1926 des VDE festgesetzte Normalspannung von 24 V zweckmäßig zu verwenden. Näheres darüber siehe auch S. 13 und S. 25.

G. Beschaffenheit und Verlegung der Leitungen.

§ 19.

Beschaffenheit isolierter Leitungen.

a) Isolierte Leitungen müssen den „Vorschriften für isolierte Leitungen in Starkstromanlagen" entsprechen.

1. Leitungen, die nur durch eine Umhüllung gegen chemische Einflüsse geschützt sind, sollen den „Normen für umhüllte Leitungen in Starkstromanlagen" entsprechen. Sie gelten nicht als isolierte Leitungen. Man unterscheidet folgende Arten:
Wetterfeste Leitungen.
Nulleiterdrähte.
Nulleiter für Verlegung im Erdboden.

Der Inhalt der „Normen für umhüllte Leitungen in Starkstrom-anlagen" die seit 1. X. 1924 gültig und ETZ 1923, S. 625; 1924 S. 318 u. 1068 abgedruckt sind, ist im wesentlichen folgender:

1. Wetterfeste Leitungen.

Geeignet zur Verwendung als Freileitungen, zu Installationen im Freien, sowie in Fällen, in denen Schutz gegen chemische Einflüsse oder Feuchtigkeit erforderlich ist.

Baustoff und Aufbau der Leiter sollen bei Verwendung als Frei=
leitungen in Fernmeldeanlagen dem Normblatt DIN VDE 8300, Bl. 1
u. 2 „Drähte für Fernmelde=Freileitungen", bei Verwendung als Frei=
leitungen in Starkstromanlagen dem Normblatt DIN VDE 8201 „Drähte
und Seile für Starkstrom=Freileitungen", bei Verwendung zu sonstigen
Installationen den Vorschriften für NGA=Leitungen (vgl. „Vorschriften
für isolierte Leitungen in Starkstromanlagen", A II, 1a) entsprechen.

Kupferleiter für umhüllte Leitungen brauchen nicht verzinnt zu sein.
Die Art des Baustoffes wird durch einen der Typenbezeichnung nach=
gesetzten Buchstaben gekennzeichnet (C = Kupfer, B = Bronze, A = Alu=
minium). Für die Umhüllung gelten folgende Ausführungen:

a) Bezeichnung: LW (LWC, LWB, LWA).

Der Leiter ist mit wetterfester Masse überzogen, darüber befindet
sich eine Beflechtung aus Baumwolle, Hanf oder gleichwertigem Stoff,
die in wetterfester Masse getränkt ist. Wetterfeste Massen sind solche Mas=
sen, die trocknende pflanzliche Öle und Metalloxyde enthalten.

b) Bezeichnung: PLW (PLWC, PLWB, PLWA).

Der Leiter ist mit wetterfester Masse überzogen, mit zwei Lagen ge=
tränktem Papier und einer Lage Baumwolle besponnen und nochmals
mit wetterfester Masse getränkt. Hierüber befindet sich eine getränkte
Beflechtung wie bei den LW=Leitungen.

Die Umhüllung der wetterfesten Leitungen soll eine rote Farbe haben
und muß gut am Leiter haften.

Für die Prüfung der wetterfesten Leitungen sind in den Normen
für umhüllte Leitungen in Starkstromanlagen Einzelheiten festgelegt.

2. Nulleiterdrähte.
Bezeichnung: NL (NLC, NLA).

Zur Verwendung als Nulleiter in Niederspannungsanlagen (nicht
zur Verlegung im Erdboden).

Nulleiterdrähte sind mit massivem Leiter in Querschnitten von 1 bis
16 mm², mit mehrdrähtigem Leiter in Querschnitten von 1 bis 500 mm²
zulässig. Als Baustoff für den Leiter kann weiches Kupfer oder weiches
Aluminium verwendet werden. Kupferleiter brauchen nicht verzinnt zu
sein. Die Ausführung der Umhüllung ist die gleiche wie bei den wetter=
festen Leitungen, Bauart LW, jedoch soll die Umhüllung eine graue Farbe
haben. Sie muß gut am Leiter haften.

Beim Einziehen der Leitungen in Rohr darf sich die Umhüllung nicht
zurückstreifen.

3. Nulleiter für Verlegung im Erdboden.

Geeignet in solchen Fällen, in denen Schutz gegen chemische Einwir=
kungen erforderlich ist.

Nulleiter für Erdverlegung sind in den Querschnitten 4 bis 500 mm² zulässig. Als Baustoff für den Leiter ist weiches Kupfer zu verwenden. Der Aufbau des Kupferleiters soll den Vorschriften für Einleiter-Gleichstrom-Bleikabel bis 750 V entsprechen (Vorschriften für isolierte Leitungen in Starkstromanlagen).

a) Bezeichnung: NE.

Der Leiter wird mit zäher Asphaltmasse überzogen und darüber mit mindestens vier Lagen gut vorgetränktem Papier und einer Lage asphaltierter Jute bewickelt.

b) Bezeichnung: NBE.

Der Leiter wird zunächst mit einem Bleimantel und dann mit einer Umhüllung wie bei Bauart NE umgeben.

Über die Abmessung der Nulleiterdrähte sind in den Normen für umhüllte Leitungen in Starkstromanlagen eingehende Angaben gemacht.

Die Normung der Nulleiter für Verlegung im Erdboden ist mit Rücksicht auf die Anfressungsgefährdung des blanken Mittelleiters bei Dreileiteranlagen durchgeführt worden. Die Papier-Jute-Umhüllung bietet einen guten Schutz gegen chemische Einwirkungen des Erdbodens. Wenn die Anfressungsgefahr besonders groß ist, sind NBE-Leiter zu verwenden, weil Blei einen größeren Widerstand gegen die chemische Einwirkung des Erdbodens bietet. In zweifelhaften Fällen empfiehlt sich die Einsendung einer Bodenprobe an das Lieferwerk.

2. Man unterscheidet folgende Arten von isolierten Leitungen:

I. Leitungen für feste Verlegung.

Gummiaderleitungen für Spannungen bis 750 V.

Spezialgummiaderleitungen für alle Spannungen.

Rohrdrähte für Niederspannungsanlagen zur erkennbaren Verlegung, die es ermöglicht, den Leitungsverlauf ohne Aufreißen der Wände zu verfolgen.

Panzeradern nur zur festen Verlegung für Spannungen bis 1000 V.

II. Leitungen für Beleuchtungskörper.

Fassungsadern zur Installation nur in und an Beleuchtungskörpern in Niederspannungsanlagen.

⚒ | In B. u. T. ist Fassungsader unzulässig. |

Pendelschnüre zur Installation von Schnurzugpendeln in Niederspannungsanlagen.

⚒ | In B. u. T. ist Pendelschnur unzulässig. |

III. Leitungen zum Anschluß ortsveränderlicher Stromverbraucher.

Gummiaderschnüre (Zimmerschnüre) für geringe mechanische Beanspruchung in trockenen Wohnräumen in Niederspannungsanlagen.

Leichte Anschlußleitungen für geringe mechanische Beanspruchung in Werkstätten in Niederspannungsanlagen.

Werkstattschnüre für mittlere mechanische Beanspruchung in Werkstätten und Wirtschaftsräumen in Niederspannungsanlagen.

Gummischlauchleitungen:

Leichte Ausführung zum Anschluß von Tischlampen und leichten Zimmergeräten für geringe mechanische Beanspruchungen in Niederspannungsanlagen.

Mittlere Ausführung zum Anschluß von Küchengeräten usw. für mittlere mechanische Beanspruchungen in Niederspannungsanlagen.

Starke Ausführung für besonders hohe mechanische Anforderungen für Spannungen
bis 750 V.

Spezialschnüre für rauhe Betriebe in Gewerbe, Industrie und Landwirtschaft in
Niederspannungsanlagen.

Hochspannungschnüre für Spannungen bis 1000 V.

Leitungstrossen, geeignet zur Führung über Leitrollen und Trommeln (ausgenommen
Pflugleitungen).

IV. Bleikabel.

Gummi-Bleikabel.

Papier-Bleikabel.

Einleiter-Gleichstrom-Bleikabel bis 750 V.

Verseilte Mehrleiter-Bleikabel.

Für die Ausführung der isolierten Leitungen sind gemäß Forderung
des Absatzes a) die „Vorschriften für isolierte Leitungen in Starkstrom=
anlagen" des VDE maßgebend, so daß also andere Leitungsarten, die
diesen Vorschriften nicht entsprechen, unzulässig sind. Diese Vorschriften
sind veröffentlicht ETZ 1925, S. 750, 903 und 1526; 1926 ,S. 116, 401,
515, 658 und 862; 1927, S. 93; sie sind gültig ab 1. Januar 1927. Für
die Verarbeitung gilt dagegen der 1. Januar 1928 als Einführungstermin.
Zur Zeit liegt übrigens bereits ein neuer Entwurf für diese Vorschriften
vor, der ETZ 1927, S. 443 veröffentlicht ist und über den die nächste
Jahresversammlung des VDE beschließen wird. Er bringt teilweise Ände=
rungen, teilweise Ergänzungen des bisherigen Wortlautes. Die neuen
Bestimmungen sollen am 1. Januar 1928 in Kraft treten, während für
die Verarbeitung der 1. Januar 1929 als Einführungstermin in Aussicht
genommen ist.

Für die Leitungen, die den Vorschriften für isolierte Leitungen in
Starkstromanlagen entsprechen, wird durch die Prüfstelle des VDE auf
Grund eines besonderen Verfahrens ein Kennfaden zugewiesen, durch
den ersichtlich gemacht werden soll, von welchem Werk die Leitungen her=
gestellt sind (Firmenkennfaden). Außerdem verleiht die Prüfstelle den
Werken, denen ein Firmenkennfaden zugewiesen worden ist, das Recht
den schwarz=roten Kennfaden[1]) des VDE in den vorschriftsmäßigen Lei=
tungen zu verwenden, sowie die Bezeichnung „Codex" neben den nach=
folgenden Typenbezeichnungen anzuwenden, z. B. „Codex" NGA usw.
Beide Kennfäden sind unmittelbar unter der (inneren) Beflechtung an=
zubringen, bei Gummischlauchleitungen unter dem gemeinsamen Gummi=
mantel[2]).

Die VLG=Leitungsdraht=Gesellschaft m. b. H., Berlin. hat, um der=
artige Leitungen auch äußerlich zu kennzeichnen, seit einiger Zeit an allen
Originalringen ein besonderes Anhänge=Etikett befestigt, dessen Aus=
führung gesetzlich geschützt ist. Hierdurch hat der Käufer ohne weiteres die

---

[1]) Der schwarz=rote Kennfaden sowie das Wort „Codex" sind dem VDE durch Warenzeichen (Ver-
bandzeichen) geschützt.
[2]) Kennfäden, deren Farben durch die Tränkung nicht mehr deutlich zu unterscheiden sind, können
durch Abwaschen mit Benzin kennbar gemacht werden.

Dettmar, Wegweiser für Starkstromanlagen. 10

Gewähr, daß er eine in jeder Beziehung den Vorschriften entsprechende Leitung erhält.

Die für isolierte Leitungen verwendeten Kupferdrähte müssen den Kupfernormen des VDE entsprechen und feuerverzinnt sein.

Das Wichtigste aus dem Inhalt der vom VDE aufgestellten Kupfernormen, die seit dem 1. Juli 1914 gelten und ETZ 1914, S. 366 abgedruckt sind, ist nachstehend wiedergegeben:

Leitungskupfer darf für 1 km Länge und 1 mm² Querschnitt bei 20° C keinen höheren Widerstand haben als 17,84 Ω.

Der Widerstand eines Leiters von 1 km Länge und 1 mm² Querschnitt wächst um 0,068 Ω für 1° C Temperaturzunahme.

Kupferleitungen müssen aus Leitungskupfer hergestellt sein. Die wirksamen Querschnitte von Kupferleitungen sind grundsätzlich aus Widerstandsmessungen zu ermitteln, wobei für 1 mm² ein kilometrischer Widerstand von 17,84 Ω einzusetzen und für Litzen und Mehrfachleiter die Länge des fertigen Kabels, also ohne Zuschlag für Drall, zu nehmen ist.

Bei der Untersuchung, ob eine Kupferleitung aus Leitungskupfer hergestellt ist, beziehungsweise ob sie diesen Bedingungen entspricht, ist der Querschnitt durch Gewichts= und Längenbestimmung eines einfachen gerade gerichteten Leiterstückes zu ermitteln, wobei, falls eine besondere Ermittelung des spezifischen Gewichtes nicht vorgenommen wird, für dieses der Wert 8,89 einzusetzen ist. Nähere Einzelheiten über die Kupfernormen des VDE sind auch aus dem Erläuterungsbuche von Dr. R. Apt. zu ersehen. „Isolierte Leitungen und Kabel", 2. Auflage 1924, Verlag Julius Springer.

Außer der Beachtung der Kupfernormen ist in den Vorschriften für isolierte Leitungen noch vorgeschrieben, daß die Leitungen feuerverzinnt sein müssen. Die Verzinnung des Kupferdrahtes geschieht einerseits, um das Kupfer gegen den Schwefel der Gummimischung und andererseits, um die Gummimischung gegen den schädlichen Einfluß des Kupfers zu schützen. Außerdem soll die Verzinnung auch noch das Verlöten, besonders bei Litzen, erleichtern.

Die Gummihülle der fertigen Leitungen muß folgender Zusammensetzung entsprechen:

Mindestens 33,3% Kautschuk, der nicht mehr als 6% Harz enthalten darf, höchstens 66,7% Zusatzstoffe einschließlich Schwefel.

Von organischen Füllstoffen ist nur der Zusatz von festem Paraffin bis zu einer Höchstmenge von 5% gestattet. Das spezifische Gewicht des Adergummi soll mindestens 1,5 betragen.

Einzelheiten über die Gummimischung, ihre Eigenschaften usw. sind den Erläuterungen von Dr. R. Apt „Isolierte Leitungen und Kabel", 2. Auflage 1924, Verlag Julius Springer, S. 44—47 zu entnehmen.

Über die Untersuchung der Gummimischung auf ihre richtige Zusammensetzung sind eingehende Festsetzungen getroffen worden, über die

gleichfalls in den Erläuterungen von Dr. R. Apt auf S. 47—59 genaue
Angaben gemacht sind. Die Untersuchung erstreckt sich auf:

1. Bestimmung des spezifischen Gewichts.
2. Bestimmung der in Azeton löslichen Anteile. Hierin werden bestimmt:
   a) Paraffinkohlenwasserstoffe und der darin enthaltene Schwefel,
   b) der gesamte im Azetonauszug enthaltene Schwefel.
3. Bestimmung der in Chloroform löslichen Anteile.
4. Bestimmung der Füllstoffe.
5. Bestimmung der in n/2=alkoholischer Kalilauge löslichen Anteile.

Zu einer Untersuchung sind mindestens 30 g Kautschukmaterial
erforderlich, das den fertigen Drähten zu entnehmen ist. Das Abziehen
der Umklöppelung und des gummierten Bandes der Drähte, soll nachein-
ander erfolgen und hat mit besonderer Vorsicht zu geschehen, damit die
Imprägniermasse nicht mit dem Adergummi in Berührung kommt.

Über die fünf vorstehend aufgeführten Untersuchungen sind vom
VDE eingehende Ausführungsbestimmungen nebst Erläuterungen dazu
aufgestellt worden.

Es ist auch die Möglichkeit gegeben, Überprüfungen gummiisolierter
Leitungen, die mit den Verbands= und Firmenkennfarben versehen sind,
vornehmen zu lassen. Diesbezüglich wende man sich an die Prüfstelle
des VDE Berlin.

Ein Antrag auf Überprüfung ist schriftlich bei der Prüfstelle einzureichen, wobei anzugeben ist:

1. Genaue Adresse des Antragstellers.
2. Ob der Antragsteller Mitglied eines der an der Gründung der Prüfstelle be=
   teiligten Verbände ist oder nicht.
3. Genaue Adresse für die Rücksendung der geprüften Leitungen.

Nach schriftlicher Bestätigung des Antrages durch die Prüfstelle zahlt der
Antragsteller die Gebühr ein, und sendet eine von der Prüfstelle anzu=
gebende Probenlänge an die in der Bestätigung des Antrages angegebene
Adresse. Nach erfolgter Prüfung verständigt die Prüfstelle den Antrag=
steller schriftlich vom Prüfergebnis und sendet einen Teil der geprüften
Ware an den Antragsteller zurück.

Die Einzeladern in Mehrfachleitungen müssen voneinander unter=
scheidbar sein. Die Kennzeichnung soll erfolgen durch Färbung der Baum=
wollbespinnung über der Kupferseele oder durch Färbung des gummier=
ten Bandes über der Gummihülle oder durch verschiedene Färbung der
Gummihülle selbst.

Die zur Kennzeichnung verwendeten Farben sollen sein:

2 Adern: hellgrau=schwarz.
3 Adern: hellgrau=schwarz=rot.
4 Adern: hellgrau=schwarz=rot=blau.

Wird eine der Adern als Erdleiter oder Nulleiter benutzt, so ist die hell=
graue Ader dafür zu verwenden.

Über die Bauart und Prüfung der Leitungen sind in den Vorschriften
für isolierte Leitungen in Starkstromanlagen sehr ausführliche Angaben

über alle Arten von Leitungen gemacht, von denen nachstehend das wich=
tigste hier wiedergegeben werden möge. Jede Leitungsart ist mit einer
Bezeichnung durch 3—6 Buchstaben versehen worden, die auch der han=
delsüblichen Bezeichnungsweise entspricht. In den Erläuterungen von
Dr. Apt ist eine Tabelle gegeben, die zeigt, welche Bedeutung die Buch=
staben bei den einzelnen Leitungsarten haben.

NGA   = Normen Gummiader (Kupfer).
NPL   = Normen Pendellitze.
NPLR   = Normen Pendellitze rund.
NPLS   = Normen Pendellitze verseilt.
NSA   = Normen Schnur Ader (Gummiaderschnüre).
NFA   = Normen Fassungsadern.
NHH   = Normen Handlampenleitung Hanfbeflechtung.
NLH   = Normen Leichte Handapparatleitung.
NLHG   = Normen Leichte Handapparatleitung mit Glanzgarnbeflechtung.
NMH   = Normen Mittlere Handapparatleitung.
NSH   = Normen Schwere Handapparatleitung.
NWK   = Normen Werkstattschnur Kordelbeflechtung.
NGAB   = Normen Gummiader biegsam.
NGAF   = Normen Gummiader feindrähtig.
NGAZ   = Normen Gummiader Zwillingsleiter.
NGAT   = Normen Gummiader Tragseil.
NGAU   = Normen Gummiader unbrennbar.
NPA   = Normen Panzeradern.
NPAF   = Normen Panzeradern feindrähtig.
NHU   = Normen Handlampenleitung unbrennbar.
NSGE   = Normen Schnur Gummimantel Eisendrahtspirale.
NSGCK = Normen Schnur Gummimantel Kupferdrahtbeflechtung (Cuprum)
           Kordelbeflechtung.
NHSGCK = Normen Hochspannungsschnur Gummimantel Kupferdrahtbeflechtung
           (Cuprum) Kordelbeflechtung.
NHSGE = Normen Hochspannungsschnur Gummimantel Eisendrahtspirale.
NSGA   = Normen Spezialgummiadern.
BPA   = Bandpanzeradern.
BPSA   = Bandpanzerspezialader.
NGKG   = Normen Gummi Gummikordelbeflechtung.
NFT   = Normen Fahrstuhlleitung Tragseil.
NFTB   = Normen Fahrstuhlleitung Tragseil Beflechtung.
ABL   = Automobil Beleuchtungs Leitung.
AAL   = Automobil Anlasser Leitung.

I. Leitungen für feste Verlegung.

a) Gummiaderleitungen

für Spannungen bis 750 V.

Bezeichnung: NGA.

Die Gummiaderleitungen sind mit massiven Leitern in Querschnitten
von 1 bis 16 mm², mit mehrdrähtigen Leitern in Querschnitten von 1
bis 1000 mm² zulässig.

Die Kupferseele ist mit einer vulkanisierten Gummihülle umgeben.
Die Gummihülle muß aus mindestens zwei Lagen Gummi verschiedener
Färbung hergestellt sein.

Für die Leiter und Gummihüllen der Gummiaderleitungen sind in den Vorschriften für isolierte Leitungen in Starkstromanlagen genaue Maßangaben gemacht.

Die Gummihülle ist mit gummiertem Baumwollband bewickelt. Hierüber befindet sich eine Beflechtung aus Baumwolle, Hanf oder gleichwertigem Stoff, die in geeigneter Weise getränkt ist. Bei Mehrfachleitungen kann die Beflechtung gemeinsam sein.

Bei Leitungen mit wetterfest getränkter Beflechtung (Bezeichnung NGAW) muß zwischen dem gummierten Baumwollband und der Beflechtung eine Bewicklung mit Papierband liegen. Als wetterfeste Massen sind solche anzusehen, die trocknende pflanzliche Öle und Metalloxyde enthalten. Über die Art der Prüfung der Gummiaderleitungen sind in den Vorschriften für isolierte Leitungen in Starkstromanlagen genaue Angaben gemacht.

b) Spezial-Gummiaderleitungen

für Spannungen von 2000, 3000, 6000, 10000, 15000 und 25000 V.

Bezeichnung: NSGA,

der die Spannung beizufügen ist, z. B.

$$\frac{NSGA}{3000}\,10^{1)}\,.$$

Die Spezial-Gummiaderleitungen sind mit massiven Leitern in Querschnitten von 1 bis 16 mm², mit mehrdrähtigen Leitern in Querschnitten von 1 bis 300 mm² zulässig.

Die Gummihülle muß aus mindestens zwei Lagen Gummi verschiedener Färbung hergestellt sein. Über die Mindestwandstärken der Spezial-Gummiaderleitungen sind in den Vorschriften für isolierte Leitungen in Starkstromanlagen genaue Zahlenangaben für die verschiedenen Spannungen gemacht.

Die Mindestzahl der Drähte bei mehrdrähtigen Leitern ist die gleiche, wie die in der Tafel für NGA-Leitungen angegebene.

Die Gummihülle ist mit gummiertem Baumwollband bewickelt. Hierüber befindet sich eine Beflechtung aus Baumwolle, Hanf oder gleichwertigem Stoff, die in geeigneter Weise getränkt ist. Bei Mehrfachleitungen kann die Beflechtung gemeinsam sein.

Über die Prüfung der Spezial-Gummiaderleitungen sind in den Vorschriften für isolierte Leitungen in Starkstromanlagen genaue Angaben gemacht.

c) Rohrdrähte

für Niederspannungsanlagen zur erkennbaren Verlegung, die es ermöglicht, den Leitungsverlauf ohne Aufreißen der Wände zu verfolgen.

---

[1] Die Bezeichnung bedeutet: Spannung 3000 V, Querschnitt 10 mm².

Bezeichnung: NRA.

Rohrdrähte sind Gummiaderleitungen mit gefalztem, eng anliegenden Metallmantel (nicht Bleimantel), die an Stelle der getränkten Beflechtung eine mechanisch gleichwertige, isolierende Hülle von mindestens 0,4 mm Wandstärke haben.

Rohrdrähte sind als Einfachleitungen in Querschnitten von 1 bis 16 mm², als Mehrfachleitungen in Querschnitten von 1 bis 6 mm² zulässig. Die Wandstärke des Mantels soll mindestens 0,25 mm betragen.

Es ist ausdrücklich vorgeschrieben, daß die Rohrdrähte nur so verlegt werden dürfen, daß der Leitungsverlauf stets deutlich erkennbar bleibt, ohne den Putz aufreißen zu müssen. Das Übertapezieren der auf glatter Wand verlegten Rohrdrahtleitungen ist zulässig, dagegen ist es nicht zulässig, in die Wand einen Kanal zu hauen, in diesen die Rohrdrähte hineinzulegen und ihn dann so mit Gips auszufüllen, daß die Wand wieder glatt wird. Wird dann die Wand übertapeziert, so ist der Verlauf des Drahtes nicht mehr zu erkennen.

Neben dem Rohrdraht wird auch zuweilen ein sogenannter Manteldraht verlegt. Dieser wird am Verwendungsort dadurch hergestellt, daß mit besonderen Werkzeugen ein Metallband über Gummiaderleitungen gezogen wird. Ein derartiger Manteldraht ist wie Rohrdraht zu behandeln.

Über die äußeren Durchmesser der Rohrdrähte, sowie über die Prüfung derselben sind in den Vorschriften für isolierte Leitungen in Starkstromanlagen genaue Angaben gemacht.

Es sei noch darauf hingewiesen, daß in Wechselstrom- und Drehstromanlagen Rohrdrähte mit Eisenmantel nur verwendet werden sollen, wenn alle zu einem Stromkreise gehörenden Leiter innerhalb derselben Umhüllung liegen, weil sonst der induktive Spannungsabfall und unter Umständen auch die Erwärmung des Metallmantels zu hoch würde (vgl. darüber § 21).

d) Panzeradern

für Spannungen bis 1000 V.

Bezeichnung: NPA.

Panzeradern sind Spezialgummiaderleitungen für 2000 V mit einer Hülle von Metalldrähten (Beflechtung, Bewicklung), die gegen Rosten geschützt sind. Bei Mehrfachleitungen darf die Metallhülle gemeinsam sein.

Unter einer Hülle von Metalldrähten ist entweder ein Geflecht, oder eine Umwicklung verstanden, die die Gummiader so eng umgibt, daß ein sicherer mechanischer Schutz gewährleistet ist. Eine offene Drahtspirale mit großer Ganghöhe, bei der also ein erheblicher Teil der Leitung des Metallschutzes entbehrt, ist nicht als Hülle im Sinne der Vorschriften anzusehen.

Die getränkte Beflechtung der NSGA-Leitung darf durch eine andere gleichwertige Schutzhülle, die als Zwischenlage gegen das Durchstechen abgerissener Drähte Schutz bietet, ersetzt sein.

Die Schutzhülle, die als Ersatz für die imprägnierte Beflechtung zugelassen ist, soll so beschaffen sein, daß sie gegen das Durchstechen abgerissener Drähte Schutz bietet. Es genügt somit nicht etwa eine einfache Papierumwicklung. Die Verwendung von Panzeradern zum Anschluß ortsveränderlichen Stromverbrauches ist als unzulässig zu betrachten. Diese Leitungen sind für solche Zwecke nicht geeignet, weil bei starken mechanischen Anforderungen die Drähte der Beflechtung reißen und eine Verletzung der Gummihülle herbeiführen können. Die äußere Metallbeflechtung kann dabei auch spannungsführend werden.

Die Panzerader eignet sich nur für trockene Räume; in feuchten Räumen besteht die Gefahr des Durchrostens der Schutzhülle. Näheres darüber siehe § 21[1] Absatz 3.

Über die Prüfung der Panzeradern sind in den Vorschriften für isolierte Leitungen in Starkstromanlagen Angaben gemacht.

II. Leitungen für Beleuchtungskörper.

a) Fassungsadern

zur Installation nur in und an Beleuchtungskörpern in Niederspannungsanlagen. Als Zuleitungen nicht zulässig (s. § 18 der Errichtungsvorschriften)

Bezeichnung: NFA.

Die Fassungsader hat einen massiven oder mehrdrähtigen Leiter von 0,5 mm² oder 0,75 mm² Kupferquerschnitt. Bei mehrdrähtigen Leitern darf der Durchmesser der einzelnen Drähte nicht mehr als 0,2 mm betragen.

Die Kupferseele ist mit einer vulkanisierten Gummihülle von 0,6 mm Wandstärke umgeben. Über dem Gummi befindet sich eine Beflechtung aus Baumwolle, Hanf, Seide oder ähnlichem Stoff, der auch in geeigneter Weise getränkt sein kann. Diese Adern können auch mehrfach verseilt werden.

Eine Fassung-Doppelader (Bezeichnung NFA 2) kann auch aus zwei nebeneinander liegenden nackten Fassungsadern, die gemeinsam wie oben angegeben beflochten sind, bestehen.

Über die Prüfung von Fassungsadern sind in den Vorschriften für isolierte Leitungen in Starkstromanlagen Angaben gemacht.

b) Pendelschnüre

zur Installation von Schnurzugpendeln in Niederspannungsanlagen.

Bezeichnung: NPL.

Die Pendelschnur hat einen Kupferquerschnitt von 0,75 mm². Die Kupferseele besteht aus Drähten von höchstens 0,2 mm Durchmesser, die zusammengedreht werden. Die Kupferseele ist mit Baumwolle besponnen und darüber mit einer vulkanisierten Gummihülle von 0,6 mm Wandstärke umgeben. Zwei Adern sind mit einer Tragschnur oder einem

Tragseilchen aus geeignetem Stoff zu verseilen und erhalten eine gemein=
same Beflechtung aus Baumwolle, Hanf, Seide oder ähnlichem Stoff.
Die Tragschnur oder das Tragseilchen können auch doppelt zu beiden Sei=
ten der Adern angeordnet werden. Wenn das Tragseilchen aus Metall
hergestellt ist, muß es besponnen oder beflochten sein. Die gemeinsame
Beflechtung der Schnur kann wegfallen, doch müssen die Gummiadern
dann einzeln beflochten werden.

Die Pendelschnüre müssen so biegsam sein, daß einfache Schnüre um
Rollen von 25 mm Durchmesser und doppelte um Rollen von 35 mm
Durchmesser ohne Nachteil geführt werden können.

Über die Prüfung von Pendelschnüren sind in den Vorschriften für
isolierte Leitungen in Starkstromanlagen Angaben gemacht.

III. Leitungen zum Anschluß ortsveränderlicher Stromverbraucher.

Über die Entlastung der Anschlußstellen (an beiden Enden) von Zug
bei ortsveränderlichen Leitungen sei auf § 21n besonders verwiesen.

a) Gummiaderschnüre (Zimmerschnüre)

für geringe mechanische Beanspruchung in trockenen Wohnräumen in
Niederspannungsanlagen.

Bezeichnung: NSA.

Die Gummiaderschnüre sind in Querschnitten von 0,75 bis 6 mm²
zulässig. Für die Querschnitte von 0,75 mm² besteht die Kupferseele aus
Drähten von höchstens 0,2 mm Durchmesser, für die Querschnitte 1 bis
2,5 mm² aus Drähten von höchstens 0,25 mm Durchmesser, die zusammen=
gedreht werden. Sie ist mit Baumwolle besponnen. Für die Quer=
schnitte 4 bis 6 mm² wird die Kupferseele aus Drähten von höchstens
0,3 mm Durchmesser zusammengesetzt, die zweckentsprechend verseilt
sind. Die Baumwollbespinnung kommt in Fortfall. Über der Kupfer=
seele befindet sich eine vulkanisierte Gummihülle in der Wandstärke der
NGA=Leitungen; auch für den Querschnitt 0,75 mm² muß die Wand=
stärke 0,8 mm betragen.

Einleiterschnüre oder verseilte Mehrfachschnüre erhalten über der
Gummihülle eine Beflechtung aus Garn, Seide, Baumwolle oder dgl.
Runde oder ovale Mehrfachschnüre müssen eine gemeinsame Beflechtung
erhalten. Gummiaderschnüre mit einem Querschnitt von 0,75 mm²
sind nur in runder Ausführung zulässig.

Die Zimmerschnüre stellen die leichteste Konstruktion der beweg=
lichen Leitungen dar. Sie sind jedoch nicht gedacht für die Verwendung
an Staubsaugern, elektrischen Bohnereinrichtungen usw. weil deren Zu=
leitung über den Boden geschleift und unter Umständen stark gezerrt wird.
Über die Prüfung von Zimmerschnüren sind in den Vorschriften für
isolierte Leitungen in Starkstromanlagen genaue Angaben gemacht.

b) Leichte Anschlußleitungen

für geringe mechanische Beanspruchung in Werkstätten, in Niederspannungsanlagen (Handlampen, kleinere Geräte und dgl.).

Bezeichnung: NHH (mit Baumwollbeflechtung),
Bezeichnung: NHK (mit Kordelbeflechtung).

Die leichten Anschlußleitungen sind in Querschnitten von 1 bis 6 mm² zulässig. Die Bauart des Leiters, die Vorschriften über die Baumwollbespinnung und die Beschaffenheit der Gummihülle sind die gleichen wie bei den Gummiaderschnüren.

Die Gummihülle jeder einzelnen Ader ist mit gummiertem Baumwollband bewickelt. Zwei oder mehr solcher Adern sind rund zu verseilen, mit getränktem Baumwollband zu bewickeln und mit einer dichten Beflechtung aus getränkter Baumwolle (NHH) oder mit einer Beflechtung aus geteerter Kordel (NHK) zu versehen.

c) Werkstattschnüre

für mittlere mechanische Beanspruchung in Werkstätten und Wirtschaftsräumen in Niederspannungsanlagen.

Bezeichnung: NWK.

Die Werkstattschnüre sind in Querschnitten von 1 bis 35 mm² zulässig. Die Bauart des Leiters und die Vorschriften über die Baumwollbespinnung sind die gleichen wie bei den Gummiaderschnüren, jedoch ist bei Querschnitten über 6 mm² die Verwendung von Drähten bis zu 0,4 mm zulässig.

Die Gummihülle jeder einzelnen Ader ist mit gummiertem Baumwollband bewickelt; zwei oder mehr solcher Adern sind rund zu verseilen und mit einer dichten Beflechtung aus Faserstoff zu versehen. Darüber ist eine zweite Beflechtung aus besonders widerstandsfähigem Stoff (Hanfkordel oder dgl.) anzubringen.

Erdungsleiter müssen aus verzinnten Kupferdrähten bestehen und sind innerhalb der inneren Beflechtung anzuordnen. Für Querschnitte bis 2,5 mm² darf der Durchmesser des Einzeldrahtes höchstens 0,25 mm, für 4 bis 6 mm² 0,3 mm und für 10 mm² 0,4 mm betragen.

Über die Abmessung der Werkstattschnüre sind in den Vorschriften für isolierte Leitungen in Starkstromanlagen eingehende zahlenmäßige Angaben gemacht. Für die Spannungsprüfung derselben gelten die gleichen Bestimmungen wie für Gummiaderleitungen.

d) Gummischlauchleitungen.

1. Leichte Ausführung.

Zum Anschluß von Tischlampen und leichten Zimmergeräten (Bügeleisen, Heizkissen, Heißluftgeräten, Tischventilatoren usw.) für geringe mechanische Beanspruchungen in Niederspannungsanlagen.

Bezeichnung NLH.

Gummischlauchleitungen NLH sind in Querschnitten von 0,75 mm² als Zweifach-, Dreifach- und Vierfachleitungen zulässig. Die Kupferseele besteht aus Drähten von höchstens 0,2 mm Durchmesser, die zusammengedreht werden. Die Kupferseele ist mit Baumwolle besponnen und mit einer vulkanisierten Gummihülle von 0,4 mm Wandstärke umgeben.

Zwei oder mehr solcher Adern sind zu verseilen und mit Gummi so zu umpressen, daß alle Hohlräume ausgefüllt sind und der Gummimantel an der schwächsten Stelle mindestens 0,8 mm stark ist. Die zum Ausfüllen der Hohlräume und für den gemeinsamen Gummimantel verwendete Gummimischung muß mechanisch fest und widerstandsfähig sein und einen Rohgummigehalt von mindestens 33⅓ % besitzen, sie braucht jedoch nicht den Vorschriften über die Zusammensetzung der Normal-Gummihülle zu entsprechen. Über der gemeinsamen Gummihülle kann eine Beflechtung aus Baumwolle, Hanf, Seide oder dgl. angebracht werden.

2. Mittlere Ausführung.

Zum Anschluß von Küchen- und kleinen Werkstattgeräten (größeren Wasserkochern, Heizplatten, Handbohrmaschinen, Handleuchtern usw.) für mittlere mechanische Beanspruchungen in Niederspannungsanlagen.

Bezeichnung NMH.

Die Gummischlauchleitungen NMH sind in den Querschnitten von 0,75 bis 2,5 mm² als Zweifach-, Dreifach- und Vierfachleitungen zulässig. Die Bauart und Abmessungen der Gummiadern sind die gleichen wie bei den Gummiaderschnüren. Der weitere Aufbau der Leitungen und die Beschaffenheit der für den Schutzmantel verwendeten Gummimischung sind die gleichen wie bei den NLH-Leitungen. Der Gummimantel soll an der schwächsten Stelle bei

0,75 mm²	0,8 mm
1 ,, ...	1 ,,
1,5 ,, ...	1,2 ,,
2,5 ,, ...	1,5 ,,

stark sein.

3. Starke Ausführung.

Für besonders hohe mechanische Anforderungen bei Spannungen bis 750 V (schwere Werkzeuge, fahrbare Motoren, landwirtschaftliche Geräte usw.).

Bezeichnung NSH.

Die Gummischlauchleitungen NSH sind in Querschnitten von 1,5 bis 16 mm² als Zweifach-, Dreifach- und Vierfachleitungen zulässig.

Die Bauart und die Abmessungen der Gummiadern sind die gleichen, wie bei den Werkstattschnüren. Die Einzeladern erhalten über der Gummihülle eine Bewicklung mit gummiertem Baumwollband. Zwei oder mehr solcher Adern sind zu verseilen und mit Gummi so zu umpressen, daß alle Hohlräume ausgefüllt sind.

Über den Gummimantel wird ein starkes Baumwollband gewickelt und hierüber ein zweiter Gummimantel in gleicher Beschaffenheit wie der innere aufgebracht. Im übrigen gelten für den gemeinsamen Gummimantel die gleichen Bestimmungen wie bei den NLH-Leitungen. Die Wandstärken der Gummimäntel müssen bei den NSH-Leitungen folgender Zahlentafel entsprechen:

Kupfer-querschnitt mm²	Innerer Gummimantel mindestens mm	Äußerer Gummimantel mindestens mm
1,5	1	1,6
2,5 bis 6	1,2	2
10	1,4	2,2
16	1,5	2,5

Über die äußeren Durchmesser der Gummischlauchleitungen sind in den Vorschriften für isolierte Leitungen in Starkstromanlagen genaue Angaben gemacht; hierin ist auch eine Zahlentafel enthalten. Solche Gummischlauchleitungen sind auch mit Erdungsleitern zulässig. Für die Spannungsprüfung der Gummischlauchleitung gelten im allgemeinen die gleichen Bestimmungen wie für Gummiaderleitungen.

e) Spezialschnüre.

Für rauhe Betriebe in Gewerbe, Industrie und Landwirtschaft in Niederspannungsanlagen.

Bezeichnung: NSGK.

Die Spezialschnüre sind in Querschnitten von 1 bis 35 mm² zulässig. Die Bauart des Kupferleiters und die Vorschriften über die Baumwollbespinnung sind die gleichen wie bei den Werkstattschnüren.

Die Gummihülle der einzelnen Adern ist mit gummiertem Baumwollband bewickelt; zwei oder mehr solcher Adern sind zu verseilen und mit Gummi so zu umpressen, daß alle Hohlräume ausgefüllt sind, und die Gummiumpressung an der schwächsten Stelle mindestens die gleiche Wandstärke, hat wie die Gummihülle der einzelnen Adern.

Über die gemeinsame Gummiumpressung ist ein gummiertes Baumwollband, alsdann eine Beflechtung aus Faserstoff und hierüber eine zweite Beflechtung aus besonders widerstandsfähigem Stoff (Hanfkordel od. dgl.) anzubringen. Die zweite Beflechtung kann auch durch eine gut biegsame Metallbewehrung (nicht Drahtbefechtung) ersetzt sein.

Für Bauart und Abmessungen der Erdungsleiter gelten die entsprechenden Bestimmungen über Werkstattschnüre. Die Erdungsleiter können auch in Form einer die Leitung umgebenden Beflechtung oder einer Bewicklung unmittelbar unter der inneren Faserstoffbeflechtung angebracht werden, jedoch muß hierbei die Biegsamkeit der Leitung gewahrt bleiben. Der Gesamtquerschnitt muß auch in diesem Falle mindestens die angegebenen Werte besitzen.

Für die Spannungsprüfungen gelten die Bestimmungen über Gummiaderleitungen.

f) **Hochspannungsschnüre.** Für Spannungen bis 1000 V.

Bezeichnung: NHSGK.

Die Hochspannungsschnüre sind in Querschnitten von 1 bis 16 mm² zulässig. Die Bauart der Kupferleiter und die Vorschriften über die Baumwollbespinnung sind die gleichen wie bei den Werkstattschnüren.

Die Gummihülle der einzelnen Adern entspricht in Bauart und Wandstärke mindestens der Gummihülle der Spezialgummiaderleitungen für 2000 V.

Die Gummihülle der einzelnen Adern ist mit gummiertem Baumwollband bewickelt. Zwei oder mehr solcher Adern sind zu verseilen und mit Gummi so zu umpressen, daß alle Hohlräume ausgefüllt sind, und die Gummiumpressung an der schwächsten Stelle mindestens die gleiche Wandstärke hat, wie die Gummihülle der einzelnen Adern. Die Zusammensetzung des Gummi dieser Umpressung muß den unter A I, 2 angegebenen Bestimmungen entsprechen.

Für die Bauart oberhalb der gemeinsamen Gummiumpressung gelten die entsprechenden Bestimmungen über Spezialschnüre.

Über die Spannungsprüfung der Hochspannungsschnüre sind in den Vorschriften für isolierte Leitungen in Starkstromanlagen genaue Angaben gemacht.

g) Leitungstrossen.

Für besonders hohe mechanische Anforderungen bei beliebigen Betriebsspannungen.

Bezeichnung: NT.

Leitungstrossen sind bewegliche Leitungen für solche Anwendungsgebiete, in denen sie besonders hohen mechanischen Beanspruchungen ausgesetzt sind und betriebsmäßig ein häufiges Auf- und Abwickeln aushalten müssen. Sie sind nur mit mehrdrähtigen Kupferleitern in den normalen Querschnitten von 2,5 mm² bis 150 mm² zulässig. Die Kupferseele besteht aus Drähten von nicht mehr als 0,7 mm Durchmesser. Bei Querschnitten über 10 mm² muß der Leiter mehrlitzig sein. Der Drall darf bei einzelnen Litzen nicht mehr als das 12- bis 15-fache des Litzendurchmessers betragen, der Drall bei mehrlitzigen Leitern nicht mehr als das 11-fache des Gesamtdurchmessers.

Die Isolierung der Adern soll in Leitungstrossen für Niederspannungsanlagen mit der der NGA-Leitungen, für Anlagen mit höheren Spannungen mit der der NSGA-Leitungen für die entsprechende Spannung

übereinstimmen, jedoch muß die Mindestwandstärke der Gummihülle
1,5 mm betragen. Die Gummihülle der einzelnen Adern ist mit gum=
miertem Baumwollband zu bewickeln.

Leitungstrossen sind mit einer bei Mehrfachleitungen gemeinsamen
Umhüllung oder Bewehrung zu versehen, die hinreichend biegsam und
so widerstandsfähig ist, daß sie bei der vorgesehenen Beanspruchung keine
mechanische Verletzung erleidet. Eine Beflechtung mit Drähten von
weniger als 0,5 mm Durchmesser ist nicht zulässig. Bei Leitungstrossen,
die sich selbst tragen müssen, sind entweder Tragseile einzulegen oder die
Bewehrung kann als Träger verwendet werden. Tragseile müssen aus
Einzeldrähten von höchstens 0,7 mm Durchmesser verseilt sein. Die strom=
führenden Leiter selbst sind nicht als tragende Teile in Rechnung zu setzen.
Die Festigkeit der tragenden Teile ist so zu bemessen, daß das Gesamt=
gewicht der freihängenden Leitung und der daran hängenden Teile mit
fünffacher Sicherheit getragen werden kann; die tragenden Teile sind so
zu gestalten oder anzuordnen, daß die freihängende Trosse sich nicht durch
Aufdrehen verändern kann.

Unterhalb der Bewehrung muß ein Schutzpolster aus feuchtigkeits=
sicherem Stoff angebracht werden, dessen Stärke der halben Wandstärke
der Gummihülle der einzelnen Adern gleichkommen soll, mindestens aber
1 mm betragen muß. Mit einer gleichstarken Hülle aus feuchtigkeits=
sicherem Stoff sind Tragseile zu umgeben.

Leitungstrossen müssen einen Erdungsleiter enthalten. Die Erdungs=
leiter müssen aus verzinntem Kupfer bestehen. Die Kupferseele muß
den gleichen Querschnitt und Aufbau wie die stromführenden Leiter
haben.

Bei Spannungen von mehr als 250 V sind Prüf= und Hilfsdrähte
unzulässig. Über die verschiedenen Arten von Kabel, deren Abmessungen
und Bewehrung sind in den „Vorschriften für isolierte Leitungen in
Starkstromanlagen" Bauart, Angaben und Zahlentafeln für Ein= und
Mehrleiter enthalten, deren wichtigsten nachstehend wiedergegeben sind.

I. Gummibleikabel.

1. Normale Gummibleikabel.

Für Gummibleikabel sind je nach der Betriebsspannung NGA=Leitun=
gen oder NSGA=Leitungen zu verwenden, jedoch muß die Mindestwand=
stärke der Gummihülle 1,5 mm betragen. Mehrleitergummibleikabel
sind als verseilte Kabel aus solchen Leitungen herzustellen. Die Be=
flechtung der Adern kann sowohl bei Einleiterkabeln wie bei Mehrleiter=
kabeln fortfallen, indessen müssen bei Mehrleiterkabeln die Adern nach
der Verseilung mit einem imprägnierten Baumwollbande bewickelt
werden.

Über die Prüfung der Kabel sind in den Vorschriften genaue Angaben
gemacht.

2. Spezialgummibleikabel für Reklamebeleuchtung zur Verbindung des Schaltapparates mit dem Beleuchtungsfeld für Spannungen bis 220 V.

Bezeichnung: NRBK.

Für Spezialgummibleikabel für Reklamebeleuchtung sind Fassungsadern NFA 0,75 mm² mit farbiger Baumwollbeflechtung und als Rückleitung eine Leitung NGA 1,5 mm², jedoch ohne Beflechtung, zu verwenden. Die verschiedenfarbigen Einzelleitungen sind rund zu verseilen und hiernach mit einem imprägnierten Baumwollband zu umwickeln. Über die Stärke des Bleimantels und der Papier-, Band- oder Jutebedeckung sind Angaben einer Zahlentafel in den Vorschriften für isolierte Leitungen in Starkstromanlagen enthalten.

II. Papierbleikabel.

Die für Papierbleikabel verwendeten Kupferdrähte müssen den Kupfernormen des VDE entsprechen.

1. Einleiter-Gleichstrom-Bleikabel bis 750 V.

Die Isolation der Kabel soll aus gut imprägniertem Papier bestehen. Über den Aufbau der Kabel sind Angaben in einer Zahlentafel in den Vorschriften für isolierte Leitungen in Starkstromanlagen gemacht.

Besteht der Leiter aus Aluminium anstatt aus Kupfer, so sind nur die normalen Querschnitte von 4 mm² an aufwärts zulässig. Die Bauart der Kabel bleibt die gleiche.

Prüfdrähte in Einleiter-Gleichstrom-Bleikabeln müssen einen Querschnitt von mindestens 1 mm² haben.

2. Verseilte Mehrleiter-Bleikabel.

Über den Aufbau der verseilten Mehrleiter-Bleikabel, sowohl für Kabel, mit kreisförmigem Leiterquerschnitt, als auch für solche mit sektorförmigem Leiter sind in einer Zahlentafel in den Vorschriften für isolierte Leitungen in Starkstromanlagen genaue Angaben gemacht.

Bestehen die Leiter aus Aluminium anstatt aus Kupfer, so sind nur die normalen Querschnitte von 4 mm² an aufwärts zulässig. Die Bauart der Kabel ist die gleiche.

Prüfdrähte sind nur in Kabeln bis zu 750 V Betriebsspannung zulässig. Der Querschnitt der Prüfdrähte soll mindestens 1 mm² betragen.

Über die Prüfspannungen, denen die Kabel ausgesetzt werden müssen, sind in den Vorschriften für isolierte Leitungen in Starkstromanlagen zweierlei Angaben gemacht, und zwar über die Spannungsproben, die in der Fabrik auszuführen sind, sowie über die Prüfung fertig verlegter Kabelstrecken. Näheres darüber siehe ETZ 1914, S. 1008 u. 1021 (Lichtenstein). Ferner sind darüber ausführliche Angaben in den Erläuterungen von Dr. R. Apt, „Isolierte Leitungen und Kabel", 2. Auflage 1924,

Verlag Julius Springer, S. 103 ff. gemacht. Der Zweck der Spannungs=
prüfung in der Fabrik besteht einerseits darin, örtliche Fehler auszumerzen,
andererseits darin, einen Maßstab für den Sicherheitsgrad und die Lebens=
dauer des Kabels zu geben. Die Prüfung nach erfolgter Verlegung hat den
Zweck, etwaige durch die mechanische Beanspruchung bei der Verlegung
des Kabels entstandene schwache Stellen herauszufinden, sowie die zuver=
lässige und betriebssichere Herstellung der Verbindungsmuffen festzustellen.

Bei großen Fabrikationslängen wird die Kapazität des verlegten
Kabels so groß, daß die Aufladung derselben mit Wechselstrom, Einrich=
tungen erfordert. Da diese immer transportabel sein müssen, so macht
die Verwendung von Wechselstrom große Schwierigkeiten. Man ist des=
wegen vielfach zu der Ausführung der Prüfung mit Gleichstrom über=
gegangen, worüber Näheres aus den Erläuterungen von Dr. R. Apt,
S. 107 ff. zu ersehen ist, ebenso sind Angaben darüber zu entnehmen
ETZ 1920, S. 48 (Weiset).

Bleikabel, die den „Vorschriften für isolierte Leitungen in Stark=
stromanlagen" entsprechen, müssen zwischen Bleimantel und Bewehrung
einen längslaufenden verzinkten Eisendraht von mindestens 0,5 mm Durch=
messer besitzen. Außerdem muß durch besondere Kennzeichnung ersicht=
lich gemacht werden, von welchem Werk die Kabel hergestellt sind. Wie
die Kennzeichnung der Kabel seitens der einzelnen Firmen vorgenommen
wird, ist in den Erläuterungen von Dr. R. Apt, S. 113 im einzelnen genau
zusammengestellt.

Es sei außerdem darauf aufmerksam gemacht, daß der Elektrotech=
nische Verein Berlin, im Jahre 1909 eine Arbeit herausgegeben hat,
unter dem Titel „Definition der elektrischen Eigenschaften gestreckter
Leiter." Diese ist ETZ 1909, S. 1155 und 1184 abgedruckt.

§ 20.
Bemessung der Leitungen.

a) Elektrische Leitungen sind so zu bemessen, daß sie bei den vorliegenden Betriebsverhältnissen genügende mechanische Festigkeit haben und
keine unzulässigen Erwärmungen annehmen können (vgl. § 2m).

In den Errichtungsvorschriften ist, da diese sich nur mit Lebens= und
Feuersicherheit befassen, auch nur die mechanische Festigkeit und die Er=
wärmung berücksichtigt. Auf den im Interesse des ordnungsmäßigen
Betriebes zu beachtenden Spannungsabfall nehmen dagegen diese Vor=
schriften keine Rücksicht; ebenso sind in ihnen Gesichtspunkte hinsichtlich
der Wirtschaftlichkeit von Leitungen nicht berücksichtigt. Die Beachtung
dieser beiden Momente ist also dem freien Ermessen des die Anlage Aus=
führenden überlassen. Bei Anlagen, die an die Netze öffentlicher Elek=
trizitätswerke angeschlossen werden sollen, pflegen diese Werke selbst hin=
sichtlich des Spannungsabfalles, im allgemeinen noch besondere Be=
stimmungen zu machen. (Vergleiche hierüber Teil IV, unter H).

1. Bei Dauerbetrieb dürfen isolierte Leitungen und Schnüre aus Leitungskupfer mit den in der nachstehenden Tafel, Spalte 2, verzeichneten Stromstärken belastet werden.

Blanke Kupferleitungen für Dauerbelastung bis 50 mm² unterliegen gleichfalls den Regeln der Tafel (Spalte 2 und 3). Auf blanke Kupferleitungen über 50 mm², sowie auf Fahrleitungen, ferner auf isolierte Leitungen jeden Querschnittes für aussetzende Betriebe finden die Bestimmungen der Spalten 2 und 3 keine Anwendung; solche Leitungen sind in jedem Falle so zu bemessen, daß sie durch den stärksten normal vorkommenden Betriebstrom keine für den Betrieb oder die Umgebung gefährliche Temperatur annehmen. Bei Aufzügen innerhalb von Gebäuden sind die Leitungen so zu verlegen, daß im Falle ihrer Erhitzung keine Feuersgefahr für die Umgebung entsteht.

Für die Belastung von Kabeln gelten die in den „Vorschriften für isolierte Leitungen in Starkstromanlagen“ auf Kabel bezüglichen Bestimmungen.

1	2	3	4
	Dauerbetrieb		Aussetzender Betrieb
Querschnitt in mm²	Höchste dauernd zulässige Stromstärke in A	Nennstromstärke für entsprechende Abschmelzsicherung in A	Höchstzulässige Vollaststromstärke in A
0,5	7,5	6	7,5
0,75	9	6	9
1	11	6	11
1,5	14	10	14
2,5	20	15	20
4	25	20	25
6	31	25	31
10	43	35	60
16	75	60	105
25	100	80	140
35	125	100	175
50	160	125	225
70	200	160	280
95	240	200	335
120	280	225	400
150	325	260	460
185	380	300	530
240	350	350	630
300	525	430	730
400	640	500	900
500	760	600	—
625	880	700	—
800	1050	850	—
1000	1250	1000	—

Die vorstehende Tafel ist für eine Erwärmung der Drähte um höchstens 20° aufgestellt worden. Da die Außentemperatur zu höchstens 30° angenommen werden kann, ergibt sich als höchste Temperatur 50°, bei welcher der Gummi noch keinen Schaden leidet.

Das nähere über die Aufstellung der Belastungstafeln ist den Aufsätzen von Teichmüller und Humann ETZ 1907, S. 475, von Passavant ETZ 1907, S. 499 und von Klement 1906, S. 331 zu entnehmen.

Es sind dabei ferner die in § 31 der Vorschriften für die Konstruktion und Prüfung von Installationsmaterial festgelegten Verhältnisse der Abschmelzstromstärken und der Prüfströme der Schmelzsicherungen soweit solche in Frage kommen, berücksichtigt. Bei der Benutzung der Tafel ist noch besonders zu beachten, daß bei der Verwendung von Schmelzsicherungen die Spalte 3 zu benutzen ist.

Werden dagegen Selbstschalter benutzt, so gilt Spalte 2. Diese gibt die höchst zulässigen Stromstärken an, die auf keinen Fall überschritten werden dürfen. Daraus ergibt sich auch, daß bei der Anwendung von Selbstschaltern eine bessere Ausnutzung der Leitungen möglich ist als bei der Verwendung von Schmelzsicherungen.

In ähnlicher Weise, wie in vorstehender Tafel die Belastungen für isolierte Leitungen und Schnüre gegeben sind, hat der VDE auch Belastungstafeln für Bleikabel aufgestellt, die nachstehend wiedergegeben seien.

Belastungstafel für Bleikabel mit Kupferleitern.

Querschnitt mm²	Höchste dauernd zulässige Stromstärke in A bei Verlegung im Erdboden								
	Einleiterkabel bis	Verseilte Zweileiterkabel bis		Verseilte Dreileiterkabel bis				Verseilte Vierleiterkabel bis	
	750 V	3000 V	10 000 V	3000 V	10 000 V	15 000 V	25 000 V	3000 V	10 000 V
1	24	19	—	17	—	—	—	16	—
1,5	31	25	—	22	—	—	—	20	—
2,5	41	33	—	29	—	—	—	26	—
4	55	42	—	37	—	—	—	34	—
6	70	53	—	47	—	—	—	43	—
10	95	70	65	65	60	—	—	57	55
16	130	95	90	85	80	—	—	75	70
25	170	125	115	110	105	100	—	100	95
35	210	150	140	135	125	120	110	120	115
50	260	190	175	165	155	145	135	150	140
70	320	230	215	200	190	180	165	185	170
95	385	275	255	240	225	215	200	220	205
120	450	315	290	280	260	250	235	250	240
150	510	360	335	315	300	285	265	290	275
185	575	405	380	360	340	325	300	330	310
240	670	470	—	420	—	—	—	385	—
300	760	530	—	475	—	—	—	430	—
400	910	635	—	570	—	—	—	—	—
500	1035	—	—	—	—	—	—	—	—
625	1190	—	—	—	—	—	—	—	—
800	1380	—	—	—	—	—	—	—	—
1000	1585	—	—	—	—	—	—	—	—

Bei Verlegung von Kabeln in Luft oder bei Anordnung in Kanälen und dergleichen, Anhäufung von Kabeln im Erdboden oder ähnlichen ungünstigen Verhältnissen empfiehlt es sich, die Belastung auf ¾ der in der Tafel angegebenen Werte zu ermäßigen.

Ebenso ist vom VDE eine Belastungstafel für Einleiterkabel mit

Aluminiumleiter für Gleichstrom bis 750 V gemacht worden, die gleich=
falls nachstehend wiedergegeben ist.

**1. Belastungstafel für im Erdboden verlegte Einleiterkabel mit
Aluminiumleiter für Gleichstrom bis 750 V.**

Querschnitt mm²	Höchste bauernd zulässige Stromstärke in A	Querschnitt mm²	Höchste bauernd zulässige Stromstärke in A
4	42	150	390
6	55	185	440
10	75	240	515
16	100	300	580
25	130	400	695
35	160	500	795
50	200	625	910
70	245	800	1055
95	295	1000	1250
120	345		

Diesen Tafeln über Kabelbelastung ist eine Erwärmung von 25° C
zugrunde gelegt. Näheres darüber ist auch aus dem Aufsatze von Teich=
müller ETZ 1907, S. 500 zu ersehen.

Bei Elektrizitätswerken, für die die Normal=Anschluß=Vorschriften der
Vereinigung der Elektrizitätswerke gelten, sind über die Bemessung der
Leitungen bestimmte Angaben zu beachten, die in den §§ 12 u. 16 der=
selben angegeben sind. Diese Normal=Anschluß=Vorschriften sind im Teil IV
dieses Buches unter H abgedruckt.

2. Bei aussetzendem Betrieb ist die Erhöhung der Belastung der Leitungen von
10 mm² aufwärts auf die Werte des Vollaststromes für aussetzenden Betrieb der
Spalte 4, die etwa 40% höher als die Werte der Spalte 2 sind, zulässig, falls die relative
Einschaltdauer 40% und die Spieldauer 10 min nicht überschreiten. Bedingt die
häufige Beschleunigung größerer Massen bei Bemessung des Motors einen Zuschlag
zur Beharrungsleistung, so ist dementsprechend auch der Leitungsquerschnitt reichlicher als für den Vollaststrom im Beharrungszustande zu bemessen.

Bei aussetzenden Motorbetrieben darf die Nennstromstärke der Sicherungen höchstens das 1,5-fache der Werte der Spalte 4 betragen.

Der Auslösestrom der Selbstschalter ohne Verzögerung darf bei aussetzenden Motorbetrieben höchstens das 3-fache der Werte von Spalte 4 betragen. Bei Selbstschaltern
mit Verzögerung muß die Auslösung bei höchstens 1,6-fachem Vollaststrom beginnen
und die Verzögerungsvorrichtung bei dem 1,1-fachen Wert des Vollaststromes zurückgehen.

Was unter aussetzendem Betrieb zu verstehen ist, ist bei § 2 m ange=
geben und besonders behandelt, so daß auf das dort im einzelnen Aus=
geführte zu verweisen ist. Die Bemessung der Belastung für aussetzenden
Betrieb bei Kabeln ist verhältnismäßig kompliziert, so daß ein prozen=
tualer Zuschlag zu den Höchststromstärken ziemlich ungenau würde. Es
ist daher die Festlegung solcher Zuschläge unterlassen worden und man
begnügte sich mit einem allgemeinen Hinweise. Dr. Apt hat in seinen
Erläuterungen genaue Angaben über Berechnung von Kabeln bei aus=

setzendem Betrieb gemacht, und zwar auf S. 114 der 2. Auflage. Für näherungsweise Berechnungen kann man aber zur Bestimmung der Höchststromstärken beim aussetzenden Betrieb den quadratischen Mittelwert der Stromstärke, genommen über die ganze Periode (Summe der Belastungs= und Abkühlungszeit) heranziehen. Dieses Annäherungsverfahren gibt recht genaue Werte, wenn das Verhältnis der Zeitdauer der Belastung zu der Zeit für Belastung und Abkühlung nicht zu klein ist. Näheres darüber ist auch aus dem Aufsatz von Dr. Apt, ETZ 1908, S. 406 zu ersehen.

3. Bei kurzzeitigem Betrieb gelten die unter 2 genannten Regeln für aussetzenden Betrieb, jedoch sind Belastungen nach Spalte 4 nur zulässig, wenn die Dauer einer Einschaltung 4 min nicht überschreitet, anderenfalls gilt Spalte 2.

Was unter kurzzeitigem Betrieb zu verstehen ist, ist bei § 2 m angegeben und besonders behandelt. Es sei auf das dort Ausgeführte verwiesen.

4. Der geringstzulässige Querschnitt für Kupferleitungen beträgt:
für Leitungen an und in Beleuchtungskörpern, nicht aber für Anschluß-leitungen an solche (siehe § 18 a) . . . . 0,5 mm²
für Pendelschnüre, runde Zimmerschnüre und leichte Gummischlauch-leitungen . . . . 0,75 ,,
für isolierte Leitungen und für umhüllte Leitungen bei Verlegung in Rohr, sowie für ortsveränderliche Leitungen mit Ausnahme der Pendel-schnüre usw. . . . . 1 ,,
für isolierte Leitungen in Gebäuden und im Freien, bei denen der Abstand der Befestigungspunkte mehr als 1 m beträgt . . . . 4 ,,
für blanke Leitungen bei Verlegung in Rohr . . . . 1,5 ,,
für blanke Leitungen in Gebäuden und im Freien (vgl. auch § 3, Regel 4) . . 4 ,,
für Freileitungen mit Spannweiten bis zu 35 m und Niederspannung . . . 6 ,,
für Freileitungen in allen anderen Fällen . . . . 10 ,,
In B. u. T. beträgt der geringstzulässige Querschnitt für Kupferleitungen
an und in Beleuchtungskörpern . . . . 1 ,,
für isolierte Leitungen bei Verlegung auf Isolierkörpern . . . . 2,5 ,,

Es sei hier besonders darauf hingewiesen, daß der Mindestquerschnitt für in Rohr verlegte Leitungen, der jetzt 1 mm² ist, mit Rücksicht auf die zunehmende Verwendung von Geräten mit höherem Stromverbrauch, wie Staubsauger, Kleinmotoren usw. in nächster Zeit voraussichtlich auf 1,5 mm² erhöht werden wird. Wenn eine solche Bestimmung auch noch nicht in Geltung ist, so erscheint es doch in manchen Fällen zweckmäßig, diesen Erwägungen schon Rechnung zu tragen. Hierüber siehe auch ETZ 1926, S. 267 und 1927, S. 65.

Bei Elektrizitätswerken, für die die Normal=Anschluß=Vorschriften der Vereinigung der Elektrizitätswerke gelten, sind für Steigleitungen mindestens 4 mm² Kupferleitung vorgeschrieben. Näheres darüber siehe § 16c dieser Normal=Anschluß=Vorschriften, die im Teil IV dieses Buches unter H abgedruckt sind.

5. Bei Verwendung von Leitern aus Kupfer von geringerer Leitfähigkeit oder anderen Metallen, z. B. auch bei Verwendung der Metallhülle von Leitungen als Rückleitung, sollen die Querschnitte so gewählt werden, daß sowohl Festigkeit wie Erwärmung durch den Strom den im vorigen für Leitungskupfer gegebenen Querschnitten entsprechen.

§ 21.
Allgemeines über Leitungsverlegung.

a) Festverlegte Leitungen müssen durch ihre Lage oder durch besondere Verkleidung vor mechanischer Beschädigung geschützt sein; soweit sie unter Spannung gegen Erde stehen, ist im Handbereich stets eine besondere Verkleidung zum Schutz gegen mechanische Beschädigung erforderlich (Ausnahmen siehe §§ 8c, 28g und 30a).

1. Bei bewehrten Bleikabeln und metallumhüllten Leitungen gilt die Metallhülle als Schutzverkleidung.

Mechanisch widerstandsfähige Rohre (siehe § 26) gelten als Schutzverkleidung.

Panzerader soll gegen chemische und nach den örtlichen Verhältnissen auch gegen mechanische Angriffe geschützt werden.

In B. u. T. sollen metallene Schutzverkleidungen geerdet werden.

b) *Bei Hochspannung müssen Schutzverkleidungen aus Metall geerdet, solche aus Isolierstoff feuersicher sein.*

Bei der Verwendung von Leitungen ist es besonders wichtig, stets darauf zu achten, daß nur solche Fabrikate benutzt werden, die den Vorschriften für isolierte Leitungen in Starkstromanlagen entsprechen und gemäß dem bei § 19 Gesagten durch Kennfäden, als diesen Bestimmungen entsprechend, gekennzeichnet sind.

Bezüglich der Panzerader sei auch auf das zu § 19² Gesagte verwiesen, bezüglich der Schutzverkleidung und der Feuersicherheit auf das bei §§ 3 und 2 Gesagte.

Der VDE hat auch „Leitsätze für die Herstellung und Einrichtung von Gebäuden, bezüglich Versorgung mit Elektrizität" aufgestellt, die seit dem 1. Juli 1910 gelten, und ETZ 1910 S. 825 im vollen Wortlaut abgedruckt sind. Die Hauptbestimmungen derselben sind folgende:

Allgemeines.

1. Die Elektrizität kann in Geschäfts= und Wohnhäusern nicht unberücksichtigt bleiben.

2. Der Elektrizitätsbedarf vieler Hausbewohner kann mangels Leitungen nicht befriedigt werden.

3. Nachträgliches Verlegen von Leitungen, insbesondere für einzelne Benutzer verursacht unverhältnismäßig hohe Kosten.

4. Bei jedem Rohbau und Umbau sollte darauf Rücksicht genommen werden, daß elektrische Leitungen sofort oder später leicht verlegt werden können.

5. Es empfiehlt sich, in jedem Haus wenigstens den Hausanschluß und die Hauptleitungen herstellen zu lassen.

6. Es empfiehlt sich, schon beim Entwurf des Baues einen elektrotechnischen Fachmann zuzuziehen.

Besonderes.

1. Für die Unterbringung des Hauptanschlusses und der Hauptverteilungsstelle sind geeignete Plätze vorzusehen.

2. Hauptleitungen sollen möglichst in allgemein zugänglichen Räumen verlegt werden.

3. Für die Führung der Hauptleitungen sind geeignete Aussparungen oder Rohre vorzusehen.

4. Für Verteilungstafeln und Zähler sind geeignete Plätze (Nischen) vorzusehen.

2. Bei Eisenbeton und ähnlichen Bauausführungen empfiehlt es sich, möglichst frühzeitig die Führung der Verteilungsleitungen zu bestimmen.

6. Durch zu frühzeitiges Einlegen von Drähten werden diese ungünstigen Einflüssen ausgesetzt.

7. Die Vorzüge der verschiedenen Lampenarten können am besten ausgenutzt werden, wenn über Lichtbedarf und Lampenverteilung rechtzeitig Bestimmung getroffen wird.

c) Ortsveränderliche Leitungen und bewegliche Leitungen, die von festverlegten abgezweigt sind, bedürfen, wenn sie rauher Behandlung ausgesetzt sind, eines besonderen Schutzes.

> In B. u. T. bedürfen ortsveränderliche Leitungen und bewegliche Leitungen stets eines besonderen Schutzes; besteht der Schutz aus Metallbewehrung, so muß er geerdet sein.

2. In Betriebstätten sollen ungeschützte Schnüre nicht verwendet werden. Besteht der Schutz aus Metallbewehrung, so empfiehlt es sich, ihn zu erden.

Bezüglich der Ausführung des Schutzes ortsveränderlicher Leitungen und der bei den verschiedenen Verwendungsarten in Frage kommenden Ausführungsarten sei auf das zu § 19² Gesagte verwiesen.

In landwirtschaftlichen Anlagen müssen biegsame Leitungen für bewegliche Stromverbraucher, soweit sie nicht in Wohnräumen Verwendung finden, besonders kräftige und dauerhafte Schutzhüllen besitzen, die nicht aus Metall bestehen dürfen. Über die jeweils in Frage kommenden Ausführungsarten gibt § 19² Aufschluß.

d) Geerdete Leitungen können unmittelbar an Gebäuden befestigt oder in die Erde verlegt werden, jedoch ist eine Beschädigung der Leitungen durch die Befestigungsmittel oder äußere Einwirkung zu verhüten.

3. Strecken einer geerdeten Betriebsleitung sollen nicht durch Erde allein ersetzt werden.

Die in den Leitsätzen betr. Anfressungsgefährdung des blanken Nulleiters bei Gleichstrom-Dreileiteranlagen niedergelegten Gesichtspunkte, die bei § 3 schon behandelt sind, können im Einzelfalle z. T. als Richtschnur zur Verhütung einer äußeren Einwirkung auf die geerdeten Leitungen herangezogen werden.

e) Ungeerdete blanke Leitungen dürfen nur auf zuverlässigen Isolierkörpern verlegt werden.

> In B. u. T. sind sie nur als Fahrleitung und in abgeschlossenen elektrischen Betriebsräumen zulässig.

f) Ungeerdete blanke Leitungen müssen, wenn sie nicht unausschaltbare gleichpolige Parallelzweige bilden, in einem der Spannweite, Drahtstärke und Spannung angemessenen Abstand voneinander und von Gebäudeteilen, Eisenkonstruktionen und dergleichen entfernt sein.

4. Ungeerdete blanke Leitungen sollen, wenn sie nicht unausschaltbare Parallelzweige sind, in der Regel bei Spannweiten von mehr als 6 m etwa 20 cm, bei Spannweiten von 4—6 m etwa 15 cm, bei Spannweiten von 2—4 m etwa 10 cm und bei kleineren Spannweiten etwa 5 cm voneinander, in allen Fällen aber etwa 5 cm von der Wand oder von Gebäudeteilen entfernt sein (siehe § 31²).

5. Bei Verbindungsleitungen zwischen Akkumulatoren, Maschinen und Schalttafeln und auf Schalttafeln, ferner bei Zellenschalterleitungen und bei parallel geführten Speise-, Steig- und Verteilungsleitungen können starke Kupferschienen sowie starke Kupferdrähte in kleineren Abständen voneinander verlegt werden.

Kleinere Abstände zwischen den Leitungen sind nur zulässig, wenn sie durch geeignete Isolierkörper gewährleistet sind, die nicht mehr als 1 m voneinander entfernt sind.

6. Bei blanken Hochspannungleitungen sollen als Abstände der Leitungen gegen andere Leitungen, gegen die Wand, Gebäudeteile und gegen die eigenen Schutzverkleidungen folgende Maße eingehalten werden:

Betriebspannung in V	Mindestabstand in cm
bis 750	4
,, 3 000	10
,, 5 000	—
,, 6 000	10
,, 10 000	12,5
,, 15 000	—
,, 25 000	18
,, 35 000	24
,, 50 000	35
,, 60 000	47
,, 100 000	—

7. Hochspannungleitungen sind längs der Außenseite von Gebäuden möglichst zu vermeiden. Ist dieses nicht möglich, so sollen die gleichen Abstände wie in Regel 6 eingehalten werden, jedoch bei einem Mindestabstand von 10 cm. Hierbei sind etwaige Schwingungen der gespannten Leitungen zu berücksichtigen (siehe auch § 22 b). Ausgenommen hiervon sind bewehrte Kabel.

Über die Isolierkörper für die Verlegung blanker Leitungen sei auf § 25 verwiesen, sowie auch auf die näheren Angaben, die bei § 22 betr. Freileitungsisolatoren gemacht sind. Dort sind auch die vom VDE aufgestellten „Normen und Prüfvorschriften für Porzellan-Isolatoren", sowie die „Leitsätze für die Prüfung von Hänge-Isolatoren" eingehend behandelt.

g) Isolierte Leitungen ohne metallene Schutzhülle dürfen entweder offen auf geeigneten Isolierkörpern oder in Rohren verlegt werden. Die feste Verlegung von ungeschützten Mehrfachleitungen ist unzulässig.

8. Leitungen sollen in der Regel so verlegt werden, daß sie ausgewechselt werden können (siehe § 26⁴). Rohrdrähte sollen nicht eingemauert oder eingeputzt werden.

9. Isolierte offen verlegte Leitungen sollen bei Niederspannung im Freien mindestens 2 cm, in Gebäuden mindestens 1 cm von der Wand entfernt gehalten werden.

In B. u. T. soll der Abstand mindestens 2 cm von Stößen, Firsten und dergleichen betragen.

10. Isolierte Leitungen mit metallener Schutzhülle (Rohrdrähte, Panzerader usw.) können im Freien an maschinellen Aufbauten und Apparaten, die ständiger Über-

wachung unterstehen (wie Krane, Schiebebühnen usw.), unmittelbar auf Wänden, Maschinenteilen und dergleichen mit Schellen befestigt werden.

Gegen chemische und atmosphärische Angriffe soll die Schutzhülle gesichert sein.

11. Bei Einrichtungen, an denen ein Zusammenlegen von Leitungen in größerer Zahl unvermeidlich ist (z. B. Regelvorrichtungen, Schaltanlagen), dürfen isolierte Leitungen so verlegt werden, daß sie sich berühren, wenn eine Lagenveränderung ausgeschlossen ist.

12. Bei Hochspannung über 1000 V sollen auf Glocken, Rollen usw. verlegte isolierte Leitungen mit den für blanke Leitungen geforderten Mindestabständen verlegt werden, wenn ihre Isolierhülle nicht gegen Verwitterung geschützt ist. Bei Spannungen unter 1000 V gelten 2 cm als ausreichender Abstand.

Bezüglich der Verlegung der Rohrdrähte, und bezüglich der Panzeradern sei auf das bei § 19² Gesagte verwiesen. Ebenso gilt auch bezüglich des Schutzes gegen chemische Angriffe das zu § 21¹ Gesagte.

Die in der Regel 12 für blanke Leitungen geforderten Mindestabstände sind in Regel 6 des § 21 angegeben.

h) Bei Leitungen oder Kabeln für Ein- und Mehrphasenstrom, die eisenumhüllt oder durch Eisenrohre geschützt sind, müssen sämtliche zu einem Stromkreise gehörende Leitungen in der gleichen Eisenhülle enthalten sein, wenn bei Einzelverlegung eine bedenkliche Erwärmung der Eisenhüllen zu befürchten ist (siehe § 26c).

Dr.-Ing. L. Bloch hat in dem Aufsatz „Nachteile einphasiger Verlegung von Wechselstromleitungen in Rohren" ETZ 1913, S. 207 wertvolle Angaben über Erwärmung von Rohren, Spannungs- und Leistungsverluste gemacht, falls die zu einem Stromkreis gehörenden Leitungen nicht im gleichen Rohre enthalten sind. Auf Grund eingehender Versuche ist er zu folgenden Ergebnissen gekommen. Die einphasige Verlegung von Wechselstromleitungen in Stahlrohren ist stets schädlich, sowohl mit Rücksicht auf die Erwärmung, wie auch auf den dadurch entstehenden beträchtlichen Energieverlust und den sehr stark erhöhten Spannungsabfall. Bei Papierrohren mit verbleitem Eisenmantel erreichen zwar die Übertemperaturen keine gefährliche Höhe, jedoch tritt bei höherer Stromstärke ein beträchtlicher Spannungsabfall auf. Für Stromstärken über 100 A ist daher auch bei Papierrohren mit verbleitem Eisenmantel die einphasige Verlegungsart schädlich. Bei Papierrohren mit Messingmantel ergeben sich auch bei hohen Stromstärken geringe Übertemperaturen, geringe Verluste und Spannungsabfälle, so daß bei dieser Rohrart die einphasige Verlegung unbedenklich erscheint.

Von Bedeutung ist diese ganze Frage bei der Umschaltung älterer Anlagen von Gleichstrom- auf Wechselstromspeisung; man wird hier vorsichtig sein müssen. Wenn es sich um die Umstellung größerer Netze handelt, so empfiehlt es sich, durch besondere Versuche festzustellen, welche Erwärmungen bei den benützten Stromstärken und den verwendeten Rohrsorten auftreten. Danach muß man die Notwendigkeit einer eventuellen Neuverlegung beurteilen[1]).

---

[1]) ETZ 1925, S. 1514.

i) Die Verbindung von Leitungen untereinander, sowie die Abzweigung von Leitungen dürfen nur durch Lötung, Verschraubung oder gleichwertige Mittel bewirkt werden.

> In B. u. T. müssen an Schaltstellen die ankommenden Leitungen abtrennbar sein, *bei Spannungen über 500 V durch Leistungschalter* (vgl. § 9e).
>
> Die zu den Stromverbrauchern führenden Abzweigungen von Hauptleitungen müssen unter Spannung abtrennbar sein.
>
> Innerhalb von Glühlampenstromkreisen, die mit 6 A gesichert sind, bedarf es keiner weiteren Trennstellen.

13. Die Verbindung der Leitungen mit den Apparaten, Maschinen, Sammelschienen und Stromverbrauchern soll durch Schrauben oder gleichwertige Mittel ausgeführt werden.

Schnüre oder Drahtseile bis zu 6 mm² und Einzeldrähte bis zu 16 mm² Kupferquerschnitt können mit angebogenen Ösen an den Apparaten befestigt werden. Drahtseile über 6 mm², sowie Drähte über 16 mm² Kupferquerschnitt sollen mit Kabelschuhen oder gleichwertigen Verbindungsmitteln versehen sein. Bei Schnüren und Drahtseilen jeder Art sollen die einzelnen Drähte jedes Leiters, wenn sie nicht Kabelschuhe oder gleichwertige Verbindungsmittel erhalten, an den Enden miteinander verlötet sein.

14. Verbindungen von Schnüren untereinander oder zwischen Schnüren und anderen Leitungen sollen nicht durch Verlötung, sondern durch Verschraubung auf isolierender Unterlage oder durch gleichwertige Vorrichtungen hergestellt sein. An und in Beleuchtungskörpern sind bei Niederspannung auch für Schnüre Lötungen zulässig.

Es sei hier auf die vom VDE aufgestellten „Vorschriften, Regeln und Normen für plombierbare Hauptleitungs-Abzweigkasten bis 500 V" hingewiesen, die ab 1. Juni 1928 gelten und ETZ 1924, S. 723 und 1063 abgedruckt sind. Plombierbare Hauptleitungs-Abzweigkasten sind zum unmittelbaren Einbau in die geschnittenen Hauptleitungen bestimmt. Sie dienen vornehmlich zum Anschluß von Stockwerk-Abzweigleitungen und sind gegen unbefugten Eingriff, sowie gegen Kurzschluß durch sichere Abdeckungen und dergleichen besonders geschützt.

Sie führen die Bezeichnung HKp.

1. Unterschieden werden sie wie folgt:

a) Für Verlegung auf der Wand mit Zuführungen für Rohre oder Rohrdraht,

b) für Verlegung in der Wand mit Zuführung nur für Rohre.

2. Nennbezeichnungen sind:

4—6;	10—16;	25—35;	50—70 mm²
für 25	60	100	160 A

3. Normale Nennspannung: 500 V.

Die plombierbaren Hauptleitung-Abzweigkasten müssen so beschaffen sein, daß sie betriebsmäßigen und mechanischen Anforderungen standhalten.

Das Gehäuse muß aus Ober- und Unterteil bestehen.

Für beide Teile ist Isolierstoff und Metall zulässig.

Isolierstoff erscheint aus Sicherheitsgründen zweckmäßiger.

Bei Verwendung von Metalldeckeln oder -kappen müssen besondere Mittel vorgesehen werden, die es sicher verhindern, daß unter Spannung stehende Teile Deckel und Kappe berühren oder, daß beim Aufsetzen oder Abnehmen dieser Teile Kurzschlußgefahr entsteht; anderenfalls ist isolierende Innenverkleidung vorzusehen.

Gehäuse aus Isolierstoff müssen besonders schlag- und stoßfest sein. Spröde Baustoffe sind daher unzulässig.

Isoliersockel als Klemmenträger müssen auf dem Gehäuseunterteil befestigt sein.

Die Befestigung des Deckels oder der Kappe hat durch plombierbare Vorrichtungen, wie Schrauben, Riegel oder dgl., zu erfolgen; biegsame Splinte oder ähnliches ist unzulässig.

Das Unterteil kann zugleich als Klemmenträger ausgebildet sein; hierfür ist keramischer Baustoff zulässig, wenn er gegen Schlag und Stoß durch das Oberteil geschützt ist.

Die zur Befestigung des Unterteiles an der Wand dienenden Schrauben dürfen erst nach Abnahme des Deckels oder der Verkleidung zugänglich sein. Diese Schrauben sind an ausreichend starken Stellen des Unterteiles anzuordnen und ausreichend kräftig zu halten.

Bei Kasten zur Verlegung in der Wand ist das Gehäuse mit umlaufenden Seitenwänden und flachem Deckel auszugestalten. Dieser ist, um Beschädigung des Mauerputzes beim Abnehmen zu vermeiden, in einem Auflagerand des Kastens einliegend auszubilden.

Die Einführungsöffnungen sind insbesondere bei Dosen über Putz so zu bemessen, daß die Enden der Rohre oder Rohrdrahtmäntel sicher überdeckt werden.

Durch geeignete Vorkehrungen — z. B. Anschläge — muß bei Überputzdosen das Verschieben der Rohre oder Rohrdrähte gegen die Kontaktteile der Klemmen usw. zuverlässig verhindert werden.

Nicht benutzte Öffnungen für Rohre oder Rohrdrähte müssen durch Einlagen — Pfropfen oder dgl. — verschließbar sein, wobei diese erst nach Entfernen des Deckels zu beseitigen sein dürfen.

Die Wände der Kappen können so ausgebildet sein, daß die Herstellung notwendiger Aussparungen zur Einführung von Rohren oder Rohrdraht auch nachträglich möglich ist. Hierzu sind verschwächte Stellen der Wandung zulässig, falls sie nicht so schwach bemessen sind, daß sie an bereits verlegtem Kasten durch Ausbrechen entfernt werden können.

Ober- und Unterteil der Gehäuse sind, falls sie aus Metall bestehen, mit Erdungseinrichtungen zu versehen.

Die Klemmen sind so zu bemessen, daß sie Haupt- und Abzweigleitungen von gleichem Querschnitt anzuschließen gestatten, wenn für die Abzweigleitungen keine Sicherungen im unmittelbaren Zusammenhang mit den Kasten vorgesehen sind.

Für den Anschluß der Leitungen müssen ausschließlich Schraubklemmen verwendet werden, die so gestaltet und bemessen sind, daß bei

Belastung mit dem Nennstrom zwischen Haupt= und Abzweigleitung nicht mehr als 5 mV Spannungsverlust auftritt.

Die stromführenden Teile (Klemmverbindungsstücke) müssen aus Messing bestehen, für die Befestigungs=, Verbindungs= und Klemmschrauben ist auch Eisen zulässig; diese, sowie die Klemmkörper und Verbindungs= stücke müssen jedoch mit dauerhaftem Überzug versehen sein, um ein Oxydieren zu verhindern. Eisenschrauben und Muttern für Klemmen= verbindungen sind zu vernickeln.

Messing ist für die Klemmschraube der Mutter zu bevorzugen.

Klemmen, auch isolierte, können entweder in dem Klemmenträger (Iso= liersockel) festhaftend angebracht oder auch lose und herausnehmbar sein.

Lose und herausnehmbare Klemmen müssen, gegen Lageveränderung geschützt, in Aussparungen des Sockels eingebettet sein.

Die Klemmen müssen so gebaut sein, daß sie es ermöglichen, an unge= schnittene bereits verlegte Steigeleitungen anzuklemmen und, daß die Abzweigleitungen von vorn angelegt und angeschlossen werden können.

Unzulässig sind Klemmen mit rückseitigem Anschluß.

Bei Kasten zur Verlegung unter Putz gilt es als vorteilhaft, den Klem= menträger an dem Boden lösbar zu befestigen, um ihn erst nach erfolgtem Einmauern des Kastens und womöglich nach Einziehen der Leitungen an= bringen zu können.

Zwischen den einzelnen Klemmen verschiedener Polarität sind Schutz= wände oder dgl. aus Isolierstoff anzubringen, um eine unbeabsichtigte Berührung benachbarter Klemmen oder von einer Klemme und von Me= tallgehäuseteilen durch metallene Fremdkörper zu verhindern.

Diese Schutzwände können zugleich dazu dienen, einen Kurzschluß beim Aufsetzen des metallenen Deckels oder der Kappe unmöglich zu machen.

Kriechstrecken dürfen 10 mm nicht unterschreiten, dgl. der Luftabstand der unter Spannung stehenden Metallteile gegen Kastenwand, metallene Mäntel u. dgl.

Die Kasten sind so einzurichten, daß bei notwendigen Kreuzungen der Leitungen mit blanken Metallteilen eine unmittelbare Berührung aus= geschlossen ist.

Die Klemmen für die Abzweigleitung sind derart einzurichten, daß das Abschalten abzweigender Leitungen zu ermöglichen ist. Hierzu sind Trennvorrichtungen zu verwenden oder der Kasten ist so zu gestalten, daß Abtrennen der Abzweigleitung durch Herausnehmen der Leitungsenden ausführbar ist.

Innerhalb des Kastens soll soviel Raum vorhanden sein, daß die ab= getrennten Leitungsenden abseits von den Klemmen so sicher gelagert werden können, daß eine zufällige Berührung mit diesen oder mit benach= barten Schrauben und Metallteilen sowie mit dem metallenen Gehäuse nicht möglich ist.

Rohrstutzen aus Metall oder Isolierstoff sind vorzusehen, da der Lei= tungsanschluß besonders bei Verlegung mehrerer Leitungen in einem

Rohr sowie bei Leitungskreuzungen vor den Anschlußklemmen lange Leitungsenden, insbesondere für stärkere Leitungen erfordert.

Sicherungen können als Zusatzkasten ausgebildet werden, wenn sie plombierbar und so eingerichtet sind, daß sowohl die Abzweigklemmen als auch die Sicherungen dem Eingriff Unbefugter entzogen sind.

Für die Abmessungen ist DIN VDE 9100 maßgebend.

Bei Kasten für größere Querschnitte werden Rohrstutzen zweckmäßig besonders ansetzbar gemacht.

Rohrstutzen können mit dem Klemmunterteil, dem Gehäuse oder der Kappe aus einem Stück bestehen.

Rohrstutzen sind bei genügender Kastengröße, z. B. bei reichlich bemessenen Gehäusen zum Einbauen in die Wand, entbehrlich.

Rohr- und Rohrdrahteinführungsöffnungen sollen sowohl bei Gehäusen als auch bei Rohrstutzen nach DIN VDE 9100 ausgeführt werden.

Gegen unbefugtes Herausnehmen der Schmelzeinsätze müssen die Kasten plombierbar sein.

Über Anschlüsse siehe § 14e der Errichtungsvorschriften.

Die Kasten sollen mit Schraubstöpsel-Sicherungen versehen sein.

Die Sicherungen sind unmittelbar mit den Klemmensockeln zu vereinigen, können aber auch auf gemeinsamem Sockel oder gemeinsamer Unterlage und tunlichst mit gemeinsamer Abdeckung neben dem Klemmensockel angeordnet sein.

Abzweigklemmen der Sicherungen können nach den Normen für Sicherungen, also schwächer als die Hauptleitungsklemmen bemessen sein.

4. Es gibt folgende normale Kasten mit Sicherungen:

	4—6;	10—16;	25—35;	50—70 mm^2	
für	35	60	100	200 A	Nennstromstärke für den Sicherungsockel

Mindestanforderung an Isolierstoffteile.

1. Oberteil:
   bruchsicher nicht spröde, gut feuchtigkeitssicher, gut wärmesicher (80°), gut feuersicher.

2. Unterteil als Träger des Klemmsockels:
   wie unter 1.

3. Unterteil als Klemmenträger:
   wie unter 1, jedoch sehr gut feuchtigkeitssicher und sehr gut wärmesicher (150°).

4. Klemmensockel:
   wie unter 3.

5. Auskleidungen von Metallgehäusen und Deckeln:
   mäßig wärmesicher (50°), mäßig feuchtigkeitssicher.

6. Trennwände zwischen Polen:
   wie unter 2.

7. Schutzwände, die nicht mit spannungsführenden Teilen in Berührung
stehen:
wie unter 5.

Hauptleitungsklemmenkasten müssen Ursprungszeichen besitzen, ferner
Angaben enthalten über Nennstromstärke, Nennspannung (500 V), Nennquerschnitt und — falls erteilt — VDE-Prüfzeichen.

Die Angaben sind stets auf dem Klemmensockel und auf der Vorder-
seite der Abdeckung anzubringen.

Einlegbare Klemmen müssen Angaben über Nennstromstärke und
Nennquerschnitt enthalten.

Das erteilte VDE-Prüfzeichen muß stets auf dem Klemmenträger
und auf einlegbaren Klemmen vorgesehen sein.

Über die Verbindung von Freileitungen sind in den Vorschriften für
Starkstromfreileitungen des VDE besondere Angaben gemacht, die bei
§ 22 ausführlich behandelt sind.

Die für Bergwerks- und Tiefbaubetriebe vorgeschriebene **Abtrenn-
barkeit der zu den Stromverbrauchern führenden Abzweige** bedingt
nicht ohne weiteres einen besonderen Ausschalter für jeden Stromverbraucher, z. B. für jede Glühlampe. Motoren müssen im allgemeinen
schon aus Rücksicht auf geordneten Betrieb einzeln ausschaltbar sein; doch
können auch Ausnahmen vorkommen, in denen mehrere Motoren nur
gemeinsam ausgeschaltet werden dürfen.

k) Bei Verbindungen oder Abzweigungen von isolierten Leitungen
ist die Verbindungstelle in einer der übrigen Isolierung möglichst gleichwertigen Weise zu isolieren. Wo die Metallbewehrungen und metallenen
Schutzverkleidungen geerdet werden müssen, sind sie an den Verbindungsstellen gut leidend zu verbinden.

Bezüglich der plombierbaren Hauptleitungsabzweigkasten siehe das
vorstehend zu i Gesagte.

l) Ortsveränderliche Leitungen dürfen an festverlegte nur mit lösbaren
Verbindungen angeschlossen werden.

m) Jede ortsveränderliche Leitung muß ihren eigenen Stecker erhalten.

n) Jede ortsveränderliche Leitung muß an den Anschlußstellen ihrer
beiden Enden von Zug entlastet und in ihrer Umhüllung sicher gefaßt sein.

Die hier vorgeschriebenen lösbaren Verbindungen sind im allgemeinen
die in § 13 behandelten Steckvorrichtungen.

o) Kreuzungen stromführender Leitungen unter sich und mit Metallteilen sind so auszuführen, daß Berührung ausgeschlossen ist.

Sinngemäß ist hier die Bestimmung des § 3¹, bezüglich der mechanischen Widerstandsfähigkeit und der zuverläßigen Befestigung der Abdeckungen zu beachten.

p) Es sind Maßnahmen zu treffen, um die Gefährdung von Fernmeldeleitungen durch Starkstromleitungen zu verhindern.

15. Bezüglich der Sicherung vorhandener Fernsprech- und Telegraphenleitungen wird auf das Gesetz über das Telegraphenwesen des Deutschen Reiches vom 6. April 1892 und auf das Telegraphenwegegesetz vom 18. Dezember 1899 verwiesen.

Aus dem Gesetz über das Telegraphenwesen kommen die §§ 12 und 13 in Frage, die nachstehend abgedruckt sind:

§ 12. Elektrische Anlagen sind, wenn eine Störung des Betriebes der einen Leitung durch die andere eingetreten oder zu befürchten ist, auf Kosten desjenigen Teiles, welcher durch eine spätere Anlage oder durch eine später eintretende Änderung seiner bestehenden Anlage diese Störung oder die Gefahr derselben veranlaßt, nach Möglichkeit so auszuführen und instandzuhalten, daß sie sich nicht störend beeinflußen.

Die aus der Herstellung und Instandhaltung erforderlicher Schutzvorkehrungen erwachsenden Kosten hat die spätere Anlage zu tragen.

§ 13. Die auf Grund der vorstehenden Bestimmung entstehenden Streitigkeiten gehören vor die ordentlichen Gerichte.

Das gerichtliche Verfahren ist zu beschleunigen (§§ 198, 202 bis 204 der Reichs-Zivilprozeßordnung). Der Rechtsstreit gilt als Feriensache (§ 202 des Gerichtsverfassungsgesetzes, § 201 der Reichs-Zivilprozeßordnung.)

Bezüglich des Telegraphen-Wegegesetzes sei hervorgehoben, daß die §§ 5—8 desselben für elektrische Anlagen von Bedeutung sind. Sie sind nachstehend wiedergegeben:

§ 5. Die Telegraphenlinien sind so auszuführen und instandzuhalten, daß sie vorhandene besondere Anlagen (der Wegeunterhaltung dienende Einrichtungen, Kanalisations-, Wasser-, Gasleitungen, Schienenbahnen, elektrische Anlagen u. dgl.) nicht störend beeinflussen. Die aus der Herstellung und Instandhaltung erforderlicher Schutzvorkehrungen erwachsenden Kosten hat die Telegraphenverwaltung zu tragen.

Die Verlegung oder Veränderung vorhandener besonderer Anlagen kann nur gegen Entschädigung und nur dann verlangt werden, wenn die Benutzung des Verkehrsweges für die Telegraphenlinie sonst unterbleiben müßte und die besondere Anlage anderweit ihrem Zwecke entsprechend untergebracht werden kann.

Auch beim Vorhandensein dieser Voraussetzungen hat die Benutzung des Verkehrsweges für die Telegraphenlinie zu unterbleiben, wenn der aus der Verlegung oder Veränderung der besonderen Anlage entstehende Schaden gegenüber den Kosten, welche der Telegraphenverwaltung aus der Benutzung eines anderen ihr zur Verfügung stehenden Verkehrsweges erwachsen, unverhältnismäßig groß ist.

Diese Vorschriften finden auf solche in der Vorbereitung befindliche besondere Anlagen, deren Herstellung im öffentlichen Interesse liegt, entsprechende Anwendung. Eine Entschädigung auf Grund des Absatz 2 wird nur bis zu dem Betrage der Aufwendungen gewährt, die durch die Vorbereitung entstanden sind. Als in der Vorbereitung begriffen gelten Anlagen, sobald sie auf Grund eines im einzelnen ausgearbeiteten Planes die Genehmigung des Auftraggebers und, soweit erforderlich, die Genehmigung der zuständigen Behörden und des Eigentümers oder des sonstigen Nutzungsberechtigten des in Anspruch genommenen Weges erhalten haben.

§ 6. Spätere besondere Anlagen sind nach Möglichkeit so auszuführen und instandzuhalten, daß sie die vorhandenen Telegraphenlinien nicht störend beeinflussen.

Dem Verlangen der Verlegung oder Veränderung einer Telegraphenlinie muß auf Kosten der Telegraphenverwaltung stattgegeben werden, wenn sonst die Herstellung einer späteren besonderen Anlage unterbleiben müßte oder wesentlich erschwert werden würde, welche aus Gründen des öffentlichen Interesses, insbesondere aus volkswirtschaftlichen oder Verkehrsrücksichten von den Wege-Unterhaltungspflichtigen oder unter überwiegender Beteiligung eines oder mehrerer derselben zur Ausführung gebracht werden soll. Die Verlegung einer nicht lediglich dem Orts=, Vororts= oder Nachbarortsverkehr dienenden Telegraphenlinie kann nur dann verlangt werden, wenn die Telegraphenlinie ohne Aufwendung unverhältnismäßig hoher Kosten anderweitig ihrem Zwecke entsprechend untergebracht werden kann.

Muß wegen einer solchen späteren besonderen Anlage die schon vorhandene Telegraphenlinie mit Schutzvorkehrungen versehen werden, so sind die dadurch entstehenden Kosten von der Telegraphenverwaltung zu tragen.

Überläßt ein Wege=Unterhaltungspflichtiger seinen Anteil einem nicht unterhaltungspflichtigen Dritten, so sind der Telegraphenverwaltung die durch die Verlegung oder Veränderung oder durch die Herstellung und Instandhaltung der Schutzvorkehrungen erwachsenen Kosten, soweit sie auf dessen Anteil fallen, zu erstatten.

Die Unternehmer anderer als der in Abs. 2 bezeichneten besonderen Anlagen haben die aus der Verlegung oder Veränderung der vorhandenen Telegraphenlinien oder aus der Herstellung und Instandhaltung der erforderlichen Schutzvorkehrungen an solchen erwachsenen Kosten zu tragen.

Auf spätere Änderungen vorhandener besonderer Anlagen finden die Vorschriften der Abs. 1 bis 5 entsprechende Anwendung.

§ 6a. 1. Ist die spätere besondere Anlage eine elektrische Anlage, so gelten an Stelle des § 6 die folgenden Vorschriften:

2. Die spätere besondere Anlage ist nach Möglichkeit so auszuführen und instand zu halten, daß sie die vorhandene Telegraphenlinie nicht störend beeinflußt. Die aus der Herstellung und Instandhaltung erforderlicher Schutzvorrichtungen erwachsenden Kosten hat die spätere besondere Anlage zu tragen.

3. Die Verlegung oder Veränderung einer Telegraphenlinie kann nur gegen Entschädigung und nur dann verlangt werden, wenn sonst die Herstellung einer späteren besonderen Anlage, die aus Gründen des öffentlichen Interesses, insbesondere aus volkswirtschaftlichen oder Verkehrsrücksichten, ausgeführt werden soll, unterbleiben müßte oder wesentlich erschwert werden würde, und wenn die Verlegung oder Veränderung der Telegraphenlinie mit ihrer Zweckbestimmung und ihrem Betrieb vereinbar ist. Verlegung der Telegraphenlinie auf ein anderes Grundstück kann auf Grund des vorstehenden Satzes nur verlangt werden, wenn dieses Grundstück ein Verkehrsweg im Sinne des Gesetzes ist. Werden Verkabelungen von Telegraphenlinien sowie Verlegungen oder Veränderungen unterirdisch verlaufender Telegraphenlinien verlangt, so entscheidet die Telegraphenverwaltung endgültig darüber, ob sie mit der Zweckbestimmung und dem Betrieb der Telegraphenlinie vereinbar ist.

4. Auf spätere Änderungen vorhandener elektrischer Anlagen finden die vorstehenden Vorschriften entsprechende Anwendung.

§ 7. Vor der Benutzung eines Verkehrsweges zur Ausführung neuer Telegraphenlinien oder wesentlicher Änderungen vorhandener Telegraphenlinien hat die Telegraphenverwaltung einen Plan aufzustellen. Der Plan soll die in Aussicht genommene Richtungslinie, den Raum, welcher für die oberirdischen oder unterirdischen Leitungen in Anspruch genommen wird, bei oberirdischen Linien auch die Entfernung der Stangen voneinander und deren Höhe, soweit dies möglich ist, angeben.

Der Plan ist, sofern die Unterhaltungspflicht an dem Verkehrsweg einem Bundesstaat, einem Kommunalverband oder einer anderen Körperschaft des öffentlichen Rechtes obliegt, dem Unterhaltungspflichtigen, andernfalls der unteren Verwaltungsbehörde mitzuteilen; diese hat, soweit tunlich, die Unterhaltungspflichtigen von dem Eingange des Planes zu benachrichtigen. Der Plan ist in allen Fällen, in denen die Verlegung oder Veränderung einer der im § 5 bezeichneten Anlagen verlangt wird oder die Störung einer solchen Anlage zu erwarten ist, dem Unternehmer der Anlage mitzuteilen.

Außerdem ist der Plan bei dem Post= oder Telegraphenämtern, soweit die Telegraphenlinie deren Bezirke berührt, auf die Dauer von vier Wochen öffentlich auszulegen. Die Zeit der Auslegung soll mindestens in einer der Zeitungen, welche im betreffenden Bezirk zu den Veröffentlichungen der unteren Verwaltungsbehörden dienen, bekannt gemacht werden. Die Auslegung kann unterbleiben, soweit es sich lediglich um die Führung von Telegraphenlinien durch den Luftraum über den Verkehrswegen handelt.

§ 8. Die Telegraphenverwaltung ist zur Ausführung des Planes befugt, wenn nicht gegen diesen von den Beteiligten binnen vier Wochen bei der Behörde, welche den Plan ausgelegt hat, Einspruch erhoben wird.

Die Einspruchsfrist beginnt für diejenigen, denen der Plan gemäß den Vorschriften des § 7 Abs. 2 mitgeteilt ist, mit der Zustellung, für andere Beteiligte mit der öffentlichen Auslegung.

Der Einspruch kann nur darauf gestützt werden, daß der Plan eine Verletzung der Vorschriften der §§ 1 bis 5 dieses Gesetzes oder der auf Grund des § 18 erlassenen Anordnungen enthält.

Über den Einspruch entscheidet die höhere Verwaltungsbehörde. Gegen die Entscheidung findet, sofern die höhere Verwaltungsbehörde nicht zugleich Landes= Zentralbehörde ist, binnen einer Frist von zwei Wochen nach der Zustellung die Beschwerde an die Landes=Zentralbehörde statt. Die Landes=Zentralbehörde hat in allen Fällen vor der Entscheidung die Zentral=Telegraphenbehörde zu hören. Auf Antrag der Telegraphenverwaltung kann die Entscheidung der höheren Verwaltungsbehörde für vorläufig vollstreckbar erklärt werden. Wird eine für vorläufig vollstreckbar erklärte Entscheidung aufgehoben oder abgeändert, so ist die Telegraphenverwaltung zum Ersatze des Schadens verpflichtet, der dem Gegner durch die Ausführung der Telegraphenlinie entstanden ist.

Hinsichtlich der Beeinflussung von Fernmeldeleitungen durch Starkstromleitungen sei auch auf das am Schluß des § 22 Gesagte verwiesen.

§ 22.

Freileitungen.

a) Ungeerdete Freileitungen dürfen nur auf Porzellanglocken oder gleichwertigen Isoliervorrichtungen verlegt werden.

Über Porzellanisolatoren hat der VDE „Normen und Prüfvorschriften für Porzellanisolatoren" aufgestellt, die ab 1. Oktober 1920, und zwar nur für genormte Isolatoren, gelten und ETZ 1920, S. 737; 1921, S. 473; 1922, S. 26 und 1923, S. 163 veröffentlicht sind[1]). Erläuterungen dazu sind ETZ 1922, S. 27 und 1923, S. 163 abgedruckt. Die Einzelheiten über die Abmessungen der genormten Isolatoren sind gemäß nachstehender Aufstellung in einer Reihe von Normenblättern enthalten.

1. Stützenisolatoren für Betriebsspannungen bis 500 und über 500 bis 35000 V s. DIN VDE 8000. ETZ 1922, S. 27.
2. Isolatorstützen zu den unter 1. genannten Isolatoren:
    a) Gerade Stützen s. DIN VDE 8050. ETZ 1922, S. 29.
    b) Gebogene Stützen s. DIN VDE 8051. ETZ 1922, S. 29.
3. Schäkelisolator mit Bügel für Betriebsspannungen bis 500 V s. DIN VDE 8001. ETZ 1922, S. 28.

---

[1]) Zur Zeit befinden sich neue „Leitsätze für die Prüfung von Porzellanisolatoren für Spannungen von 1000 V an" in Vorbereitung. Der Entwurf dazu ist ETZ 1927, S. 372 abgedruckt. Er wird der Jahresversammlung 1927 des VDE zur Beschlußfassung vorgelegt werden.

Für diese Isolatoren sind auch eingehende Prüfvorschriften aufgestellt worden, und zwar sowohl für die laufenden Materialerprobungen, wie für die Stückprüfungen. Die laufenden Proben beziehen sich auf:

1. Elektrische Prüfung.
2. Wärmeprüfung.
3. Mechanische Prüfung.
4. Prüfung der Saugfähigkeit.

Die Stückprüfungen erstrecken sich auf die Abmessungen und die Oberflächenbeschaffenheit, sowie auf eine elektrische Prüfung.

Weiter sind vom VDE „Leitsätze für die Prüfung von Kettenisolatoren" aufgestellt worden, die seit dem 17. Oktober 1922 gelten[1]). Sie sind abgedruckt ETZ 1922, S. 1347 und umfassen gleichfalls Stückprüfungen und eine laufende Materialerprobung im gleichen Umfange, wie die vorstehend erwähnte.

Schließlich sind vom VDE noch „Leitsätze für die Prüfung von Hochspannungsisolatoren mit Spannungsstößen" aufgestellt worden, die seit dem 1. Juli 1926 gelten und ETZ 1925, S. 1669; 1926, S. 688 und 862 abgedruckt sind.

Hinsichtlich des Isolationszustandes von Freileitungen sei auf die Bestimmung des § 5⁵ verwiesen.

b) Freileitungen, sowie Apparate an Freileitungen sind so anzubringen, daß sie ohne besondere Hilfsmittel weder vom Erdboden noch von Dächern, Ausbauten, Fenstern und anderen von Menschen betretenen Stätten aus zugänglich sind; wenn diese Stätten selbst nur durch besondere Hilfsmittel zugänglich sind, genügt es, bei Niederspannung die Leitungstrecken mit wetterfester Umhüllung auszuführen oder besondere Schutzwehren mit Warnungschild anzuordnen. Bei Wegübergängen müssen die Leitungen einen angemessenen Abstand vom Erdboden oder einen geeigneten Schutz gegen Berührung erhalten.

1. Es empfiehlt sich, solche Strecken von Freileitungen, die unter Umständen der Gefahr einer Berührung ausgesetzt sind, neben der Anwendung der gemäß b) verlangten Maßnahmen abschaltbar zu machen.

2. Als wetterfest umhüllte Leitung gilt die in den „Normen für umhüllte Leitungen in Starkstromanlagen" festgelegte Ausführung.

3. *Ungeschützte Freileitungen für Hochspannung sollen in der Regel mit ihren tiefsten Punkten mindestens 6 m von der Erde und bei befahrenen Wegübergängen mindestens 7 m von der Fahrbahn entfernt sein.*

Es sei zunächst auf den Unterschied zwischen Freileitungen und Leitungen oder Installationen im Freien aufmerksam gemacht. Näheres darüber ist aus § 2c und d, sowie aus § 23 zu ersehen.

Bezüglich der Einführung von Freileitungen in Gebäude ist es mit Rücksicht auf Vermeidung von Überspannungen atmosphärischen Ursprungs zweckmäßig, den Dachständer möglichst nicht auf dem First anzubringen, sondern derart, daß er vom Dach elektrostatisch abgeschirmt

---

[1]) Zur Zeit befinden sich neue „Leitsätze für die Prüfung von Porzellanisolatoren für Spannungen von 1000 V an" in Vorbereitung. Der Entwurf dazu ist ETZ 1927, S. 372, abgedruckt. Er wird der Jahresversammlung 1927 des VDE zur Beschlußfassung vorgelegt werden.

wird. Die Leitungen sollen nicht höher geführt werden, als unbedingt erforderlich ist. Bezüglich der Ausführung von Hauseinführungen sei auf das Buch „Haus= und Wohnungsanschlüsse" von W. Clement und C. Paulus, Verlag von Julius Springer, Berlin W 9, S. 2—12 verwiesen.

In landwirtschaftlichen Anlagen dürfen Dachständereinführungen nicht an solchen Teilen von Räumen münden, die zur Aufnahme leicht entzündlicher Stoffe bestimmt sind, wie z. B. Heu= und Strohlager. Die Dachständer und ihre Tragkonstruktionen müssen kräftig ausgeführt und ihre Durchführung gegen das Dach sorgfältig abgedichtet sein. Schutz= rohre für Leitungen müssen so gebaut und verlegt sein, daß kein Wasser eindringen, aber das Schwitzwasser ablaufen kann.

Zur Aufklärung der Allgemeinheit über Freileitungen hat der VDE „Merkblätter für Verhaltungsmaßregeln hinsichtlich elektrischer Frei= leitungen" aufgestellt, die seit dem 1. Oktober 1925 gelten und ETZ 1925, S. 63, 394 und 1526 veröffentlicht sind. Neben den allgemeinen Ver= haltungsmaßnahmen und Ratschlägen sind darin auch besondere Ver= haltungsmaßregeln für Kinder aufgeführt, deren weiteste Verbreitung von besonderer Wichtigkeit ist.

Ein besonderer Kletterabwehrschutz an Leitungsmasten ist gemäß ETZ 1925, S. 388 im allgemeinen nicht nötig. Es ist aber wichtig, durch Unterweisungen und abschreckende bildliche Darstellungen vor dem Be= steigen der Masten zu warnen.

Der am Schluß des Abschnittes b bei Wegübergängen geforderte an= gemessene Abstand der Leitungen vom Erdboden kann, nach eingehender Prüfung der Frage, nicht durch einheitliche zahlenmäßige Angaben einer bestimmten Höhe ersetzt werden, weil die verschiedensten Umstände zu berücksichtigen sind. Wird der Weg nur von Fußgängern benutzt, so reicht eine geringere Höhe aus, als wenn etwa beladene Erntewagen darauf verkehren. Werden bestehende Leitungen durch nachträgliche Aufbauten, Errichtung von Gerüsten usw. der Berührung zugänglich, so müssen natürlich die notwendigen Schutzmaßnahmen getroffen werden. Näheres darüber siehe ETZ 1925, S. 514.

In landwirtschaftlichen Anlagen sind die Leitungen über Fahrwegen und Wirtschaftshöfen in solcher Höhe zu verlegen, daß beim Verkehr be= ladener Wagen die darauf befindlichen Personen nicht gefährdet werden.

Bezüglich der Normen für umhüllte Leitungen in Starkstromanlagen sind bei § 19¹ die näheren Angaben gemacht.

c) Träger und Schutzverkleidungen von Freileitungen, die mehr als 750 V gegen Erde führen, müssen durch einen roten Blitzpfeil sichtbar gekennzeichnet sein.

Über die Ausführung der geforderten Blitzpfeile sind bei § 2a An= gaben gemacht.

d) Leitungen, Schutznetze und ihre Träger müssen genügend wider= standsfähig (auch gegen Winddruck und Schneelast) sein.

Die Ausführung und Bemessung von Freileitungen muß nach den „Vorschriften für Starkstromfreileitungen" erfolgen.

4. Freileitungen können mit größeren Stromstärken belastet werden, als der Tafel in § 20¹ entspricht, wenn dadurch ihre Festigkeit nicht merklich leidet.

Über die Einzelheiten betr. die Ausführung von Starkstromfreileitungen sind vom VDE sehr ausführliche „Vorschriften für Starkstromfreileitungen" aufgestellt worden, die seit dem 1. Oktober 1923 gelten und ETZ 1921, S. 529 und 836; 1922, S. 700 und 858; 1923, S. 693 und 953; 1924, S. 1156 und 1226; 1925, S. 1054, 1526 und 1923; 1926, S. 316 und 682 abgedruckt sind. Von diesen Bestimmungen werden alle blanken und isolierten Freileitungen betroffen. Ausgenommen sind Fahr- und Schleifleitungen sowie Leitungen für Installationen im Freien, bei denen die Entfernung der Stützpunkte 20 m nicht überschreitet.

Auch Hausanschlußleitungen fallen unter die Vorschriften für Starkstromfreileitungen.

Die Leitungen sollen nach folgenden Normen hergestellt werden:

1. Eindrähtige Leitungen.

Querschnitt mm²		Durchmesser d	Gewicht kg/1000 m ≈
Nennwert	Istwert	mm	Kupfer
6	5,9	2,75	52,86
10	9,9	3,55	88,09
16	15,9	4,5	141,55

S. a. DIN VDE 8201.

Eindrähtige Leitungen sind nur bis 80 m Spannweite zulässig, eindrähtige Eisen- oder Stahlleitungen nur für Niederspannung.

2. Leitungsseile aus Kupfer, Aluminium und Stahl.

Querschnitt mm²		Drähte nach DIN VDE 8200		Seildurchmesser d in mm	Gewicht kg/1000 m					
Nennwert	Istwert	Anzahl	Durchmesser	Nennwert	Kupfer			Aluminium		
10	10	7	1,35	4,1	von	84	bis	99	—		—
16	15,9	7	1,7	5,1	„	135	„	155	von	41 bis	47
25	24,2	7	2,1	6,3	„	206	„	235	„	63 „	72
35	34	7	2,5	7,5	„	295	„	330	„	91 „	101
50	49	7	3	9	„	430	„	475	„	132 „	144
50	48	19	1,8	9	„	413	„	470	„	127 „	144
70	66	19	2,1	10,5	„	562	„	644	„	170 „	195
95	93	19	2,5	12,5	„	802	„	905	„	245 „	275
120	117	19	2,8	14	„	1018	„	1130	„	310 „	340
150	147	37	2,25	15,8	„	1265	„	1435	„	385 „	440
185	182	37	2,5	17,5	„	1570	„	1765	„	480 „	525
240	228	37	2,8	19,6	„	1975	„	2200	„	605 „	670
240	243	61	2,25	20,3	„	2080	„	2360	„	635 „	720
300	299	61	2,5	22,5	„	2590	„	2900	„	790 „	885

S. a. DIN VDE 8201.

Die Schlaglänge soll das 11= bis 14=fache des jeweiligen Seilnenn=durchmessers betragen.

Als kleinster Querschnitt ist für Kupfer 10 mm², für Aluminium 25 mm², für andere Metalle ein Querschnitt von 380 kg Tragfähigkeit (Zuglast, die beim Prüfen mindestens 1 min lang wirken soll, ohne zum Bruch zu führen) erlaubt. In Ortsnetzen und für Hausanschlüsse werden bei Nie=derspannung und kleineren Mastentfernungen bis zu 35 m Kupferlei=tungen von 6 mm² Querschnitt, Leitungen aus Aluminiumseil von 16 mm² Querschnitt und für andere Metalle ein Querschnitt von 228 kg Tragfähig=keit (Zuglast, die beim Prüfen mindestens 1 min lang wirken soll, ohne zum Bruch zu führen) zugelassen.

Leitungen, die stark angreifenden Dämpfen ausgesetzt sind, können bei Verwendung feindrähtiger Litzen unter Umständen gefährdet sein. Daher empfiehlt es sich, für solche Leitungen Querschnitte unter 35 mm² nicht zu verwenden.

Die Zulassung von Querschnitten von 380 kg Tragfähigkeit ermöglicht beispielsweise auch die Verwendung von Bronze, Doppelmetall, Eisen und Stahl mit Querschnitten unter 10 mm² für Fernmeldeleitungen auf Hochspannungsgestänge.

Die Zulassung von Querschnitten von 228 kg Tragfähigkeit ermög=licht beispielsweise auch die Verwendung von Bronze, Doppelmetall, Eisen und Stahl mit Querschnitten unter 6 mm².

3. Stahlaluminiumseile.

Seil Nr.	Außen=durchmesser mm	Gesamt=querschnitt mm²	Gewicht kg/1000 m	Querschnittsverhältnis	
				$\frac{Al}{Cu}$	$\frac{Al}{St}$
35	11,3	73,3	238 bis 286	1,79	5,74
50	13,5	105,1	341 „ 404	1,8	5,91
70	15,8	143,5	474 „ 550	1,75	5,78
95	18,3	193,7	644 „ 730	1,75	5,88
120	20,6	244,9	816 „ 930	1,74	5,78
150	23,1	309,3	1034 „ 1165	1,76	5,87
185	25,7	382,9	1293 „ 1440	1,77	5,75
240	29,1	491,7	1634 „ 1845	1,76	6,10

S. a. DIN VDE 8202.

Die Stahlaluminiumseile sind nach den Kupferquerschnitten gleicher elektrischer Leitfähigkeit benannt. Hierbei ist nur der Aluminiummantel als leitend angesehen (vgl. 1. Tabelle S. 180).

Als normale einfache Baustoffe gelten Kupfer und Aluminium, deren Beschaffenheit umstehenden Bedingungen entspricht (vgl. 2. Ta=belle auf S. 180).

Die Werte für die Mindestzuglast sind unter Zugrundelegung eines mittleren Wertes von 40 kg mm² für Kupfer und 18 kg mm² für Alumi=nium errechnet.

Die Zusammensetzung der Stahlaluminiumseile ist folgende:

Seil Nr.	Stahlseil				Aluminiummantel			
	Drähte		Seil		Drähte		Seil	
	Anzahl	Durch= messer mm	Durch= messer mm	Quer= schnitt mm²	Anzahl	Durch= messer mm	Draht= lagen Anzahl	Quer= schnitt mm²
35	7	1,40	4,25	10,8	26	1,75	2	62,5
50	7	1,65	4,95	15,0	26	2,10	2	90,1
70	7	1,95	5,85	20,9	26	2,45	2	122,6
95	7	2,25	6,75	27,8	26	2,85	2	165,9
120	7	2,55	7,65	35,8	26	3,20	2	209,1
150	7	2,85	8,55	44,6	26	3,60	2	264,7
185	7	3,20	9,60	56,2	26	4,00	2	326,7
240	19	2,15	10,75	68,9	26	4,55	2	422,8

S. a. DIN VDE 8202.

Durchmesser mm		Zuglast in kg		Widerstand in Ω/km bei 20° C Größtwert		Gewicht für den Nennwert kg/1000 m $\approx$	
Nenn= wert	Zulässige Abweichungen	Kupfer	Alumi= nium	Kupfer	Alumi= nium	Kupfer	Alumi= nium
1,35	± 0,05	60	—	12,7	—	12,74	—
1,7	± 0,05	90	41	8,0	14	20,20	6,20
1,75	± 0,05	—	43	—	13,2	—	6,57
1,8	± 0,05	100	46	7,15	12,5	22,65	6,95
2,1	± 0,06	140	63	5,25	9,0	30,83	9,46
2,25	± 0,06	160	72	4,6	7,9	35,39	10,85
2,45	± 0,06	—	85	—	6,7	—	12,87
2,5	± 0,06	200	88	3,7	6,4	43,69	13,40
2,75	± 0,06	240	—	3,1	—	52,86	—
2,8	± 0,06	250	111	3,0	5,0	54,81	16,81
2,85	± 0,06	—	115	—	4,9	—	17,42
3,0	± 0,06	270	127	2,6	4,4	62,91	19,30
3,2	± 0,08	—	145	—	3,9	—	21,96
3,55	± 0,08	380	—	1,85	—	88,09	—
3,6	± 0,08	—	183	—	3,07	—	27,79
4,0	± 0,08	—	214	—	2,48	—	34,31
4,5	± 0,08	600	—	1,15	—	141,55	—
4,55	± 0,08	—	276	—	1,9	—	44,39

S. a. DIN VDE 8200.

Die auftretenden Höchstzugspannungen sollen bei normalem Baustoff, u. zw. bei eindrähtigen Kupferleitern nicht mehr als 12 kg/mm², bei Kupferseilen nicht mehr als 19 kg/mm², bei Aluminiumseilen nicht mehr als 9 kg/mm² betragen.

Bei Verwendung von Aluminium, dessen Festigkeit die Werte der Tafel bis zu 10% unterschreitet, darf eine Höchstzugsspannung von 8 kg/mm² nicht überschritten werden.

Die Kommission für Freileitungen des VDE hat ETZ 1927, S. 411 darauf aufmerksam gemacht, daß nach ihren Beobachtungen in neuerer Zeit verschiedentlich halbhartes Kupfer für Starkstrom=Freileitungsseile verwendet worden ist. Sie erinnert daran, daß derartiges Kupfer nicht ein normaler Baustoff im Sinne der vorstehenden Bestimmungen ist, sondern zu den nichtnormalen Baustoffen gehört. Demgemäß dürfen Kupferseile für Hochspannungsfernleitungen von 16 mm² Querschnitt ab nur mit 32 : 2,5 = 12 kg Höchstzug gespannt werden. Die Verwendung halbharten Kupfers wird daher in diesen Fällen selbst bei niedrigerem Preis für das Seil bei richtiger Anwendung der „Vorschriften für Starkstrom=Freileitungen" bei Fernleitungen nicht wirtschaftlich sein.

Als aus normalem zusammengesetzten Baustoff gefertigt gelten Stahlaluminiumseile, deren Stahldrähte folgenden Bedingungen entsprechen:

Durchmesser mm		Zuglast	Gewicht für den Nennwert
Nennwert	Zulässige Abweichungen	in kg	kg/1000 m
1,4	± 0,1	185	12,1
1,65	± 0,1	256	16,9
1,95	± 0,1	358	23,6
2,15	± 0,1	435	28,7
2,25	± 0,1	477	31,4
2,55	± 0,1	613	40,3
2,85	± 0,1	766	50,4
3,2	± 0,1	963	63,5

S. a. DIN VDE 8203.

Die Werte für die Mindestzuglast sind unter Zugrundelegung eines mittleren Wertes von 120 kg/mm² errechnet.

Die auftretenden Höchstzugsspannungen sollen bei Stahlaluminiumseilen, die außerdem den Bedingungen unter Absatz b 3 entsprechen, nicht mehr als 11 kg/mm² des Gesamtquerschnittes betragen.

Diese Höchstzugsspannung darf sowohl bei —20° C als auch bei —5° C und Zusatzlast nicht überschritten werden. Die Höchstzugsspannung von 11 kg/mm² ist ermittelt unter der Voraussetzung, daß der Aluminiummantel nicht über 9 kg/mm² beansprucht wird, bei einer mindestens 2,5=fachen Bruchsicherheit des Stahlaluminiumsseiles.

Bezüglich der Bruchfestigkeit und der Verteilung der Zugsspannungen auf die einzelnen Querschnitte, der Durchhangsberechnung, der Ermittlung des Elastizitätsmodul und der Wärmedehnungszahl von Stahlaluminiumseilen wird auf ETZ 1924, S. 1143 verwiesen.

Nichtnormale einfache Baustoffe sind mit der Maßgabe zugelassen, daß im ungünstigsten Belastungsfalle folgende Sicherheit vorhanden ist:

für eindrähtige Starkstromleitungen mindestens eine 4=fache,

für eindrähtige Fernmeldefreileitungen, sofern sie aus Bronze=
draht bestehen, der nachweislich eine Tragfähigkeit von wenigstens 380 kg
aufweist, mindestens eine 2,5=fache,

für verseilte Leitungen mindestens eine 2,5=fache.

Leitungen aus Eisen oder Stahl müssen zuverlässig verzinkt sein.

Über die Widerstandsvergrößerung von Eisen und Stahl bei Wechsel=
strom sind Angaben gemacht ETZ 1914, S. 1109 und 1915, S. 44.

Nichtnormale Leitungsbaustoffe, z. B. Eisen, Stahl, Doppelmetalle
sowie Legierungen, wie Bronzen usw., sind zwar zugelassen und grund=
sätzlich den gleichen Festigkeitsrechnungen unterworfen wie Kupfer; in
Bezug auf Zähigkeit und chemische Beständigkeit ist jedoch Vorsicht ge=
boten.

Bei Eisen oder Stahl muß der Zinküberzug eine glatte Oberfläche
haben, den Draht überall zusammenhängend bedecken und so fest daran
haften, daß der Draht in eng aneinanderliegenden Spiralwindungen um
einen Zylinder von dem 10=fachen Durchmesser des Drahtes fest umge=
wickelt werden kann, ohne daß der Zinküberzug Risse bekommt oder ab=
blättert.

Der Zinküberzug muß eine solche Dicke haben, daß Drähte über 2,5 mm
Durchmesser, 7 Eintauchungen von je 1 min Dauer, Drähte von 2,5 mm
Durchmesser und darunter 6 Eintauchungen von je 1 min Dauer in eine
Lösung von 1 Gewichtsteil Kupfervitriol in 5 Gewichtsteilen Wasser ver=
tragen, ohne sich mit einer zusammenhängenden Kupferhaut zu bedecken.
Vor dem ersten sowie nach jedem weiteren Eintauchen muß hierbei der
Draht mittels einer Bürste in klarem Wasser von anhaftendem Kupfer=
schlamm befreit werden.

Bei nichtnormalen zusammengesetzten Baustoffen sind die gleichen
Bestimmungen wie für nichtnormale einfache Baustoffe anzuwenden.

Für Seile aus zusammengesetzten Baustoffen sind die zulässige Höchst=
zugsspannung, der Elastizitätsmodul und die Wärmedehnungszahl aus
den entsprechenden Werten der verwendeten einfachen Baustoffe zu
errechnen.

Der Durchhangsberechnung sind zugrunde zu legen:

α) eine Temperatur von —5° C und eine zusätzliche Belastung, her=
vorgerufen durch Wind bzw. Eis,

β) eine Temperatur von —20° C ohne zusätzliche Belastung.

Wegen der Durchhangsberechnungen wird verwiesen auf:

1. für Stützenisolatoren:

Nikolaus: „Über den Durchhang von Freileitungen" (ETZ 1907,
S. 896 ff.).

Weil: „Beanspruchung und Durchhang von Freileitungen" (Verlag
von Jul. Springer, Berlin. — ETZ 1910, S. 1155).

Besser: (ETZ 1910, S. 1214 ff.).

2. Für Abspannisolatorenketten:

Kryzanowski: (E. u. M. 1917, S. 489, 505 u. 604).

Guerndt: (ETZ 1922, Heft 5, S. 137 ff.).

Werte für den Durchhang der Freileitungen bei verschiedenen Spannweiten, Temperaturen und Höchstzugsspannungen sind in Jaegers Hilfstabellen für Freileitungen, im Verlag M. Jaeger, Berlin, Ramlerstraße 38, enthalten. Diese Tafeln sind zwar nach den früheren Seiltafeln berechnet, sie dürfen aber, da die Abweichungen nur gering sind, doch noch benutzt werden.

Die zusätzliche Belastung ist in der Richtung der Schwerkraft wirkend anzunehmen. Diese Zusatzlast ist mit $180\sqrt{d}$ in g für 1 m Leitungslänge einzusetzen, wobei d den Leitungsdurchmesser, bei isolierten Leitungen den Außendurchmesser in mm bedeutet. In keinem Falle darf die Materialspannung der Leitung die unter c) festgesetzte Höchstspannung überschreiten.

Bei Ermittlung der größten Durchhänge sind sowohl — 5° C und zusätzliche Belastung als auch + 40° C ohne Zusatzlast zugrunde zu legen.

In Gegenden, in denen nachweislich außergewöhnlich große Zusatzlasten zu erwarten sind, muß die Sicherheit der Anlage durch zweckdienliche Maßnahmen erhöht werden. Als solche werden empfohlen: Verringerung des Mastabstandes, Vergrößerung des Durchhanges bei gleichzeitiger Vergrößerung der Leiterabstände und Vermeidung massiver Leiter.

Werden Leitungen verschiedenen Querschnittes auf einem Gestänge verlegt, so sind sie nach dem Durchhang des schwächsten Querschnittes zu spannen, sobald die gegenseitige Lage der Drähte ein Zusammenschlagen möglich erscheinen läßt.

Liegen die Stützpunkte nicht auf gleicher Höhe, so wird unter Spannweite die Entfernung der Stützpunkte, wagerecht gemessen, und unter Durchhang der Abstand zwischen der Verbindungslinie der Stützpunkte und der dazu parallelen Tangente an die Durchhangslinie, senkrecht gemessen, verstanden.

Die Durchhangsberechnung kann für normale Stahlaluminiumseile für Höchstzugsspannungen bis zu 11 kg/mm² wie für Seile aus einfachen Baustoffen vorgenommen werden. Es ist zu setzen: Der Elastizitätsmodul $E = 7450$ kg/mm², die Wärmedehnungszahl $\vartheta = 1{,}918 \cdot 10^{-5}$ (siehe ETZ 1924, S. 1143 ff.).

Spannweite x und Durchhang f bei Stützpunkten verschiedener Höhe ergeben sich aus der nebenstehenden Abbildung.

Mechanisch beanspruchte Leitungsverbindungen müssen mindestens 90% der Festigkeit der zu verbindenden Leitungen besitzen. Verbindungen mit kleinerer Festigkeit sowie Lötverbindungen müssen von Zug entlastet

sein. Abspannklemmen sind ebenso wie Leitungsverbindungen zu be=
handeln.

Über Leitungsverbinder siehe auch ETZ 1917, S. 401 u. 414; 1918,
S. 186; 1925, S. 1809.

Die Gestänge sind für die höchsten, nach ihrem Verwendungszwecke
gleichzeitig zu erwartenden äußeren Kräfte zu bemessen. Als solche
kommen in Frage:

a) Eigengewicht der Gestänge mit Querträgern, Leitungen, Isolatoren und der=
gleichen, einschließlich der Eisbelastung.

b) Winddruck auf die vorgenannten Teile.

Dieser ist mit 125 kg auf 1 m² senkrecht getroffener Fläche ohne Eisbehang an=
zusetzen. Bei Körpern mit Kreisquerschnitt bis höchstens 0,5 m mittlerem Durch=
messer ist die Fläche mit 50%, bei größeren mittleren Durchmessern mit 60% der
senkrechten Projektion der wirklich getroffenen Fläche anzusetzen.

Im übrigen ist der wirkliche Winddruck zu berücksichtigen. Bei Fachwerk sind
die im Windschatten liegenden Teile mit 50% der Vorderfläche in Rechnung zu
stellen. Dieses gilt auch für fachwerkartige Querträger.

Wird ein Draht unter einem Winkel getroffen, so ist der Winddruck, der sich bei
rechtwinkligem Auftreffen des Windes ergibt, mit dem Sinus des Winkels zu
multiplizieren; für ebene Flächen ist mit dem Quadrate des Sinus zu rechnen.

c) Leitungszug, hervorgerufen durch das Eigengewicht der Leitungen und Isola=
torenketten und die zusätzliche Last (Eis, Wind).

Dieser ist für jeden Leiter der für den betreffenden Fall zugrunde gelegten
Höchstzugsspannung multipliziert mit dem Leitungsquerschnitt gleichzusetzen.

Für Isolatorenketten ist die Eislast mit 2,5 kg für 1 m Kette anzunehmen. Der
Winddruck ist entsprechend Punkt b) zu berechnen.

d) Widerstand des Bodens oder der Fundamente.

Nach dem Verwendungszweck sind zu unterscheiden:

a) Tragmaste, die lediglich zur Stützung der Leitung dienen und nur in gerader
Strecke verwendet werden dürfen;

b) Winkelmaste, die bestimmt sind, die Leitungszüge in Winkelpunkten aufzu=
nehmen;

Maste in gerader Linie, die den Unterschied ungleicher Züge in entgegengesetz=
ter Richtung aufnehmen sollen, werden wie Winkelmaste berechnet;

c) Abspannmaste, die Festpunkte in der Leitungsanlage schaffen sollen;

d) Endmaste, die zur vollständigen Aufnahme eines einseitigen Leitungszuges
dienen;

e) Kreuzungsmaste, wie sie bei bruchsicherer Kreuzung von Reichstelegraphen=
anlagen, von Reichseisenbahnen oder Reichswasserstraßen aufzustellen sind.

Für einen bestimmten Verwendungszweck berechnete Maste dürfen für andere
Zwecke nur verwendet werden, wenn sie auch den hierfür geltenden Anforde=
rungen genügen.

Soweit nicht besondere Verhältnisse eine genauere Ermittlung er=
fordern, sind für Winddruck und Leitungszug[1]) die nachstehend aufgeführten
äußeren Kräfte als wirksam anzunehmen.

Die bei den einzelnen Mastarten unter a), b) und c) angeführten
Fälle sind nicht gleichzeitig anzunehmen, sondern es sind für die Mast=

---

[1]) Bezüglich der Berechnung der Gestänge liegt ein neuer ergänzender Entwurf des VDE zur Zeit
vor, der ETZ 1927, S. 375 veröffentlicht ist und über den die Jahresversammlung 1927 des VDE be=
schließen soll.

berechnungen die Fälle auszuwählen, die die für die einzelnen Bauteile ungünstigste Beanspruchung ergeben.

I. Tragmaste:
   a) Winddruck senkrecht zur Leitungsrichtung auf den Mast mit Kopfausrüstung und gleichzeitig auf die halbe Länge der Leitungen der beiden Spannfelder;
   b) Winddruck in der Leitungsrichtung auf den Mast mit Kopfausrüstung (Leitungsträger, Isolatoren);
   c) Wagerechte Kräfte, die in der Höhe und in der Richtung der Leitungen angenommen werden und gleich einem Viertel des senkrechten Winddruckes auf die halbe Länge der Leitungen, der beiden Spannfelder zu setzen sind.

     Die Kräfte unter c) brauchen nur bei Masten von mehr als 10 m Länge berücksichtigt zu werden.

II. Winkelmaste:
   a) Die Mittelkräfte der größten Leitungszüge und gleichzeitig der Winddruck auf Mast- und Kopfausrüstung für Wind in Richtung der Gesamtmittelkraft;
   b) die Mittelkräfte der Leitungszüge bei einer Windrichtung senkrecht zu dem größten Leitungszug und gleichzeitig der Winddruck auf Mast- und Kopfausrüstung für diese Windrichtung.

     Diese Bestimmung gilt nur für Maste, die senkrecht zur Mittelkraft ein geringeres Widerstandsmoment haben als in Richtung dieser Kräfte.

     Um die Leitungszüge, die sich aus Eigengewicht und Winddruck ergeben, nicht in jedem einzelnen Falle ermitteln zu müssen, ist der Zug einer Leitung, die nicht senkrecht vom Wind getroffen wird, näherungsweise zu berechnen aus Leitungsquerschnitt mal gewählter höchster Zugspannung mal dem Sinus des Winkels, unter dem die Leitung vom Wind getroffen wird. Für die senkrecht getroffenen Leitungen gilt als Leitungszug: Leitungsquerschnitt mal gewählte höchste Zugspannung.

III. 1. Abspannmaste in gerader Linie:
   a) wie Ia;
   b) ⅔ der größten einseitigen Leitungszüge und gleichzeitig der Winddruck auf Mast mit Kopfausrüstung senkrecht zur Leitungsrichtung.

     Dieser Zug entspricht ungefähr der beim Spannen der Leitungen auftretenden Beanspruchung.

   2. Abspannmaste in Winkelpunkten:
   a) wie IIa);
   b) wie IIb);
   c) ⅔ der größten einseitigen Leitungszüge und gleichzeitig der Winddruck auf Mast- und Kopfausrüstung, für eine Windrichtung parallel den größten Leitungszügen.

     Die Kopfausrüstung aller Abspannmaste muß den ganzen einseitigen Leitungszug aufnehmen können.

IV. Endmaste:
     Der gesamte größte einseitige Leitungszug und gleichzeitig der senkrecht zur Leitungsrichtung wirkende Winddruck auf Mast mit Kopfausrüstung.

V. Kreuzungsmaste:
     Bezüglich der Kreuzungsmaste siehe besondere Vorschriften auf S. 197.

VI. Als Stützpunkte benutzte Bauwerke müssen die durch die Leitungsanlage eintretenden Beanspruchungen aufnehmen können.

     Bei quadratischen Gittermasten ist zu beachten, daß das größte Widerstandsmoment in den zu den Querschnittseiten parallelen Achsen liegt. Ist die Mittelkraft aus Leitungszügen und Winddruck nicht parallel zu einer Mastseite, so muß sie in zwei zu den Mastseiten parallele Kräfte zerlegt werden. Die Eckeisen sind für die arithmetische Summe dieser beiden Teilkräfte zu berechnen. Die Streben sind für die Teilkräfte zu berechnen.

Bei Gittermasten mit rechteckigen Querschnitten ungleicher Seitenlänge ist die Berechnung für die Beanspruchung in Richtung der längeren und der kürzeren Seite je für sich auszuführen. Eine schräg zu den Mastseiten liegende Mittelkraft ist in zwei zu den Mastseiten parallele Teilkräfte zu zerlegen. Für jede der beiden Teilkräfte ist zu bestimmen, welche Beanspruchung sie in den Eckeisen hervorruft. Die arithmetische Summe dieser Beanspruchungen ergibt die Kraft, für die die Eckeisen zu berechnen sind. Die Streben sind für die Teilkraft zu berechnen, die der betreffenden Mastseite parallel läuft.

Über die Beanspruchung der Baustoffe (Flußeisen und Holz) sind in den Vorschriften für Starkstromfreileitungen ausführliche Angaben enthalten. Bei Berechnung der Maste ist gerader Wuchs und eine Zunahme des Stangendurchmessers von 0,7 cm je Meter Stangenlänge anzunehmen. Zur Beurteilung des graden Wuchses von Holzmasten gilt als Anhalt, daß eine zwischen Erdaustritt und Zopfende an den Mast gelegte Schnur in keinem Punkte größeren Abstand vom Mast haben darf, als der Masthalbmesser an dieser Stelle beträgt.

Für einfache Tragmaste kann die Berechnung nach der Formel:

$$Z = 0{,}65 \cdot H + k \sqrt{\triangle\, s}$$

erfolgen.

Hierin ist:

$H =$ Gesamtlänge des Mastes in m,
$k =$ eine Zahl, die aus der nachstehenden Tafel zu entnehmen ist,
$\triangle =$ Summe der Durchmesser aller an dem Mast verlegten Leitungen in mm,
$s =$ Spannweite in m.

Zulässige Biegungsspannung in kg/cm²	80	100	145	190	220	280	330
k	0,32	0,28	0,22	0,19	0,17	0,14	0,12

Unter der Zopfstärke Z ist der mittlere Durchmesser am Zopf zu verstehen, der sich aus $\dfrac{\text{Umfang}}{\pi}$ ergibt.

Folgende Zopfstärken für Maste dürfen nicht unterschritten werden:

für Niederspannungsleitungen:

bei einfachen oder verstrebten Masten . . . . 12 cm
  „ Stichleitungen mit nur einem Stromkreise . . . . 10 „
  „ A-Masten oder verdübelten Doppelmasten . . . . 10 „
  „ nicht verdübelten Doppelmasten . . . . 9 „

für Hochspannungsleitungen:

bei einfachen oder verstrebten Masten . . . . 15 cm
  „ A-Masten oder verdübelten Doppelmasten . . . . 10 „
  „ nicht verdübelten Doppelmasten . . . . 9 „

In Strecken, die mit „erhöhter Sicherheit" ausgeführt werden, dürfen die besonders hierfür vorgeschriebenen Zopfstärken nicht unterschritten werden. Streben sollen mindestens 9 cm Zopfstärke haben.

Über die Imprägnierung von Holzmasten siehe ETZ 1913, S. 436 u. 973; 1915, S. 449; 1917, S. 365; 1921, S. 1424; 1923, S. 189; 1925, S. 227, 335 u. 533 und über die Zerstörung von Holzmasten durch Käferlarven siehe ETZ 1927 S. 517.

Gestänge aus besonderen Baustoffen, insbesondere aus Eisenbeton dürfen bis zu ⅓ der vom Lieferer zu gewährleistenden Bruch= und Knickfestigkeit, gußeiserne Bauteile jedoch nur bis zu 300 kg/cm² beansprucht werden.

Um die Einführung anderer Baustoffe für Gestänge nicht zu beschränken, ist für diese die zulässige Beanspruchung von der zu gewährleistenden Bruchfestigkeit abhängig gemacht worden.

Etwa alle 3 km soll ein Abspannmast gesetzt werden. An diesem sind die Leitungen so zu befestigen, daß ein Durchrutschen ausgeschlossen ist. Winkel= oder Kreuzungsmaste können als Abspannmaste verwendet werden, wenn sie entsprechend berechnet sind. In Gegenden, in denen außergewöhnlich große Zusatzlasten zu erwarten sind, soll etwa jeder zehnte Mast ein Abspannmast sein.

Starkstromleitungen sollen einen solchen Abstand voneinander und von anderen Leitungen, z. B. von Blitzschutzseilen, erhalten, daß das Zusammenschlagen oder eine Annäherung bis zur Überschlagsspannung möglichst vermieden ist. Diese Forderung kann bei Leitungen gleichen Baustoffes und gleichen Querschnittes als erfüllt gelten, wenn der Abstand der Leitungen voneinander wenigstens $0{,}75\sqrt{f} + \dfrac{E^2}{20\,000}$, bei Leitungen aus Aluminium dagegen mindestens $\sqrt{f} + \dfrac{E^2}{20\,000}$, jedoch bei Hochspannung von 3000 V aufwärts nicht unter 0,8 m, für Aluminium 1,0 m beträgt. Hierbei ist $f =$ Durchhang der Leitungen bei $+ 40°$ C in m und $E =$ Spannung in kV. Bei Leitungen verschiedenen Querschnittes oder verschiedener Baustoffe sowie bei anormalen Gelände= oder Belastungsverhältnissen ist auf Grund näherer Untersuchungen, z. B. durch das Aufzeichnen der Ausschwingungskurven, festzustellen, ob und inwieweit die nach den vorstehenden Formeln berechneten Abstände zu vergrößern sind. Bei Niederspannungsleitungen, die dem Winde weniger ausgesetzt sind, können die Werte obiger Formel um ⅓ ermäßigt werden.

Durch das Glied $\dfrac{E^2}{20\,000}$ soll bei hohen Spannungen eine Vergrößerung des Abstandes erzielt werden. Gleichzeitig kann es als Anhalt für die zulässige Annäherung zur Vermeidung eines Überschlages gelten.

Bei besonders wichtigen Anlagen wird empfohlen, die Leitungen nicht senkrecht untereinander anzuordnen, da die Erfahrung gezeigt hat, daß bei plötzlicher Entlastung einer Leitung von Eislast die Gefahr des Zusammenschlagens durch Hochschnellen besonders groß ist.

Konstruktion der Gestänge mit Rücksicht auf Vogelschutz: Zur Vermeidung der Gefährdung von Vögeln sind bei Hochspannung führenden Starkstromleitungen die Befestigungsteile, Querträger, Stützen usw. möglichst derartig auszubilden, daß Vögeln eine Sitzgelegenheit dadurch nicht gegeben wird. Der wagerechte Abstand zwischen einer Hoch= spannung führenden Starkstromleitung und geerdeten Eisenteilen soll mindestens 300 mm betragen.

Die Anbringung von Sitzgelegenheiten für Vögel in größeren Ent= fernungen von den Leitungsdrähten (z. B. durch Sitzstangen an den Mastspitzen in Richtung der Leitungen) ist ebenfalls zur Verhütung von Schäden für die Vogelwelt von einigen Seiten empfohlen worden, sollte jedoch nicht unterhalb der Leitungen stattfinden.

Bezüglich empfehlenswerter Ausführungen mit Rücksicht auf den Vogelschutz sei auf die Veröffentlichung „Elektrizität und Vogelschutz" hin= gewiesen, die kostenlos bei der Geschäftstelle des Bundes für Vogelschutz in Stuttgart, Jägerstraße, sowie auch bei der Geschäftstelle des Verban= des Deutscher Elektrotechniker in Berlin W 57, Potsdamer Straße 68, erhältlich ist (vgl. auch ETZ 1918, S. 655).

Ferner sei noch auf ETZ 1915, S. 244 u. 512 hingewiesen.

Bezüglich der Befestigung der Leitungen ist noch folgendes festgesetzt:

Der Bindedraht soll stets aus dem gleichen und bei Leichtmetallen aus möglichst gleich hartem Baustoff wie die Leitung selbst bestehen. Die Leitungen sind an den Bunden vor Bewegungen, durch die sie beschädigt werden können, und vor Einschneiden zu schützen.

Bei Aluminium und einigen anderen Metallen kann hartes Material positiv und weiches negativ sein, wodurch elektrolytische Zerstörungen eingeleitet werden können.

Bei Aluminiumabzweigungen von Aluminiumleitungen wird darauf hingewiesen, daß durch Verwendung von Abzweigklemmen aus anderem Metall als reinem Aluminium elektrolytische Zerstörungen eingeleitet werden können. Außerdem wird empfohlen, den Zutritt von Feuchtig= keit durch geeignete Mittel zu verhindern. Bei Kupferabzweigungen von Aluminiumleitungen wird aus dem nämlichen Grunde zur Vorsicht ge= mahnt. Am besten werden praktisch erprobte Spezialkonstruktionen unter Anwendung des vorstehend empfohlenen Feuchtigkeitsabschlusses benutzt.

Bei Verwendung von Kopfbunden ist Vorsicht nötig, weil die auf dem Isolator aufliegende Leitung infolge von Schwingung und glei= tender Reibung leicht verletzt wird. Am besten werden für Aluminium praktisch erprobte Spezialbunde benutzt.

Bei Abweichung von der Geraden ist die Leitung so zu legen, daß der Isolator von der Leitung auf Druck beansprucht wird.

Für die Aufstellung der Gestänge gilt folgendes:

Die Maste und Gestänge sind ihrer Art und Länge sowie der Boden= gattung entsprechend tief einzugraben. Im allgemeinen wird für einfache

Holzstangen eine Eingrabetiefe von mindestens $^1/_6$ der Mastlänge, jedoch nicht unter 1,6 m gefordert. Sie sind gut zu verrammen (in weichem Boden entsprechend der Beanspruchung zu sichern).

Über die Befestigung der Gestänge im Boden lassen sich allgemeine Regeln nicht geben. Die Bodenbefestigung soll jedoch der Festigkeit des Mastes möglichst entsprechen. In gutem Boden und bei gerader Leitungsführung wird bei Holzmasten im allgemeinen ein hinreichend tiefes Eingraben und Feststampfen des Bodens genügen, bei winkliger Leitungsführung und in weichem Boden ist dagegen eine besondere Befestigung erforderlich (vorgelegte Schwellen oder Plattenfüße). Fachwerkmaste müssen in jedem Fall mit Beton- oder Plattenfüßen versehen sein.

Von Drahtankern ist bei Hochspannungsmasten abzuraten, weil sie zu Betriebsstörungen und Unfällen Anlaß geben können.

Eingegrabene Maste sind einige Zeit nach der Inbetriebnahme nachzustampfen.

Fundamente sind nach Fröhlich „Beitrag zur Berechnung von Mastfundamenten", 2. Auflage (Verlag von Wilh. Ernst und Sohn, Berlin) zu berechnen.

Es sei außerdem auch auf ETZ 1923, S. 708 hingewiesen.

Für Fundamente, die hart an oder in Böschungen oder in Überschwemmungsgebieten stehen (oder bei besonders ungünstigen Grundwasserverhältnissen), sind von Fall zu Fall geeignete Maßnahmen zu treffen, die eine genügende Standsicherheit gewährleisten.

In humussäurehaltigem Moorboden sind Betonfundamente nur zulässig, wenn sie einen zuverlässigen Schutz gegen die Einwirkungen der Humussäure erhalten.

Bei Verwendung von Platten-, Schwellen- oder sonstigen Fundamenten, bei denen der Mastfuß nicht vollständig mit Beton umgeben ist, sind die in der Erde liegenden Eisenteile mit heißem Asphaltteer gut zu streichen oder gleichwertig gegen Zerstörung zu schützen. Holzschwellen sind mit fäulniswidrigen Stoffen zu tränken oder ebenfalls in gleicher Weise gegen Zerstörung zu schützen, wenn sie nicht dauernd in feuchtem Boden liegen oder von Natur aus der Zersetzung genügend Widerstand bieten.

Der Beton soll aus gutem Zement, reinem Sand und reinem Kies oder Schotter hergestellt werden. Auf einen Raumteil Zement sollen höchstens neun Raumteile sandiger Kies oder vier Raumteile Sand und acht Raumteile Kies oder Schotter kommen. Den Zement teilweise durch eine entsprechend größere Menge Traß zu ersetzen, ist zulässig, wenn dadurch die Güte des Betons nicht beeinträchtigt wird. Die Baustoffe dürfen keine erdigen Bestandteile enthalten.

Bei der Berechnung des Fundamentes darf das Gewicht des Betons höchstens mit 2000 kg/m³, das des auflastenden Erdreiches höchstens mit 1600 kg/m³ eingesetzt werden.

Für die Führung von Starkstromleitungen durch Forstbestände ist folgendes zu beachten:

Als Maßnahme gegen die Gefährdung der Starkstromanlage durch Umbruch von Bäumen wird empfohlen, den Baumbestand zu beiden Seiten der Leitungen so weit aufzuhauen, daß der wagerechte einseitige Abstand der Stämme der Randbäume des Aufhiebes von den Starkstromgestängen wenigstens dem aus der Formel:

$$b + \sqrt{H^2 - h^2}$$

errechneten Maß entspricht.

Hierbei bedeutet H die Höhe der Randbäume in m, wobei das Wachstum der Bäume gegebenenfalls zu berücksichtigen ist, h den senkrechten Abstand zwischen Erdoberfläche und der am meisten gefährdeten Leitung in m (bei Speiseleitungen oder Leitungen mit Spannungen über 35 000 V ist dieser Wert vom tiefsten Punkte des größten Durchhanges der Leitung, bei Verteilungsleitungen vom Aufhängepunkte am Mast aus zu messen), b den wagerechten Abstand von der Gestängemitte bis zu der Leitung. Falls die Art des Baumbestandes, die Bodengestaltung oder die Lage zur ungünstigsten Windrichtung die Sicherheit zu hoch oder nicht ausreichend erscheinen lassen, wird empfohlen, die Aufhiebbreite entsprechend einzuschränken oder zu vergrößern.

e) Bei Freileitungen für Hochspannung müssen blanke Leitungen verwendet werden; wo ätzende Dünste zu befürchten sind, ist ein schützender Anstrich gestattet.

Ein Schutz gegen ätzende Dünste kann durch Sonderbauarten von Leitungen erzielt werden, wie z. B. durch Firmazit-Drähte. Näheres darüber siehe ETZ 1914, S. 747 und 397.

f) Bei Freileitungen für Hochspannung müssen Eisenmaste und Eisenbetonmaste mit Stützenisolatoren geerdet werden.

Werden dagegen Kettenisolatoren mit mehreren Gliedern verwendet, so wird unter der Voraussetzung die Erdung der Maste nicht gefordert, daß durch erhöhte Gliederzahl ein der nachstehenden Zahlentafel entsprechender Sicherheitsgrad gewährleistet ist und Vorkehrungen getroffen sind, die das Auftreten von Dauererdschlüssen an den Masten unmöglich oder unwahrscheinlich machen, z. B. umgekehrte Tannenform, selbsttätige Erdschlußabschaltung u. dgl.

Zahlentafel.

verkettete Betriebspannung in *kV*	Mindestüberschlagspannung der Kette unter Regen (nach den Leitsätzen für die Prüfung von Kettenisolatoren) in *kV*
50	*130*
60	*150*
80	*190*
100	*230*

Ferner müssen bei der Führung von Leitungen an Wänden und solchen Holzmasten, die sich an verkehrsreichen Stellen befinden, Isolatorstützen und Träger geerdet werden.

Drahtzäune und metallene Gitter dürfen nicht mit Masten und anderen Trägern von Hochspannungleitungen in Berührung gebracht werden.

Nach den „Leitsätzen für Schutzerdungen in Hochspannungsanlagen" wird empfohlen, Hochspannungsfreileitungen mit einer Vorrichtung zur Unterdrückung oder Einschränkung des Erdschlußstromes auszurüsten, sofern dieser etwa 5 A übersteigt.

An Holzmasten sollen Stützen, Gestänge, Lyren oder sonstige Metallteile, die die Isolatoren tragen, nicht geerdet werden. Stehen jedoch die Holzmaste an verkehrsreichen Wegen, so müssen die Isolatorenträger von Stützenisolatoren geerdet werden. Die Isolatorenstützen für Leitungen an Wänden (Mauerwerk) müssen ebenfalls geerdet sein.

Eisenmaste mit Stützen-Isolatoren sind am besten unter Verwendung eines durchgehenden Erdungsseiles zu erden, das, entsprechend dem geforderten Erdungswiderstand, an eine genügende Anzahl von Erden anzuschließen ist.

Bei Eisenmasten mit Hängeisolatoren wird eine Erdung der Maste nicht gefordert, wenn Isolatorenketten mit einem oder mehreren Gliedern mehr, als für die Betriebsspannung notwendig ist (siehe Leitsätze für die Prüfung von Hängeisolatoren vom 17. Oktober 1922), verwendet werden und Vorkehrungen getroffen sind, die das Auftreten von Dauererdschlüssen an den Masten unmöglich oder unwahrscheinlich machen (z. B. selbsttätige Erdschlußabschaltung, oberste Traverse der Maste am weitesten ausladend).

Eisenbetonmaste sind wie Eisenmaste zu behandeln.

g) In die Betätigungsgestänge von Schaltern an Holzmasten sind Isolatoren einzuschalten, wenn eine zuverlässige Erdung des Schalters nicht gewährleistet werden kann. In diesem Falle ist nicht das Gestell selbst, sondern das Betätigungsgestänge unterhalb der Isolatoren zu erden.

Ankerdrähte an Holzmasten sind, wenn irgend angängig, zu vermeiden. Kann von ihrer Verwendung nicht abgesehen werden, so sollen sie nicht unmittelbar am Eisen der Traversen oder Stützen, sondern am Holz in möglichst großer Entfernung von den Eisenteilen angreifen. Sie sind außerdem über Reichhöhe mit Abspannisolatoren für die volle Betriebspannung zu versehen und unterhalb dieser Isolatoren zu erden.

Die Eisenkonstruktionsteile der Streckenschalter auf Holzmasten sind im allgemeinen nur dann zu erden, wenn die Leitungsanlage mit einem Erdungsseil versehen ist. Die Erdung soll erfolgen durch Anschluß an das Erdungsseil, aber nicht durch eine am Mast herabgeführte Erdzuleitung. In das Betätigungsgestänge sind in diesem Falle mechanisch zuverlässige Isolatoren, z. B. Porzellaneier, einzuschalten. Wenn eine Erdung durch Anschluß an ein Erdungsseil nicht möglich ist, soll sie für den vollen Ladestrom bemessen und besonders sorgfältig ausgeführt werden.

Werden die Konstruktionsteile des Streckenschalters nicht geerdet, dann müssen in das Betätigungsgestänge, wenn dieses aus Eisen hergestellt ist, Isolatoren für die volle Betriebsspannung eingebaut werden, oder das Gestänge muß aus Isolierstoff bestehen. Bei Verwendung eines eisernen Betätigungsgestänges ist dieses unterhalb der Isolatoren durch Anschluß an einen Erder gegen Kriechströme über die Isolatoren zu schützen.

Die vielen an Mastschaltern vorgekommenen Unfälle zwingen dazu, diese Schalter möglichst sorgfältig zu isolieren. Deshalb sollen sie in der Regel auf Holzmasten angebracht werden. Die Isolation dieser Holzmaste darf dann möglichst nicht durch an den Masten heruntergeführte Erdzuleitungen überbrückt werden. Will man die Konstruktionsteile erden, so muß die Erdung unbedingt für den vollen Ladestrom vorgesehen werden, während die Erdung des Betriebsgestänges unterhalb der Isolatoren nur gegen Kriechströme zu erfolgen braucht. Zweckmäßig würde es sein, Teile des Betriebsgestänges aus wetterbeständigem Isolierstoff (gegebenenfalls imprägniertes Holz) herzustellen, und zwar mit Rücksicht darauf, daß es auch vorkommen kann, daß zwei hintereinander geschaltete Isolatoren versagen und dieser Betriebszustand nicht beobachtet werden konnte. Die Durchschlagskanäle der Isolatoren sind oft, wenn nicht starke mechanische Zerstörungen (Absprengen) auftreten, so klein, daß sie vom Boden aus nicht bemerkbar werden.

Drahtzäune und metallene Gitter sollen nicht mit Masten und anderen Trägern von Hochspannungsleitungen in Berührung gebracht werden.

h) Bei parallel verlaufenden oder sich kreuzenden Freileitungen, die an getrenntem oder gemeinsamem Gestänge geführt sind, sind die Drähte so zu führen oder es sind Vorkehrungen zu treffen, daß eine Berührung der beiden Arten von Leitungen miteinander verhütet oder ungefährlich gemacht wird (siehe auch § 4a).

Über eine Ausführungsmöglichkeit für am gleichen Gestänge parallel verlaufende Leitungen siehe ETZ 1922, S. 1186 (Leonpacher).

i) *Fernmelde-Freileitungen, die an einem Freileitungsgestänge für Hochspannung geführt sind, müssen so eingerichtet sein, daß gefährliche Spannungen in ihnen nicht auftreten können, oder sie sind wie Hochspannungleitungen zu behandeln. Fernsprechstellen müssen so eingerichtet sein, daß auch bei Berührung zwischen den beiderseitigen Leitungen eine Gefahr für die Sprechenden ausgeschlossen ist.*

5. Fernmelde-Freileitungen sollen entweder auf besonderem Gestänge oder bei gemeinsamem Gestänge in angemessenem Abstand unterhalb der Starkstromleitungen verlegt werden.

Für Fernmelde-Freileitungen an Hochspannungsgestängen wird Bronzedraht von 60 bis höchstens 70 kg/mm² Bruchfestigkeit und Doppelmetalldraht von mindestens 60 kg/mm² Bruchfestigkeit bei Spannweiten bis zu 120 m zugelassen. Bei größeren Spannweiten dürfen auch Fernmelde-Freileitungen nur als Seil verlegt werden.

Die gemeinsame Verlegung von Hoch- und Niederspannungsfrei-
leitungen am gleichen Gestänge ist nicht verboten. Sie muß aber, wenn sie
nicht vermeidbar ist, mit größter Vorsicht erfolgen. Die Hochspannungs-
leitung ist mit „erhöhter Sicherheit" auszuführen und oberhalb der Nie-
derspannungsleitung anzubringen. Außerdem sind beide Leitungen möglichst auf verschiedenen Seiten des Gestänges zu führen.

Für Fernmeldeleitungen sind die zu verwendenden Isolatoren gemäß
nachstehender Aufstellung genormt:

1. Stützenisolatoren mit doppeltem Halslager RMd II und III f. DIN VDE 8018.
2. Stützenisolator mit doppeltem Halslager RMd I f. DIN VDE 8019.
3. Stützenisolatoren RM und RMk f. DIN VDE 8020.
4. Isolatorstützen zu den unter 1. bis 3. genannten Isolatoren:
   a) Gerade Stützen f. DIN VDE 8055.
   b) Gebogene Stützen f. DIN VDE 8056.

Für die in neueren Hochspannungsanlagen mehrfach verwendeten
Hochfrequenz-Fernsprechanlagen sind vom VDE „Sicherheitsvorschriften
für Hochfrequenztelephonie in Verbindung mit Hochspannungsanlagen"
aufgestellt worden, die seit dem 1. Juli 1922 gelten und ETZ 1922, S. 445
veröffentlicht sind.

*k) Wenn eine Hochspannungleitung über Ortschaften, bewohnte Grundstücke
und gewerbliche Anlagen geführt wird, oder wenn sie sich einem verkehrsreichen
Fahrweg so weit nähert, daß die Vorübergehenden durch Drahtbrüche gefährdet
werden können, so müssen Vorrichtungen angebracht werden, die das Herabfallen der Leitungen verhindern oder herabgefallene Teile selbst spannunglos
machen, oder es müssen innerhalb der Strecke alle Teile der Leitungsanlage
mit entsprechend erhöhter Sicherheit ausgeführt werden.*

*6. Schutznetze für Hochspannungleitungen sind möglichst zu vermeiden. Ist dieses
nicht möglich, so sollen sie so gestaltet oder angebracht sein, daß sie auch bei starkem Winde
mit den Hochspannungleitungen nicht in Berührung kommen können und einen gebro-
chenen Draht mit Sicherheit abfangen.*

*Sie sollen, wenn sie nicht geerdet werden können, der höchsten vorkommenden Spannung
entsprechend isoliert sein.*

Die vorgeschriebene „erhöhte Sicherheit" kann nach den Vorschriften
für Starkstromfreileitungen bei den verschiedenen Ausführungen der
Leitungen wie folgt erreicht werden.

1. a) Gestänge mit Stützenisolatoren sind so zu bemessen, daß beim Bruch eines
   Leiters der Umbruch des Gestänges auch bei Höchstbeanspruchung verhütet
   wird. Dieser Forderung ist Genüge geleistet, wenn unter Vernachlässigung des
   Winddruckes Eisen- oder Eisenbetonmaste in Richtung der Leitung gegen die
   Beanspruchung durch einen Zug an der Spitze gleich dem höchsten Zuge eines
   Leiters noch einfache, Holzmaste eine zweifache Sicherheit besitzen.
  b) Die Mindestzopfstärke von einfachen Holzmasten muß 15 cm, von Doppel-
   oder A-Masten 12 cm betragen. Die Maste müssen in ihrer ganzen Länge
   getränkt sein.
2. Die Leitung darf nur als Seil ausgeführt werden. Kupfer- und Eisenseile sollen
   einen Mindestquerschnitt von 16 mm², Aluminiumseil bei Hochspannung von
   35 mm², bei Niederspannung von 25 mm² aufweisen.
3. Für die Befestigung der Leitungen sind besondere Maßnahmen vorzusehen. Als
   solche kommen in Frage:

a) Bei Stützenisolatoren: Sicherheitsbügel, doppelte Aufhängung oder Verwendung von Isolatoren mit höherer elektrischer Festigkeit als die sonst auf der Strecke verwendeten Isolatoren in Verbindung mit besonders starkem Bund und verstärkten Isolatorenträgern.

Als Sicherheitsbügel wird die sonst als Beidraht bezeichnete Einrichtung eines über den Isolatorkopf lose gelegten Tragdrahtes bezeichnet, der zweckmäßig aus dem gleichen Baustoff wie die Stromleitungen hergestellt und vor und hinter dem Isolator so befestigt wird, daß bei Isolatorbruch die beiden Leitungsenden

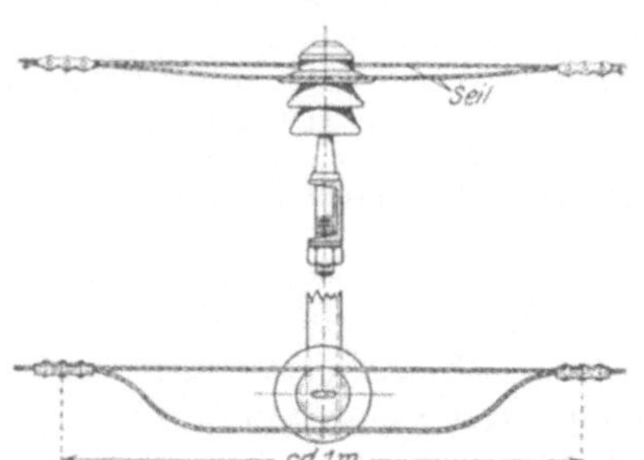

durch den Sicherheitsbügel gehalten und die Leitung von der Traverse aufgefangen wird oder, falls sie von dieser abgeleitet, noch mindestens 3 m vom Erdboden entfernt bleibt (siehe nebenstehende Abbildung).

b) Bei Hängeisolatoren: Doppelte Isolatorenketten (z. B. bei Durchquerung großer Städte, Gebirgszügen mit außergewöhnlichen atmosphärischen Verhältnissen) oder einfache Ketten mit erhöhter Gliederzahl oder Wahl eines größeren Isolatortyps oder Vergrößerung des Überschlagsweges.

Ferner wird empfohlen, die Metallteile zwischen unterstem Isolator und Leitung (z. B. durch Anbringung weitausragender Schutzhörner oder durch Vergrößerung des Abstandes zwischen Leitung und Isolatorunterkante) so auszubilden, daß Überschlagslichtbogen die Leitung nicht beschädigen können.

Außerdem muß sowohl bei Stützen= wie bei Hängeisolatoren Vorsorge getroffen werden, daß bei Drahtbruch in den Nachbarfeldern kein unzulässig großer Durchhang in den zu schützenden Feldern eintritt, oder daß der erhöhte Durchhang in seinen Folgen unschädlich gemacht wird (Schutzseil oder möglichstes Heranrücken eines Mastes an den Kreuzungspunkt).

Bei Kreuzungen von Hochspannungs= mit Starkstromleitungen bis 1000 V Betriebsspannung oder mit Fernmeldeleitungen sind außerdem im Zuge der unteren Leitungen über diesen zwei oder mehrere geerdete, elektrisch und mechanisch ausreichend bemessene Schutzdrähte oder =seile anzuordnen, oder die oberen Leitungen sind nach den „Vorschriften für die bruchsichere Führung von Hochspannungs=Freileitungen über Postleitungen" des Reichspostministeriums auszuführen. Letztgenannte Ausführungsart ist auch bei Führung von Hochspannungs= und Starkstromleitungen bis 1000 V Betriebsspannung auf gemeinsamem Gestänge zulässig. In allen Fällen muß für ausreichenden Abstand zwischen beiden Leitungsarten gesorgt werden. Dieses ist besonders zu beachten, wenn die unteren Leitungen aus hart gezogenen Drähten bestehen, bei denen ein Hoch= oder Seitwärtsschnellen zu befürchten ist.

Bei Winkelpunkten von Hochspannungsleitungen auf Stützenisolatoren sollen die Leitungen an zwei Isolatoren so befestigt werden, daß die Leitung beim Bruch eines Isolators nicht herabfallen kann.

An verkehrsreichen Wegen (gesicherte Aufhängung) sind Eisenmaste entweder zu erden oder es ist eine über den Sicherheitsgrad der Strecke hinausgehende elektrische Sicherheit zu schaffen.

Für Fuß= und Feldwege außerhalb von Ortschaften sind die vor=
stehenden Schutzmaßnahmen nicht erforderlich[1]).

*l) Hochspannung-Freileitungen zur Versorgung ausgedehnter gewerblicher
Anlagen, größerer Anstalten, Gehöfte und dergleichen müssen während des
Betriebes streckenweise spannunglos gemacht werden können.*

*7. Dieses soll auch bei Ortschaften den örtlichen Verhältnissen entsprechend beachtet
werden.*

Nach den Leitsätzen für Schutzerdung in Hochspannungsanlagen sind
Streckenschalter möglichst nicht auf Eisenmasten anzubringen. Ist dieses
nicht zu vermeiden, so muß für die Isolatoren die nächst größere Type
als bei Holzmasten gewählt werden. Die Erdung soll für den vollen Lade=
strom ausgeführt und sorgfältig überwacht werden.

Die Möglichkeit der Abschaltung ist auch deswegen notwendig, weil
die Bekämpfung von Bränden in der Nähe elektrischer Leitungsanlagen
durch diese nicht gehindert werden darf. Auch bei sonstigen Unfällen kann
eine Abschaltung der Leitungsanlage notwendig werden. Es ist deswegen
wichtig, die Ausschalter so anzuordnen, daß sie im Notfall ohne allzu
großen Zeitverlust erreicht werden können. Die Ortsbehörde und die
Feuerwehr sind über Lage und Handhabung der Ausschalter zu unter=
richten. Es sind auch die vom VDE aufgestellten „Leitsätze für die Be=
kämpfung von Bränden in elektrischen Anlagen und in deren Nähe" zu
beachten, die seit dem 1. Januar 1926 gelten und ETZ 1925, S. 1421 und
1826 abgedruckt sind. (Wortlaut siehe Teil IV, unter E).

Bei der Ausführung von Freileitungsanlagen sind allgemein die vom
VDE aufgestellten „Leitsätze für den Schutz elektrischer Anlagen gegen
Überspannungen" zu beachten, die ab 1. Oktober 1925 gültig und ETZ
1925, S. 472, 942 und 1526 veröffentlicht sind. Sie geben Aufschluß
über Ursprung und Verlauf der Überspannungen, über Maßnahmen zur
Verhütung von Schäden, und zwar sowohl in Hochspannungs=, wie in
Niederspannungsanlagen. Näheres darüber ist zu § 4 ausgeführt, soweit
das Niederspannungsnetz in Frage kommt. Bezüglich der Freileitungen
seien jedoch hier noch einige Angaben gemacht.

Zur Verhütung von Kippüberspannungen dürfen längere Lei=
tungen nicht einpolig durch Trennschalter oder Sicherungen abgetrennt
werden. Aus dem gleichen Grunde ist auf das Vermeiden von Leitungs=
brüchen infolge Abbrandes Bedacht zu nehmen. Bei Mehrkesselölschaltern
ist besonders darauf zu achten, daß sie zuverlässig in allen Polen zugleich
schalten. Das Schalten mit einpoligen Trennschaltern ist nur bei kleinen
Transformatoren und Spannungswandlern bis etwa 20 kV zulässig,
wenn diese Schalter in unmittelbarer Nähe der kleinen Transformatoren
oder Spannungswandler angeordnet sind. Es empfiehlt sich aber auch
hierfür dreipolige Trennschalter zu verwenden. Abschmelzsicherungen
sollen bei Spannungen von mehr als 30 kV nicht verwendet werden.

---

[1]) Vgl. ETZ 1904, S. 1113; 1905 S. 279 und 1910, S. 1322.

Um Überspannungen atmosphärischer Herkunft nach Möglichkeit zu vermeiden, sind Freileitungen tunlichst in geringer Höhe über dem Erdboden zu führen, d. h. der für die Sicherheit gegen Berührung notwendige Mindestabstand der Leitung über dem Erdboden soll ohne Not nicht überschritten werden. In gebirgigen Gegenden muß die Führung von Hochspannungsleitungen über Bergrücken möglichst vermieden werden.

Bei der Planung von Freileitungsnetzen sind möglichst Orte zu meiden, an denen die Leitungen äußeren Einflüssen durch Baumzweige, Personen usw. besonders ausgesetzt sind. Aus diesem Grunde empfiehlt es sich, die Leitungen möglichst frei durch das Gelände, unbeschadet der ungünstigeren Zugänglichkeit bei Revisionen und Reparaturen, zu führen. Hierbei sind Geländeteile, die Neigung zu Rauhreifbildung zeigen, tunlichst zu meiden.

Auf eine zweckmäßige Anordnung der Querträger und auf hinreichenden Abstand der Leitung von geerdeten Teilen ist zu achten, um Erdschlüsse durch Vögel oder sonstige Fremdkörper möglichst zu vermeiden. Auf die Verwendung von Isolatoren mit hoher Durchschlagsicherheit und mechanischer Beständigkeit ist besonderer Wert zu legen.

Bei Freileitungen wird die Verwendung von Schutzschaltern empfohlen, von 50 kV ab. Der Widerstand für jeden Pol soll sein:

$$R = \frac{E'}{J_l}\, \Omega$$

worin E' die Spannung je Pol und J_l der Ladestrom ist.

Fangstangen gegen Blitzschlag sind Holzmaste mit kräftiger geerdeter Eisenspitze, die in geringem seitlichen Abstande a von der Freileitung aufgestellt sind und diese an ihrem Aufstellungsorte in der Höhe um einen Betrag h überragen. Ihre Anbringung empfiehlt sich bei Strecken, die wiederholt vom Blitz getroffen wurden. In der Praxis haben sich folgende Werte für a und h bewährt:

Seitlicher Abstand in m a	Überragende Höhe in m h
5	8
7	10
10	15

Es empfiehlt sich, an sehr gefährdeten Stellen diese Fangstangen in Abständen von etwa 300 m zu setzen.

Geerdete Seile werden oberhalb der Freileitung gezogen, um die Influenz atmosphärischer Entladungen auf die Freileitung herabzusetzen. Ihre Schutzwirkung gegen Überspannungen ist umstritten; in jedem Falle verbessern sie die Erdung der Maste.

Bei der Ausführung von Freileitungsanlagen werden vielfach Kreuzungen von Bahnen und Fernmeldeleitungen vorkommen. Um solche Kreuzungen einheitlich und ordnungsgemäß ausführen zu können, sind

auf Veranlassung des VDE besondere Bestimmungen der in Frage kom=
menden Behörden, auf Grund gemeinsamer Verhandlungen aufgestellt
worden.

Für die Kreuzungen von Starkstromanlagen mit Bahnen sind in
gemeinsamer Beratung des Reichsverkehrsministeriums und des VDE
die „Bahnkreuzungsvorschriften für fremde Starkstromanlagen BKV
1921" aufgestellt, die seit dem 18. November 1921 gelten und ETZ 1922,
S. 62 veröffentlicht sind. Diese Vorschriften können auch von der Ver=
waltung der deutschen Reichsbahn bezogen werden.

Hinsichtlich der Kreuzungen wird die Reichsbahn durch die nachfol=
genden Amtsstellen vertreten:
im Bereiche der Zweigstelle Preußen=Hessen: durch die Eisenbahndirektionen;
  „   „   „   Bayern: durch die Eisenbahndirektionen;
  „   „   „ E. G. D. Dresden= durch die Bauämter, Neubauämter oder
            Bahnverwaltereien;
  „   „   „ E. G. D. Stuttgart: durch die Bauinspektionen oder Betriebsämter;
  „   „   „ E. G. D. Karlsruhe: „   „ Bahninspektionen;
  „   „   „ E. G. D. Schwerin: „   „ Eisenbahn=Generaldirektion;
  „   „   „ E. D. Oldenburg: „   „ Eisenbahndirektion.

Die für solche Kreuzungen notwendigen Anlagen sind nach den An=
gaben der Reichsbahn, von dem Beliehenen auf seine Kosten und Gefahr,
herzustellen und in ordnungsmäßigem Zustande zu erhalten. Es müssen
ganz bestimmt vorgeschriebene Unterlagen für die Genehmigung ein=
gereicht werden. Für die Bauausführung, die Inbetriebnahme und die
Unterhaltung sind bestimmte Vorschriften gemacht. Die Bahnkreuzungs=
vorschriften enthalten des weiteren noch Unterlagen bezüglich Abschaltung,
Änderungen, Haftung, Kostentragung, Gebühren, Übertragung, Wieder=
ruf und Rechtsweg. Erläuterungen zu diesen Bahnkreuzungsvorschriften
sind ETZ 1922, S. 41 (Rachel) abgedruckt.

Besonders wichtig sind ferner die vom VDE aufgestellten „Allgemeinen
Vorschriften für die Ausführung und den Betrieb neuer elektrischer Stark=
stromanlagen (ausschließlich der elektrischen Bahnen) bei Kreuzungen und
Näherungen von Telegraphen und Fernsprechleitungen", die seit dem
1. Juli 1908 gelten und ETZ 1908, S. 876 abgedruckt sind. Ferner zu
beachten sind die Zusatzbestimmungen des Reichspostministers vom
26. Juli 1922 zu Ziffer 3 der Allgemeinen Vorschriften für die Aus=
führung und den Betrieb neuer elektrischer Starkstromanlagen bei Kreu=
zungen und Näherungen von Telegraphen= und Fernsprechleitungen,
die ETZ 1922, S. 1124 abgedruckt sind.

Weiterhin sind wichtig die „Vorschriften für die bruchsichere Führung
von Hochspannungsleitungen über Postleitungen, die ab 1. Juli 1924
gelten und ETZ 1924, S. 938 und 1926, S. 744 veröffentlicht sind.

Von großer Bedeutung für die Ausführung von Freileitungen ist
die Beachtung der vom VDE aufgestellten „Leitsätze für Maßnahmen an
Fernmelde= und Drehstromanlagen, im Hinblick auf gegenseitige Nähe=
rungen". Sie gelten seit dem 1. Oktober 1925 und sind ETZ 1925, S. 818,

1126 und 1526 abgedruckt. Sie berücksichtigen Fernsprechleitungen und Eisenbahnblockleitungen. Telegraphenleitungen sind nicht berücksichtigt, weil sie im allgemeinen durch Drehstromleitungen nicht gestört werden. Von den Starkstromleitungen werden in den Leitsätzen alle Drehstromleitungen berücksichtigt, mit Ausnahme von solchen mit betriebsmäßig geerdetem Nullpunkt bei Nennspannungen bis 1000 V und mit Ausnahme der übrigen Drehstromleitungen bei Nennspannung bis 3000 V. Zu diesen Leitsätzen seien noch folgende Literaturstellen erwähnt:

ETZ 1907 S. 685 u. 707 (Schrottke); 1920 S. 604 (Brauns); 1924 S. 417 (Jäger); 1925 S. 368 (Eggeling), 836 (Boehm); 1297 (Eggeling), 1350 (Brauns), 1367 (Zastrow) u. 1761 (Jäger); 1926 S. 932 (Böhm) 1927 S. 197 u. 238 (Klewe) Telegraphen= und Fernsprechtechnik 8. Jg. S. 61 (Brauns), S. 173 (Lienemann); 15. Jg. S. 65 (Jäger); Elektrische Nachrichtentechnik Bd. 3 S. 220 (Klewe). Fachberichte der XXXI. Jahresversammlung des VDE 1926 S. 33 (Zastrow) u. S. 36 (Pohlhausen).

§ 23.
Installationen im Freien.

a) Im Freien verlegte Leitungen müssen abschaltbar sein.

Was unter Installationen im Freien zu verstehen ist, ist in § 2d genau angegeben, so daß auf das dort Gesagte verwiesen sei. Unter den Begriff „Installationen im Freien" fallen Anlagen für Beleuchtung von Gärten, Höfen, Bauplätzen, im Freien arbeitende Hebezeuge, Hängebahnen, Bagger usw., ferner sind die Installationen von Reklamebeleuchtungen auf Dächern und auch ein Teil der landwirtschaftlichen Anlagen, soweit sie im Freien sich befinden, hierunter zu rechnen. Die Leitsätze für die Errichtung elektrischer Starkstromanlagen in der Landwirtschaft verlangen deswegen auch in § 5, daß die Anlagen im ganzen oder in ihren Teilen abschaltbar sein müssen. Näheres siehe Teil III.

Hinsichtlich des Isolationszustandes von Leitungen im Freien sei auf die Bestimmung des § 5⁵ verwiesen.

b) Im Freien ist die feste Verlegung von ungeschützten Mehrfachleitungen unzulässig (vgl. § 21g).

c) *Träger und Schutzverkleidungen von Hochspannungleitungen im Freien, die mehr als 750 V gegen Erde führen, müssen durch einen roten Blitzpfeil sichtbar gekennzeichnet sein.*

1. Bei im Freien offen verlegten Leitungen ist der Schutz gegen Berührung besonders zu beachten.

Bezüglich der Kennzeichnung von Trägern und Schutzverkleidungen von Hochspannungsleitungen sei auf das über die normalen Warnungstafeln bei § 2a Gesagte hingewiesen; ebenso wird, bezüglich des unter [1] geforderten besonderen Schutzes gegen Berührung, auf das zu § 3 Gesagte aufmerksam gemacht.

2. Ungeschützte Niederspannungleitungen in Freien sollen so verlegt werden, daß sie ohne besondere Hilfsmittel nicht berührt werden können; sie sollen jedoch mindestens 2½ m vom Erdboden entfernt sein.

3. Ungeschützte Hochspannungleitungen im Freien sollen in der Regel mit ihren tiefsten Punkten mindestens 6 m von der Erde entfernt sein.

In landwirtschaftlichen Anlagen wird nach den in Teil III besonders behandelten Leitsätzen gefordert, daß über Fahrwegen und Wirtschaftshöfen die Leitungen in solcher Höhe zu verlegen sind, daß beim Verkehr beladener Wagen die darauf befindlichen Personen nicht gefährdet werden.

4. Wenn bei Fahrleitungen die in Regel 2 und 3 genannten Maße nicht eingehalten werden können oder die Fahrleitungen lose auf Stützpunkten ruhen müssen, so sollen den Betriebsverhältnissen entsprechend Vorsichtsmaßregeln getroffen werden.

5. Apparate sollen tunlichst nicht im Freien untergebracht werden; läßt sich dieses nicht vermeiden, so soll für besonders gute Isolierung, zuverlässigen Schutz gegen Berührung und gegen schädliche Witterungseinflüsse Sorge getragen werden.

Über Fahrleitungen sind vom VDE „Leitsätze für die Errichtung von Fahrleitungen für Hebezeuge und Transportgeräte" aufgestellt worden, die seit dem 1. Januar 1926 gelten und ETZ 1925, S. 711, 1017 und 1526 abgedruckt sind. Der wichtigste Inhalt dieser Leitsätze ist folgender:

Der Geltungsbereich dieser Bestimmungen bezieht sich auf Fahrleitungen für Hebezeuge und Tranportgeräte, die mit einer Betriebsspannung von nicht mehr als 600 V arbeiten. Höhere Spannungen sind zulässig, doch müssen die Konstruktionen hierfür entsprechend ausgebildet sein.

Der Querschnitt der Fahrleitungen ist hinsichtlich der Erwärmung nach den folgenden Angaben zu bemessen. Hierbei muß der Spannungsabfall in den zulässigen Grenzen gehalten werden. Als geringstzulässige Spannung sind bei Drehstrom 7,5% und bei Gleichstrom 10% unter der Nennspannung der Motoren, Steuer- und Schaltgeräte bei dem betriebsmäßig auftretenden Spitzenstrom zugelassen.

Bis 120 mm² werden Kupferdrähte mit rundem oder profiliertem Querschnitt gemäß nachstehender Zahlentafel verwendet. Bei noch größeren Querschnitten sind Stromschienen aus Eisen mit aufgelegtem Kupferleiter oder reine Kupferschienen zu benutzen.

Die mit Rücksicht auf Erwärmung höchstzulässigen Belastungen sind der nachstehenden Zahlentafel zu entnehmen:

Profil	Querschnitt mm²	Höchstzulässige Stromstärke in A bei	
		100% ED	40% ED
Kupferdraht	30	125	195
	40	150	235
	50	180	280
	80	250	390
	95	290	450
	120	340	530
Kupferschiene	480	1200	1900

Die zweite Spalte gilt für Dauereinschaltung, die dritte für aussetzenden Betrieb mit einer relativen Einschaltdauer von 40%.

Bei Aufstellung der vorstehenden Zahlentafel war für die Belast=
barkeit von Leitern verschiedenen Querschnittes das Verhältnis von Ober=
fläche zu Querschnitt maßgebend, da mit wachsender Oberfläche die Be=
lastung zunimmt. Daher ist dieses Verhältnis bei Kupferschienen zu be=
rücksichtigen. Bei einer Kupferschiene von 480 mm² ist der Schienen=
umfang 197 mm.

Für die Fahrleitungen genügt bei Stützpunkten eine einfache Isola=
tion, wenn die Verlegung auf Porzellandoppelglocken (Kranisalotoren
oder Rillenisolatoren) erfolgt. Zum Endabspannen und Isolieren der
Fahrdrähte genügt ebenfalls einfache Isolation, falls Porzellan= oder
gleichwertige Abspannisolatoren verwendet werden.

Für Räume, in denen sich elektrisch leitender Staub niederschlagen
kann (Hüttenwerke, Gießereien und dgl.), sind nur solche Porzellan= oder
gleichwertige Isolatoren zugelassen, die einen Kriechweg von mindestens
60 mm aufweisen. Unter Kriechweg ist die geringste Oberflächenlänge
auf dem Isolierstoff zwischen dem stromführenden Teil und den geerdeten
Befestigungsmitteln zu verstehen.

In Räumen mit säurehaltiger oder feuchtwarmer Luft sowie in den
Tropen darf nur Porzellan mit einem Kriechweg von mindestens 60 mm
verwendet werden.

Bei einer Gesamtlänge des Fahrdrahtes von nicht mehr als 12 m ist
eine Unterstützung des Drahtes nicht erforderlich. Bei größeren Längen
darf die Stützenentfernung 8 m, bei Stromschienen 2,5 m nicht über=
schreiten.

Die Fahrleitungen sind so zu schützen, daß beim Besteigen des Führer=
standes ein zufälliges Berühren der Leitungen nicht eintreten kann.
Ferner soll auch ein Berühren der Last oder des Lastseiles mit den Lei=
tungen ausgeschlossen sein. Leitungen, die in Schlitzkanälen verlegt sind
(Hafenkrane usw.), sind gegen unbeabsichtigte Berührung zu schützen.

Für die Stromrückleitung durch die Laufschiene sind die „Vorschrif=
ten für elektrische Bahnen" sinngemäß anzuwenden.

Über die Fahrleitungen für Bagger im Tagebau sind in § 47 der Er=
richtungsvorschriften noch Sonderangaben über die Mindesthöhe, die im
allgemeinen anzuwenden ist, gemacht. Im übrigen ist auch auf die vom
VDE aufgestellten „Vorschriften für elektrische Bahnen" zu verweisen.

Der in Regel 5 geforderte Schutz gegen Witterungseinflüsse kann durch
einen geeigneten und haltbaren Anstrich erreicht werden.

§ 24.

Leitungen in Gebäuden.

a) Innerhalb von Gebäuden müssen alle gegen Erde unter Spannung
stehenden Leitungen mit einer Isolierhülle im Sinne des § 19 versehen sein.
Nur in Räumen, in denen erfahrungsgemäß die Isolierhülle durch chemische Einflüsse rascher Zerstörung ausgesetzt ist, ferner für Kontakt-

leitungen und dergleichen dürfen blanke spannungführende Leitungen Verwendung finden, wenn sie vor Berührung hinreichend geschützt sind.

b) Bei Hochspannung sind ungeerdete blanke Leitungen außerhalb elektrischer Betriebs- und Akkumulatorenräume nur als Kontaktleitungen gestattet. Sie müssen an geeigneter Stelle mit Schalter allpolig abschaltbar sein. Für Fahrleitungen gilt § 23⁴.

Außer den im vorliegenden Paragraph gemachten Angaben über die Verlegung von Leitungen in Gebäuden gelten naturgemäß noch die Angaben des § 21, der die allgemeinen Bestimmungen über Leitungsverlegung enthält.

Vom VDE sind „Leitsätze für die Herstellung und Einrichtung von Gebäuden bezüglich Versorgung mit Elektrizität" aufgestellt worden, über deren Inhalt bei § 21 die wesentlichsten Angaben bereits gemacht sind. Ebenso sei auch auf die bei § 23 bereits behandelten „Leitsätze für die Errichtung von Fahrleitungen für Hebezeuge und Transportgeräte" des VDE verwiesen. Für landwirtschaftliche Anlagen sind in § 3 der „Leitsätze für die Errichtung elektrischer Starkstromanlagen in der Landwirtschaft" besondere Angaben über die Verlegung der Leitungen in Gebäuden gemacht, und es sei daher auf die in Teil III, diesbezüglich wiedergegebenen ausführlichen Bestimmungen verwiesen.

c) Bei Abzweigstellen muß den auftretenden Zugkräften durch geeignete Anordnungen Rechnung getragen werden.

Bezüglich der Ausführung von Hauptleitungsabzweigen sei auf die vom VDE aufgestellten „Vorschriften, Regeln und Normen für plombierbare Hauptleitungs-Abzweigkasten 500 V", über die bei § 21 ausführliche Angaben gemacht sind, verwiesen.

d) Durch Wände, Decken und Fußböden sind die Leitungen so zu führen, daß sie gegen Feuchtigkeit, mechanische und chemische Beschädigung, sowie Oberflächenleitung ausreichend geschützt sind.

1. Die Durchführungen sollen entweder der in den betreffenden Räumen gewählten Verlegungsart entsprechen oder es sollen haltbare isolierende Rohre verwendet werden, und zwar für jede einzeln verlegte Leitung und für jede Mehrfachleitung je ein Rohr.

In feuchten Räumen sollen entweder Porzellan- oder gleichwertige Rohre verwendet werden, deren Gestalt keine merkliche Oberflächenleitung zuläßt oder die Leitungen sollen frei durch genügend weite Kanäle geführt werden.

Über Fußböden sollen die Rohre mindestens 10 cm vorstehen; sie sollen gegen mechanische Beschädigung sorgfältig geschützt sein. *Bei Hochspannung sollen die Rohre außerdem an Decken und Wandflächen mindestens 5 cm vorstehen.*

Wenn eine Leitung durch eine Wand aus dem Freien oder aus einem feuchten nach einem trockenen Raume geführt und dabei die auf der einen Seite offen und getrennt geführten Leitungen beider Pole auf der anderen Seite in gemeinsamer Schutzhülle (Rohr, Rohrdraht, Kabel) weitergeführt werden sollen, kann der Durchgang durch die Wand in getrennten oder in einem gemeinsamen Rohr erfolgen, wenn das Innere des gemeinsamen Rohrs zuverlässig gegen Eindringen oder Bildung von Feuchtigkeit geschützt ist. Erfahrungsgemäß wird das Abdichten der Rohre am Ort der Verlegung häufig mangelhaft ausgeführt; die Art der Ausführung ist nur schwer nachprüfbar. Für landwirtschaftliche Anlagen wird daher nach den Leitsätzen, die in Teil III ausführlich behandelt sind, gefordert, daß Mauerdurchführungen so herzustellen sind, daß Wasser von außen nicht eindringen, das Schwitzwasser aber ablaufen kann. Für Wand= und Deckendurchführungen in feuchten Räumen sind, soweit nicht offene Durchführungen oder Kabel verwendt werden, nur fabrika= tionsmäßig hergestellte Durchführungen zu verwenden.

Bezüglich der Einführung von Leitungen in Gebäude sei auf das zu § 22b Gesagte aufmerksam gemacht. Dachständer sollen möglichst nicht auf dem First angebracht werden.

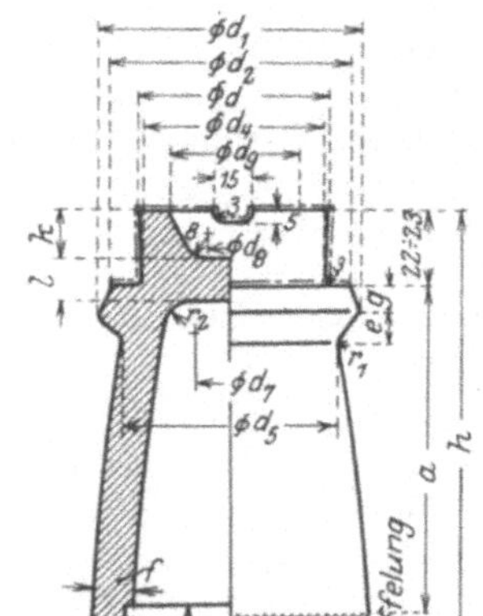

§ 25.

Isolier- und Befestigungskörper.

a) Holzleisten sind unzulässig.

b) Krampen sind nur zur Befestigung von betriebsmäßig geerdeten Leitungen zulässig, wenn dafür gesorgt ist, daß der Leiter weder mechanisch noch chemisch durch die Art der Befestigung beschädigt wird.

c) Isolierglocken müssen so angebracht werden, daß sich in ihnen kein Wasser ansammeln kann.

d) Isolierkörper müssen so angebracht werden, daß sie die Leitungen in ange-messenem Abstand voneinander, von Ge-bäudeteilen, Eisenkonstruktionen und der-gleichen entfernt halten.

1. Bei Führung von Leitungen auf gewöhn-lichen Rollen längs der Wand soll auf höch-stens 1 m eine Befestigungsstelle kommen. Bei

Bezeichnung	a	b	c	d	d_1	d_2	d_3	d_4 Maße
S 1	41÷44	12	7	39÷41	59÷62	55÷58	39÷41	37÷39
S 2	105÷109	12	9	59÷62	78÷83	76÷80	57÷61	57÷60
S 3	130÷135	12	12	59÷62	83÷89	80÷85	66÷72	57÷60
S 4	185÷192	18	15	59÷62	88÷94	85÷90	76÷82	57÷60
S 5	245÷255	20	16	59÷62	95÷101	90÷96	84÷91	57÷60
S 11	41÷44	12	7	84÷88	103÷109	101÷106	82÷87	82÷86
S 22	105÷109	12	9	84÷88	103÷109	101÷106	82÷87	82÷86
S 33	130÷135	12	12	84÷88	108÷115	105÷111	92÷99	82÷86
S 44	185÷192	18	15	84÷88	113÷120	110÷116	101÷108	82÷86
S 55	245÷255	20	16	84÷88	120÷127	115÷122	109÷117	82÷86

Führung an der Decke können den örtlichen Verhältnissen entsprechend ausnahmsweise größere Abstände gewählt werden.

⚒ | In B. u. T. sind gewöhnliche Rollen unzulässig. |

2. Mehrfachleitungen sollen nicht so befestigt werden, daß ihre Einzelleiter aufein
ander gepreßt sind.

Bezüglich der Ausführung der Isolatoren sei auf das zu § 22a Gesagte
verwiesen. Über die Ausführung der Isolatoren bestehen die vom VDE
aufgestellten „Normen und Prüfvorschriften für Porzellanisolatoren".
Diese erstrecken sich, außer auf die in § 22 schon behandelten Freileitungs=
isolatoren, auch auf Isolatoren für Niederspannungsinstallationen in
gedeckten Räumen und im Freien. Darüber sind Normenblätter gemäß
nachstehender Aufstellung geschaffen.

1. Stützenisolator s. DIN VDE 8010. ETZ 1922, S. 27.

2. Isolatorstützen zu dem unter 1. genannten Isolator:
    a) Gerade Stütze s. DIN VDE 8054,
    b) Gebogene Stütze s. DIN VDE 8053.

3. Mantelrollen:
    a) für Schraubenbefestigung s. DIN VDE 8021, ETZ 1922, S. 26.
    b) für Stützenbefestigung s. DIN VDE 8022. ETZ 1922, S. 26.

4. Isolatorstützen zu den unter 3b genannten Mantelrollen:
    a) Gerade Stützen s. DIN VDE 8052.

5. Tüllen s. DIN VDE 8030. ETZ 1924, S. 1095.

6. Rollen s. DIN VDE 8031. ETZ 1924, S. 1096.

7. Klemmen s. DIN VDE 8032.

Weiter beziehen sich diese Normen des VDE auch noch auf Stützer
und Durchführungen; dafür sind je 10 normale Größen festgelegt. Die
Abmessungen derselben sind nachstehend wiedergegeben während bezüg=
lich der Prüfvorschriften auf ETZ 1920, S. 740 verwiesen sei.

Bezüglich des im Absatz d) erwähnten angemessenen Abstandes sei
auf die §§ 21⁴ bis 21⁷ verwiesen.

in mm

d_5	d_6	d_7	d_8	d_9	D	e	f	g	h	i	k	r_1	r_2
50÷53	43÷46	10	5	25	59÷62	7	10	12	75÷79	10	15	4	10
66÷70	63÷68	20	16	42	83÷88	10	13	16	139÷144	13	15	5	10
68÷72	72÷78	17	16	42	94÷100	12	14	18	164÷170	14	15	6	10
76÷81	84÷90	14	16	42	108÷114	12	16	20	225÷233	16	14	7	15
82÷87	92÷99	7	20	42	120÷127	12	18	20	287÷298	18	13	7	20
91÷96	88÷94	35	30	50	108÷114	7	13	12	75÷79	10	15	4	10
91÷96	88÷94	45	41	67	108÷114	10	13	16	139÷144	13	15	5	10
93÷98	97÷104	42	41	67	120÷127	12	14	18	164÷170	14	15	6	10
101÷107	109÷116	39	41	67	133÷140	12	16	20	225÷233	16	14	7	15
107÷113	117÷125	32	41	67	145÷153	12	18	20	287÷298	18	13	7	20

Durchführungen.

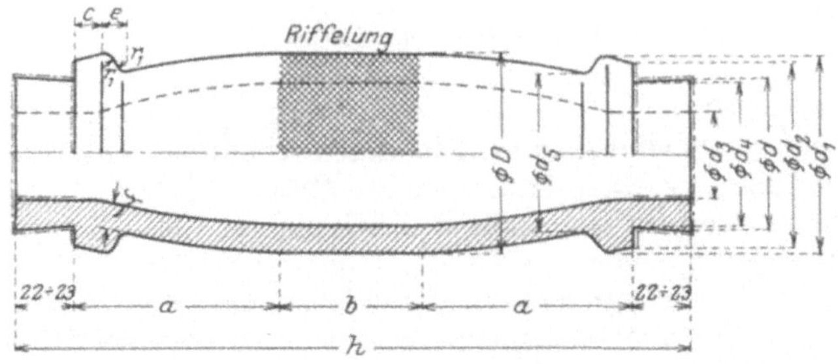

Be-zeich-nung	a	b	c	d	d_1	d_2	Maße
D 1	41÷44	50÷52	7	39÷41	59÷62	55÷58	
D 2	105÷109	60÷62	9	59÷62	78÷83	76÷80	
D 3	130÷135	72÷75	12	59÷62	83÷89	80÷85	
D 4	185÷192	80÷83	15	59÷62	88÷94	85÷90	
D 5	245÷255	90÷93	16	59÷62	95÷101	90÷96	
D 11	41÷44	50÷52	7	84÷88	103÷109	101÷106	
D 22	105÷109	60÷62	9	84÷88	103÷109	101÷106	
D 33	130÷135	72÷75	12	84÷88	108÷115	105÷111	
D 44	185÷192	80÷83	15	84÷88	113÷120	110÷116	
D 55	245÷255	90÷93	16	84÷88	120÷127	115÷122	

§ 26.

Rohre.

a) Rohre und Zubehörteile (Dosen, Muffen, Winkelstücke usw.) aus Papier müssen imprägniert sein und einen Metallüberzug haben.

1. Dosen sollen entweder feste Stutzen oder hinreichende Wandstärke zur Aufnahme der Rohre haben.

2. Rohrähnliche Winkel-, T-, Kreuzstücke und dergleichen sollen als Teile des Rohrsystemes in gleicher Weise ausgekleidet sein wie die Rohre selbst. Scharfe Kanten im Inneren sind auf alle Fälle zu vermeiden.

b) Rohre aus Metall oder mit Metallüberzug müssen bei Hochspannung in solcher Stärke verwendet werden, daß sie auch den zu erwartenden mechanischen und chemischen Angriffen widerstehen.

Bei Hochspannung sind die Stoßstellen metallener Rohre metallisch zu ver-binden und die Rohre zu erden.

In B. u. T. gelten beide Absätze auch für Niederspannung.

Soweit Bauarten von Rohren auf dem Markte sind, die das Prüf-zeichen des VDE erhalten haben, sollte diesen der Vorzug gegeben werden, da bei ihnen die Sicherheit vorhanden ist, daß sie allen VDE-Bestimmungen entsprechen. Näheres darüber s. Teil IV C.

Über Rohre sind vom VDE besondere „Vorschriften für Isolierrohre" aufgestellt worden, die seit dem 1. Juli 1926 in Kraft sind. Sie sind veröffentlicht ETZ 1926, S. 686 und 705. Nachstehend seien die wichtigsten Bestimmungen darüber wiedergegeben.

Für Isolierrohre mit gefalztem Mantel aus Messingblech oder verbleitem Eisenblech nach DIN VDE 9030 und für Stahlpanzerrohre nach DIN VDE 9010 ist vorgeschrieben, daß jedes Rohr ein Ursprungszeichen tragen muß, das den Hersteller erkennen läßt; die durch die Prüfstelle des VDE mit Erfolg geprüften Rohre erhalten außerdem das VDE-Zeichen. Diese Kennzeichen müssen mindestens einmal auf jedem Rohr haltbar angebracht werden.

Das Papierrohr muß so getränkt sein, daß sich beim Abwickeln im Innern keine unimprägnierten Stellen vorfinden.

Wird ein gebrauchsfertiges Rohr von 1 m Länge während 10 min

in mm

d_3	d_4	d_5	D	e	f	h	r_1
$15 \div 17$	$37 \div 39$	$50 \div 53$	$59 \div 62$	7	10	$176 \div 186$	4
$35 \div 37$	$57 \div 60$	$66 \div 70$	$83 \div 88$	10	13	$314 \div 326$	5
$35 \div 37$	$57 \div 60$	$68 \div 72$	$94 \div 100$	12	14	$376 \div 391$	6
$35 \div 37$	$57 \div 60$	$76 \div 81$	$108 \div 114$	12	16	$494 \div 513$	7
$35 \div 37$	$57 \div 60$	$82 \div 87$	$120 \div 127$	12	18	$624 \div 649$	7
$60 \div 63$	$82 \div 86$	$91 \div 96$	$108 \div 114$	7	10	$176 \div 186$	4
$60 \div 63$	$82 \div 86$	$91 \div 96$	$108 \div 114$	10	13	$314 \div 326$	5
$60 \div 63$	$82 \div 86$	$93 \div 98$	$120 \div 127$	12	14	$376 \div 391$	6
$60 \div 63$	$82 \div 86$	$101 \div 107$	$133 \div 140$	12	16	$494 \div 513$	7
$60 \div 63$	$82 \div 86$	$107 \div 113$	$145 \div 153$	12	18	$624 \div 649$	7

bei 70° C erwärmt, so dürfen sich an der Innenwand keine Tropfen infolge Ausschwitzens von Imprägniermasse zeigen. Beim Durchsehen ist festzustellen, ob sich die innere Papierlage während des Erwärmungsversuches losgeschält oder die lichte Weite des Rohres sonst verändert hat.

Für Isolierrohre mit gefalztem Mantel aus Messingblech oder verbleitem Eisenblech ist außerdem noch folgendes bestimmt:

Ein abgemanteltes Rohrstück von 10 cm Länge ist in wagerechter Lage auf seiner ganzen Länge gleichmäßig mit einem Gewicht von 10 kg 5 min zu belasten. Hierbei darf sich das Rohr bei 20° C Raumtemperatur nicht um mehr als 10% seines Außendurchmessers verändern. Diese Bestimmung gilt für alle Rohrweiten.

Für beide Rohrarten sind außerdem noch Prüfvorschriften aufgestellt.

Die Abmessungen der Rohre sind in den Normenblättern DIN VDE 9010 und 9030, die ETZ 1926, S. 58 abgedruckt sind, festgelegt. Außerdem ist über Isoliergummirohre vom VDE noch ein Normenblatt aufgestellt worden, das die Bezeichnung DIN VDE 9000 trägt. Ein Entwurf desselben ist ETZ 1926, S. 427 veröffentlicht. Darin sind die Abmessungen der Innen- und Außendurchmesser, die Fabrikationslängen, die Art des Werkstoffes und die Abmessungen der zu verwendenden Muffen festgelegt.

Isolierrohre mit dünnem Metallüberzug sind unter Putz zulässig[1].

---

[1] ETZ 1925, S. 1514.

Ein Schutz gegen Beschädigung der Leitungen durch eingeschlagene Nägel ist nicht allgemein vorgeschrieben. Er erscheint nur dort am Platze, wo durch die Lage der Rohre und die Benutzungsart des Raumes eine besondere Gefahr der Verletzung besteht.

In feuchten und durchtränkten Räumen müssen gemäß § 31² Schutzrohre gegen mechanische und chemische Angriffe geschützt sein. Dies kann durch geeigneten und dauerhaften Anstrich erreicht werden.

c) In ein und dasselbe Rohr dürfen nur Leitungen verlegt werden, die zu dem gleichen Stromkreis gehören (siehe §§ 21h und 28i).

d) Drahtverbindungen und Abzweigungen innerhalb der Rohrsysteme sind nur in Dosen, Abzweigkasten, T- und Kreuzstücken und nur durch Verschraubung auf isolierender Unterlage zulässig.

3. Rohre sollen so verlegt werden, daß sich in ihnen kein Wasser ansammeln kann.

4. Bei Rohrverlegung sollen im allgemeinen die lichte Weite, sowie die Anzahl und der Halbmesser der Krümmungen so gewählt sein, daß man die Drähte einziehen und entfernen kann. Von der Auswechselbarkeit der Leitungen kann abgesehen werden, wenn die Rohre offen verlegt und jederzeit zugänglich sind. Die Rohre sollen an den freien Enden mit entsprechenden Armaturen, z. B. Tüllen versehen sein, so daß die Isolierung der Leitungen durch vorstehende Teile und scharfe Kanten nicht verletzt werden kann.

5. Unter Putz verlegte Rohre, die für mehr als einen Draht bestimmt sind, sollen mindestens 11 mm lichte Weite haben.

Bezüglich der Ausführung der Drahtverbindungen und Abzweigungen sei auf § 21¹⁴ verwiesen.

Damit die Isolierung durch eventuelle scharfe Kanten an den Enden der Rohre nicht Schaden leidet, werden die Rohre mit Tüllen versehen. Diese sind vom VDE genormt, worüber Angaben durch DIN VDE 8030 (ETZ 1924, S. 1095) gemacht sind.

In landwirtschaftlichen Anlagen gilt nach den in Teil III besonders behandelten Leitsätzen in ständig trockenen Räumen die Verlegung der Leitungen in Rohr oder als Rohrdraht als Regel. Sind die Räume aber zeitweilig feucht (z. B. Haus- und Wohnküchen), so müssen die Rohre einen Schutzanstrich erhalten. Sind dagegen die Räume dauernd feucht (wie Stallungen, Molkereien, Futterküchen usw.), so wird empfohlen, die Leitungen an der Außenseite der Gebäude zu verlegen und nur kurze Ableitungen zu den einzelnen Verbrauchsstellen einzuführen.

Bei Elektrizitätswerken, für die die Normalanschlußvorschriften der Vereinigung der Elektrizitätswerke gelten, sind über die Verwendung von Rohren zur Rückleitung im § 16b dieser Normalanschlußvorschrift, die im Teil IV dieses Buches unter H abgedruckt ist, besondere Bestimmungen gemacht.

§ 27.

Kabel.

a) Blanke und asphaltierte Bleikabel dürfen nur so verlegt werden, daß sie gegen mechanische und chemische Beschädigungen geschützt sind (siehe auch § 21h).

1. Bleikabel jeder Art, mit Ausnahme von Gummi-Bleikabeln bis 750 V, dürfen nur mit Endverschlüssen, Muffen oder gleichwertigen Vorkehrungen, die das Eindringen von Feuchtigkeit verhindern und gleichzeitig einen guten elektrischen Anschluß gestatten, verwendet werden.

2. Die Entfernung der Befestigungsstellen der Kabel soll in B. u. T. 3 m nicht übersteigen, außer in Bohrlöchern und Schächten. Für Schächte siehe § 40.

3. In B. u. T. ist die Bewehrung von Kabeln nach Möglichkeit zu erden. An Muffen und ähnlichen Stellen sind die Bewehrungen leitend zu verbinden.

Über die verschiedenen Arten von Kabeln, die in Frage kommen, geben § 19², sowie das dazu und zu den Vorschriften für isolierte Leitungen in Starkstromanlagen Gesagte Aufschluß.

Außer den in diesem Paragraphen gemachten Angaben über die Verlegung der Kabel gelten naturgemäß noch die Bestimmungen des § 21, der das Allgemeine über Leitungsverlegung enthält.

Nach den Leitsätzen für Schutzerdung in Hochspannungsanlagen sind in gedeckten Räumen Kabelarmaturen mit anderen, betriebsmäßig keine Spannung führenden Metallteilen, die in der Nähe sind, leitend zu verbinden und zu erden.

Kabelendverschlüsse fallen gemäß den zur Zeit noch bestehenden Leitsätzen für die Konstruktion und Prüfung von Wechselstrom-Hochspannungsapparaten von einschließlich 1500 V Nennspannung aufwärts unter deren Bestimmungen. In dem neuen Entwurf betr. Hochspannungsschaltgerät der ETZ 1927, S. 120 veröffentlicht ist, sind aber Kabelendverschlüsse nicht mehr enthalten, so daß sie also nach dem 1. Juli 1928 nicht mehr unter diese Bestimmungen fallen.

Über Kabelgarniturteile hat der VDE eine große Anzahl von Normenblättern aufgestellt, über die nachstehendes Verzeichnis Aufschluß gibt.

DIN VDE	Aufschrift	Veröffentlicht ETZ	Letzte Ausgabe
7600	Verbindungsmuffen für Einleiterkabel 6 bis 1000 mm² Leiterquerschnitt, Spannungen bis 750 V	—	VII. 25.
7601 2 Bl. 1,	Verbindungsmuffen für Mehrleiterkabel 6 bis 400 mm² Leiterquerschnitt, Spannungen bis 10000 V	—	VII. 25.
7602	Bleiverbindungsmuffen für Einleiterkabel bis 1000 mm² Leiterquerschnitt, Spannungen bis 750 V	—	VII. 25.
7603	Schutzverbindungsmuffen zu Bleiverbindungsmuffen für Einleiterkabel bis 1000 mm² Leiterquerschnitt, Spannungen bis 750 V	—	VII. 25.
7604 Bl. 1 Bl. 2	Bleiverbindungsmuffen für Mehrleiterkabel bis 400 mm² Leiterquerschnitt, Spannungen bis 10000 V	— —	VII. 25. X. 25.

DIN VDE	Aufschrift	Veröffentlicht ETZ	Letzte Ausgabe
7605	Schutzverbindungsmuffen zu Bleiverbindungs=muffen für Mehrleiterkabel bis 400 mm² Leiter=querschnitt, Spannungen bis 10000 V	—	VII. 25.
7620	Abzweigmuffen für ungeschnittene Einleiter=kabel bis 1000 mm² Leiterquerschnitt, Span=nungen bis 750 V	—	VII. 25.
7621	Abzweigmuffen für Mehrleiterkabel bis 400 mm² Leiterquerschnitt, Spannungen bis 10000 V		
Bl. 1		—	VII. 25.
Bl. 2		—	X. 25.
7630	Hausanschlußmuffen für Mehrleiterkabel bis 120 mm² Leiterquerschnitt, Spannungen bis 750 V	—	VII. 25.
7635	Dichtungsnuten und Falze für Kabelmuffen	—	VII. 25.
7640 Bl. 1, 2	Stege für Verbindungsmuffen, Spannungen bis 10000 V	—	VII. 25.
7641 Bl. 1, 2	Stege für Abzweigmuffen, Spannungen bis 10000 V	—	VII. 25.
7650	Schraubhülsen für Kabelleiter 6 bis 1000 mm² Kupfer=Rundleiterquerschnitt	—	VII. 25.
7651	Abzweig=Schraubhülsen für Kabelleiter 6 bis 1000 mm² Kupfer=Rundleiterquerschnitt	—	VII. 25.
7652	Kappen=Schraubhülsen für Kabelleiter 6 bis 400 mm² Kupfer=Rundleiterquerschnitt	—	X. 25.
7653	Befestigungsring und Dichtscheibe für Kappen=Schraubhülsen für Durchführungen nach DIN VDE 8080	—	X. 25.
7655	Löthülsen für Prüfdrähte und Kabelleiter 1 bis 4 mm² Kupfer=Leiterquerschnitt	—	VII. 25.
7660	Isolierhülsen für Prüfdrähte und Kabelleiter 1 bis 4 mm² Kupfer=Rundleiterquerschnitt	—	VII. 25.
7670	Deckel=Abzweigklemmen für Einleiterkabel 16 bis 1000 mm² Kupfer=Rundleiterquerschnitt	—	VII. 25.
7671	Tatzen=Abzweigklemmen für Kabelleiter 6 bis 120 mm² Kupfer=Rundleiterquerschnitt	—	VII. 25.
7675	Entlüftungs=Erdungsschrauben für Kabelmuffen und Endverschlüsse	—	VII. 25.
7676	Gewindestift mit Kegelansatz für Kegel=End=verschlüsse nach DIN VDE 7692	—	X. 25.
7680	Kabelschuhe für Kabelleiter 10 bis 50 mm² Kupfer=Rundleiterquerschnitt	—	VII. 25.
7689	Montageanweisungen für Kabelmuffen bis 10000 V	—	X. 25.

DIN VDE	Aufschrift	Veröffentlicht ETZ	Letzte Ausgabe
7690	Flach-Endverschlüsse für Innenräume und blanke Anschlußleitung für Dreileiterkabel 6 bis 400 mm² Leiterquerschnitt, Spannungen bis 10000 V	—	X. 25.
7691	Fassungen mit Dichtscheiben für Flach-Endverschlüsse nach DIN VDE 7690	—	X. 25.
7692 Bl. 1, 2	Kegel-Endverschlüsse für Ein- und Mehrleiterkabel in Innenräumen, Spannungen bis 10000 V	—	X. 25.
7693	Deckel für Kegel-Endverschlüsse nach DIN VDE 7692	—	X. 25.
7694 Bl. 1, 2	Zylinder-Endverschlüsse für Ein- und Mehrleiterkabel in Innenräumen, Spannungen bis 750 V	—	X. 25.
7695	Deckel für Zylinder-Endverschlüsse nach DIN VDE 7694	—	X. 25.
7696	Befestigungsschellen für Zylinder-Endverschlüsse nach DIN VDE 7694	—	X. 25.
7699	Montageanweisungen für Kabel-Endverschlüsse bis 10000 V	—	X. 25.

Über die beim Verlegen von Kabeln verwendeten Ausgußmassen hat der VDE Vorschriften aufgestellt, die den Titel haben: „Vorschriften für die Bewertung und Prüfung von Vergußmassen für Kabelzubehörteile". Sie gelten ab 1. Juli 1927 und sind ETZ 1927, S. 25 abgedruckt. Diese Vorschriften enthalten Bestimmungen über die Zusammensetzung und die notwendigen Eigenschaften der Massen. Ferner sind Prüfvorschriften zur Untersuchung der Vergußmassen im einzelnen festgelegt.

Kabel können leicht durch Erdströme elektrischer Bahnen, durch Fremdströme von Nachbarkabeln, durch Eigenströme bei Kabelfehlern, sowie durch Elementbildung infolge ungünstiger Bodenbeschaffenheit gefährdet werden. Näheres darüber ist aus ETZ 1921, S. 1451 (Michalke) zu ersehen.

b) Es ist farauf zu achten, daß an den Befestigungsstellen der Bleimantel nicht eingedrückt oder verletzt wird; Rohrhaken sind unzulässig.

Bei freiliegenden Kabeln ist eine brennbare Umhüllung verboten.

✠ 4. Bei der Verlegung von Kabeln in Förderstrecken u. T. ist darauf zu achten. daß sie einer Beschädigung durch entgleisende Fahrzeuge entzogen sind,

c) Prüfdrähte sind wie die zugehörenden Kabeladern zu behandeln.

Bei Hochspannung sind sie so anzuschließen, daß sie nur zur Kontrolle der zugehörenden Kabeladern dienen.

Nach den Vorschriften für isolierte Leitungen in Starkstromanlagen sind Prüfdrähte nur zulässig bei Kabeln bis 750 V. Ihr Querschnitt muß mindestens 1 mm² betragen.

Entsprechend den Leitsätzen für den Schutz elektrischer Anlagen gegen Überspannungen ist es zu empfehlen, bei allen Kabeln über 20 kV Schutzschalter zu verwenden. Auch bei niedrigeren Spannungen ist dasselbe ratsam, wenn die Ladeleistung der geschalteten Leitung größer ist als ein Zehntel der kleinsten speisenden Kraftwerkleistung. Der Widerstand des Schutzschalters soll für jeden Pol sein:

$$R = \frac{E'}{J_l}\,\Omega\,,$$

wobei E' die Spannung je Pol und J_l der Ladestrom der geschalteten Leitungen ist.

H. Behandlung verschiedener Räume.

Für die in den §§ 28 bis 36 behandelten Räume treten die allgemeinen Vorschriften insoweit außer Kraft, als die folgenden Sonderbestimmungen Abweichungen enthalten.

§ 28.
Elektrische Betriebsräume.

a) Entgegen § 3a kann in Niederspannungsanlagen von dem Schutz gegen zufällige Berührung blanker, unter Spannung gegen Erde stehender Teile insoweit abgesehen werden, als dieser Schutz nach den örtlichen Verhältnissen entbehrlich oder der Bedienung und Beaufsichtigung hinderlich ist.

b) *Entgegen § 3b kann bei Hochspannung die Schutzvorrichtung insoweit auf einen Schutz gegen zufällige Berührung beschränkt werden, als ein erhöhter Schutz nach den örtlichen Verhältnissen entbehrlich oder der Bedienung und Beaufsichtigung hinderlich ist.*

c) *Bei Hochspannung sind auch solche blanke Leitungen gestattet, die nicht Kontaktleitungen sind (siehe § 24b). Sie müssen jedoch nach § 3b der Berührung entzogen sein.*

In B. u. T. fällt diese Erleichterung fort. Auch bei Niederspannung sind blanke Leitungen nur in abgeschlossenen elektrischen Betriebsräumen (siehe § 21e) oder als Fahrleitungen (siehe § 42) zulässig.

d) Schalter mit Ausnahme von Ölschaltern brauchen der Bestimmung in § 11a, Absatz 1 nur bei der Stromstärke zu genügen, für deren Unterbrechung sie bestimmt sind. Auf solchen Schaltern ist außer der Betriebspannung und Betriebstromstärke auch die zulässige Ausschaltstromstärke zu vermerken.

e) Entgegen § 11h können Nulleiter und betriebsmäßig geerdete Leitungen auch einzeln abtrennbar gemacht werden.

f) Entgegen § 12b sind auch bei nicht allpolig abschaltenden Anlassern besondere Ausschalter nicht notwendig.

In B. u. T. fällt diese Erleichterung fort.

1. Entgegen § 12² sind Schutzverkleidungen für Anlasser und Widerstände nicht unbedingt erforderlich.

g) Die in § 21a geforderte Schutzverkleidung ist bei Niederspannung und bei *isolierten Hochspannungleitungen unter 1000 V* nur insoweit erforderlich, als die Leitungen mechanischer Beschädigung ausgesetzt sind.

h) Aus besonderen Betriebsrücksichten kann entgegen § 14b von der Unverwechselbarkeit der Schmelzeinsätze abgesehen werden.

i) Bei Schalt- und Signalanlagen ist es entgegen § 26c gestattet, Leitungen verschiedener Stromkreise in einem Rohr zu verlegen.

k) *Entgegen § 18i sind Handleuchter bei Gleichstrom bis 1000 V zulässig.*

⚒ | *In B. u. T. fällt diese Erleichterung fort.* |

l) Maschinen mit Führerbegleitung. Bei Hebezeugen und verwandten Transportmaschinen müssen die Fahrleitungen am Zugang zur Maschine gegen zufällige Berührung geschützt sein.

Die Fahrleitungen müssen durch Schalter abschaltbar sein.

Die fest verlegten isolierten Leitungen müssen im und am Führerstand gegen Beschädigung geschützt sein.

Handleuchter sind bei Wechselstrom nur für Niederspannung zulässig.

Im übrigen gelten die Führerstände als elektrische Betriebsräume.

Was unter elektrischen Betriebsräumen zu verstehen ist, wurde in § 2e festgelegt. In solchen Räumen sind eine Anzahl von Erleichterungen (a—k) zugelassen worden. Das findet darin seine Begründung, daß es sich in diesen Räumen nur um unterwiesenes Personal handeln kann. Die Erleichterungen sind z. T. auch insofern begründet, daß die Instandhaltung und die Bedienung durch manche Schutzeinrichtung behindert wird.

Bezüglich der im Abschnitt 1 erwähnten Fahrleitungen sei auf die vom VDE aufgestellten Leitsätze für die Errichtung von Fahrleitungen für Hebezeuge und Transportgeräte hingewiesen, über die bei § 23 das wesentlichste gesagt ist.

§ 29.

Abgeschlossene elektrische Betriebsräume.

a) In solchen Räumen gelten die Bestimmungen für elektrische Betriebsräume *mit der Maßgabe, daß bei Hochspannung ein Schutz der unter Spannung stehenden Teile nur gegen zufällige Berührung durchgeführt werden muß.*

⚒ | *Für B. u. T. siehe § 28c.* |

1. *Als Hilfsmittel gegen zufälliges Berühren spannungführender Teile kommen in Betracht: Trennwände zwischen den Feldern der Schaltanlage, Trennwände zwischen den einzelnen Phasen, Schutzgitter, feste und zuverlässig befestigte Geländer, selbsttätige Ausschalt- oder Verriegelungsvorrichtungen.*

2. *Der Verschluß der Räume soll so eingerichtet sein, daß der Zutritt nur den berufenen Personen möglich ist.*

b) Bei Hochspannung dürfen entgegen § 7a Transformatoren ohne geerdetes Metallgehäuse und ohne besonderen Schutzverschlag aufgestellt werden, wenn ihr Körper geerdet ist.

Was unter abgeschlossenen elektrischen Betriebsräumen zu verstehen ist, ist in § 21 festgelegt. Da demgemäß diese Räume nur durch beauftragte Personen geöffnet werden dürfen, war es möglich, hier noch weitere Erleichterungen zu gewähren.

Es sei ferner auf § 5d der Betriebsvorschriften des VDE (vgl. Teil IV B) hingewiesen, wonach die Schlüssel zu den abgeschlossenen elektrischen Betriebsräumen von den dazu Berufenen unter sicherer Verwahrung zu halten sind. Zur einwandsfreien Durchführung dieser Bestimmung wird es zweckmäßig sein, schon bei der Herstellung der Anlage entsprechend Rücksicht zu nehmen.

§ 30.
Betriebstätten

a) Entgegen § 21a dürfen bei Niederspannung die im Handbereich liegenden Zuführungsleitungen zu Maschinen ungeschützt verlegt werden, wenn sie einer Beschädigung nicht ausgesetzt sind.

b) Bei Hochspannung müssen ausgedehnte Verteilungsleitungen während des Betriebes für Notfälle ganz oder streckenweise spannunglos gemacht werden können.

Was unter Betriebsstätten zu verstehen ist, ist in § 2g festgelegt. Wenn diese Räume auch durch nicht unterwiesenes Personal betreten werden dürfen, so ist die gewährte Erleichterung doch insofern berechtigt, als hier Personen im allgemeinen nur in beschränktem Umfange Zutritt haben, und die in der Nähe elektrischer Teile Tätigen mit den örtlichen Verhältnissen vertraut sind. Diese Erleichterung ist im Hinblick auf eine geregelte Abwicklung des Betriebes sachlich begründet.

Gemäß § 21² dürfen ungeschützte Schnüre nicht verwendet und ein etwaiger Metallschutz soll geerdet werden.

§ 31.
Feuchte, durchtränkte und ähnliche Räume.

a) Die nicht geerdeten, nach diesen Räumen führenden Leitungen müssen allpolig abschaltbar sein.

b) Für Spannungen über 1000 V sind nur Kabel zulässig.

> In B. u. T. sind in Räumen, in denen Tropfwasser auftritt, für Niederspannung nur Kabel und in Rohren nach § 26b verlegte Gummiaderleitungen zulässig.

Für Hochspannung sind nur Kabel gestattet.

c) Festverlegte Mehrfachleitungen sind nicht zulässig.

d) Ortsveränderliche Leitungen müssen durch eine schmiegsame Umhüllung gegen Beschädigung besonders geschützt sein.

1. Bei offenen verlegten Leitungen ist der Schutz gegen Berührung (siehe § 3) besonders zu beachten.

2. Offen verlegte ungeerdete blanke Leitungen sollen in einem Abstand von mindestens 5 cm voneinander und 5 cm von der Wand auf zuverlässigen Isolierkörpern verlegt werden (siehe § 21⁴). Sie können mit einem der Natur des Raumes entsprechenden haltbaren Anstrich versehen sein.

Schutzrohre sollen gegen mechanische und chemische Angriffe hinreichend widerstandsfähig sein.

3. Motoren und Apparate sollen tunlichst nicht in solchen Räumen untergebracht werden; läßt sich dieses nicht vermeiden, so soll für besonders gute Isolierung, guten Schutz gegen Berührung und gegen die obwaltenden schädlichen Einflüsse Sorge getragen werden; die nicht spannungführenden, der Berührung zugänglichen Metallteile sollen gut geerdet werden.

e) Stromverbraucher müssen so eingerichtet sein, daß sie zum Zweck der Bedienung spannunglos gemacht werden können.

f) Für Beleuchtung ist nur Niederspannung zulässig. Fassungen müssen aus Isolierstoff bestehen. Schaltfassungen sind verboten.

Was unter feuchten, durchtränkten und ähnlichen Räumen zu verstehen ist, ist in § 2h festgelegt.

Es sei auch auf die Bestimmungen des § 18⁵ verwiesen, betr. Handleuchter bei Wechselstrom in feuchten, durchtränkten und ähnlichen Räumen.

In § 3d sind des weiteren für solche Räume Bestimmungen getroffen, in denen besondere Gefahren bestehen, was ja naturgemäß bei Räumen mit Feuchtigkeit und chemischen Einflüssen, sowie bei solchen mit hohen Temperaturen zutrifft.

Elektrische Einrichtungen in feuchten Räumen können erfahrungsgemäß dauernd betriebssicher und unfallsicher sein, wenn bei ihrer Ausführung die Vorschriften beachtet und die verfügbaren Hilfsmittel sachgemäß angewendet werden. Besonders wird auf die Verwendung herabgesetzter Spannungen nachdrücklich hingewiesen. Wichtig ist ferner, die Vorschriften über Erdung zu beachten, oder andere Hilfsmittel zur Erhöhung der Sicherheit heranzuziehen, z. B. isolierende Fußböden, Isoliergriffe, Isoliergehäuse an Apparaten usw. In Frage kommt außerdem z. B. auch die Schutzschaltung nach Heinisch: ETZ 1914, S. 32, die im Teil III A, behandelt ist; ferner siehe auch ETZ 1921, S. 37.

Bezüglich der ortsveränderlichen Leitungen und der für die jeweiligen Verwendungszwecke geeigneten Ausführungsart sei auf das zu § 19² Gesagte verwiesen.

Die Sicherung von Schutzrohren gegen mechanische und chemische Angriffe kann gegebenenfalls durch zuverlässigen, den jeweiligen Verhältnissen entsprechenden Anstrich erreicht werden.

Falls Motoren und Apparate in feuchten, durchtränkten und ähnlichen Räumen untergebracht werden müssen, ist besonders das zu § 3 Gesagte zu beachten. Auch die Bestimmungen unter § 18⁵ können sinngemäß übertragen werden. In vielen Fällen werden die vom VDE genormten Kleinspannungen von 24 und 42 V mit Vorteil Verwendung finden.

Bezüglich der Fassungen sei auf das zu § 16 Gesagte verwiesen.

In landwirtschaftlichen Anlagen kommen feuchte und durchtränkte Räume vielfach vor, weswegen noch auf die in § 3 der Leitsätze für die Errichtung elektrischer Starkstromanlagen in der Landwirtschaft gegebenen Sondervorschriften aufmerksam gemacht sei. Sie sind in Teil III A besonders behandelt; ebenso sind in § 6 der genannten Leitsätze unter c) und e) Bestimmungen über Schalter und Lampen in Stallungen, Molkereien, Futterküchen usw. getroffen.

§ 32.
Akkumulatorenräume (siehe auch § 8).

a) Akkumulatorenräume gelten als abgeschlossene elektrische Betriebsräume.

b) Zur Beleuchtung dürfen nur elektrische Lampen verwendet werden, deren Leuchtkörper luftdicht abgeschlossen ist.

c) Für geeignete Lüftung ist zu sorgen.

Bezüglich der unvermeidlichen Einwirkung der Säure sei auf § 10 der Betriebsvorschriften (Teil IV B) verwiesen, sowie auf das zu § 8 Gesagte. Bei der Ausführung der Entlüftungseinrichtung ist es wichtig, darauf zu achten, daß der Elektromotor der Einwirkung der Säure nicht ausgesetzt wird.

§ 33.
Betriebstätten und Lagerräume mit ätzenden Dünsten.

a) Alle Teile der elektrischen Einrichtungen müssen je nach Art der auftretenden Dünste gegen chemische Beschädigung tunlichst geschützt sein.

b) Fassungen müssen aus Isolierstoff bestehen. Schaltfassungen sind verboten.

Für Handleuchter sind nur Leitungen mit besonderer, gegen die chemischen Einflüsse schützender Hülle gestattet.

c) *Die Verwendung von Spannungen über 1000 V ist für Licht- und Motorenbetrieb unzulässig.*

1. Entgegen § 12¹ ist Holz auch bei Steuerschaltern nicht zulässig.

Bei der Auswahl der Schutzmittel gegen chemische Beschädigung muß man sich naturgemäß nach der Art der chemischen Stoffe, die in den Betriebsstätten und Lagerräumen vorhanden sind, richten. Die Auswahl kann also nur den örtlichen Verhältnissen entsprechend getroffen werden.

Über die für Handleuchter verwendbaren Leitungen gibt der § 19² und das dabei Gesagte näheren Aufschluß.

§ 34.
Feuergefährliche Betriebstätten und Lagerräume.

a) Die Umgebung von elektrischen Maschinen, Transformatoren, Widerständen usw. muß von entzündlichen Stoffen freigehalten werden können.

b) Sicherungen, Schalter und ähnliche Apparate, in denen betriebsmäßig Stromunterbrechung stattfindet, sind in feuersicher abschließenden Schutzverkleidungen unterzubringen.

c) Blanke Leitungen sind nicht zulässig. Isolierte Leitungen müssen in Rohren nach § 26 oder als Kabel verlegt werden.

1. Auf Schutz gegen mechanische Beschädigung ist besonders zu achten.

d) *In B. u. T. ist nur Gleichstrom bis 500 V* und Niederspannung-Wechselstrom zulässig.

Was unter feuchten Betriebsstätten und Lagerräumen zu verstehen ist, ist in § 2i festgelegt.

Bezüglich der Schutzverkleidung sei auf das zu § 3¹ Gesagte verwiesen.

§ 35.

Explosionsgefährliche Betriebstätten und Lagerräume.

a) Elektrische Maschinen, Transformatoren und Widerstände, desgleichen Ausschalter, Sicherungen, Steckvorrichtungen und ähnliche Apparate, in denen betriebsmäßig Stromunterbrechung stattfindet, dürfen nur insoweit verwendet werden, als für die besonderen Verhältnisse explosionssichere Bauarten bestehen.

b) Festverlegte Leitungen sind nur in geschlossenen Rohren oder als Kabel zulässig.

c) Zur Beleuchtung sind nur Glühlampen zulässig, deren Leuchtkörper luftdicht abgeschlossen ist. Sie müssen mit starken Überglocken, die auch die Fassung dicht einschließen, versehen sein.

d) Behördliche Vorschriften über explosionsgefährliche Betriebe bleiben durch vorstehende Bestimmungen unberührt.

Was unter explosionsgefährlichen Betriebsstätten und Lagerräumen zu verstehen ist, ist in § 2k festgelegt.

Unterkunftsräume für Kraftwagen mit Verbrennungsmaschinen (Autogaragen) rechnen z. T. unter die explosionsgefährlichen Betriebsstätten. Über diese hat der VDE „Leitsätze für die Errichtung elektrischer Starkstromanlagen in Unterkunftsräumen für Kraftwagen mit Verbrennungsmaschinen" aufgestellt, die seit dem 1. Mai 1926 in Geltung und ETZ 1926, S. 116 und 515 abgedruckt sind. Danach sind Unterkunftsräume für solche Kraftwagen bis zu einer Höhe von 1,5 m über dem Fußboden als explosionsgefährliche Betriebsstätten und Lagerräume zu behandeln.

Leitungen sollen nur soweit verlegt werden, als sie für die Unterkunftsräume nötig sind.

Festverlegte Leitungen sind nur in geschlossenen Rohren oder als Kabel oder kabelähnliche Leitungen zulässig. Unter 2,5 m Höhe ist nur Stahlpanzerrohr oder eisenbewehrtes Kabel zulässig.

Als Anschlußschnüre für Handleuchter, Heiz- und Kochgeräte sind mindestens NMH- oder NWK-Leitungen nach den „Vorschriften für isolierte Leitungen in Starkstromanlagen" zu verwenden. (Näheres siehe bei § 19).

Schalter und Steckvorrichtungen dürfen nicht unter 1,5 m über dem Fußboden angeordnet werden.

Sicherungen dürfen innerhalb von Unterkunftsräumen nicht angebracht werden.

Feste Beleuchtungskörper dürfen nicht unter 1,5 m über dem Fußboden angeordnet werden. Der Leitungsschutz ist in den Beleuchtungskörper einzuführen.

Lampen sollen mit starken Überglocken, die auch die Fassungen abschließen, und, bei Gefahr der Beschädigung, mit Schutzkörben versehen sein. Schaltfassungen sind verboten.

Handleuchter sollen mit einem sicher befestigten Überglas und Schutzkorb versehen sein; sie dürfen keinen Schalter haben. An der Eintrittsstelle sollen die Leitungen durch besondere Mittel gegen das Eindringen von Feuchtigkeit und gegen Verletzung geschützt sein.

Die Verwendung von Handgeräten (Bohrmaschinen u. dgl.) ist innerhalb der Unterkunftsräume verboten.

Bei ortsfesten Heizgeräten sollen die erwärmten Teile vom Fußboden einen Abstand von mindestens 10 cm haben.

Ortsfeste Heizgeräte dürfen auch bei Wärmestauungen an keiner Stelle eine höhere Oberflächentemperatur als 110° C aufweisen (Anwendung von Reglern, Drahtgittern oder durchlochten Blechen in mindestens 10 cm Abstand vom Heizgerät).

Alle Heizleiter sollen gasdicht eingeschlossen sein. Heizlampen sind unzulässig.

Für Kochzwecke sind nur ortsfeste Heizplatten (nicht Glühplatten) zulässig; sie dürfen nicht tiefer als 1,5 m über dem Fußboden angebracht werden.

Für ortsveränderliche Heizgeräte, wie Kühler- und Motorbeheizung, gelten die Bestimmungen über ortsfeste mit Ausnahme der letzten (betr. Heizplatten).

Da in den Autogaragen vielfach wechselndes und nicht immer zuverlässiges Personal hantiert, ist im allgemeinen mit rauher Behandlung zu rechnen und daher Stahlpanzerrohr dringend zu empfehlen. Dasselbe gilt für Reparaturwerkstätten für Kraftwagen[1]).

Wenn auch die Errichtungsvorschriften die Aufstellung von besonders gebauten Maschinen, Transformatoren, Widerständen sowie die Benutzung besonderer Ausschalter, Sicherungen, Steckvorrichtungen usw. in explosionsgefährlichen Betriebswerkstätten zulassen, so sollte man doch davon möglichst nicht Gebrauch machen und Maschinen, wie Apparate an anderer Stelle unterbringen.

Es sei ferner darauf aufmerksam gemacht, daß bei verschiedenen Stoffen die Explosionsgefahr, sowie der zur Explosion führende Vorgang ganz verschieden verlaufen, so daß für jede Art der gefährlichen Stoffe

---

[1]) ETZ 1925, S. 1515.

auch wieder besondere Bauarten notwendig sind. Soweit Bauarten in Frage kommen, die gegen Schlagwetter schützen sollen, sei auf die „Vorschriften für die Ausführung von Schlagwetterschutzvorrichtungen an elektrischen Maschinen, Transformatoren und Apparaten" des VDE verwiesen, die bei § 41 besonders behandelt werden. Des weiteren sei auf die verschiedenen Schutzarten für Maschinen hingewiesen, wie sie in dem REM behandelt und bei § 6 eingehend besprochen sind.

§ 36.

Schaufenster, Warenhäuser und ähnliche Räume, wenn darin
leicht entzündliche Stoffe aufgestapelt sind.

a) Festverlegte Leitungen müssen bis in die Lampenträger oder in die Anschlußdosen vollständig durch Rohre geschützt oder als Rohrdraht ausgeführt sein.

b) Auf den Schutz entzündlicher Gegenstände gegen die Berührung mit Lampen ist im Sinne des § 16 d besonderer Wert zu legen.

c) Beleuchtungskörper und andere Stromverbraucher, die ihren Standort wechseln, sind nur mittels biegsamer Leitungen anzuschließen, die zum Schutz gegen mechanische Beschädigung mit einem Überzug aus widerstandsfähigem Stoff (siehe § 19 III) versehen sind.

d) Alle Schalter, Anschlußdosen und Sicherungen müssen mit widerstandsfähigen Schutzkasten umgeben und an Plätzen fest angebracht sein, wo eine Berührung mit leicht entzündlichen Stoffen ausgeschlossen ist.

e) Die Verwendung von Stromverbrauchern für Hochspannung ist in Räumen, in denen leicht entzündliche Stoffe aufgestapelt sind, nicht zulässig.

Die Bestimmungen des § 36 beziehen sich nur auf solche Schaufenster, Warenhäuser und ähnliche Räume, in denen leicht entzündliche Stoffe aufgestapelt sind, wie das aus der Überschrift deutlich hervorgeht.

Bezüglich der Schutzkästen für Schalteranschlußdosen und Sicherungen sei auf das zu § 3¹ Gesagte hingewiesen.

Es sei des weiteren noch besonders hervorgehoben, daß nur die Verwendung von Stromverbrauchern für Hochspannung in Räumen mit leicht entzündlichen Stoffen verboten ist. Es können also Hochspannungsleitungen unter Umständen durch solche Räume hindurch geführt werden, wenn an sie kein Stromverbraucher angeschlossen wird.

J. Provisorische Einrichtungen, Prüffelder und Laboratorien.

§ 37.

a) Für festverlegte Leitungen sind Abweichungen von den Bestimmungen über Stützpunkte der Leitungen und dergleichen zulässig, doch ist dafür zu sorgen, daß die Vorschriften hinsichtlich mechanischer Festigkeit, zufälliger gefahrbringender Berührung, Feuersicherheit und Erdung für den ordnungsmäßigen Gebrauch erfüllt sind.

b) **Provisorische Einrichtungen** sind durch Warnungstafeln zu kennzeichnen und durch Schutzgeländer, Schutzverschläge oder dergleichen gegen den Zutritt Unberufener abzugrenzen. *Bei Hochspannung sind sie nötigenfalls unter Verschluß zu halten.* Den örtlichen Verhältnissen ist dabei **Rechnung zu tragen.**

Die beweglichen und ortsveränderlichen Einrichtungen sowie die Beleuchtungskörper, Apparate, Meßgeräte usw., müssen den allgemeinen Vorschriften genügen.

Bei Schalt- und Verteilungstafeln ist Holz als Baustoff, nicht aber als Isolierstoff zulässig.

c) **Ständige Prüffelder und Laboratorien** sind mit festen Abgrenzungen und entsprechenden Warnungstafeln zu versehen. Fliegende Prüfstände sind durch eine auffallende Absperrung (Schranken, Seile oder dergleichen kenntlich zu machen. Unbefugten ist das Betreten der Prüffelder und Prüfstände streng zu verbieten.

1. In ständigen Prüffeldern und Laboratorien für Hochspannung über 1000 V sollen die Stände, in denen unter Spannung gearbeitet wird, gegen die Nachbarschaft abgegrenzt werden, wenn dort gleichzeitig Aufstellungs-, Vorbereitungsarbeiten und dergleichen vorgenommen werden.

2. Ständige Prüffelder und Laboratorien für sehr hohe Spannungen sollen in abgeschlossenen Räumen untergebracht werden, deren unbefugtes Betreten durch geeignete Einrichtungen verhindert oder ungefährlich gemacht wird.

3. Wenn in Prüffeldern, Laboratorien und dergleichen an den provisorischen Leitungen an den Apparaten usw. der Schutz gegen zufällige Berührung Hochspannung führender Teile sich nicht durchführen läßt, sollen die Gänge hinreichend breit und der Bedienungsraum genügend groß sein.

d) **Versuchschaltungen** in Prüffeldern und Laboratorien, die während des Gebrauches unter sachkundiger Leitung stehen, unterliegen den allgemeinen Vorschriften nicht.

Provisorische Einrichtungen werden in Frage kommen für Beleuchtungsanlagen bei Schaustellungen, Ausstellungen, Bauplätzen usw. Auch für Maschinenanlagen können solche Provisorien oft Verwendung finden.

Prüffelder und Laboratorien mit elektrischen Einrichtungen werden besonders häufig in elektrotechnischen Fabriken vorkommen. Sie sind aber auch zu finden in Fabriken für elektrotechnisches Porzellan, Isolierpreßstoffe, Öle, Hartpapier, Mikanit usw.

Bezüglich der Warnungstafeln die anzuwenden sind, sei auf das zu § 2 Gesagte verwiesen.

In Prüffeldern und Laboratorien für hohe Spannungen wird meist der Zugang erschwert und die Tür durch Verriegelung gesichert. Letztere steht in Verbindung mit Signallampen, so daß das richtige Funktionieren der Verriegelung durch diese Lampen angezeigt wird. Oft wird auch die Einrichtung so getroffen, daß Hochspannung nur vorhanden sein kann, wenn die den Zutritt absperrende Verriegelung ordnungsmäßig arbeitet.

K. Theater und diesen gleichzustellende Versammlungsräume.

Für diese Räume gelten außer den normalen Vorschriften noch die folgenden Sonderbestimmungen:

§ 38.
Allgemeine Bestimmungen.

a) *Für Theaterinstallationen darf Hochspannung nicht verwendet werden.*

b) Die elektrischen Leitungsanlagen sind von der Hauptschalttafel ab in Gruppen zu unterteilen. Mehrleiteranlagen sind bei der Hausbeleuchtung, soweit tunlich, bereits von den Hauptverteilungstellen ab in Zweileiterzweige (bei Systemen mit Nulleiter bestehend aus Außen- und Nulleiter) zu unterteilen.

Für die Bühnenbeleuchtung gilt das in § 39, Regel 5 Gesagte.

c) In Räumen, die mehr als drei Lampen enthalten, sowie in allen Fluren, Treppenhäusern und Ausgängen sind die Lampen an mindestens zwei getrennt gesicherte Zweigleitungen anzuschließen. Von dieser Bestimmung kann abgesehen werden, wenn die Notlampen eine genügende Allgemeinbeleuchtung gewähren.

d) Falls eine elektrische Notbeleuchtung eingerichtet wird, müssen ihre Lampen an eine oder mehrere räumlich und elektrisch von der Hauptanlage unabhängige Stromquellen angeschlossen werden.

e) Die Schalter und Sicherungen sind tunlichst gruppenweise zu vereinigen und dürfen dem Publikum nicht zugänglich sein.

Als den Theatern gleichzustellende Versammlungsräume gelten Säle, Lichtspiele, Varietés, Zirkusgebäude usw. Kennzeichnend für die Notwendigkeit der Anwendung vorliegender Bestimmungen ist das Vorhandensein großer Menschenmassen und die aus einer eventuell entstehenden Panik sich ergebenden Folgen.

Das Verbot der Verwendung von Hochspannung für Theaterinstallationen schließt nicht aus, daß die zur Speisung der ganzen Einrichtungen nötige Energie in Form von Hochspannungen angeliefert wird. Es dürften dann aber die Transformatoren- und Schaltanlagen nur in derart beschaffenen und gelegenen Räumen untergebracht werden, daß bei Bränden oder Explosionen eine Gefährdung des Theaters selbst, sowie der Zuschauer ausgeschlossen ist[1]). Besonders ist auch darauf zu achten, daß der bei einem eventuellen Brande entstehende Qualm rasch und ohne Belästigung, sowie Beunruhigung des Publikums abziehen kann[2]).

Bezüglich der Verteilungstafeln, die zur Aufnahme der gruppenweise zu vereinigenden Schalter und Sicherungen dienen, müssen die Bestimmungen des § 50 der Vorschriften für die Konstruktion und Prüfung von Installationsmaterial des VDE beachtet werden. Näheres darüber ist bei dem zu § 9 der Errichtungsvorschriften Gesagten ausgeführt worden.

---

[1]) ETZ 1925, S. 1515.
[2]) ETZ 1926, S. 268.

§ 39.
Bestimmungen für das Bühnenhaus.

Für Installationen des Bühnenhauses (Bühne, Untermaschinerien, Arbeitsgalerien und Schnürböden, auch Garderoben und andere Nebenräume im Bühnenhause) gelten außer den vorerwähnten allgemeinen noch die folgenden Zusatzbestimmungen:

a) Schalttafeln und Bühnenregulatoren sind so anzuordnen, daß eine unbeabsichtigte Berührung durch Unbefugte ausgeschlossen ist.

Auf die Endausschalter an Bühnenregulatoren findet die Vorschrift des § 11e keine Anwendung, wenn die vom Regulator bedienten Stromkreise an zentraler Stelle allpolig ausgeschaltet werden können.

Die Widerstände von Bühnenregulatoren sind bei Dreileiteranlagen in die Außenleiter zu legen.

b) Bei Beleuchtungskörpern mit Farbenwechsel muß der Querschnitt der gemeinschaftlichen Rückleitung der höchstmöglichen Betriebstromstärke angepaßt sein.

c) Betriebsmäßig stromführende blanke Leitungen sind in den Untermaschinerien, auf der Bühne, den Arbeitsgalerien und dem Schnürboden nicht zulässig. Flugdrähte und dergleichen dürfen weder zur Stromführung noch als Erdzuleitung benutzt werden.

d) Feste Leitungen müssen in der Weise verlegt werden, daß sie in erster Linie gegen die zu erwartenden mechanischen Beschädigungen geschützt sind.

e) Mehrfachleitungen zum Anschluß beweglicher Bühnenbeleuchtungskörper müssen biegsame Kupferseelen haben und durch starke schmiegsame nichtmetallene Schutzhüllen gegen mechanische Beschädigung geschützt sein.

1. Die Kupferseele der Gummiaderlitzen soll aus einzelnen Drähten von nicht über 0,2 mm Durchmesser bestehen.

2. Die Befestigung der biegsamen Leitungen soll so sein, daß auch bei rauher Behandlung an der Anschlußstelle ein Bruch nicht zu befürchten ist.

3. Die Anschlußstücke sind mit der Schutzumhüllung so zu verbinden, daß die Kupferseelen an der Anschlußstelle von Zug entlastet sind. Steckkontakte müssen innerhalb widerstandsfähiger, nicht stromführender Hüllen liegen und so angeordnet sein, daß zufällige Berührung der stromführenden Teile, wenn sie nicht geerdet sind, verhindert wird.

f) Für vorübergehend gebrauchte Szenerie-Installationen kann von der Erfüllung der allgemeinen Vorschriften für die Verlegung von Leitungen ausnahmsweise abgesehen werden, wenn isolierte Leitungen verwendet werden, die Verlegungsart jegliche Verletzung der Isolierung ausschließt und diese Installation während des Gebrauches unter besonderer Aufsicht steht. In diesem Falle sind Drahtschellen für Einzelleitungen zulässig und Durchführungstüllen entbehrlich.

g) Die Sicherungen der Anschlußleitungen für Bühnenbeleuchtungskörper (Oberlichter, Kulissen, Rampen, Horizont-, Spielflächen-, Versatz- und Scheinwerferbeleuchtung) sind im fest verlegten Teil der Leitung anzubringen; in diesem Falle genügt für jeden Körper je eine Sicherung für alle Lampen einer Farbe. Der Querschnitt ortsveränderlicher Leitungen ist der Nennstromstärke der Sicherungen des größten Versatzstromkreises anzupassen. Soweit dieses nicht tunlich ist, sind besondere Zwischensicherungen anzuordnen; für ordnungsmäßige Verkleidung dieser Sicherungen ist zu sorgen. In den Beleuchtungskörpern selbst sind Sicherungen nicht zulässig.

h) Bei Regelwiderständen, die an besonderen, nur dem Bedienungspersonal zugänglichen feuersicheren Stellen angebracht sind, ist eine Schutzverkleidung aus feuersicherem Stoff entbehrlich.

4. Die Stufenschalter für den Bühnenregulator sollen unmittelbar bei den Regelwiderständen selbst angebracht sein, können aber durch Übertragung betätigt werden.

i) Die fest angebrachten Glühlampen auf der Bühne, sowie alle Glühlampen in Arbeitsräumen, Werkstätten, Garderoben, Treppen und Korridoren müssen mit Schutzkörben oder -gläsern versehen sein, die nicht an der Fassung, sondern an den Lampenträgern befestigt sind.

k) Für Bühnenbeleuchtungskörper und deren Anschlüsse (Oberlichter, Kulissen, Rampen, Effekt- und Versatzbeleuchtungen) gelten folgende Bestimmungen:

Die Beleuchtungskörper sind mit einem Schutzgitter für die Glühlampen zu versehen.

Innerhalb der Beleuchtungskörper sind blanke Leiter dann zulässig, wenn sie gegen zufällige Berührung geschützt sind.

Hängende Beleuchtungskörper sind, auch wenn sie geerdet werden, gegen ihre Tragseile zu isolieren.

Bühnenscheinwerfer, Projektionsapparate, Blitzlampen und dergleichen sind mit einer Vorrichtung zu versehen, die das Herausfallen glühender Kohleteilchen oder dergleichen verhindert.

5. Die Spannung zwischen irgend zwei Leitern eines Beleuchtungskörpers soll 250 V nicht überschreiten. Bei Horizont- und Spielflächenbeleuchtungen gelten die einzelnen Laternen als Beleuchtungskörper.

Für Horizont- und Spielfächenbeleuchtungen sollen Abzweige in Mehrleitersystemen tunlichst nicht mehr als 6600 W bei 110 V oder 8800 W bei 220 V führen.

6. Holz soll nur bei vorübergehend gebrauchten Bühnenbeleuchtungskörpern und nur als Baustoff zulässig sein.

Bezüglich der Leitungen zum Anschluß beweglicher Bühnenbeleuchtungskörper und der dafür besonders geforderten starken Schutzhülle sei auf das zu § 19² Gesagte verwiesen.

Bei größeren Bühnenbeleuchtungskörpern, die mehrere Stromkreise enthalten, kann unter Umständen im Einzelfall eine Ausnahme von § 26 c in der Weise zugelassen werden, daß die Zuleitungen dieser Stromkreise nebst der gemeinsamen Rückleitung in einem Rohr verlegt werden. Bei gemeinsamer Rückleitung ist die Vorschrift des § 21 h (betr. Erwärmung der metallischen Rohrhülle bei Wechselstrom) nur auf diese Weise erfüllbar.

Bezüglich der bei Scheinwerfern, Blitzlampen usw. verwendeten Bogenlampen sei auf die Bestimmungen des § 17 der Errichtungsvorschriften hingewiesen.

L. Weitere Vorschriften für Bergwerke unter Tage.

Außer den in §§ 1, 2, 3, 5, 7, 9, 11, 16, 17, 18, 19, 20, 21, 25, 26, 27, 28, 29, 31 und 34 gegebenen Zusätzen gilt für B. u. T. noch folgendes:

§ 40.
Verlegung in Schächten.

a) In Schächten und einfallenden Strecken von mehr als 45° Neigung dürfen nur bewehrte Kabel, bei denen die Bewehrung aus verzinkten oder verbleiten Eisen- oder Stahldrähten besteht, oder die auf andere Weise von Zug entlastet sind, verwendet werden. In trockenen, feuersicheren Nebenschächten sind auch isolierte Leitungen bei Niederspannung zulässig.

1. Der Abstand der Befestigungsstellen der Kabel soll in der Regel nicht mehr als 6 m betragen.

2. Die Befestigung der Kabel soll mit breiten Schellen erfolgen, die so beschaffen sind, daß sie die Kabel weder mechanisch noch chemisch gefährden. Werden eiserne Schellen benutzt, so sollen die Kabel an der Schellstelle mit Asphaltpappe oder dergleichen umwickelt werden.

b) Ist die Leitung chemischen Einflüssen durch Tropfwasser, Grubenwetter oder dergleichen ausgesetzt, so muß sie mit einem Bleimantel oder einem anderen Schutzmittel, z. B. Anstrich, versehen sein.

Elektrische Schachtsignalanlagen.

c) Die Schachtsignalanlage jeder Förderung muß durch eine gesonderte Stromquelle gespeist werden, an die keine anderen Stromverbraucher angeschlossen werden dürfen.

Signalleitungen mehrerer Förderungen dürfen nicht in einem gemeinsamen Kabel verlegt werden.

Der Anschluß von Schachtsignalanlagen an Starkstromnetze ist nur gestattet, wenn hierbei keine unmittelbare elektrische Verbindung zwischen Signalanlage und Netz, wie z. B. durch Einankerumformer oder Spartransformatoren, hergestellt wird.

Eine Ausnahme ist bei Stapelschächten zulässig.

d) Eine Vorrichtung, die das Ausbleiben der Betriebsspannung dem Fördermaschinisten selbsttätig anzeigt, ist anzubringen.

e) Offen verlegte Leitungen dürfen in Schachtsignalanlagen nicht verwendet werden.

Unter „Stapelschächten" versteht man blinde Schächte von geringer Teufe mit schwacher Förderung. Die für solche Schächte zugelassene Ausnahme gilt nicht nur für Kohlengruben, sondern auch für andere Arten von Gruben.

§ 41.
Schlagwettergefährliche Grubenräume.

a) Die nach den schlagwettergefährlichen Grubenräumen führenden Leitungen müssen von schlagwetternichtgefährlichen Räumen oder von über Tage aus allpolig abschaltbar sein.

b) In schlagwettergefährlichen Grubenräumen dürfen nur schlagwettersichere Maschinen, Transformatoren, Akkumulatorenkasten und Apparate verwendet werden. Sie gelten als schlagwettersicher, wenn sie den diesbezüglichen Vorschriften des VDE entsprechen.

c) Es sind nur Glühlampen zulässig, deren Leuchtkörper luftdicht abgeschlossen ist.

1. Glühlampen sollen eine starke Überglocke und einen Schutzkorb aus starkem Drahtgeflecht besitzen.

d) Blanke Leitungen sind nur als Erdzuleitungen zulässig.

e) Isolierte Leitungen dürfen nur als Kabel oder in widerstandsfähigen geerdeten Eisen- oder Stahlrohren festverlegt werden.

f) Biegsame Leitungen zum Anschluß ortsbeweglicher Stromverbraucher sind nur mit besonders starker Schutzhülle zulässig.

Was unter schlagwettergefährlichen Grubenräumen zu verstehen ist, ist in § 2e festgelegt.

Über die in schlagwettergefährlichen Grubenräumen zu verwendenden Maschinen usw. sind vom VDE eingehende „Vorschriften für die Ausführung von Schlagwetterschutzvorrichtungen an elektrischen Maschinen, Transformatoren und Apparaten" aufgestellt worden, die vom 1. Januar 1926 ab gelten. Sie sind ETZ 1925, S. 1281 und 1669 abgedruckt. Ihr wesentlicher Inhalt ist im nachstehenden wiedergegeben.

Die Maschinen, Transformatoren und Apparate, die in schlagwettergefährdeten Grubenräumen verwendet werden sollen, müssen, soweit nicht besondere Ausnahmen festgelegt sind, den bestehenden Vorschriften, Regeln und Normen des VDE entsprechen. Insbesondere sei diesbezüglich auf das zu den §§ 6, 7, 8, 10, 11, 12, 13, 14, 15, 16 und 18 der Errichtungsvorschriften Gesagte verwiesen.

Alle Teile von elektrischen Maschinen und Apparaten, an denen betriebsmäßig Funken auftreten können, sind schlagwettersicher einzukapseln. Als schlagwettersichere Kapselung gelten:

a) Geschlossene Kapselung.

Sie besteht in einem allseitig geschlossenen Gehäuse, das folgenden Anforderungen entspricht:

1. Alle Teile der Kapselung sind bei Maschinen und Apparaten mit einem größeren Luftinhalt als 1 l für einen Überdruck von 8 at, bei kleinerem Luftinhalt für einen Überdruck von 3 at zu bemessen. Unterteilungen des gekapselten Raumes, die durch enge Öffnungen verbunden sind und deshalb zu höherem Überdruck Anlaß geben könnten, sind zu vermeiden.

2. Die Stoßstellen zusammengepaßter Kapsel= und Gehäuseteile sowie die Auflageflächen von Deckeln, Türen und Klappen sind als breite, glatt bearbeitete Flansche auszubilden. Dichtungen sind tunlichst zu vermeiden; falls sie angewendet werden, müssen sie derart ausgeführt werden, daß sie durch den Explosionsdruck nicht herausgedrückt werden können. Dichtungen aus Gummi, Asbest und ähnlichen, wenig haltbaren Stoffen sind unzulässig. Die Schrauben und Niete zum Verschließen solcher Deckel usw. dürfen nicht durch die Gehäusewandung hindurchgeführt werden, sondern müssen in Sacklöchern enden. Die Verschraubungen der Deckel sind so zu sichern, daß sie sich im Betriebe nicht lockern und nur mit besonderen Hilfsmitteln gelöst werden können.

3. Wellen und Betätigungsachsen sind an den Durchführungen durch die Kapselung in entsprechend langen Metallführungen zu verlegen, die mit dem Gehäuse fest verbunden sind. Die Leitungseinführungen müssen so abgedichtet werden, daß sie dem Explosionsdruck sicher standhalten.

b) Plattenschutzkapselung.

Sie besteht darin, daß an Gehäuseöffnungen Pakete von Metallplatten angeordnet werden, die durch Zwischenlagen in bestimmtem Abstande gehalten werden.

Die Plattenschutzkapselung muß folgenden Anforderungen entsprechen:

1. Die Metallplatten müssen mindestens 50 mm breit und 0,5 mm dick und durch geeignete Zwischenstücke so angeordnet sein, daß ihr Abstand (Schlitzweite) höchstens 0,5 mm beträgt und auch nicht infolge Durchbiegung der Platten überschritten werden kann. Bleche aus rostenden Metallen sind unzulässig.

2. Die Plattenpackungen sind gegen äußere Beschädigung zu schützen und so anzubringen, daß sie nur mit besonderen Hilfsmitteln abgenommen werden können.

3. Die Bedingungen unter a 2 und a 3 sind zu erfüllen.

c) Ölkapselung.

Sie besteht darin, daß der ganze Apparat, soweit an ihm betriebsmäßig Funkenbildung oder gefährliche Erhitzung durch elektrischen Strom möglich ist, in einen Behälter eingebaut wird, der mit harz= und säurefreiem Mineralöl gefüllt wird.

Der Ölstand ist so reichlich zu bemessen, daß das Auftreten von Funken über den Ölspiegel hinaus ausgeschlossen ist. Die hierfür erforderliche Höhe des Ölstandes ist durch eine Marke festzulegen. Die Ölstandhöhe muß von außen erkennbar sein.

Bei ortsveränderlichen Maschinen, Transformatoren und Apparaten ist Ölkapselung unzulässig.

Solche Teile von Maschinen, Transformatoren und Apparaten, an denen nur in außergewöhnlichen Fällen Funken oder gefährliche Er=

hitzungen auftreten können, erhalten eine erhöhte Sicherheit gegenüber normaler Ausführung, und zwar:

1. durch einen besonderen mechanischen Schutz der unter Spannung stehenden Teile gegen Berühren sowie gegen Beschädigungen und Eindringen von Fremdkörpern;

2. durch Herabsetzung der nach den oben aufgeführten Vorschriften, Regeln und Normen zulässigen Erwärmungsgrenze um 10° C.

Asynchrone Drehstrommotoren erhalten einen gegenüber der genormten Ausführung um 40 bis 60% erhöhten Luftspalt zwischen Ständer und Läufer (s. DIN VDE 2650 und 2651).

Bei Drehstrommotoren mit Kurzschlußläufer sind die Stäbe und der Kurzschlußring durch Hartlötung oder ähnliche sichere Mittel miteinander zu verbinden. Flüssigkeitsanlasser sind verboten.

Bei Metallwiderständen kann von besonderen Schutzvorrichtungen abgesehen werden, wenn gleichzeitig:

1. die elektrische Beanspruchung des Baustoffes so gering ist, daß eine gefährliche Erwärmung ausgeschlossen ist;

2. der Widerstandsbaustoff so fest ist, daß im gewöhnlichen Betriebe ein Bruch nicht eintreten kann, und er so sicher befestigt ist, daß gegenseitiges Berühren ausgeschlossen ist;

3. durch geeignete Abdeckung das Hineinfallen von Fremdkörpern und Eindringen von Tropfwasser verhindert wird;

4. alle Drahtverbindungen verlötet oder gesichert verschraubt sind.

Alle Schraubkontakte, die nicht durch Kapselungen geschützt sind, müssen so gesichert sein, daß eine Lockerung der Verschraubung und damit ein schlechter Kontakt nicht eintreten kann (z. B. Anschlußklemmen von Motoren, Widerständen usw.).

Steckkontakte müssen so gebaut sein, daß die Stecker fest in den Dosen sitzen, so daß im Ruhezustande keine Funken auftreten können. Sie müssen mit schlagwettersicheren Schaltern derart zusammengebaut und verriegelt sein, daß das Einsetzen und Herausnehmen des Steckers nur in spannungslosem Zustande möglich ist.

Sicherungskasten müssen mit schlagwettersicher gebauten Schaltern derart zusammengebaut und verriegelt sein, daß das Einsetzen und das Herausnehmen der Patronen nur in spannungslosem Zustande möglich ist. Schraubstöpselsicherungen dürfen nur in geschlossenen Gehäusen verwendet werden, die schlagwettersicher gebaut sein müssen, falls nicht die verwendeten Schraubstöpsel an sich schlagwettersicher sind.

Als biegsame Leitungen dürfen nur Gummischlauchleitungen starker Ausführung (NSH der „Vorschriften für isolierte Leitungen in Starkstromanlagen") verwendet werden.

Andere als die vorstehend angegebenen Bauarten von Maschinen, Transformatoren und Apparaten sind zulässig, sofern sie sich bei einer besonderen Prüfung auf einer behördlich anerkannten Schlagwetterversuchsstrecke als schlagwettersicher erwiesen haben.

Über die vorstehenden Vorschriften für Schlagwetterschutzvorrichtungen gibt auch die Veröffentlichung von Götze, ETZ 1906, S. 4 weiteren Aufschluß. Des weiteren sei auf die Bestimmungen der REM über schlagwettergeschützte Maschinen hingewiesen, die bei § 6 behandelt sind. Über schlagwettergeschütztes Schaltmaterial für Abbaubetrieb unter Tage ist näheres aus ETZ 1926, S. 1087 (Büchner) zu entnehmen.

Hinsichtlich der für den Anschluß ortsbeweglicher Stromverbraucher zu verwendenden biegsamen Leitungen sei auf das zu § 19² Gesagte verwiesen.

§ 42.

**Fahrleitungen und Zubehör elektrischer Strecken-
förderung.**

.a) Für elektrische Streckenförderung u. T. ist Gleichstrom zu verwenden. Die Fahrleitungen müssen in angemessener Höhe über Schienenoberkante liegen; soweit dieses nicht möglich ist, sind Schutzvorrichtungen zu treffen, die ein zufälliges Berühren der Fahrleitung verhindern.

Erweiterungen bestehender Wechselstrombahnen sind nur zulässig, wenn für die Fahrleitung eine Mindesthöhe von 2,2 m über Schienenoberkante dauernd eingehalten wird.

1. Als angemessene Höhe gilt im allgemeinen bei Gleichstrom-Niederspannung 1,8 m, *bei Gleichstrom-Hochspannung 2,2 m.*

2. Als normale mittlere Betriebspannung sollen bei Streckenförderung 220, 550 und 750 V gelten. Diesen Werten sollen Erzeugerspannungen von 250, 650 und 850 V entsprechen.

3. Als Normalquerschnitte für Fahrleitungen aus Kupfer werden festgelegt 50, 65, 80 und 100 mm² (Profile siehe DIN VDE ....).

b) Bei Fahrleitungsanlagen sind auf den Lokomotiven Kurzschließer anzubringen, damit bei dem herzustellenden Kurzschluß entweder die Strecken durch Herausfallen der Überstrom-Selbstschalter spannunglos werden oder der Spannungsabfall der Fahrleitung bis zur Kurzschlußstelle so groß wird, daß die dort vorhandene Spannung für Menschen keine Gefahr mehr bildet.

c) An Abzweigstellen sind sowohl in der Haupt- wie auch in der Nebenstrecke Streckentrennschalter vorzusehen. Die Streckentrennung ist so auszuführen, daß eine Überbrückung durch die Strombügel der Lokomotive ausgeschlossen ist. In unverzweigten Fahrleitungen sind die Streckentrennschalter etwa alle 1000 m einzubauen.

Die jeweilige Schaltstellung muß von außen erkennbar sein. Diese Gehäuse dürfen nur mit einem Sonderschlüssel geöffnet werden können.

4. Bei Fahrleitungsanlagen, die von mehreren voneinander unabhängigen Speiseleitungen gespeist werden, ist in jede Speiseleitung ein Überstrom-Selbstschalter einzubauen.

d) An Rangier-, Kreuzungs- und Zugangstellen sind Warnungstafeln anzubringen, die auf die mit Berührung der Fahrleitung verbundene Gefahr hinweisen.

5. Diese Warnungstafeln sollen beleuchtet sein.

e) Fahrleitungen, die nicht auf Porzellan-Doppelglockenisolatoren oder gleichwertigen Isolatoren verlegt sind, müssen gegen Erde doppelt isoliert sein.

f) Aufhänge- oder Abspanndrähte jeder Art müssen gegen spannungführende Leitungen doppelt isoliert sein, z. B. durch Porzellan-Doppelglockenisolatoren. Als Querverbindungen, die zum Spannungsausgleich zwischen den Fahrleitungen dienen, dürfen blanke Leitungen nicht verwendet werden.

g) Speiseleitungen, die Betriebspannungen gegen Erde führen, müssen von der Stromquelle und an den Speisepunkten von den Fahrleitungen abschaltbar sein. Wenn durch Streckenschalter dafür gesorgt ist, daß mit der Speiseleitung gleichzeitig der zugehörende Teil der Fahrleitung spannungfrei wird, ist die Abschaltbarkeit am Speisepunkt nicht erforderlich.

h) Wenn die Gleise als Rückleitung dienen, müssen die Stöße aller Schienen gutleitend verbunden und in Abständen von höchstens 100 m gutleitende Querverbindungen zwischen den Schienen eingebaut werden. Die Schienenstöße sind derart zu überbrücken, daß der Widerstand in der Überbrückung nicht größer als der Widerstand einer Schienenlänge ist.

6. Diese Forderung wird in gesondertem Maße durch Schweißung der Schienen untereinander oder durch Anschweißung der Überbrückung an die Schienen erzielt. Für sonstige Schienenverbinder muß gefordert werden, daß sie dauernd fest anliegen und die verwendeten Metallteile keinen zersetzenden Einflüssen unterliegen. Die Stromrückleitung wird durch möglichst lange Schienen begünstigt.

i) Bei Bahnanlagen müssen die in den Förderstrecken liegenden Rohre, Kabelbewehrungen und Signalleitungen an allen Abzweigungen zu Seitenstrecken und an den Endpunkten der Förderstrecken, mindestens aber alle 250 m mit den Schienen gut leitend verbunden werden, wenn nicht in anderer Weise die schädigenden Wirkungen einer Stromüberleitung aus der Fahrleitung in diese Teile verhindert werden.

Das Verbot der Verwendung von Wechselstrom für Streckenförderungen unter Tage ist darauf zurückzuführen, daß dieser gefährlicher ist und mehr Unfälle verursacht hat als der Gleichstrom. In den Jahren 1915—20 sind im Durchschnitt auf 10 km Streckenlänge bezogen, folgende Unfälle durch Berühren des Fahrdrahtes vorgekommen:

<pre>
im Oberbergamtsbezirk Breslau bei Gleichstrom . 0,067
    "   "   "   " Wechselstrom . 1,09
im Oberbergamtsbezirk Dortmund bei Gleichstrom   0,135
    "   "   "   " Wechselstrom   1,13
</pre>

Über eine Bauart von Kurzschließern, wie solche auf den Lokomotiven angebracht werden sollen, gibt ETZ 1925, S. 90 Aufschluß.

Hinsichtlich der an Rangier-Kreuzungs- und Zugangsstellen vorgeschriebenen Warnungstafeln sei auf das zu § 2 Gesagte verwiesen.

§ 43.
Fahrzeuge elektrischer Streckenförderung.

a) Bei Fahrschaltern und Stromabnehmern ist Holz als Isolierstoff zulässig.

1. Bei Verwendung von Bügeln soll die nutzbare Schleifbreite 300 mm betragen. Bei Abweichungen der Fahrleitung von der normalen Höhe um ± 100 mm muß der Bügel noch einwandfrei arbeiten und sich bei Fahrtrichtungswechsel noch selbsttätig umlegen.

b) Zwischen den Stromabnehmern und den übrigen elektrischen Einrichtungen des Fahrzeuges ist entweder eine sichtbare Trennstelle derart anzuordnen, daß sie die Beleuchtung nicht unterbricht, oder es müssen die Stromabnehmer eine Vorrichtung haben, die sie im abgezogenen Zustand festhalten kann.

c) Jedes Fahrzeug muß eine Hauptabschmelzsicherung oder einen selbsttätigen Ausschalter für die Elektromotoren haben (siehe auch § 42 b).

d) Akkumulatorenzellen elektrischer Fahrzeuge können auf Holz aufgestellt werden, wobei einmalige Isolierung durch feuchtigkeitsichere Zwischenlagen ausreicht.

e) Der Querschnitt aller Fahrstromleitungen ist nach der Nennstromstärke der vorgeschalteten Sicherung oder stärker zu bemessen.

Drähte für Bremsstrom sind mindestens von gleicher Stärke wie die Fahrstromleitungen zu wählen.

Der Querschnitt aller übrigen Leitungen ist nach § 20 zu bemessen.

2. Für Fahrstromleitungen aus Leitungskupfer gilt folgende Zahlentafel:

Querschnitt in mm²	Nennstromstärke der Sicherung in A.	Querschnitt in mm²	Nennstromstärke der Sicherung in A.
4	25	35	125
6	35	50	160
10	60	70	200
16	80	95	225
25	100	120	260

3. Isolierte Leitungen in Fahrzeugen sollen so geführt werden, daß ihre Isolierung nicht durch die Wärme benachbarter Widerstände gefährdet werden kann.

4. Nebeneinander verlaufende isolierte Fahrstromleitungen sollen entweder zu Mehrfachleitungen mit einer gemeinsamen Schutzhülle zusammengefaßt werden derart, daß ein Verschieben und Reiben der Einzelleitungen vermieden wird, oder sie sind getrennt zu verlegen und dort, wo sie Wände durchsetzen, durch Isoliermittel so zu schützen, daß sie sich an diesen Stellen nicht durchscheuern können.

f) Die Handhaben der Fahrschalter sind in der Weise abnehmbar anzubringen, daß das Abnehmen nur erfolgen kann, wenn der Fahrstrom ausgeschaltet ist.

g) Erdzuleitungen und vom Fahrstrom unabhängige Bremsstromleitungen in Fahrzeugen dürfen keine Sicherungen enthalten und dürfen nur im Fahrschalter abschaltbar sein.

h) Die unter Spannung stehenden Teile von Fassungen, Schaltern, Sicherungen und dergleichen müssen mit einer Schutzverkleidung aus Isolierstoff versehen sein. Pappe gilt nicht als Isolierstoff (siehe § 3).

5. Die Beförderung der Belegschaft in offenen Förderwagen ist nur in Strecken zulässig, bei denen folgende besonderen Einrichtungen getroffen sind:

An den Ein- und Aussteigstellen für die Belegschaft soll der Fahrdraht während der Zeit des Ein- und Aussteigens durch einen Schalter spannungslos gemacht werden. Mit dem Schalter sind rote und grüne Signallampen derart zu verbinden, daß bei geschlossenem Schalter und spannungführendem Fahrdraht die roten und bei geöffnetem Schalter und spannunglosem Fahrdraht die grünen Lampen aufleuchten. An den Ein- und Aussteigstellen sind so viel farbige Lampen zu verteilen, daß von jeder Stelle des Zuges aus mindestens eine Lampe gesehen werden kann.

Bezüglich der bei Fassungen, Schaltern, Sicherungen u. dgl. vorgeschriebenen Schutzverkleidung aus Isolierstoff sei auf das zu § 3¹ Gesagte verwiesen.

§ 44.

Abteufbetrieb.

a) Für den Abteufbetrieb sind nur Leitungen zulässig, die den „Vorschriften für isolierte Leitungen in Starkstromanlagen (Abteufleitungen)" entsprechen. Die Metallbewehrung ist zu erden.

b) Beim Abteufbetrieb müssen alle nicht unter Spannung stehenden Metallteile elektrischer Maschinen und Apparate geerdet sein.

c) Vor jeder Abteufleitung und vor jedem Haspel müssen allpolig entweder Schalter und Sicherungen oder einstellbare selbsttätige Schalter eingebaut werden.

d) Steckvorrichtungen sind nur mit von Hand lösbarer Sperrung zu verwenden.

Hinsichtlich der für den Abteufbetrieb zu verwendenden Leitungen sei auf das zu § 19² Gesagte verwiesen.

§ 45.

Schießbetrieb (im Anschluß an Starkstromanlagen).

a) Es darf nur Niederspannung für die Schießleitung verwendet werden.

b) Der Anschluß der Schießleitung an eine Starkstromleitung darf nur mittels eines allpolig unter Verschluß befindlichen Schalters erfolgen. Zur Erhöhung der Sicherheit ist stets noch eine zweite, ebenfalls unter Verschluß befindliche Unterbrechungstelle zwischen Schalter und Schießleitung anzuordnen; entweder der Schalter oder die Unterbrechungstelle muß so eingerichtet sein, daß ein Verharren im eingeschalteten Zustand ausgeschlossen ist.

Für die erwähnten Apparate ist die Verwendung von nicht feuchtigkeitssicherem Baustoff, wie Marmor, Schiefer u. dgl., als Isolierstoff unzulässig.

1. Es empfiehlt sich, eine Vorrichtung anzubringen, die das Vorhandensein von Spannung in der ortsfesten Hauptleitung erkennen läßt.

2. Empfohlen wird die Verwendung einer Kurzschlußvorrichtung in der Nähe des Zünderanschlusses, die eine Lösung des Kurzschlusses von gesicherter Stellung aus ermöglicht.

c) Die Schießleitung muß den „Vorschriften für isolierte Leitungen in Starkstromanlagen" entsprechen.

Für die letzten 80 m kann Gummiaderleitung ohne besonderen Schutz oder in trockenen Grubenräumen isoliert verlegte blanke Leitung verwendet werden. Trockenes Holz ist für die Isolierung zulässig.

d) Im Abteufbetrieb ist bis auf die letzten 80 m (vgl. c) als Schießleitung nur Leitungstrosse zulässig. Die Schießleitung oder alle neben ihr verlegten Starkstromleitungen müssen bewehrt sein. Die Bewehrung muß geerdet sein.

e) Anderen Zwecken dienende Leitungen dürfen nicht als Schießleitung benutzt werden. Abweichungen können bei besonderen örtlichen Verhältnissen zugestanden werden, doch müssen die Forderungen unter b) erfüllt sein. Die Schießleitung darf nicht mit anderen Leitungen zu einer Mehrfachleitung vereinigt sein.

Bezüglich der als Schießleitungen zu verwendenden Leitungen sei auf das zu § 19² Gesagte verwiesen.

Über die elektrische Zündung im Bergbau gibt ein Aufsatz von W. Vogel in der Zeitschrift „Der elektrische Betrieb" 1924, S. 37 eingehenden Aufschluß.

§ 46.
Ortsveränderliche Betriebseinrichtungen.

a) Auf ausreichenden Schutz ortsveränderlicher Leitungen gegen Beschädigung ist ganz besonders zu achten.

1. Tragbare Elektromotoren (z. B. solche für Bohrmaschinen) sollen bei Wechselstrom mit höchstens 70 V Spannung gegen Erde (125 V verkettet) und bei Gleichstrom nur bei Niederspannung angeschlossen werden. In trockenen Grubenräumen ist auch Wechselstrom bis 220 V zulässig.

Für den Bohrbetrieb sind besondere Transformatoren kleinerer Leistung zu empfehlen, die gruppenweise den Betrieb vor Ort von dem gesamten übrigen Betrieb elektrisch trennen.

2. In ortsveränderlichen Betriebseinrichtungen sollen alle nicht unter Spannung gegen Erde stehenden Metallteile elektrischer Maschinen und Apparate nach Möglichkeit geerdet sein.

Bezüglich der gegen Beschädigung besonders zu schützenden ortsveränderlichen Leitungen sei auf das zu § 19,² Gesagte hingewiesen.

Die für tragbare Elektromotoren angegebene Spannungsgrenze gilt nicht für Schrämmaschinen, weil diese nicht als tragbare Maschinen anzusehen sind und nicht betriebsmäßig in enger Berührung mit dem Körper der Arbeiter gebraucht werden[1]).

---

[1]) ETZ 1926, S. 268.

La. Leitsätze für Bagger mit zugehörenden Bahnanlagen im Tagebau.

§ 47.

1. Die Mindesthöhe der Fahrleitungen soll bei Baggerstrecken 2,8 m, auf freier Fahrstrecke 3,0 m betragen. Im übrigen bestimmt sich die Höhe nach den Bahnvorschriften des VDE (siehe Ziffer 6).

2. Gleise und eiserne Fahrleitungsträger sind zu erden.

3. Die Fahrleitung ist vor jeder Bagger- und Kippstrecke abschaltbar einzurichten.

4. Es gelten sinngemäß die Bestimmungen des § 42b, c, d, e, f mit Ausnahme der Bestimmungen über die Querverbindungen, ferner g und h sowie die Bestimmungen des § 43a bis h. Bei Spannungen über 500 V kann von den Forderungen des § 42b abgesehen werden.

5. In Betrieben, in denen Dampflokomotiven zusammen mit elektrisch betriebenen Baggern verwendet werden, sind die Baggerschleifleitungen so weit außerhalb des Lokomotivprofiles zu legen, daß bei neben diesem liegenden Leitungen der wagerechte Abstand zwischen dem Lokomotivprofil und der zunächst liegenden Schleifleitung wenigstens 1 m und bei oberhalb liegenden Leitungen der senkrechte Abstand wenigstens 0,5 m beträgt (siehe Ziffer 6).

6. Für weitere Verwendung vorhandener Bagger, auch an anderen Betriebsorten, sind hinsichtlich der Fahrdrahthöhe und Fahrdrahtanordnung Ausnahmen zulässig.

Die „Vorschriften für elektrische Bahnen des VDE" bestimmen bezüglich Höhe der Fahrleitungen, daß diese über öffentlichen Straßen nicht unter 5 m betragen darf. Eine geringere Höhe ist bei Unterführungen nur zulässig, wenn geeignete Vorsichtsmaßregeln (z. B. Warnungstafeln) getroffen werden. Bei Bahnen auf besonderem Bahnkörper, der dem öffentlichen Verkehr nicht freigegeben ist, können die Leitungen in beliebiger Höhe verlegt werden, wenn bei der gewählten Verlegungsart die Strecke von unterwiesenem Personal ohne Gefahr begangen werden kann. An Haltestellen und Übergängen sind die Leitungen gegen zufällige Berührung zu schützen und Warnungstafeln anzubringen.

M. Inkrafttreten der Errichtungsvorschriften.

§ 48.

Diese Vorschriften gelten für Anlagen und Erweiterungen, soweit ihre Ausführung nach dem 1. Juli 1924 beginnt.

Für Apparate nach den §§10, 11, 13 bis 16 und 18 wird mit Rücksicht auf die Verarbeitung vorhandener Werkstoffvorräte und die Räumung von Lagervorräten eine Übergangsfrist bis zum 1. Januar 1926 eingeräumt. Bis zum 1. Juli 1926 dürfen noch Fassungen in den Handel gebracht werden, die den Vorschriften des § 16c nicht entsprechen. Für fertige auf Lager befindliche Beleuchtungskörper, ausgenommen Handleuchter, wird eine weitere Frist bis zum 1. Oktober 1926 eingeräumt.

Der Verband Deutscher Elektrotechniker behält sich vor, die Vorschriften den Fortschritten und Bedürfnissen der Technik entsprechend abzuändern.

Nach den „Betriebsvorschriften des VDE" müssen hervortretende Mängel bei elektrischen Anlagen in angemessener Frist beseitigt werden. In Anlagen, die vor dem 1. Juli 1924 errichtet wurden, sind erhebliche Mißstände nur dann zu beseitigen, wenn sie das Leben oder die Gesundheit von Personen gefährden. Näheres darüber siehe Erläuterungen von Weber 15. Auflage, S. 174. Änderungen solcher Anlagen sind, soweit es die technischen und Betriebsverhältnisse gestatten, den jeweils geltenden Vorschriften entsprechend, auszuführen. Wie in den Erläuterungen von Weber klargelegt ist, haben die Errichtungsvorschriften keine rückwirkende Kraft. Sie finden aber bei älteren Anlagen Anwendung, soweit eine Abänderung, Erneuerung einzelner Teile oder eine Erweiterung vorgenommen wird. Anlaß zu durchgreifenden Änderungen älterer Anlagen ist besonders dann gegeben, wenn ihr Betrieb auf Speisung mit einer anderen Stromart oder mit höherer Spannung umgestellt wird[1].

Über den Zeitpunkt, bis zu dem Leitungen aus Zink und Eisen, die während des Krieges als Notersatz für Kupfer eingebaut wurden, wieder zu beseitigen sind, besteht keine bestimmte Vorschrift. Es gilt dafür nur das vorstehend aus den Betriebsvorschriften Erwähnte betr. Beseitigung erheblicher Mängel, wenn sie das Leben und die Gesundheit von Personen gefährden. Ob dies zutrifft, ist im Einzelfalle zu entscheiden[2].

---

[1] ETZ 1926, S. 268.
[2] ETZ 1925, S. 1513.

III. Elektrische Anlagen in der Landwirtschaft.

A. Leitsätze für die Errichtung elektrischer Starkstromanlagen in der Landwirtschaft.

Gültig ab 1. Januar 1926.

§ 1.
Allgemeines.

a) Die Ausführung elektrischer Anlagen ist nur zuverlässigen Unternehmern zu übertragen. Nur gewissenhafte Arbeit unter Verwendung besten Materials ergibt störungsfreien Betrieb und Sicherheit gegen Brandgefahr und Unfälle.

b) Gut gebaute Anlagen ersparen häufige Reparaturen; sie sind daher die billigsten im Betriebe, auch wenn sie bei der ersten Einrichtung höhere Kosten erfordern.

c) Die Anlagen müssen den Vorschriften und Normen des VDE entsprechen.

Es empfiehlt sich, darauf zu dringen, daß nur Installationsmaterial verwendet wird, das mit dem Prüfzeichen des VDE versehen ist.

d) Vor Inbetriebnahme ist die ordnungsmäßige Beschaffenheit der Anlagen durch den Stromlieferer oder einen behördlich anerkannten Sachständigen festzustellen.

e) Im einzelnen sind bei der Errichtung die nachstehenden Punkte besonders zu beachten.

Diese vom VDE aufgestellten Leitsätze waren veröffentlicht ETZ 1925, S. 1320 und 1748, wobei auch hervorgehoben war, daß Freileitungsnetze nicht unter diese Bestimmungen fallen.

Für die Aufstellung solcher Leitsätze liegen in der Landwirtschaft besondere Gründe vor. Zunächst ist hierbei die gesteigerte Feuersgefahr zu erwähnen. Ferner fällt die große Zahl feuchter und durchtränkter Räume ins Gewicht. Es ist deshalb eine Berechtigung für Verschärfungen bei der Ausführung solcher Anlagen gegenüber gewöhnlichen anzuerkennen. Das geht auch aus dem Aufsatz von Schneidermann „Der Einfluß mangelhafter elektrischer Anlagen auf die Feuersicherheit besonders in der Landwirtschaft", ETZ 1923, S. 353 hervor. Man erkennt daraus, wie wichtig es ist, daß landwirtschaftliche Anlagen ordnungsgemäß ausgeführt werden, was zu erreichen, auch einer der Beweggründe zur Schaffung dieser Leitsätze war.

Die Elektrizität spielt in der Landwirtschaft eine große Rolle. Das geht auch aus dem nachstehend abgedruckten, dem Preußischen Ministerialblatt entnommenen Erlaß des Ministers für Landwirtschaft, Domänen und Forsten betr. die Elektrisierung der Domänenbetriebe, sowie aus den gleichfalls beigefügten Richtlinien dazu hervor.

Allgemeine Verfügung II 5/26.

Der Minister für Landwirtschaft,   Berlin W 9, den 17. März 1926.
Domänen und Forsten.
Gesch.-Nr. II 3067.

Elektrisierung der Domänenbetriebe.

An die Regierungen pp.

„Nachdem im Haushalt der Domänenverwaltung für das Rechnungsjahr 1926 in beschränktem Umfange wieder Mittel zur Herstellung elektrischer Anlagen auf den Staatsdomänen vorgesehen sind und damit gerechnet werden kann, daß sie vom Landtage werden bewilligt werden, ist die Möglichkeit gegeben, die Elektrisierung der Domänenbetriebe mehr als dies in den letzten Jahren der Fall war, zu fördern.

Indem ich die Regierung hiervon in Kenntnis setze, ersuche ich gleichzeitig, auf die weitere Elektrisierung der Domänenbetriebe tatkräftig hinzuwirken.

Die Kosten der Herstellung elektrischer Anlagen einschließlich des Baukostenzuschusses und etwaiger sonstiger an die Überlandwerke mit Bezug auf die erstmalige Anlage zu entrichtenden Entschädigungen übernimmt, soweit es im Rahmen der bereitstehenden Mittel möglich ist, von jetzt ab der Domänenfiskus; der Domänenpächter hat diese Anlagekosten vom Zahlungstage bis zum Pachtablauf mit jährlich 7% zu verzinsen und zu tilgen. Die Beschaffung sämtlicher Motoren, also auch der ortsfesten, sowie aller übrigen Teile, die nicht in feste und dauernde Verbindung mit dem Grund und Boden oder mit fiskalischen Gebäuden gebracht werden, ist, als in den Bereich des toten Wirtschaftsinventars fallend, nach wie vor Sache der Pächter.

Von vorstehender Regelung ausgenommen sind die Fälle, in denen auf einer Domäne eine eigene Stromerzeugungsanlage hergestellt werden soll. Die Festsetzung der Bedingungen, unter denen eine solche Anlage zu erstellen ist, bleibt besonderen Verhandlungen und Abmachungen vorbehalten.

Bei der Aufstellung der Entwürfe für elektrische Licht- und Kraftanlagen auf den Domänen sind die in einem Abdruck beiliegenden Richtlinien vom 4. d. M. künftig genau zu beachten. Es muß bei der Versorgung der Domänen mit Elektrizität Wert darauf gelegt werden, daß eine Anlage geschaffen wird, die allen Anforderungen einer neuzeitlichen Betriebsführung entspricht oder doch so angelegt wird, daß sie dementsprechend leicht umgebaut und ergänzt werden kann. Es genügt daher nicht, daß, wie es namentlich bei superinventarischen Anlagen vielfach der Fall ist, nur eine Lichtstromversorgung und auch diese gar noch, wie des öfteren beobachtet, nur unvollständig vorgesehen wird. Eine derartige Anlage stellt sich unter Einwirkung der gewöhnlich nicht geringen Kosten für die Herstellung der Anschlußleitung wenig wirtschaftlich, ein Nachteil, der im allgemeinen nur durch gleichzeitige Herstellung einer Kraftversorgungsanlage behoben werden kann.

Um die Herstellung unzweckmäßiger und unwirtschaftlicher elektrischer Anlagen auf den Domänen nach Möglichkeit zu verhüten, ordne ich hiermit an, daß künftig alle Entwürfe für Errichtung von elektrischen Anlagen auf den Domänen, gleichviel ob sie fiskalischerseits oder superinventarisch ausgeführt werden, zur Prüfung und Genehmigung mir vorzulegen sind. J. A.: gez. Arnoldi.

Richtlinien für die Aufstellung und Prüfung von Entwürfen für elektrische Anlagen in landw. Betrieben vom 4. März 1926.

1. Grundsätzlich ist davon auszugehen, daß das Gehöft nicht nur mit Lichtstrom, sondern vor allem auch mit Kraftstrom versorgt wird. Einerseits gestaltet sich dadurch die Anlage wesentlich rentabler, da auf jeden Fall die Kosten für Herstellung des Anschlusses an die Hochspannungsleitungen zum größten Teile vom Stromabnehmer getragen werden müssen, andererseits ist ein neuzeitlicher Landwirtschaftsbetrieb ohne Verwendung von elektrischem Kraftstrom wenigstens in beschränktem Umfange kaum durchzuführen.

2. Vor Aufstellung des Entwurfes ist der Gesamtbedarf an Licht- und Kraftanschlußstellen genau zu ermitteln.

Diese Feststellung ist unbedingt und auch dann erforderlich, wenn der Kostenersparnis wegen oder aus anderen Gründen zunächst nur eine Teilanlage ausgeführt werden soll. Auch in diesem Falle wird es meist zweckmäßig sein, bei der Bemessung des Querschnitts und der Führung der Leitungen sowohl hochspannungs- wie auch niederspannungsseitig von vornherein auf den späteren Gesamtausbau der Anlage Rücksicht zu nehmen. Erhebliche Mehrkosten werden dadurch in der erstmaligen Anlage im allgemeinen nicht hervorgerufen, während im anderen Falle wesentliche Mehrausgaben bedingt würden, wenn bei jedesmaligem weiterem Ausbau eine Änderung an der bestehenden Anlage vorgenommen werden müßte.

3. Eine Erweiterungsmöglichkeit der Anlage in gewissem Umfange ist vorzusehen, und zwar aus dem Grunde, weil es feststeht, daß mit fortschreitender Zeit allgemein ein Bedürfnis auf Vermehrung der Lichtstellen eintritt und mit einem weiteren Ausbau der maschinellen Betriebsanlagen in der Landwirtschaft gerechnet werden muß.

4. Der Anschluß an die Versorgungsleitung eines Überlandwerkes soll im allgemeinen die Regel, die Herstellung einer eigenen Stromerzeugungsanlage die Ausnahme sein.

Die zum Antrieb der Stromerzeugungsanlage zur Verfügung stehende Kraftquelle hat in den allermeisten Fällen eine nur unzureichende, jedenfalls aber auf eine bestimmte Grenze beschränkte Leistung, die vielfach noch dazu empfindlich wechselt und obendrein mehr oder weniger unzuverlässig ist. Am ungünstigsten liegen in dieser Hinsicht die Verhältnisse bei der Verwendung von Windkraftanlagen. Die Aussicht allein, daß der Strompreis sich vielleicht bei Eigenerzeugung billiger stellen wird, darf nicht ausschlaggebend sein bei der Entscheidung über die Ausgestaltung der Anlage, vielmehr kommt es in erster Linie darauf an, eine volleistungs= und ausbaufähige Anlage von hinreichender Betriebssicherheit zu schaffen. Hierfür bietet nur der Anschluß an ein Überlandwerk eine sichere Gewähr, eine Eigenanlage jedoch bloß bei ganz besonders günstig liegenden Verhältnissen.

5. Zur Ermittlung des Gesamtbedarfes an Kraftanschlußstellen und Motoren empfiehlt es sich, eine tabellarische Übersicht aufzustellen, in der alle für elektromotorischen Antrieb in Frage kommenden maschinellen Betriebsanlagen aufgeführt werden, und aus der die Anzahl der Anschlußstellen und der Motoren sowie deren Stärke zu ersehen sind.

An Hand einer derartigen Aufstellung läßt sich dann leichter und einwandfrei beurteilen, an welcher Stelle die einzelnen maschinellen Anlagen am zweckmäßigsten untergebracht werden, sowie ob es möglich ist, sie so anzuordnen, daß mehrere Maschinen von einem gemeinsamen Motor betrieben werden können, oder auch, ob bei Beschaffung von beweglichen Motoren diese für verschiedene zeitlich nicht zusammenfallende maschinelle Arbeitsverrichtungen von ungefähr gleichem Kraftbedarf Verwendung finden können.

Für elektromotorischen Antrieb kommen hauptsächlich folgende Arbeiten und Betriebe in Frage:

Dreschbetrieb, Häckseln, Schroten, Rübenschneiden, Düngermahlen, Wasser= und Jauchepumpen, Getreide= und Saatgutreinigung, Förderanlagen und Gebläse, Säge= und Werkstättenbetrieb, Milchverarbeitung und vielerlei Kleinbetriebe, namentlich in der Hauswirtschaft.

Berlin, den 4. März 1926.

Die Verwendung besten Materials wird am sichersten dadurch gewährleistet, daß nur solches Material zugelassen wird, das, soweit solche Fabrikate am Markte sind, mit dem Prüfzeichen des VDE versehen ist. Bezüglich der Kennzeichnung des von der Prüfstelle des VDE untersuchten Materials sei auf Abschnitt IV C verwiesen. Für Leitungsmaterial soll naturgemäß nur solches verwendet werden, das mit dem Kennfaden des VDE versehen ist. Hierzu ist näheres aus dem zu § 19² Gesagten zu ersehen.

Über die für landwirtschaftliche Zwecke geschaffenen Sondertransformatoren ist bei dem zu § 7 Gesagten alles Nähere ausgeführt.

§ 2.
Leitungen im Freien und Leitungseinführungen.

a) **Hauptleitungen** sind tunlichst im Freien zu verlegen. Ihre Führung ist so einfach wie möglich zu gestalten.

b) **Über Fahrwegen und Wirtschaftshöfen** sind die Leitungen in solcher Höhe zu verlegen, daß beim Verkehr beladener Wagen die darauf befindlichen Personen nicht gefährdet werden.

c) **Einführungstellen der Leitungen** in die Gebäude mittels Dachständer oder Mauerdurchführungen sind so zu wählen, daß die Leitung zwischen der Einführung und der Hausanschlußsicherung möglichst kurz wird.

d) **Dachständer-Einführungen** dürfen nicht an solchen Teilen von Räumen münden, die zur Aufnahme leicht entzündlicher Stoffe bestimmt sind (z. B. **Heu- und Strohlager**).

e) **Die Dachständer** und ihre Tragkonstruktionen müssen kräftig ausgeführt sein. Die Durchführung muß gegen das Dach sorgfältig abgedichtet sein. Schutzrohre für Leitungen müssen so gebaut und verlegt sein, daß kein Wasser eindringen und das Schwitzwasser ablaufen kann.

f) **Mauerdurchführungen** sind so herzustellen, daß Wasser von außen nicht eindringen und das Schwitzwasser ablaufen kann.

Bezüglich der Höhe, in der Leitungen über Fahrwegen und Wirtschaftshöfen zu verlegen sind, wird von einigen landwirtschaftlichen Berufsgenossenschaften ein Wert von 6 m angegeben.

Bei der Auswahl des Platzes, an dem der Dachständer anzubringen ist, sind die Angaben der Leitsätze für den Schutz gegen Überspannungen zu berücksichtigen, wonach Dachständer möglichst nicht auf dem First untergebracht werden sollen, sondern derart, daß sie vom Dach elektrostatisch abgeschirmt werden.

§ 3.
Leitungen in Gebäuden.

a) **Als Leitungsbaustoff** ist Kupfer zu verwenden.

b) **In ständig trockenen Räumen** ist die Verlegung in Rohr oder Rohrdraht die Regel.

c) **Sind die Räume zeitweilig feucht** (z. B. **Haus- und Wohnküchen**), so müssen Rohre einen **Schutzanstrich** erhalten.

d) **Sind die Räume feucht** (Stallungen, Molkereien, Futterküchen usw.,), so empfiehlt es sich, die Leitungen an der Außenseite der Gebäude zu verlegen und nur kurze Ableitungen zu den einzelnen Verbrauchstellen einzuführen.

e) **In feuchten Räumen** ist außerhalb des Handbereiches offene Verlegung auf Porzellanglocken oder Mantelrollen von mindestens 65 mm Höhe, sonst Verlegung in gut abgedichteten Panzerrohren auf Abstandschellen oder Verlegung in Kabeln oder kabelähnlichen Leitungen (gegen chemische und mechanische Beschädigung geschützt) zulässig. Rohre müssen einen dauerhaften Schutzanstrich erhalten, der in angemessenen Zeiträumen zu erneuern ist.

f) Für spannungführende Leitungen, die innerhalb feuchter Betriebsräume offen verlegt werden, darf nur NGAW-Leitung nach den „Vorschriften für isolierte Leitungen in Starkstromanlagen" verwendet werden. Für geerdete Leiter ist NL-Leitung nach den „Normen für umhüllte Leitungen in Starkstromanlagen" zu verwenden.

g) Für Wand- und Deckendurchführungen in feuchten Räumen sind, soweit nicht offene Durchführung oder Verlegung in Kabeln oder kabelähnlichen Leitungen verwendet wird, nur fabrikations- oder werkstattmäßig hergestellte Durchführungen zu verwenden. Durchführungen, die am Ort der Verwendung vergossen werden müssen, sind unzulässig. Die fabrikationsmäßig hergestellten Durchführungen müssen so ausgeführt sein, daß ein Niederschlag von Feuchtigkeit innerhalb der Durchführungen vollständig ausgeschlossen ist. Die Einführungstellen der Leitungen in die Durchführungen müssen abdichtbar sein.

h) In Räumen mit leicht entzündlichem Inhalt (Heu- und Strohlager usw.) sollen Leitungen nur so weit verlegt werden, als sie dort benötigt werden. Die Leitungen sind in Stahlpanzerrohren, als Kabel oder kabelähnliche Leitungen zu verlegen und so anzuordnen, daß sie möglichst kurz sind. Im allgemeinen soll das Durchführen von Leitungen durch solche Räume, wenn in ihnen selbst keine Stromverbraucher angeschlossen sind, vermieden werden.

Soweit es sich um feuchte Räume handelt, sind naturgemäß die Bestimmungen des § 31 der Errichtungsvorschriften außer den hier gegebenen auf das Genaueste einzuhalten.

Für die Auswahl der Leitungen sei auf das, zu dem Inhalt der „Vorschriften für isolierte Leitungen in Starkstromanlagen" bei § 19² Gesagte, verwiesen.

Für Räume mit leichtentzündlichem Inhalt sind außer den hier gegebenen Bestimmungen naturgemäß noch diejenigen des § 34 der Errichtungsvorschriften einzuhalten.

§ 4.

Biegsame Leitungen.

a) Biegsame Leitungen für bewegliche Stromverbraucher müssen, soweit sie nicht in Wohnräumen Verwendung finden, besonders kräftige und dauerhafte Schutzhüllen besitzen, die nicht aus Metall bestehen dürfen.

Biegsame Leitungen, die in jeder Verwendungsart schon sehr stark beansprucht werden, sind in landwirtschaftlichen Betrieben ganz besonders rauher Behandlung ausgesetzt. Es ist deswegen wichtig, hierzu das bei § 19² Gesagte zu beachten.

§ 5.

Abschaltbarkeit.

a) Die elektrische Anlage eines landwirtschaftlichen Betriebes muß im ganzen oder in ihren Teilen in allen unter Spannung gegen Erde stehenden

Polen abschaltbar sein. Zur Abschaltung können Schalter, Sicherungen, Selbstschalter und Stecker dienen.

Die vorstehende Bestimmung deckt sich mit der Bestimmung des § 23a, wonach im Freien verlegte Leitungen abschaltbar sein müssen, da ja in landwirtschaftlichen Anlagen Installationen im Freien gewöhnlich in großem Umfange vorhanden sind.

§ 6.
Sicherungen, Schalter, Steckvorrichtungen und Lampen.

a) Schalter, Zähler und Sicherungen müssen leicht zugänglich angebracht und vor Beschädigungen geschützt sein.

b) Sicherungen sind in Räumen mit leicht entzündlichem Inhalt (Heu- und Strohlager usw.) verboten (über Zulassung von Sicherungen in Verbindung mit Motorschaltern siehe § 7).

c) Als Schalter sind in Stallungen und sonstigen feuchten Räumen Stangenschalter oder ähnliche Bauarten aus Isolierstoff zu verwenden.

d) Steckvorrichtungen sind in Räumen mit leicht entzündlichem Inhalt (Heu- und Strohlager usw.) nur ausnahmsweise und nur in feuersicher gekapselter Ausführung zulässig.

e) Lampen in feuchten Räumen (Stallungen, Molkereien, Futterküchen usw.) sowie in Räumen mit leicht entzündlichem Inhalt (Heu- und Strohlager usw.) müssen Fassungen aus Isolierstoff haben und mit starken Überglocken, die auch die Fassungen abschließen, bei Gefahr der Beschädigung auch mit Schutzkörben versehen sein.

Während in gewöhnlichen feuergefährlichen Betriebsstätten und Lagerräumen gemäß § 34b Sicherungen usw. dann zulässig sind, wenn sie in feuersicher abschließenden Schutzbekleidungen untergebracht werden, ist hier verschärfend vorgeschrieben, daß diese Sicherungen überhaupt nicht erlaubt sind.

Metallfassungen sind bei Lampen ausgeschlossen worden, weil sie bei den vielfach vorhandenen Stalldünsten und der Feuchtigkeit der Zerstörung unterliegen. Ausdrücklich sei auf die Berücksichtigung des in § 16c der Errichtungsvorschriften vorgeschriebenen Berührungsschutzes hingewiesen.

§ 7.
Motoren und Zubehör.

a) In Räumen mit leicht entzündlichem Inhalt (Heu- und Strohlager usw.) ist das Aufstellen von Motoren mit ihren Anlassern, Schaltern und Sicherungen möglichst zu vermeiden;

oder die Motoren nebst Zubehör sind innerhalb dieser Räume in besondere feuersichere Kammern einzubauen, die ausreichend zu bemessen oder durch besondere Lüftung zu kühlen sind;

oder die Motoren sind mit geschlossenen Anschlußklemmen auszurüsten. Dabei ist die Umgebung der Motoren nebst Zubehör von entzündlichen Stoffen freizuhalten. Anlasser, Schalter und Sicherungen sind in diesem Fall nur in geschlossener Ausführung zulässig.

b) In allen Fällen ist in Drehstromanlagen die Verwendung von Motoren mit Kurzschlußläufern zu empfehlen.

c) Ortsveränderliche Motoren fallen ebenfalls unter die vorstehenden Bestimmungen, wenn sie nicht mit ihrem Zubehör in Wagen oder dgl. eingebaut sind, die allseitig abgeschlossen werden können. § 6c, Absatz 3 der Errichtungsvorschriften ist hierbei zu beachten.

Unter geschlossener Ausführung für die Anschlußklemmen, Anlasser, Schalter und Sicherungen ist zu verstehen:

Vollständige Abdeckung ohne ausgeprochene Öffnungen, die eine Berührung blanker, spannungführender Teile und das Eindringen von Fremdkörpern verhindert. Vollständiger Schutz gegen Staub, Feuchtigkeit oder Gasgehalt der Luft wird nicht erzielt.

Bezüglich der Bemessung besonderer feuersicherer Kammern ist auf das zu § 6 Gesagte zu verweisen, wonach die natürliche Lüftung einer Maschine durch Aufstellung in einem zu engen Raum oder durch einen nachträglich angebrachten Schutzkasten behindert wird, so daß entweder ihre Dauerleistung verringert wird oder die Nennleistung nur kurzzeitig abgegeben werden kann.

Über die Ausführung geschlossener Anschlußklemmen von Maschinen ist näheres auf S. 20 bei dem zu § 3 Gesagten zu ersehen, während über die geschlossene Ausführung von Anlassern bei § 12 auf S. 87 Angaben gemacht sind (Ausführung 3).

§ 8.
Erdung und Nullung.

a) Bezüglich der Erdung und Nullung von metallenen Bestandteilen der Gebäude und metallenen Schutzhüllen der elektrischen Einrichtungen sind die „Leitsätze für Erdungen und Nullung in Niederspannungsanlagen" zu beachten.

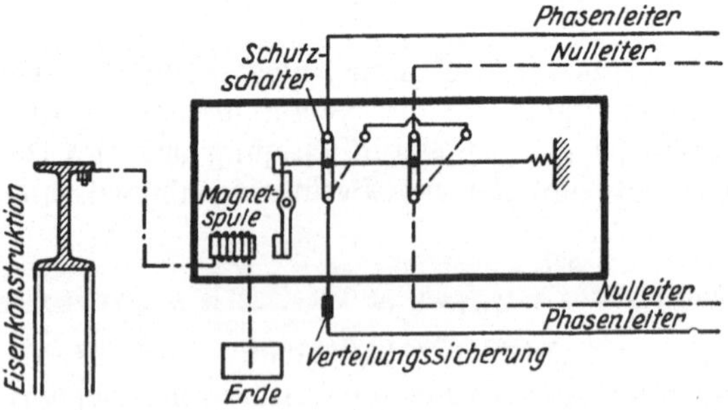

Erdung und Nullung sind bei § 3 der Errichtungsvorschriften ausführlich behandelt worden, so daß auf das dort Gesagte hingewiesen werden möge. In vielen Fällen wird mit Vorteil die von Heinisch angegebene und vom Rheinisch-Westfälischen Elektrizitätswerk in großem Umfange angewendete Schutzschaltung, namentlich in Stallungen, benutzt werden. Sie ist ETZ 1914, S. 32 beschrieben und in obenstehender Abbildung dargestellt.

Soweit Eisenteile vorhanden sind, werden sie über ein Relais geerdet, daß die Ausschaltung der ganzen Anlage bzw. eines Teiles derselben bewirkt, wenn die Spannung der Eisenteile gegen Erde ein gefähr-

liches Maß angenommen hat. Das Relais wird im allgemeinen so ein=
gerichtet, daß es bei einer Spannung von 20 bis höchstens 40 V anspricht.
Diese Schutzschaltung ist deswegen von so großer Bedeutung, weil es viele
Fälle gibt, in denen die Erdung sowohl wie die Nullung schwierig und nur
mit großen Kosten durchführbar sind. Es gibt sogar Fälle, in denen diese
Schutzmittel ganz versagen können. Hierzu kommt noch, daß sie dauernd
gut überwacht werden müssen. Das ist natürlich auch bei der Schutz=
schaltung von Heinisch notwendig. Zur einfachsten Durchführung der
Überwachung ist nun diese, in vorstehender Abbildung nur im Prinzip
dargestellte Schaltung neuerdings noch durch die Hinzufügung einer
„Prüftaste" wesentlich verbessert worden. Durch den Druck auf einen
Knopf kann man genau den gleichen Zustand herbeiführen, der eintritt,
wenn ein Körperschluß und damit eine unzulässige Berührungsspannung
entsteht. Damit ist man jederzeit in der Lage festzustellen, ob die Schutz=
einrichtung (Schalter und Hilfserde) noch wirksam ist. Es hat sich nun
gezeigt, daß es sogar am einfachsten ist, das Ausschalten der betreffenden
Anlageteile überhaupt stets durch Betätigung der Prüftaste zu bewirken,
so daß ganz von selbst dauernd eine Kontrolle durchgeführt wird.

B. Merkblatt für die Behandlung elektrischer Starkstromanlagen in der Landwirtschaft.

Gültig ab 1. Januar 1926[1]).

Landwirte! Beachtet den Zustand Eurer elektrischen Anlagen und
sorgt für ihre Instandhaltung. Ordnungsmäßig unterhaltene elektrische
Anlagen sind unbedingt betrieb- und feuersicher. Vernachlässigte Anlagen
führen zu Störungen, Unfällen und Bränden. Besonders ist zu beachten:

1. Haltet die Anlage in allen ihren Teilen rein und in gutem Zustande.

2. Haltet die Schalter, Sicherungen und Motoren zugänglich. Ver-
stellt den Zugang nicht durch Maschinen, Geräte oder sonstige Gegenstände.

Sorgt dafür, daß die Einführungstellen von Leitungen in Gebäude
von entzündlichen Stoffen freigehalten und der ständigen Beobachtung
zugänglich bleiben.

3. Vermeidet jede Berührung ungeschützter Teile von Leitungen,
Maschinen, Schaltern, Sicherungen und Lampen sowie herabhängender
gerissener Freileitungen.

Vermeidet bei Ausästen von Bäumen und bei Bauarbeiten die Berührung benachbarter Freileitungen. Errichtet nicht Mieten in der Nähe solcher
Leitungen.

4. Vermeidet unter allen Umständen, Drahtzäune und metallene Gitter
mit Masten und anderen Trägern von Hochspannungsleitungen in Berührung zu bringen.

---

[1]) Veröffentlicht: ETZ 1925, S. 1320 und 1748.

5. Benutzt nicht die Schutzschränke und Schutzkästen zum Aufbewahren von Gegenständen.

Benutzt nicht die Schaltergriffe, Isolatorenträger und Leitungen zum Aufhängen von Kleidungstücken oder Geräten, wie Peitschen, Ketten, Stricke oder dgl.

6. Verwendet nur die vorgeschriebenen Sicherungen, haltet stets für alle Sicherungen einige Ersatzstücke von der richtigen Sorte vorrätig.

Laßt Euch durch einen Fachmann angeben, welche Sicherungen Ihr braucht.

Niemals darf eine Sicherung durch Draht oder Metallteile überbrückt werden. Dises bedeutet eine hohe Gefahr für die Anlage und ist strafbar.

Geflickte, d. h. wiederhergestellte Sicherungen sind unwirksam, schützen nicht vor Feuersgefahr und sind verboten.

Beim mehrmaligen Durchbrennen der Sicherungen eines Stromkreises muß dieser durch Fachleute nachgeprüft werden.

7. Sorgt dafür, daß alle Schutzkappen für Schalter, Sicherungen, Steckkontakte usw. stets in Ordnung und richtig befestigt sind.

Ersetzt beschädigte oder fehlende Teile sofort.

Laßt den Motor öfter reinigen, entfernt von ihm vor der Inbetriebsetzung Stroh, Heu, Häcksel, Staub usw.

8. Prüft die Anschlußkabel für bewegliche Anlagen vor jeder Benutzung daraufhin, ob Schutzhülle und Stecker noch in Ordnung sind. Führt sie bei Gebrauch über kleine Holzgabeln oder dgl. Bedeckt sie nicht mit Stroh oder dgl. Schützt sie vor dem Überfahren und Betreten.

Laßt beschädigte Kabel unverzüglich ausbessern oder ersetzen.

9. Übertragt die Bedienung Eurer gesamten elektrischen Anlagen einer bestimmten Person. Laßt diesen Bedienungsmann durch Vermittlung des stromliefernden Elektrizitätswerkes genau unterweisen; haltet ihn an, die gegebenen Bedienungsvorschriften genau zu befolgen; dieses gilt vor allem für die Leute, die bewegliche Anlagen zum Anschluß an Hochspannungsleitungen bedienen, und besonders für das Anbringen der Erdzuleitungen und ähnlicher Schutzvorkehrungen.

10. Laßt Arbeiten an und auf Gebäuden nur nach Abschaltung aller in der Nähe der Arbeitstelle befindlicher Leitungen ausführen. Entfernt die Sicherungen der betreffenden Stromkreise und haltet sie unter Verschluß, damit kein Unberufener sie während der Arbeiten einsetzen kann. Für etwaige Unfälle, die durch Nichtabschaltung von Leitungen entstehen, seid Ihr haftbar.

11. Laßt neue Anlagen, Erweiterungen und Reparaturen nur von Installateuren ausführen, die vom Elektrizitätswerk zugelassen sind. Beachtet dabei die „Leitsätze für die Errichtung elektrischer Starkstromanlagen in der Landwirtschaft".

12. Laßt Eure Anlagen in regelmäßigen Zeiträumen durch Sachverständige prüfen, die vom Elektrizitätswerk oder von Behörden anerkannt sind. Sorgt für sofortige Abstellung der dabei festgestellten Mängel.

13. Bei Nichtbeachtung der vorstehenden Vorschriften und dadurch hervorgerufenen Unglücksfällen oder Brandschäden kann der Besitzer durch die Berufsgenossenschaft bestraft oder von der Feuerversicherung seiner Entschädigung verlustig erklärt, auch kann er nach den Gesetzen bestraft und für weitere Schäden haftbar gemacht werden.

C. Betriebsanweisung für die Bedienung elektrischer Starkstromanlagen für Hochspannung in der Landwirtschaft.

Gültig ab 1. Januar 1926[1]).

I. Allgemeines.

Die Bedienung betriebsmäßig hochspannungführender Teile, wie Masttransformatoren, Anschluß von beweglichen Transformatoren oder Anschluß von Hochspannungsmotoren, darf nur von besonders ausgebildeten Personen vorgenommen werden, die sich im Besitze eines schriftlichen, vom Elektrizitätswerk anerkannten Ausweises befinden.

An Transformator- und Motorwagen müssen die Vorschriften des Verbandes Deutscher Elektrotechniker über „Anleitung zur ersten Hilfeleistung bei Unfällen im elektrischen Betriebe" und diese Betriebsanweisung angeschlagen sein.

II. Inbetriebsetzung eines fahrbaren Transformators.

1. Stelle den Transformatorwagen nach dem Anfahren so auf, daß die einzuhängenden Anschlußleitungen zum Mastschalter möglichst straff sind und keinesfalls auf dem Wagendach aufliegen.

2. Bringe die Erdungen sehr gut an. Lege Wert auf guten Zustand der Klemmverbindungen.

3. Hänge bei offenem Mastschalter die Anschlußleitungen mittels Schaltstange ein.

4. Schließe das Kabel zum Motorwagen im Transformatorwagen an.

5. Führe das Kabel über kleine Holzgabeln. Lasse es nicht auf der Erde liegen.

6. Friedige den Transformatorwagen ein und hänge die Warnungsschilder an.

7. Stelle den Isolierschemel neben den Schaltermast und schließe vom Schemel aus den Mastschalter mittels Schaltstange oder Winde. Einschalten ohne Benutzung des Schemels ist unter allen Umständen verboten.

8. Lasse nach der Schließung durch eine Winde die Kurbel in der Winde stecken.

---

[1]) Veröffentlicht: ETZ 1925 S. 1320 und 1748.

III. Außerbetriebsetzung eines fahrbaren Transformators.

1. Setze den Motor außer Betrieb.

2. Öffne den Mastschalter unter Benutzung des Isolierschemels mittels der Winde oder der Schaltstange.

3. Hänge die Schaltstange aus dem Mastschalterhebel aus bzw. nimm die Kurbel aus der Winde heraus.

4. Hänge die Hochspannung-Anschlußleitung vom Mastschalter nur mittels Schaltstange ab. Dann erst nimm den weiteren Abbau vor.

5. Rolle das Kabel auf und überzeuge dich, daß Türen und Steckdosen am Transformator- und Motorwagen gut verschlossen sind.

IV. Verschiedenes.

A. Schematische Darstellungen.

a) Für jede Starkstrom-Anlage muß bei Fertigstellung eine schematische Darstellung angefertigt werden; sie kann aus mehreren Teilen bestehen.

b) Die Darstellungen müssen enthalten:

I. Stromarten und Spannungen,

II. Anzahl, Art und Stromstärke der Stromerzeuger, Transformatoren und Akkumulatoren,

III. Art der Abschaltung und Sicherung der einzelnen Teile der Anlage,

IV. Angabe der Leitungsquerschnitte,

V. die notwendigen Angaben über Stromverbraucher.

1. Für die schematischen Darstellungen und etwa anzufertigende Pläne sollen die in den Normenblättern DIN VDE 710—717 festgelegten Schaltzeichen und Schaltbilder verwendet werden. Die Schaltzeichen sind die kürzere Darstellung, die in Schaltplänen zur Verwendung gelangen müssen. Für eingehendere Darstellungen dienen die Schaltbilder, wenn eine größere Übersichtlichkeit der Pläne erforderlich ist. Das Muster eines Schaltplanes zeigt das Normblatt DIN VDE 719.

2. In den schematischen Darstellungen sollen die Angaben über Stromverbraucher so weit eingetragen werden, als sie zur sicherheitstechnischen Beurteilung der einzelnen Teile der Anlage erforderlich sind. Im allgemeinen wird es genügen, wenn die schematischen Darstellungen bis zu den letzten Verteilungssicherungen durchgeführt und die Querschnitte der einzelnen Abzweigleitungen sowie die Zahl und die Art der an diese angeschlossenen Stromverbraucher angegeben werden; bei Glühlicht-Stromkreisen genügt im allgemeinen die angenäherte Angabe der Lampenzahl.

3. Mehrpolige Leitungen und Apparate können im allgemeinen einpolig gezeichnet werden; in diesem Falle ist die Pol- oder Leiterzahl durch eine entsprechende Zahl von senkrecht zum Hauptleitungzug angeordneten Querstrichen kenntlich zu machen.

4. Wenn in den schematischen Darstellungen oder Plänen auf die Eigenart einzelner Räume hingewiesen werden soll, genügt die Eintragung der Nummer des für die Räume maßgebenden Paragraphen der Errichtungsvorschriften, z. B. „§ 35" bedeutet „Explosionsgefährlicher Raum".

Eine Zusammenstellung der Normblätter für Bildzeichen, Kennfarben, Schaltzeichen und Schaltbilder ist durch den Beuth-Verlag, G. m. b. H.,

Berlin SW 19, Beuthstr. 8, als **DIN-Taschenbuch 2** herausgegeben und sowohl durch den genannten Verlag, wie auch durch die Geschäftstelle des VDE und den Verlag von Julius Springer zu beziehen.

Auszug

enthaltend die wichtigsten Schaltzeichen und Schaltbilder
aus DIN VDE 710—717 und den Schaltplan nach DIN VDE 719.

I. Stromsysteme und Schaltarten.
DIN VDE 710.

Nr.	Schaltzeichen	Schaltbild	Benennung
201	—		Gleichstrom
205	$3\sim 50$		Dreiphasen-Wechselstrom mit Frequenz
219			Nullpunkt-Klemme allgemein

II. Verteilungs- und Leitungspläne.
DIN VDE 711.

Nr.	Schaltzeichen	Schaltbild	Benennung
313			Leitung aus 3 Leitern allgemein oder Freileitung bzw. unterirdisch Bemerkung: Falls erwünscht, ist anzugeben: die Stromart und die Spannung in Volt über dem Leitungstrich, Zahl und Querschnitte der Leiter in mm² und die Länge der Leitung in km unter dem Leitungstrich, wie die nachfolgenden Beispiele zeigen
318	$-2\cdot 220$ $50+25+50$	$-2\cdot 220$ $50+25+50$	Leitung für 2×220 V Gleichstrom, bestehend aus 3 Leitern zu $50+25+50$ mm²

Nr.	Schaltzeichen	Benennung
323		Freileitung an Holzmasten
324		Freileitung an Eisenmasten

Nr.	Schaltzeichen	Benennung
325		Freileitung an eisernen Gittermasten
326		Freileitung an Eisenbetonmasten
327		Freileitung auf Stützpunkt mit Strebe
328		Freileitung auf Stützpunkt mit Zuganker

III. Apparate, Maschinen und Meßgeräte.

Allgemeines
DIN VDE 712.

Nr.	Schaltzeichen	Schaltbild	Benennung
402			Querstriche zur Kennzeichnung von 1 poligen, 2 poligen oder 3 poligen Schaltgeräten
406	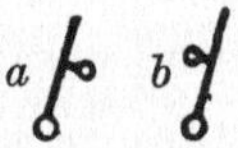 a b	wie Schaltzeichen	Besondere Zeichen für Selbstauslösung: a durch Hilfstrom, b durch Nullspannung
407	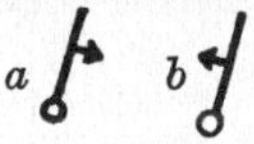 a b	wie Schaltzeichen	Besondere Zeichen für Auslösung: a durch Überstrom, b durch Nullstrom
408		wie Schaltzeichen	Besondere Zeichen für Auslösung durch Überstrom—Rückstrom
409	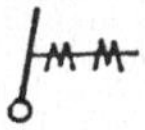	wie Schaltzeichen	Besonderes Zeichen für Fernschalter: Ein- und Ausschalten durch Hilfstrom

IV. Verbindungs-, Unterbrechungs- und Sicherheitsapparate.

DIN VDE 713.

Nr.	Schaltzeichen	Schaltbild	Benennung	
502	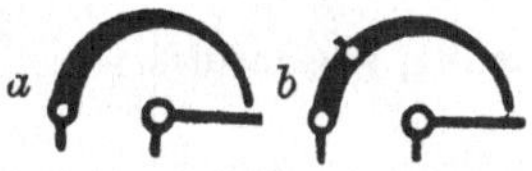 a b	wie Schaltzeichen	Anlasser a für Reihenschlußmotoren, b für Nebenschlußmotoren	Schaltrichtung rechts oder links, hier von rechts nach links wiedergegeben
505		wie Schaltzeichen	Anlasser für Drehstrommotoren	

Nr.	Schaltzeichen	Schaltbild	Benennung	
507		wie Schaltzeichen	Sterndreieckschalter	
509		wie Schaltzeichen	Nebenschluß-regler Erregerregler, mit Kurzschluß-kontakt	Schaltrichtung rechts oder links, hier von rechts nach links wiedergegeben
516			Ölschalter	
517			Schalter in Gußeisen gekapselt	
519			Umschalter für 2 Wege, mit Unterbrechung	
521			Umschalter für 2 Wege ohne Unterbrechung	
524			Trennschalter mit Drehpunkt, einfache Unterbrechung	
527			Sicherung, allgemein	
528			Streifensicherung	

Nr.	Schaltzeichen	Schaltbild	Benennung
530		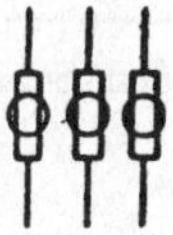	Schraubsicherung
535		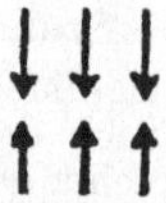	Funkenstrecke als Über-spannungschutz
539	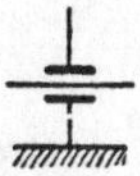	wie Schaltzeichen	Durchschlagsicherung
542		wie Schaltzeichen	Erdung
543		wie Schaltzeichen	Erdung über Kapazität
546	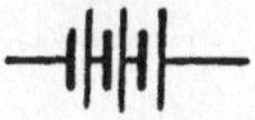	wie Schaltzeichen	Akkumulatorenbatterie, allgemein
550	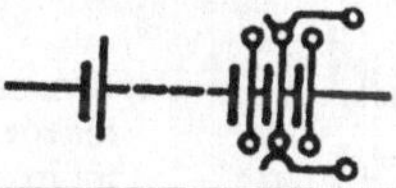	wie Schaltzeichen	Doppelzellenschalter
553	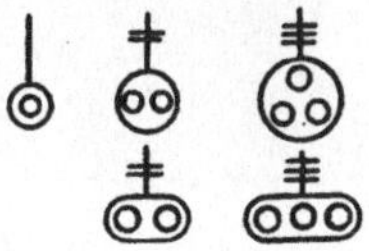	wie Schaltzeichen	Steckvorrichtung

V. Transformatoren.

DIN VDE 714.

Nr.	Schaltzeichen		Schaltbild	Benennung
	einpolig	mehrpolig		
601			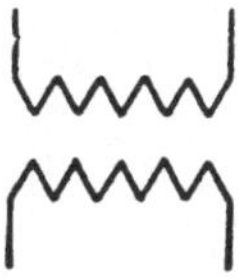	Transformatoren mit getrenn-ten Wicklungen

Nr.	Schaltzeichen		Schaltbild	Benennung
	einpolig	mehrpolig		

Bemerkung: In den nachfolgenden Schaltzeichen und Schaltbildern bedeuten die eingeschriebenen Zahlen:

     links = Leistung in kVA,

     in der Mitte = Frequenz (kann fortbleiben, wenn in dem betreffenden Schaltplan die Frequenz der Anlage besonders angegeben ist),

     rechts oben und unten = Spannungen in V.

Die Schaltart wird durch die in die entsprechenden Kreise einzusetzenden allgemeinen Schaltzeichen in der nach den RET festgelegten Lage angegeben. Die Schaltgruppe nach RET wird rechts neben der Mitte des Schaltzeichens oder Schaltbildes eingetragen.

Nr.	Schaltzeichen (einpolig / mehrpolig)	Schaltbild	Benennung
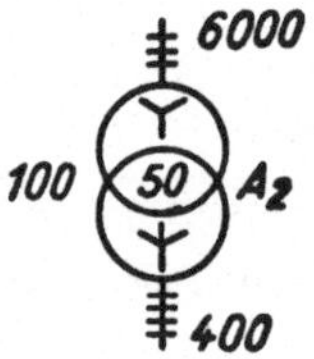 607	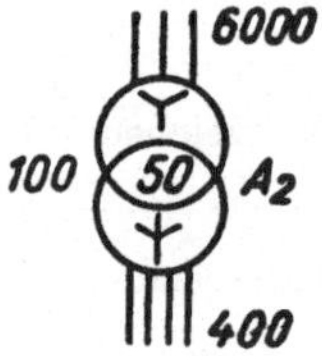 6000 / 100 / 50 / A_2 / 400	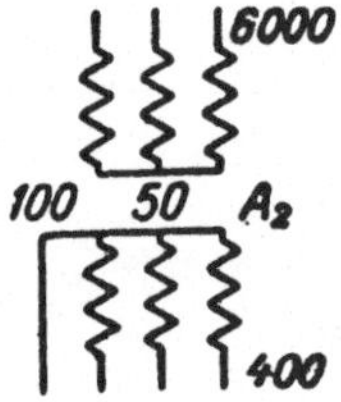 6000 / 100 / 50 / A_2 / 400	Drehstrom-Transformator Schaltgruppe A_2 mit Nullpunktklemme 100 kVA 50 Per/s 6000/400 V
614			   Drehtransformator, allgemein
616	6000 / 100 / 50 / A_2 / 231	6000 / 100 / 50 / A_2 / 231	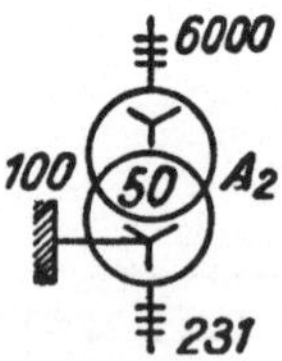 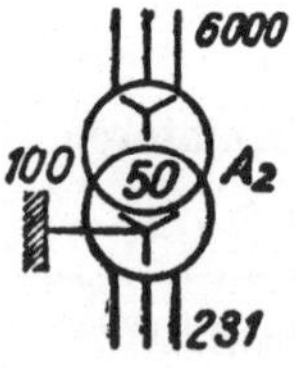 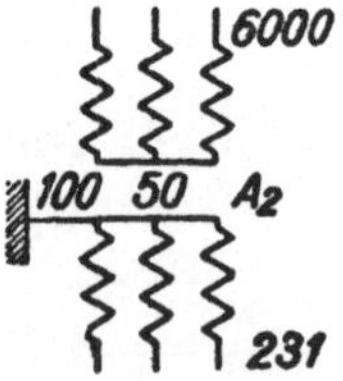 Drehstrom-Transformator Schaltgruppe A_2 Nullpunkt geerdet 100 kVA 50 Per/s 6000/231 V

VI. Maschinen und Umformer.

DIN VDE 715.

Nr.	Schaltzeichen		Benennung	
	einpolig	mehrpolig		
701	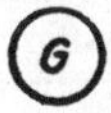		Generator, allgemein	
706	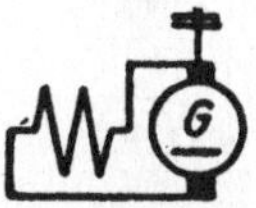	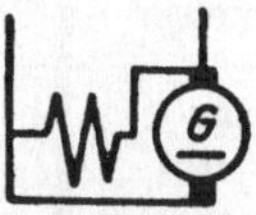	Nebenschluß-Gleichstrom-Generator bzw. -Motor	Der Motor wird gekennzeichnet durch M
716	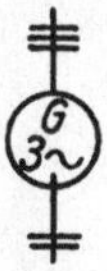	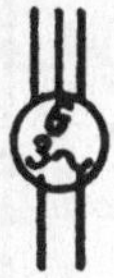	Synchron-Generator, 3 phasig	
718	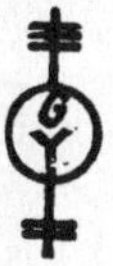	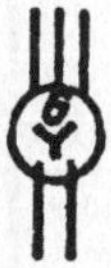	Synchron-Generator, 3 phasig, in Stern geschaltet	
722	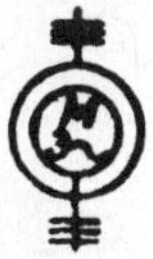	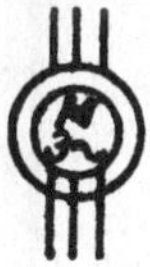	Asynchron-Motor, 3 phasig, mit Schleifringläufer	
725	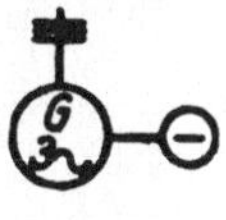		Synchron-Generator mit angebauter Erregermaschine	
727	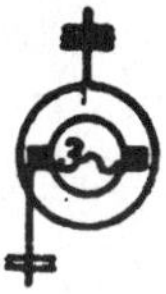	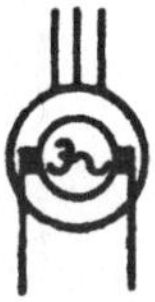	Drehstrom-Gleichstrom-Ein-anker-Umformer, 3 phasig	
730	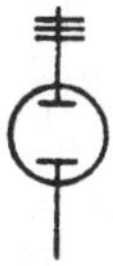	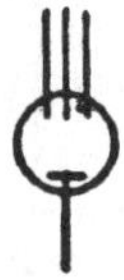	Gleichrichter 3 phasig	

VII. Meßgeräte.
DIN VDE 716.
1. Anzeigende Meßgeräte.

Nr.	Schaltzeichen einpolig	Schaltzeichen mehrpolig	Schaltbild	Benennung	Nr.	Schaltzeichen einpolig	Schaltzeichen mehrpolig	Benennung
802	(V)	(V)		Spannungmesser	808	(W)	(W)	Drehstrom ungleich belastet
804	(A)	(A)		Strommesser	810	(φ)	(φ)	Leistungsfaktormesser
805	(W)	(W)		Wirkleistungsmesser allgemein	813	(f)	(f)	Frequenzmesser
807	(W)	(W)		Drehstrom gleich belastet	814	(↑)	(↑)	Stromrichtungzeiger
					815	(Ω)	(Ω)	Isolationsmesser

2. Schreibende Meßgeräte, Zähler, Meßwandler und Relais.

Nr.	Schaltzeichen einpolig	Schaltzeichen mehrpolig	Schaltbild	Benennung	Nr.	Schaltzeichen einpolig	Schaltzeichen mehrpolig	Benennung
817	☐	☐		Schreibendes Meßgerät, allgemein	833			Relais, allgemein
819				Zähler, allgemein	834	A	A	Schließendes Stromrelais
825	Wh	Wh		Wattstundenzähler für Vierleiter-Drehstrom	835	W	W	Öffnendes Leistungsrelais für Drehstrom ungleich belastet mit Nulleiter
826	(A)	(A)	(A)	Nebenwiderstand zu Strommessern				
827				Stromwandler	836	f	f	Umschaltendes Frequenzrelais
831				Spannungswandler	837	As	As	Überstrom-Zeitrelais, abhängig
832	(W)	(W)		Leistungsmesser für Drehstrom ungleich belastet mit Strom- und Spannungwandler	838	|As|	|As|	Überstrom-Zeitrelais, begrenzt abhängig
					839	A s	A s	Überstrom-Zeitrelais unabhängig

Haben mehrere Instrumente (Zeigerinstrumente, Zähler, Relais) gemeinsame Strom- und Spannungwandler, so wird dieses im einpoligen Schaltplan bei der be-

DIN VDE 719 (erweitert).

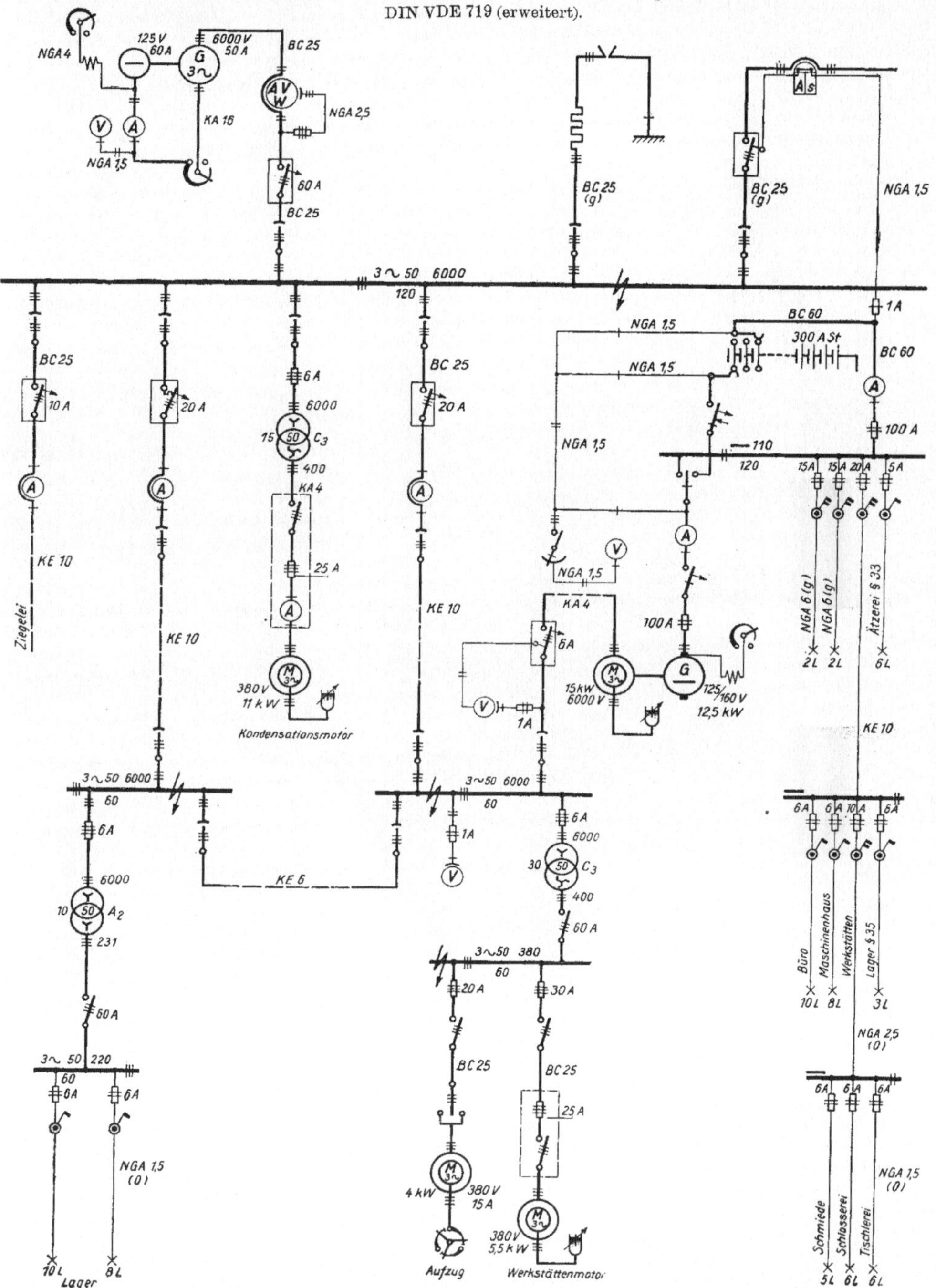

Die Linienstärken sind nach DIN 15 zu wählen. Wenn es die Übersichtlichkeit der Schaltpläne erfordert, können die Schaltzeichen und Schaltbilder um 90° nach rechts oder links oder um 180° gegen die in den Normblättern DIN VDE 710 bis 717 dargestellte Lage gedreht werden, sofern die Lage als solche für die Darstellung von Bedeutung ist.

treffenden Apparatgruppe vermerkt, z. B. bedeutet ein Kreis, der die Buchstaben A, V und W enthält und mit den einpoligen Schaltzeichen für einen Strom- und einen Spannungwandler versehen ist, eine Meßeinrichtung, bei der ein Strom-, ein Spannung- und ein Leistungsmesser an einen gemeinsamen Strom- und an einen gemeinsamen Spannungwandler angeschlossen sind.

VIII. Innen-Installationen.
DIN VDE 717.

Nr.	Schaltzeichen	Benennung
901		Lampe beliebiger Art, allgemein
902		Bewegliche Lampe
903		Lampenträger mit Lampenzahl
905		Installationsschalter (Kleinschalter), 1 polig
906		Installationsschalter (Kleinschalter), 2 polig
907		Installationsumschalter (Kleinumschalter) mit zwei Stellungen, 1 polig
908		Installationsumschalter (Kleinumschalter) mit zwei Stellungen, 2 polig
909		Installations-Steckdose
910	(g) (r) (o)	Leitungsverlegung auf Isolierglocken auf Rollen in Rohren
911		Von oben kommende oder nach oben führende Leitung mit Energieführung nach oben
		mit Energieführung von oben
912		Von unten kommende oder nach unten führende Leitung mit Energieführung nach unten
		mit Energieführung von unten

B. Betriebsvorſchriften[1]).

§ 1.
Erklärungen.

a) **Niederspannungsanlagen.** Anlagen mit effektiven Gebrauch-spannungen bis 250 V zwischen beliebigen Leitern sind ohne weiteres als Niederspannungsanlagen zu behandeln; Mehrleiteranlagen mit Spannungen bis 250 V zwischen Nulleiter und einem beliebigen Außenleiter nur dann, wenn der Nulleiter geerdet ist. Bei Akkumulatoren ist die Entlade-spannung maßgebend.

Alle übrigen Starkstromanlagen gelten als Hochspannungsanlagen.

> 1. Im Gegensatz zu den mit Buchstaben bezeichneten Absätzen, die grundsätzliche Vorschriften darstellen, enthalten die mit Ziffern versehenen Absätze Ausführungsregeln. Letztere geben an, wie die Vorschriften mit den üblichen Mitteln im allgemeinen zur Ausführung gebracht werden sollen, wenn nicht im Einzelfall besondere Gründe eine Abweichung rechtfertigen.

2. Weitere Erklärungen siehe unter § 2 der Errichtungsvorschriften.

§ 2.
Zustand der Anlagen.

a) Die elektrischen Anlagen sind den Errichtungsvorschriften entsprechend in ordnungsmäßigem Zustande zu erhalten. Hervortretende Mängel sind in angemessener Frist zu beseitigen. In Anlagen, die vor dem 1. Juli 1924 errichtet sind, müssen erhebliche Mißstände, die das Leben oder die Gesundheit von Personen gefährden, beseitigt werden. Jede Änderung einer solchen Anlage ist, soweit es die technischen und Betriebsverhältnisse gestatten, den geltenden Vorschriften gemäß auszuführen.

b) Leicht entzündliche Gegenstände dürfen nicht in gefährlicher Nähe ungekapselter elektrischer Maschinen und Apparate, sowie offen verlegter spannungführender Leitungen gelagert werden.

c) Schutzvorrichtungen und Schutzmittel jeder Art müssen in brauchbarem Zustand erhalten werden.

1. Für gewerbliche, industrielle und landwirtschaftliche Betriebstätten ist eine laufende Überwachung durch einen Sachverständigen zu empfehlen.

2. Als Schutzmittel gelten gegen die herrschende Spannung isolierende, einen sicheren Stand bietende Unterlagen, Erdungen, Abdeckungen, Gummischuhe, Werkzeuge mit Schutzisolierung, Schutzbrillen und ähnliche Hilfsmittel.

Gummihandschuhe sind als Schutz gegen Hochspannung unzuverlässig, daher in Hochspannungsanlagen verboten.

3. Der Zugang zu Maschinen, Schalt- und Verteilungsanlagen soll so weit frei-gehalten werden, als es ihre Bedienung erfordert.

4. Maschinen und Apparate sollen in gutem Zustand erhalten und in angemessenen Zwischenräumen gereinigt werden.

---

[1]) Diese Betriebsvorschriften sind auch bei der Errichtung und Veränderung von elektrischen Starkstromanlagen zu beachten, soweit dabei die Anlagen oder einzelne Teile unter Spannung stehen.

§ 3.
Warnungstafeln, Vorschriften und schematische Darstellungen.

a) *In Hochspannungbetrieben müssen Tafeln, die vor unnötiger Berührung von Teilen der elektrischen Anlage warnen, an geeigneten Stellen, insbesondere bei elektrischen Betriebsräumen und abgeschlossenen elektrischen Betriebsräumen an den Zugängen angebracht sein. Warnungstafeln für Hochspannung sind mit Blitzpfeil zu versehen.* Bei Niederspannung sind Warnungstafeln nur an gefährlichen Stellen erforderlich.

b) In jedem elektrischen Betriebe sind diese Betriebsvorschriften und eine „Anleitung zur ersten Hilfeleistung bei Unfällen im elektrischen Betriebe" anzubringen. Für einzelne Teilbetriebe genügen gegebenenfalls zweckentsprechende Auszüge aus den Betriebsvorschriften.

c) In jedem elektrischen Betriebe muß eine schematische Darstellung der elektrischen Anlage, entsprechend dem Anhang zu den Errichtungs- und Betriebsvorschriften, vorhanden sein.

1. Es empfiehlt sich, an wichtigen Schaltstellen und in Transformatorenstationen, *insbesondere bei Hochspannung,* ein Teilschema, aus dem die Abschaltbarkeit hervorgeht, anzubringen.

2. Das kleinste Format für Warnungstafeln soll 15 × 10 cm sein.

3. Warnungstafeln, Betriebsvorschriften und schematische Darstellungen sollen in leserlichem Zustand erhalten werden.

4. Wesentliche Änderungen und Erweiterungen der Anlage sollen in der schematischen Darstellung nachgetragen werden unter Berücksichtigung der Regel 2 des Anhanges.

§ 4.
Allgemeine Pflichten der im Betriebe Beschäftigten.

Jeder im Betriebe Beschäftigte hat:

a) von den durch Anschlag bekanntgegebenen, sowie von den zur Einsichtnahme bereitliegenden, ihn betreffenden Betriebsvorschriften Kenntnis zu nehmen und ihnen nachzukommen;

b) bei Vorkommnissen, die eine Gefahr für Personen oder für die Anlagen zur Folge haben können, geeignete Maßnahmen zu treffen, um die Gefahr einzuschränken oder zu beseitigen. Dem Vorgesetzten ist baldmöglichst Anzeige zu erstatten.

1. *Arbeiten im Hochspannungsbetriebe sollen nur mit besonderer Vorsicht unter sorgfältiger Beachtung der Betriebsvorschriften und unter Benutzung der gebotenen Schutzmittel ausgeführt werden. Die mit den Arbeiten Betrauten sollen sorgfältig unterwiesen werden, insbesondere dahin, daß sie nichts unternehmen oder berühren dürfen, ohne sich über die vorhandene Gefahr Rechenschaft zu geben und die gebotenen Gegenmaßregeln anzuwenden.*

2. Bei Unglücksfällen von Personen ist nach der „Anleitung zur ersten Hilfeleistung bei Unfällen im elektrischen Betriebe" zu verfahren.

3. Bei Brandgefahr sind nach Möglichkeit die „Leitsätze für die Bekämpfung von Bränden in elektrischen Anlagen und in deren Nähe" zu befolgen.

§ 5.
Bedienung elektrischer Anlagen.

a) Jede unnötige Berührung von Leitungen, sowie ungeschützter Teile von Maschinen, Apparaten und Lampen ist verboten.

b) Die Bedienung von Schaltern, das Auswechseln von Sicherungen und die betriebsmäßige Bedienung von Maschinen, Akkumulatoren, Apparaten, Lampen ist nur den damit beauftragten Personen gestattet, wo erforderlich, unter Benutzung von Schutzmitteln.

1. Sicherungen und Unterbrechungsstücke bei Hochspannung sollen, wenn die Apparate nicht so gebaut oder angeordnet sind, daß man sie ohne weiteres gefahrlos handhaben kann, nur unter Benutzung isolierender oder anderer geeigneter Schutzmittel betätigt werden.

c) Reinigungs-, Wartungs- und Instandsetzungsarbeiten dürfen nur durch damit beauftragte und mit den Arbeiten vertraute Personen oder unter deren Aufsicht durch Hilfsarbeiter ausgeführt werden. Die Arbeiten sind, wenn möglich in spannungfreiem Zustande, das heißt nach allpoliger Abschaltung der Stromzuführungen, unter Berücksichtigung der in §§ 6 und 7, wenn unter Spannung gearbeitet werden muß, unter Berücksichtigung der in §§ 8 und 9 gegebenen Sonderbestimmungen vorzunehmen.

d) Die Schlüssel zu den abgeschlossenen elektrischen Betriebsräumen sind von den dazu Berufenen unter sicherer Verwahrung zu halten.

e) Abgeschlossene elektrische Betriebsräume, die den Anforderungen des § 29 der Errichtungsvorschriften nicht entsprechen, dürfen nur betreten werden, nachdem alle Teile spannunglos gemacht sind.

2. Es ist besonders darauf zu achten, daß der spannungfreie Zustand nicht immer durch Herausnahme von Schaltern und dergleichen allein gewährleistet ist, da noch Verbindungen durch Meßschaltungen, Ring- oder Doppelleitungen usw. bestehen können, oder eine Rücktransformierung, Induktion, Kapazität usw. vorhanden sein kann.

§ 6.
Maßnahmen zur Herstellung und Sicherung des spannungfreien Zustandes.

a) Ist die Abschaltung des Teiles der Anlage, an dem gearbeitet werden soll, und der in unmittelbarer Nähe der Arbeitstelle befindlichen Teile nicht unbedingt sichergestellt, so muß zwischen Schalt- und Arbeitstelle eine Kurzschließung und Erdung, an der Arbeitstelle außerdem eine Kurzschließung und behelfsmäßige Verbindung mit der Erde zur Ableitung von Induktionsströmen vorgenommen werden.

Bei Hochspannung muß zwischen Arbeit- und Trennstelle Erdung und Kurzschließung vorgenommen werden, nachdem sich der Arbeitende überzeugt hat, daß dieses ohne Gefahr geschehen kann.

Für die Dauer der Arbeit ist an der Schaltstelle ein Schild oder dergleichen anzubringen mit dem Hinweise, daß an dem zugehörenden Teil der elektrischen Anlage gearbeitet wird.

1. Auch bei Niederspannung empfiehlt es sich, bei Schaltern, Trennstücken und dergleichen, die einen Arbeitspunkt spannungfrei machen sollen, für die Dauer der

Arbeit ein Schild oder dergleichen anzubringen mit dem Hinweise, daß an dem zugehörenden Teil der elektrischen Anlage gearbeitet wird.

2. Zur Erdung und Kurzschließung sollen Leitungen unter 10 mm² nicht verwendet werden.

3. Erdungen und Kurzschließungen sollen auch bei Niederspannung erst vorgenommen werden, wenn es ohne Gefahr geschehen kann.

4. Zum Nachweise, daß die Arbeitsstelle spannungfrei ist, können dienen: Spannungprüfungen, Kennzeichnung der beiderseitigen Leitungsenden, Einsicht in schematische Übersichts- oder Leitungsnetzpläne mit oder ohne Angabe der erforderlichen Reihenfolge der Schaltungen, die entweder an den Schaltstellen vorhanden sein oder dem Schaltenden mitgegeben werden können, wenn er nicht durch mündliche Anweisung oder in anderer Weise über die Anlage genau unterrichtet ist.

b) Die Vereinbarung eines Zeitpunktes, zu dem eine Anlage spannungfrei gemacht werden soll, genügt nicht, es sei denn, daß es sich um regelmäßige Betriebspausen handelt.

§ 7.
Maßnahmen bei Unterspannungsetzung der Anlage.

a) Waren zur Vornahme von Arbeiten Betriebsmittel spannungfrei, so darf die Einschaltung erst dann erfolgen, wenn das Personal von der beabsichtigten Einschaltung verständigt worden ist.

b) Vor der Einschaltung sind alle Schaltungen und Verbindungen ordnungsgemäß herzustellen und keine Verbindungen zu belassen, durch die ein Übertreten der Spannung in außer Betrieb befindliche Teile herbeigeführt werden kann.

c) Die Vereinbarung von Zeitpunkten, zwischen denen die Anlage spannungfrei sein oder bleiben soll, genügt nicht, es sei denn, daß es sich um regelmäßige Betriebspausen handelt.

1. Die Verständigung mit der Arbeitstelle durch Fernsprecher ist zulässig, jedoch nur mit Rückmeldung durch den mit der Leitung der Arbeiten Beauftragten.

2. Bei Aufhebung von Kurzschließungen soll die Erdverbindung zuletzt beseitigt werden.

§ 8.
Arbeiten unter Spannung.

a) Arbeiten unter Spannung sind nur durch besonders damit beauftragte und mit der Gefahr vertraute Personen auszuführen. Zweckentsprechende Schutzmittel sind bereitzustellen und zu benutzen; sie sind vor Gebrauch nachzusehen (siehe § 2c und 2¹).

b) Arbeiten unter Spannung sind nur gestattet, wenn es aus Betriebsrücksichten nicht zulässig ist, die Teile der Anlage, an denen selbst oder in deren unmittelbarer Nähe gearbeitet werden soll, spannungfrei zu machen, oder wenn die geforderte Erdung und Kurzschließung an der Arbeitstelle nicht vorgenommen werden kann.

c) Arbeiten müssen unter den für Arbeiten unter Spannung vorgeschriebenen Vorsichtsmaßregeln auch dann ausgeführt werden, wenn zwar ein Abschalten, Erden und Kurzschließen erfolgt ist, aber noch Unsicherheit darüber besteht, ob die Teile, an denen gearbeitet werden soll, wirklich mit den abgeschalteten oder geerdeten und kurzgeschlossenen Teilen übereinstimmen.

d) Bei Hochspannung dürfen Arbeiten unter Spannung nur in Notfällen und nur in Gegenwart einer geeigneten und unterwiesenen Person, sowie unter Beachtung geeigneter Vorsichtsmaßnahmen ausgeführt werden (Ausnahmen siehe §§ 10a, 11a und 14c).

§ 9.
Arbeiten in der Nähe von Hochspannung führenden Teilen.

a) Bei allen Arbeiten in der Nähe von Hochspannung führenden Teilen hat der Arbeitende darauf zu achten, daß er keinen Körperteil oder Gegenstand mit der Hochspannung in Berührung bringt. Da bei Arbeiten in Reichnähe von Hochspannung führenden Teilen die Aufmerksamkeit des Arbeitenden von der gefährlichen Stelle abgelenkt wird, so ist die Gefahrzone durch Schranken abzusperren oder es sind die gefährlichen Teile durch Isolierstoffe der zufälligen Berührung zu entziehen.

Bei allen Arbeiten in der Nähe von Hochspannung ist für einen festen Standpunkt Sorge zu tragen.

§ 10.
Zusatzbestimmungen für Akkumulatorenräume.

a) *An Akkumulatoren sind entgegen § 8d Arbeiten unter Spannung bei Beobachtung der geeigneten Vorsichtsmaßnahmen gestattet. Eine Aufsichtsperson ist nur bei Spannungen über 750 V erforderlich.*

b) Akkumulatorenräume müssen während der Ladung gelüftet werden.

c) Offene Flammen und glühende Körper dürfen während der Überladung nicht benutzt werden.

1. Die Gebäudeteile und Betriebsmittel einschließlich der Leitungen, sowie die isolierenden Bedienungsgänge sollen vor schädlicher Einwirkung der Säure nach Möglichkeit geschützt werden.

2. Die Akkumulatorenwärter sollen zur Reinlichkeit angehalten und auf die Gefahren, die Säure und Bleisalze mit sich bringen können, aufmerksam gemacht werden. Für ausreichende Wascheinrichtungen und Waschmittel soll Sorge getragen werden.

3. Essen, Trinken und Rauchen ist in Akkumulatorenräumen zu vermeiden.

§ 11.
Zusatzbestimmungen für Arbeiten in explosionsgefährlichen, durchtränkten und ähnlichen Räumen.

a) Im explosionsgefährlichen, durchtränkten und ähnlichen Räumen sind Arbeiten unter Spannung (siehe § 8) verboten.

§ 12.
Zusatzbestimmungen für Arbeiten an Kabeln.

a) *Arbeiten an Hochspannungkabeln, bei denen spannungführende Teile freigelegt oder berührt werden können, dürfen im allgemeinen nur im spannungfreien Zustande vorgenommen werden. Solange der spannungfreie Zustand nicht einwandfrei festgestellt und gesichert ist, sind die Schutzmaßregeln zu treffen, unter denen diese Arbeiten gefahrlos ausgeführt werden können.*

1. Bei Arbeiten an Kabeln und Garniturteilen, insbesondere beim Schneiden von Kabeln und Öffnen von Kabelmuffen, sollen sich die Arbeitenden über die Lage der einzelnen Kabel zunächst vergewissern und alsdann geeignete Schutzvorrichtungen anwenden.

Hochspannungkabel sollen vor Beginn der Arbeiten entladen werden.

§ 13.
Zusatzbestimmungen für Arbeiten an Freileitungen.

a) Arbeiten an Freileitungen einschließlich Bedienung von Sicherungen und Trennstücken sollen möglichst, *besonders bei Hochspannung*, nur in spannungfreiem Zustande geschehen unter Berücksichtigung der in §§ 6 und 7 und, wenn unter Spannung gearbeitet werden muß, unter Berücksichtigung der in §§ 8 und 9 gegebenen Bestimmungen.

b) *Arbeiten an den Hochspannung führenden Leitungen selbst sind verboten. Bei Arbeiten an spannungfreien Hochspannungleitungen sind die Leitungen an der Arbeitstelle kurzzuschließen und nach Möglichkeit zu erden.*

c) Arbeiten an Niederspannung- und Fernmeldeleitungen in gefährlicher Nähe von Hochspannungleitungen sind nur gestattet, wenn die Hochspannungleitungen geerdet und kurzgeschlossen oder sonstige ausreichende Schutzmaßregeln getroffen sind.

Hierbei ist nicht nur auf die Gefahr einer Berührung der Leitungen, sondern auch auf die durch Induktion in der Niederspannung- oder Fernmeldeleitung möglichen Spannungen Rücksicht zu nehmen (siehe auch § 22i der Errichtungsvorschriften).

1. Die Bedienung von Sicherungen und Trennstücken in nicht spannungfreien Freileitungen soll, wenn erforderlich, durch isolierende Werkzeuge oder Schaltstangen erfolgen.

2. Arbeiten auf Masten, Dächern usw. sollen nur durch schwindelfreie Personen, die mit festsitzendem Schuhwerk und mit Sicherheitsgürtel ausgerüstet sind, vorgenommen werden.

§ 14.
Zusatzbestimmungen für Arbeiten in Prüffeldern und Laboratorien.

a) Ständige Prüffelder und fliegende Prüfstände sind abzugrenzen, ihr Betreten durch Unbefugte ist zu verbieten.

b) *Mit Hochspannungsarbeiten in solchen Räumen dürfen nur Personen betraut werden, die ausreichendes Verständnis für die bei den vorzunehmenden Arbeiten auftretenden Gefahren besitzen und sich ihrer Verantwortung bewußt sind.*

c) *Die Bestimmungen des § 8d finden auf Arbeiten in Prüffeldern und Laboratorien keine Anwendung.*

§ 15.
Inkrafttreten der Betriebsvorschriften.

Diese Vorschriften gelten vom 1. Juli 1914 ab.

Der Verband Deutscher Elektrotechniker behält sich vor, sie den Fortschritten und Bedürfnissen der Technik entsprechend abzuändern.

C. Die Prüfstelle des VDE und ihr Arbeitsgebiet.

Im Jahre 1920 hat der Verband Deutscher Elektrotechniker auf Grund von mehr als 10jährigen Vorbereitungen in Zusammenarbeit mit nachstehenden Verbänden:

Zentralverband der deutschen elektrotechnischen Industrie,
Vereinigung der Elektrizitätswerke,
Verband Deutscher Elektroinstallationsfirmen,
Elektro-Großhändler-Vereinigung Deutschlands,

eine Prüfstelle errichtet, über deren Entwicklung ETZ 1920, S. 949 (Dettmar) eingehend berichtet ist. Dort sind auch genaue Angaben über den Zweck und die Art der Prüfung, sowie über den Geschäftsgang, der dabei einzuhalten ist, gemacht.

Die Prüfstelle hat die Aufgabe, festzustellen, ob Fabrikate der Starkstromtechnik den vom VDE zum Teil unter Mitwirkung von Behörden aufgestellten Vorschriften, Regeln, Normen und Leitsätzen entsprechen und somit als Erzeugnisse angesehen werden können, die Sicherheit gegen Unfälle bieten. Falls die der Prüfstelle unterbreiteten Apparate die an sie zu stellenden Bedingungen erfüllen, wird den Herstellern das Recht verliehen,

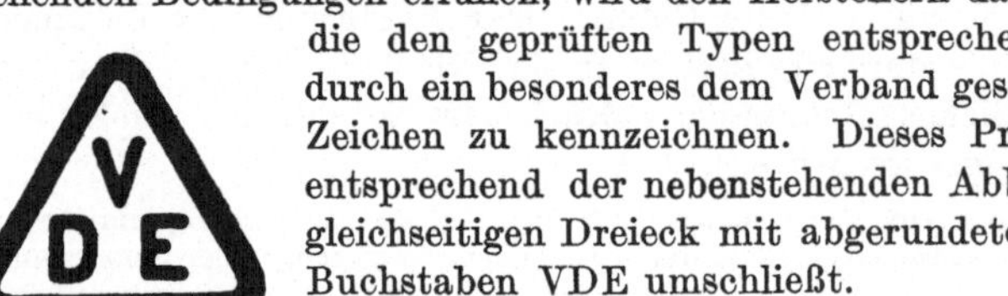

die den geprüften Typen entsprechenden Erzeugnisse durch ein besonderes dem Verband gesetzlich geschütztes Zeichen zu kennzeichnen. Dieses Prüfzeichen besteht entsprechend der nebenstehenden Abbildung aus einem gleichseitigen Dreieck mit abgerundeten Ecken, das die Buchstaben VDE umschließt.

Die Genehmigung zur Benutzung des Prüfzeichens berechtigt den Hersteller und Verkäufer der betreffenden Ware in Preislisten und anderen Drucksachen durch Abdruck des Prüfzeichens auf die bestandene Prüfung hinzuweisen.

Anträge auf Prüfungen durch die „Prüfstelle" können für die zur Prüfung zugelassenen Apparategruppen bei der „Prüfstelle" eingereicht werden. Da aber die Ausführung der Prüfungen sowie die Erlaubnis zur Benutzung des Prüfzeichens von der Erfüllung bestimmter Bedingungen abhängig gemacht wird, so empfiehlt es sich, zur Vermeidung von Irrtümern vor Stellung eines Antrages die „Prüfungsbedingungen" von der „Prüfstelle" einzufordern. Jede weitere Auskunft erteilt die Prüfstelle.

Es wird hierbei darauf hingewiesen, daß nicht jeder einzelne Apparat gleicher Ausführung geprüft wird. Es handelt sich vielmehr bei der Prüfung durch die „Prüfstelle" des VDE um eine Systemprüfung, so daß, wenn die eingereichten Modelle die Prüfung bestanden haben, dies für alle Apparate gilt, welche den zur Prüfung vorgelegten gleichartig sind.

Bemerkt sei noch, daß über die sonstige Qualität der Waren das VDE-Zeichen keine Anhaltspunkte gibt. Es ist sehr wohl möglich, daß gleichartige Erzeugnisse verschiedener Hersteller, die in bezug auf Feuer- und

Lebensgefahr und Sicherheit im Betriebe allen Anforderungen des VDE entsprechen und auch das VDE-Zeichen tragen, in bezug auf den Wirkungsgrad, auf ihre bequeme Handhabung, Gewicht und Preis usw. sehr verschieden sein können. Beim Einkauf von Waren und bei Bestellungen sind diese Punkte daher unbedingt nach wie vor nicht außer acht zu lassen.

Alle Waren, die mit dem VDE-Zeichen versehen sind, müssen den Hersteller durch Angabe des Ursprungszeichens und durch einen Marken-Namen erkennen lassen. Waren, die das VDE-Zeichen führen und diese Angaben nicht tragen, sind unbedingt zurückzuweisen, und es empfiehlt sich, vorkommendenfalls der Prüfstelle des Verbandes Deutscher Elektrotechniker eine entsprechende Mitteilung zugehen zu lassen.

Bei dem Verband Deutscher Elektrotechniker besteht ein besonderer Ausschuß, der sich nur mit den Maßnahmen befaßt, die zu einer weiteren Durchführung der VDE-Vorschriften führen sollen.

Diejenigen Apparategruppen, welche zur Prüfung durch die „Prüfstelle" zugelassen sind, werden jeweils in der „ETZ" bekanntgegeben.

Das Arbeitsgebiet der Prüfstelle des VDE erstreckte sich Ende 1926 auf folgende Erzeugnisse:

Sicherungsschmelzstöpsel,
Sicherungselemente,
Dosenschalter,
Steckvorrichtungen,
Glühlampenfassungen und -armaturen,
Handleuchter,
Abzweigdosen,
Isolierrohre mit gefalztem Mantel aus Messingblech oder verbleitem Eisenblech sowie auch Stahlpanzerrohre,
Koch- und Heizgeräte, sowie Geräte-Steckvorrichtungen dazu,
Handgeräte mit Kleinstmotoren,
Geräte-Einbauschalter,
Christbaumbeleuchtungen,
Feueranzünder,
Fanggeräte,
Spielzeug,
Klingeltransformatoren,
Verbindungsgeräte, die die Verwendung von Starkstromleitungen bis 440 V Nennspannung als Antenne oder Erde ermöglichen,
Netzanschlußgeräte, die zur Entnahme von Heiz- oder Anodenstrom aus Starkstromnetzen bis 440 V Nennspannung dienen,
Galvanische Elemente.

Die Prüfstelle befindet sich in Berlin SW 48, Tempelhofer Ufer 12. Ihre Tätigkeit ist eine außerordentlich ausgedehnte, wie das aus dem vorstehenden Verzeichnis der zur Zeit prüffähigen Apparategruppen hervorgeht.

Es besteht die Absicht, das Arbeitsgebiet der Prüfstelle ständig zu erweitern und auf das gesamte Gebiet der Starkstromapparate auszudehnen. Über die Prüfstelle des VDE ist weiter noch näheres aus ETZ 1923, S. 262 (Ely) und 1925, S. 617 (Paulus) zu ersehen.

D. Merkblätter für Verhaltungsmaßregeln gegenüber elektrischen Freileitungen.
Gültig ab 1. Oktober 1925[1]).

Die Berührung aller elektrischen Leitungen ist grundsätzlich zu vermeiden.

Nicht nur die Berührung solcher Leitungen, deren Maste durch rote Blitzpfeile oder Warnungschilder gekennzeichnet sind, ist lebensgefährlich; auch nicht gekennzeichnete Leitungen können unter Umständen, die der Nichtfachmann nicht beurteilen kann, Gefahr bringen.

Bei allen Arbeiten in der Nähe von elektrischen Leitungen, z. B. beim Fällen und Ausästen von Bäumen, beim Aufstellen von Gerüsten für Bauten und Brunnenbohrungen, bei allen Instandsetzungsarbeiten an Gebäuden, beim Fensterputzen, beim Be- und Entladen von Erntewagen, beim Errichten von Getreidemieten, beim Aufrichten von Leitern zum Obstpflücken und zum Feuerlöschen sowie beim Bau von Luftleitern (Antennen) für Funkanlagen u. dgl., ist die Berührung der Leitungen, der Isolatoren und der an Holzmasten angebrachten Eisenteile, auch der Ankerdrähte, zu vermeiden. Besonders ist beim Fällen von Bäumen darauf zu achten, daß diese nicht gegen die Leitungen oder Maste stürzen. Besteht eine derartige Berührungsgefahr, so ist die nächste Betriebstelle der Überlandzentrale (des Elektrizitätswerkes) vor Beginn der Arbeiten so rechtzeitig zu verständigen, daß diese entweder die Leitung abschalten oder sonst geeignete Schutzmaßnahmen treffen kann.

Bei Bränden ist die nächste Betriebstelle sofort zu benachrichtigen. Hochspannungsleitungen sollen nicht angespritzt werden.

Transformatorenhäuschen dürfen durch Unbefugte nicht betreten, Leitern an diese Häuschen nicht angelegt werden.

In der Nähe elektrischer Leitungen Drachen steigen zu lassen, ist lebensgefährlich, ebenso das Erklettern von Leitungsmasten.

Gerissene, von den Masten herabhängende oder am Erdboden liegende Leitungen zu berühren oder sich ihnen zu nähern, ist gefährlich. Vorübergehende sind in derartigen Fällen zu warnen. Die nächste Betriebstelle der Überlandzentrale (des Elektrizitätswerkes) ist auf schnellstem Wege, womöglich telephonisch oder telegraphisch, zu benachrichtigen. Die gleiche Benachrichtigung ist notwendig bei etwa an den Leitungen oder den Isolatoren beobachteten Licht- und Feuererscheinungen.

---

[1]) Angenommen durch die Jahresversammlung 1925 des VDE. Veröffentlicht: ETZ 1925, S. 63, 394 und 1526.

Einen Verunglückten, der unmittelbar oder mittelbar mit der Leitung noch in Berührung steht, anzufassen, ist lebensgefährlich; nur durch sachgemäßes Eingreifen kann ihm geholfen werden.

Bei der Hilfeleistung ist zu beachten:

Die Leitung ist, wenn irgend möglich, sofort spannungfrei zu machen; ist dies geschehen, so kann der Verunglückte ohne weiteres von ihr getrennt werden. Für den Fall, daß die Leitung nicht sofort spannungfrei gemacht werden kann, wird dem Nichtfachmann abgeraten, die Trennung trotzdem zu versuchen, da die Gefahr, daß noch weitere Personen dabei zu Schaden kommen, größer als die Aussicht auf Erfolg ist. Man warte vielmehr die Ankunft des Betriebspersonales ab und helfe diesem.

Bei Bewußtlosen ist so schnell wie möglich künstliche Atmung anzuwenden und bis zu vier Stunden fortzusetzen, wenn nicht inzwischen der Arzt aus sicheren Anzeichen den Tod festgestellt hat.

Um die künstliche Atmung einzuleiten, legt man den Verunglückten auf den Rücken[1]), öffnet alle beengenden Kleidungstücke und schiebt ein Polster (z. B. einen zusammengerollten Rock) unter die Schultern, faßt mit einem Taschentuch die Zunge des Betäubten, zieht sie kräftig heraus, um die Luftwege freizumachen, und bindet die Zunge mit dem Tuche an dem Kinn fest. Man kniet hinter dem Verunglückten nieder, das Gesicht dem Verunglückten zugewendet, faßt sodann dessen Arme am Ellbogen, zieht sie über den Kopf, führt sie zurück und drückt sie an den Brustkasten. Die Bewegungen müssen langsam vorgenommen werden, etwa 15mal in der min.

Auf alle Fälle ist schleunigst ein Arzt zu holen und die nächste Betriebstelle zu benachrichtigen.

Besondere Verhaltungsmaßregeln für Kinder.

1. Du sollst weder an Leitungsmasten hinaufklettern noch an ihnen herumspielen!

2. Du sollst nicht auf Bäume, Gerüste oder dgl. klettern, an denen Freileitungen vorüberführen!

3. Du sollst nicht auf Transformatorenhäuschen und ihre Umzäunungen klettern!

2. Du sollst nicht in der Nähe von Freileitungen Drachen steigen lassen!

5. Du sollst nie einen von einem Leitungsmast herabhängenden oder am Erdboden liegenden Draht berühren oder auch nur in dessen Nähe gehen!

6. Du sollst die Verankerungen von Leitungsmasten nicht berühren, auch nicht an ihnen rütteln oder schaukeln!

---

[1]) Vgl. die Abbildungen in: „Anleitung zur ersten Hilfeleistung bei Unfällen im elektrischen Betriebe".

7. Du sollst nicht mit Steinen oder anderen Gegenständen nach den Porzellanisolatoren oder nach den Leitungsdrähten werfen!

8. Du sollst Transformatorenhäuser und Schalträume nicht betreten, auch wenn sie offenstehen und unbewacht sind!

9. Du sollst einen an elektrischen Leitungen Verunglückten nicht anfassen, aber du sollst sofort Erwachsene zu Hilfe holen!

Erläuterungen.

Nicht nur die Berührung der durch rote Blitzpfeile und durch Warnungschilder der Maste gekennzeichneten Leitungen ist lebensgefährlich, sondern auch nicht gekennzeichnete Leitungen können unter Umständen, die der Nichtfachmann nicht beurteilen kann, Gefahren bringen.

Zu 2. Nicht nur durch die unmittelbare Berührung der Leitungen, sondern auch durch die Berührung von Ästen und Zweigen in der Nähe von Hochspannung führenden Leitungen können Menschen zu Schaden kommen. Besondere Vorsicht ist daher auch beim Abernten der Obstbäume geboten, wenn sie sich in der Nähe von Freileitungen befinden.

Zu 3. An den Transformatorenhäusern führen häufig Leitungen herunter, die beim Erklettern der Häuschen oder Zäune erreichbar sind. Diese Leitungen sind zwar vielfach isoliert, doch bietet auch die Isolierung keinen zuverlässigen Schutz, schon deshalb, weil sie im Freien leicht verwittert und dann von der Spannung durchschlagen wird.

Z 4. Die Drachenschnüre können, besonders wenn sie etwas feucht sind, im Falle einer Berührung mit einer Leitung den Strom gut leiten und so eine Verletzung oder den Tod des die Drachenschnur haltenden Kindes herbeiführen.

Zu 5. Auch von einem die Erde berührenden Draht können starke Ströme in das Erdreich übertreten und die in die Nähe der Berührungstelle tretenden Personen in höchstem Maße gefährden.

Zu 6 und 7. Dieses könnte das Reißen und Herabfallen der Drähte und somit eine Gefährdung der Vorüberkommenden zur Folge haben. Außerdem kann das Reißen auch nur eines einzigen Drahtes die öffentliche Stromversorgung eines großen Bezirkes und somit die Stillegung vieler landwirtschaftlicher und gewerblicher Betriebe nach sich ziehen.

Zu 8. Die Transformatoren- und Schaltstationen sollen stets verschlossen gehalten werden, so daß sie Unbefugten unzugänglich sind. Jedoch kann durch Fahrlässigkeit, infolge Abbrechens eines Schlüssels oder aus einem ähnlichen Grunde die Tür eines Transformatorenhäuschens einmal unverschlossen bleiben. In einem solchen Falle würde sich, da ein großer Teil der Einrichtung in einer Transformatorenstation unter Hochspannung steht, ein den Raum betretender Nichtfachmann in unmittelbare Lebensgefahr begeben.

E. Leitsätze für die Bekämpfung von Bränden in elektrischen Anlagen und in deren Nähe.

Gültig ab 1. Januar 1926[1]).

§ 1.
Allgemeines.

a) Engstes Zusammenarbeiten zwischen Feuerwehr (FW) und Elektrizitätswerk (EW) ist erforderlich. Angestellte des EW, die sich als solche ausweisen, haben Zutritt zur Brandstelle.

b) Jedes EW hat in größeren Verbrauchzentren Betriebswachen bereit zu halten oder Personen zu bezeichnen, die auf Anforderung der FW an der Brandstelle zur Verfügung stehen müssen.

c) Bei allen Feuerwehren sind geeignete Leute durch das EW als Feuerwehr-Elektriker auszubilden, die im Notfalle einfache elektrotechnische Handgriffe ausführen können.

d) Der Eingriff in elektrische Anlagen durch ungeschulte Personen hat unter allen Umständen zu unterbleiben. Beim Brande nötig werdende elektrotechnische Arbeiten — wie Abschaltung einzelner Leitungstrecken, Kurzschließen von Leitungen, Außerbetriebsetzen von Motoren — sollen durch das Betriebspersonal oder durch Beauftragte des EW, nur im Notfalle durch die FW-Elektriker, erfolgen. Schaltungen in Hochspannungsanlagen sind möglichst durch Angestellte des EW (Bezirksmonteure) auszuführen.

e) Die Schlüssel zu den wichtigen Ortschaltstellen sind vom EW der FW zu übergeben, deren Führer für zuverlässiges Aufbewahren und rechtzeitiges Herbeischaffen verantwortlich ist.

§ 2.
Erklärungen elektrotechnischer Grundbegriffe.

a) Niederspannungsanlagen sind Anlagen, deren Spannung gegen Erde nicht mehr als 250 V beträgt. Hierzu gehören alle elektrischen Anlagen, die nicht unter b) fallen, besonders Ortsnetze, Hausinstallationen und die meisten elektromotorischen Betriebe. Eine Berührung ist gefährlich und daher unbedingt zu unterlassen.

b) Hochspannungsanlagen sind Anlagen, deren Spannung gegen Erde mehr als 250 V beträgt. Hierzu gehören Kraftwerke, Schaltstationen, Transformatorenhäuser oder -säulen, Hochspannung-Freileitungen und elektrische Bahnanlagen. Derartige Anlagen sind durch roten Blitzpfeil, vielfach auch durch die Aufschrift „Vorsicht — Hochspannung — Lebensgefahr" oder dgl. gekennzeichnet und innerhalb von Gebäuden der zufälligen Berührung entzogen. Jede unmittelbare oder mittelbare Berührung ist lebensgefährlich.

---

[1]) Angenommen durch den Vorstand des VDE im November 1925. Veröffentlicht: ETZ 1925, S. 1421 und 1826.

c) Fernmeldeleitungen (Fernsprech-, Telegraphenleitungen, Antennen usw.) können beim Brande mit Starkstromleitungen (Hoch- oder Niederspannungsleitungen) in Berührung kommen und auf diese Weise gefährlich werden (vgl. § 4).

§ 3.
Allgemeine Maßnahmen bei Bränden.

a) In jedem Falle ist dem nächstliegenden Betriebsbureau des EW (Bezirksmonteur) auf dem schnellsten Wege — telephonisch, durch Boten oder telegraphisch— Nachricht von dem Brande zu geben; das Betriebsbureau entsendet sofort geeignetes Personal zur Brandstelle.

b) In Stromerzeugungs- und -verteilungsanlagen sind nur die vom Brande betroffenen oder unmittelbar bedrohten Teile spannunglos zu machen. Im übrigen gelten die Maßnahmen unter d bis f.

c) In Stromverbrauchsanlagen sind in allen vom Brande betroffenen oder unmittelbar bedrohten Räumen alle Maschinen stillzusetzen und alle Leitungen — mit Ausnahme der Beleuchtungsanlage — spannunglos zu machen.

d) Das Abschalten hat ordnungsgemäß mit den vorhandenen Vorrichtungen zu erfolgen. Kein Leitungsdraht ist ohne zwingenden Grund durchzuschneiden oder durchzuhauen. Das Gewaltmittel des Erdens oder Kurzschließens von Leitungen ist nur, wenn Menschenleben unmittelbar gefährdet sind, und dann nur unter größtmöglicher Vorsicht durch Fachleute anzuwenden.

> Die Praxis hat gezeigt, daß das Kurzschließen von Hochspannungsleitungen für die Ausführenden äußerst gefährlich werden kann. Aus diesem Grunde muß dieses Gewaltmittel als allgemeines Hilfsmittel unbedingt unterbleiben; es darf nur in Ausnahmefällen von Fachleuten angewendet werden.

e) Die Lampen in den vom Brande betroffenen oder bedrohten Räumen sind — auch bei Tage — einzuschalten. Im Gegensatze zu allen anderen Beleuchtungsarten leuchten sie auch in raucherfüllten Räumen und erleichtern die Rettungsarbeiten.

f) Haben bereits umfangreiche Zerstörungen der elektrischen Anlage stattgefunden, so sind diese Teile der Anlage nachträglich spannunglos zu machen.

g) Die Metallteile der FW-Ausrüstung (z. B. an Anzügen und Helmen) und der FW-Geräte sind stromleitend und daher gefährlich; jegliche Berührung zwischen solchen Teilen und spannungführenden Leitungen ist unter allen Umständen zu vermeiden.

§ 4.
Löschmittel.

a) Maschinen, Schalttafeln und Apparate sind vor Löschwasser zu schützen. Beim Brande elektrischer Anlagen sind ausnahmslos nichtleitende Löschmittel mit nichtleitenden Treibmitteln zu verwenden. Die Isolierfähigkeit des Löschmittels darf durch das Treibmittel nicht herabgesetzt werden. Tetrachlorkohlenstoff soll in engen, schlecht belüfteten Räumen, aus denen ein Entweichen erschwert ist, nicht oder nur mit Gasmaske benutzt werden. In Räumen mit Apparaten die größere Mengen Öl enthalten — Transformatoren, Ölschalter —, empfiehlt sich daneben die Verwendung trockenen gesiebten Sandes. Bei Maschinen ist Sand unter allen Umständen zu vermeiden; hier ist nur mit sandfreien Trockenlöschern, Kohlensäure oder gleichwertigen Mitteln vorzugehen.

b) In oder in der Nähe von Stromerzeugungs- und Stromverteilungsanlagen sind Handfeuerlöscher nit stromleitenden Löschmitteln nicht aufzuhängen.

c) Ölbrände können auch, aber erst nach Abschalten der Spannung, durch Abkühlen mit größeren Wassermengen oder durch Schaumlöschverfahren bekämpft werden.

d) Beim Brande von Holzmasten wird sich das Löschen mit Wasser nicht immer vermeiden lassen. Handelt es sich um Hochspannungsleitungen, so sind die in Frage kommenden Leitungstrecken vor dem Löschen spannunglos zu machen, also durch Mast- oder Streckenschalter abzuschalten.

e) Da eine einwandfreie Erdung des Strahlrohres kaum zu erreichen sein wird, so ist von Hochspannungsleitungen ein Abstand von mindestens 15 m einzuhalten und zu vermeiden, daß diese Leitungen mit vollem Strahl getroffen werden.

§ 5.

Maßnahmen nach dem Brande.

a) Nach Beendigung der Löscharbeiten darf die Brandstelle erst dann betreten werden, wenn festgestellt ist, daß sämtliche vom Brande betroffenen Teile der Anlage vollständig abgeschaltet sind. Die Anlage darf erst wieder endgültig in Betrieb genommen werden, wenn sie von zuständiger Seite als den „Vorschriften für die Errichtung und den Betrieb elektrischer Starkstromanlagen" des EVD entsprechend bezeichnet ist.

§ 6.

Behandlung Verunglückter.

a) Bei Unfällen durch Berührung von Leitungen oder sonstigen spannungführenden Teilen in Niederspannungsanlagen ist zunächst die betreffende Leitung spannunglos zu machen, da eine vorherige Berührung des Verunglückten den Hilfeleistenden selbst gefährdet. Ist es nicht möglich, die Leitung abzuschalten oder unter entsprechenden Vorsichtsmaßnahmen (Zange mit isolierenden Handgriffen) abzuschneiden (nur durch Fachleute oder FW-Elektriker), so ist der Verunglückte mit trockenen Decken oder sonstigen gut isolierenden Gegenständen anzufassen und von der Leitung zu entfernen.

b) Bei Unfällen in Hochspannungsanlagen ist der Verunglückte von der Leitung erst dann zu entfernen, wenn die Leitung abgeschaltet oder kurzgeschlossen ist. Auch die Annäherung an die Berührungstelle ist zu vermeiden.

c) Bei vom elektrischen Schlag getroffenen Personen sind unverzüglich Wiederbelebungsversuche durch künstliche Atmung einzuleiten. Auf jeden Fall ist ein Arzt herbeizurufen.

d) Über die weiteren Maßnahmen siehe die vom VDE herausgegebene „Anleitung zur ersten Hilfeleistung bei Unfällen im elektrischen Betriebe".

F. Anleitung zur ersten Hilfeleistung bei Unfällen im elektrischen Betriebe.

Aufgestellt unter Mitwirkung des Reichsgesundheitsrates. Gültig ab 1. Juli 1907[1]).

I. Ist der Verunglückte noch in Verbindung mit der elektrischen Leitung, so ist zunächst erforderlich, ihn der Einwirkung des elektrischen Stromes zu entziehen. Dabei ist folgendes zu beachten:

1. Die Leitung ist, wenn möglich, sofort spannunglos zu machen durch Benutzung des nächsten Schalters, Lösung der Sicherung für den betreffenden Leitungstrang oder Zerreißung der Leitungen mittels eines trockenen, nicht metallenen Gegenstandes, z. B. eines Stückes Holz, eines Stockes oder eines Seiles, das über den Leitungsdraht geworfen wird.

2. Man stelle sich dabei selbst zur Fernhaltung oder Abschwächung der Stromwirkung (Isolierung) auf ein trockenes Holzbrett, auf trockene Tücher, Kleidungstücke, oder auf eine ähnliche, nicht metallene Unterlage, oder man ziehe Gummischuhe an.

3. Der Hilfeleistende soll seine Hände durch Gummihandschuhe, trockene Tücher, Kleidungstücke oder ähnliche Umhüllungen isolieren; er vermeide bei den Rettungsarbeiten jede Berührung seines Körpers mit Metallteilen der Umgebung.

4. Man suche den Verunglückten von dem Boden aufzuheben und von der Leitung zu entfernen. Er ist dabei an den Kleidern zu fassen; das Berühren unbekleideter Körperteile ist möglichst zu vermeiden. Umfaßt der Verunglückte die Leitung vollständig, so hat der Hilfeleistende mit seiner durch Gummihandschuhe usw. isolierten Hand Finger für Finger des Betäubten zu lösen. Bisweilen genügt schon das Aufheben des Getroffenen von der Erde, da hierdurch der Stromweg unterbrochen wird.

Das Gebiet elektrischer Betriebe, in dem das Eingreifen eines Laien nach den vorbezeichneten Leitsätzen Erfolg verspricht, ohne ihn selbst zu gefährden, beschränkt sich auf solche Anlagen, die mit Spannungen betrieben werden, die 500 V nicht wesentlich übersteigen. Der Betrieb der Straßenbahnen hält sich in der Regel innerhalb dieser Grenzen. Bei Unfällen, die an Leitungen mit höherer Spannung erfolgt sind, ist schleunigst für Benachrichtigung der nächsten Stelle der Betriebsleitung und für Herbei-

---

[1]) Angenommen durch die Jahresversammlung 1907 des VDE. Veröffentlicht: ETZ 1906, S. 1078.

holung eines Arztes zu sorgen. Leitungen und Apparate mit höherer Spannung pflegen mit einem roten Blitzpfeil ⚡ gekennzeichnet zu sein.

II. Ist der Verunglückte bewußtlos, so ist sofort zum Arzt zu schicken und bis zu dessen Eintreffen folgendermaßen zu verfahren:

1. Für gute Lüftung des Raumes, in dem sich der Verunglückte befindet ist zu sorgen.

2. Alle dem Körper beengenden Kleidung- und Wäschestücke (Kragen, Hemden, Gürtel, Beinkleider, Unterzeug usw.) sind zu öffnen. Man lege den Getroffenen auf den Rücken und bringe ein Polster aus zusammengelegten Decken oder Kleidungstücken unter die Schultern und den Kopf derart, daß der Kopf ein wenig niedriger liegt.

3. Ist die Atmung regelmäßig, so ist der Verunglückte genau zu überwachen und

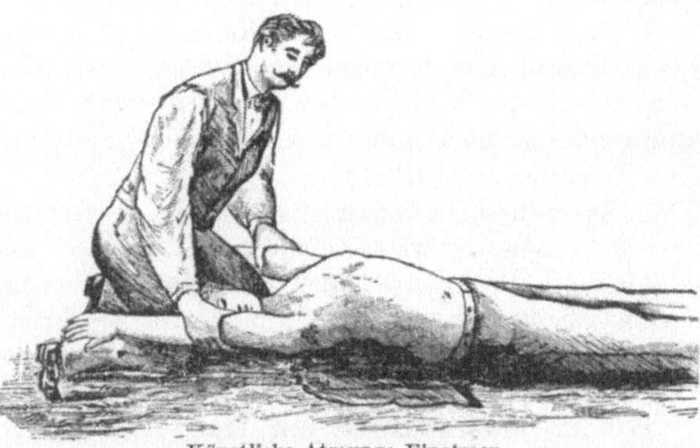

Künstliche Atmung: Einatmen.

nicht allein zu lassen. Bevor das Bewußtsein zurückgekehrt ist, flöße man ihm Flüssigkeiten nicht ein.

4. Fehlt die Atmung oder ist sie sehr schwach, so ist künstliche Atmung einzuleiten. Bevor damit begonnen wird, hat man sich davon zu überzeugen, ob sich im Munde etwa Fremdkörper, z. B. Kautabak oder ein künstliches Gebiß, befinden. Ist dies der Fall, so sind zunächst diese Gegenstände zu entfernen. Die künstliche Atmung ist alsdann in folgender Weise vorzunehmen:

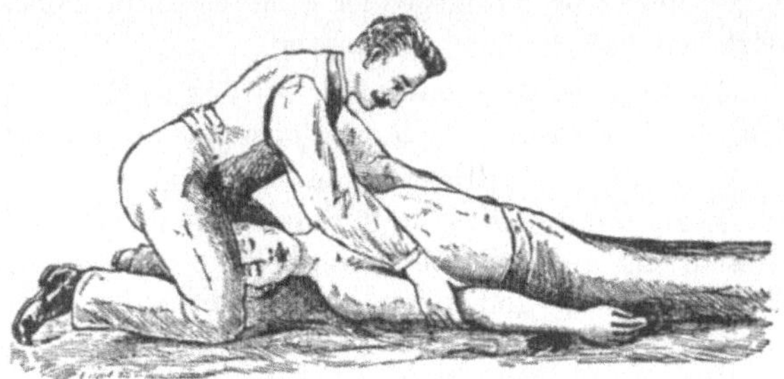

Künstliche Atmung: Ausatmen.

Man kniee hinter dem Kopfe des Verunglückten nieder, das Gesicht diesem zugewendet, fasse beide Arme an den Ellbogen und ziehe sie seitlich über seinen Kopf hinweg, so daß sich dort die Hände berühren. In dieser Lage sind die Arme 2 bis 3 s lang festzuhalten. Dann bewege man sie abwärts, beuge sie und presse die Ellbogen mit dem eigenen Körpergewicht gegen die Brustseiten des Verunglückten. Nach 2 bis 3 s strecke man die Arme wieder über dem Kopfe des Verunglückten aus und wiederhole das Ausstrecken und Anpressen der Arme möglichst regelmäßig etwa 15 mal in der min. Um Übereilung zu vermeiden, führe man die Bewegungen langsam aus und zähle während der Zwischenpausen laut: Hundert und eins! Hundert und zwei! Hundert und drei! Hundert und vier!

5. Ist noch ein Helfer zur Hand, so fasse er während dieser Hantierungen die Zunge des Verunglückten mit einem Taschentuche, ziehe sie kräftig heraus und halte sie fest. Wenn der Mund nicht leicht aufgeht, öffne man ihn gewaltsam mit einem Stück Holz, dem Griff eines Taschenmessers oder dergleichen.

6. Sind mehrere Helfer zur Hand, so sind die vorstehend unter II. 4 beschriebenen Hantierungen von zweien auszuführen, indem jeder einen Arm ergreift und beide, in den Zwischenpausen Hundert und eins! Hundert und zwei! Hundert und drei! Hundert und vier! zählend, gleichzeitig jene Bewegung vornehmen.

7. Die künstliche Atmung ist so lange fortzusetzen, bis die regelmäßige, natürliche Atmung wieder eingetreten ist. Aber auch dann muß der Verunglückte noch längere Zeit überwacht und beobachtet werden. Bleibt die natürliche Atmung aus, so muß man die künstliche Atmung bis zum Eintreffen des Arztes, mindestens aber 2 h lang fortsetzen, bevor man mit solchen Wiederbelebungsversuchen aufhört.

8. Beim Vorhandensein von Verletzungen, z. B. Knochenbrüchen, ist diesem Zustande durch besondere Vorsicht bei der Behandlung des Verunglückten Rechnung zu tragen.

9. Die Unterschenkel und Füße können von Zeit zu Zeit mit einem rauhen warmen Tuche oder einer Bürste gerieben werden.

10. Auch nach der Rückkehr des Bewußtseins ist der Verunglückte in liegender oder halbliegender Stellung unter Aufsicht zu belassen und von stärkeren Bewegungen abzuhalten.

III. Liegt eine Verbrennung des Verunglückten vor, so ist, falls ärztliche Hilfe nicht zur Stelle ist, folgendes zu beachten:

1. Bevor der Hilfeleistende die Brandwunden berührt, wasche und bürste man sich auf das sorgfältigste beide Hände und Unterarme mit warmem Wasser und Seife ab; auch empfiehlt es sich, sie mit einem reinen Tuche, das mit Spiritus getränkt ist, abzureiben (das Abtrocknen hinterher ist zu unterlassen!).

2. Gerötete und geschwollene Stellen werden zweckmäßig mit Borsalbe auf Verbandwatte oder mit einer Wismut-Brandbinde bedeckt und alsdann mit einer weichen Binde lose umwickelt.

Blasen sind nicht abzureißen, sondern mit einer gut (über Spiritusflamme) ausgeglühten Nadel anzustechen und mit einer Wismut-Brandbinde, darüber mit Verbandwatte und loser Binde zu bedecken.

Bei Verkohlungen und Schorfbildungen sind die Wunden mit Verbandmull in mehreren Lagen zu bedecken; darüber ist Watte anzubringen und das Ganze durch eine Binde zu befestigen.

G. Leitsätze betreffend die einheitliche Errichtung von Fortbildungskursen für Starkstrommonteure und Wärter elektrischer Anlagen[1].

Gültig ab 1. Juli 1910[2].

Leitsatz 1.

Ziel der Fortbildungskurse ist es, den mit der Einrichtung und Wartung elektrischer Starkstromanlagen betrauten Monteuren, Maschinisten und Wärtern ein besseres Verständnis für die Maßnahmen zu geben, die zur Sicherheit der mit genannten Anlagen in Berührung kommenden Personen und für eine ordnungsmäßige Betriebsführung erforderlich sind.

Leitsatz 2.

Weiterhin ist anzustreben, dem natürlichen Interesse für die in Betracht kommenden Vorgänge durch Aufklärung darüber Rechnung zu tragen und hierdurch die Berufsfreudigkeit zu erhöhen.

Leitsatz 3.

Zur Teilnahme an den Fortbildungskursen sollen nur Monteure und Wärter zugelassen werden, die bereits praktisch in dieser Eigenschaft längere Zeit hindurch tätig waren.

Leitsatz 4.

Nur solche Gegenstände sollen in den Kursen behandelt werden, die die Ausführung der praktischen Arbeiten fördern. Theoretische Auseinandersetzungen sind grundsätzlich zu beschränken.

Leitsatz 5.

Das Programm der Kurse soll vor allen Dingen auf den Stoff der „Vorschriften für die Errichtung und den Betrieb elektrischer Starkstromanlagen" sowie der „Anleitung zur ersten Hilfeleistung bei Unfällen im elektrischen Betriebe" und der „Leitsätze für die Bekämpfung von Bränden in elektrischen Anlagen und in deren Nähe" Rücksicht nehmen. Weiteres richtet sich nach den örtlichen Verhältnissen.

Leitsatz 6.

Anzustreben ist, daß als Vortragende Herren gewählt werden, die in der Praxis stehen oder in enger Berührung mit dieser sind.

Leitsatz 7.

Bei allen Kursen sollten möglichst akademische Vorträge vermieden werden. Der Stoff sollte vielmehr in Besprechungen, Vorführungen und Übungen (gegebenenfalls Exkursionen) behandelt werden.

---

[1] Erläuterungen siehe ETZ 1910, S. 490.
[2] Angenommen durch die Jahresversammlung 1910 des VDE. Veröffentlicht: ETZ 1910, S. 492.

Leitsatz 8.

Es empfiehlt sich, den Einfluß der Vorträge dadurch nachhaltiger zu gestalten, daß man den Hörern kurze Auszüge aus diesen gibt. Außerdem hat es sich als vorteilhaft herausgestellt, den Hörern geeignete Bücher nachzuweisen oder, wenn möglich, zu ermäßigten Preisen bzw. kostenlos zur Verfügung zu stellen.

Leitsatz 9.

Grundsätzlich sollen keine Zeugnisse, sondern lediglich Teilnahmebescheinigungen ausgestellt werden, aus denen hervorgeht, welche Gebiete in dem Kursus behandelt worden sind.

Leitsatz 10.

Die Fortbildungskurse müssen so eingeteilt werden, daß eine Unterbrechung des Erwerbes seitens der Hörer nicht notwendig ist.

Leitsatz 11.

Seitens der Arbeitgeber ist eine Förderung der Kurse erwünscht.

Leitsatz 12.

Die zum Verbande gehörenden elektrotechnischen Vereine sollen dafür besorgt sein, daß in ihrem Bezirke Kurse abgehalten werden, die den vom VDE aufgestellten Leitsätzen entsprechen.

Leitsatz 13.

Die Kurse sollen möglichst zu ständigen Einrichtungen ausgestaltet werden.

Schlußbemerkung.

Abstand wird davon genommen, einen Einheitsplan für die Kurse vorzuschreiben, einesteils weil die Frage des Stoffes noch zu sehr im Flusse ist, andererseits weil Auswahl und Behandlung nach den örtlichen Verhältnissen verschieden sein müssen. Um jedoch Vereinen, die solche Kurse erstmalig einzurichten beabsichtigen, einen Anhalt zu geben, wird auf den Aufsatz von Dettmar: „ETZ" 1909, S. 678 verwiesen, der eine Zusammenstellung der Programme bestehender Kurse enthält. Ferner wird im folgenden auf Grund bereits gesammelter Erfahrungen eine Übersicht des in Betracht kommenden Stoffes gegeben.

I. Das Wesen des Magnetismus und der Elektrizität.
1. Magnetismus.
2. Elektrizität.
3. Wechselwirkung zwischen Magnetismus und Elektrizität.

II. Wichtigste Stromerzeuger der Starkstromtechnik.
1. Gleichstrommaschinen.
2. Wechselstrommaschinen.
3. Transformatoren, Umformer.
4. Batterien.

III. **Verwendung des elektrischen Stromes.**
    1. Beleuchtung:
       a) Glühlicht.
       b) Bogenlicht.
       c) Sonstige Lampen.
    2. Kraft:
       a) Gleichstrom.
       b) Wechselstrom.
       c) Drehstrom.
    3. Heizung und sonstige Zwecke (Gavanoplastik).

IV. **Verteilung der elektrischen Energie.**
    1. Verschiedene Leitungsysteme für Gleich- und Wechselstrom.
    2. Verschiedene Leitungsysteme für Mehrphasenstrom.
    3. Berechnung einfachster Leitungsanlagen (Stromdichte und Spannungsabfall).
    4. Hochspannung-Übertragungsanlagen.

V. **Meßkunde.**
    1. Hauptsächliche Meß- und Prüfapparate (Spannung-, Strom- und Leistungsmesser, Elektrizitätszähler und Isolationsmesser).
    2. Wichtige Meßarbeiten des Monteurs (Isolationsmessungen nach den Errichtungsvorschriften des VDE und sonstige Messungen).

VI. **Spezielle Installationslehre,** unter besonderer Berücksichtigung der Errichtungsvorschriften für elektrische Starkstromanlagen des VDE:
    1. Aufstellung von Generatoren, Motoren, Transformatoren und Batterien.
    2. Werkstoff- und Apparatenkunde.
    3. Aufstellung von Schalttafeln und Apparaten.
    4. Herstellung unterirdischer Leitungsanlagen.
    5. Herstellung oberirdischer Freileitungsanlagen.
    6. Herstellung oberirdischer Innnenleitungsanlagen.
    7. Anbringung von Lampen und sonstigen Stromverbrauchern.
    8. Leitungspläne und Werkstoffabrechnung.

VII. **Spezielle Betriebslehre,** unter besonderer Berücksichtigung der Betriebsvorschriften für elektrische Starkstromanlagen des VDE:
    1. Inbetriebsetzung und Wartung elektrischer Maschinen und Transformatoren.
    2. Schaltungsarbeiten an elektrischen Maschinen und Transformatoren.
    3. Behandlung der Akkumulatorenbatterien im Betriebe.
    4. Allgemeiner Betriebsdienst bei Starkstromanlagen.

VIII. **Allgemeine Sicherheitsmaßnahmen.**
    1. Bekämpfung von Bränden.
    2. Wiederbelebungsversuche.
    3. Besprechung von Unfällen.

H. Vorſchriften für den Anſchluß von Licht= und Kraftanlagen an die Leitungsnetze öffentlicher Elektrizitätswerke.

Herausgegeben von der Vereinigung der Elektrizitätswerke.

Anschlußanlagen dürfen nur von solchen Unternehmern (Installationsfirmen) ausgeführt werden, die seitens des Elektrizitätswerkes (EW) hierfür besonders zugelassen sind.

A. Stromsysteme.

§ 1.

a) Das EW liefert[1]):

b) Die Entscheidung über die zur Anwendung gelangende Stromart und Spannung steht allein dem EW zu. Der Unternehmer hat sich vor Ausarbeitung eines Entwurfes bei dem EW nach dem in Frage kommenden Stromsystem zu erkundigen.

B. Arbeitsverteilung.

§ 2.

a) Das EW veranlaßt:
   die Ausführung der Hausanschlüsse bis einschließlich Hausanschlußsicherungen,
   das Anbringen der Zähler;
b) Dem Unternehmer bleibt überlassen das Liefern und Anbringen:
   der Zählerverbindungsleitungen, der Zählertafeln und Sicherungen;
      das System bzw. Modell der Zählertafeln und Sicherungen bestimmt das EW,
   aller weiteren Teile der Anschlußanlagen.

C. Verfahren bei Antragstellung zur Ausführung und zur Abnahme der Anlagen.

§ 3.

Ausführungsantrag.

a) Der Planungsantrag ist vor Inangriffnahme der Installationsarbeiten auf dem vom EW zu beziehenden Planungsvordruck (Schaltbild) zu stellen.

1. Reicht der auf dem Vordruck für die zeichnerische Darstellung zur Verfügung stehende Raum nicht aus, so ist außer dem Vordruck eine Planungszeichnung (Schaltbild und nötigenfalls Grundriß) auszufertigen.

---

1) Für die einheitliche Bezeichnung der Stromsysteme diene beispielsweise folgendes als Anhalt:
a) Gleichstrom von etwa 2 × 220 bzw. etwa 440 V Spannung. Der Mittelleiter dieses Dreileiternetzes ist blank (isoliert) verlegt.
b) Gleichstrom von 550 V mittlerer Spannung mit geerdetem Minusleiter.
c) Drehstrom von 100 Polwechseln in der Sekunde und etwa 380 V zwischen den Phasenleitern und etwa 220 V Spannung zwischen je einem Phasen- und dem Nulleiter. Der Nulleiter dieses Vierleiternetzes ist geerdet.
d) Drehstrom von 100 Polwechseln in der Sekunde und etwa 6000 V Spannung zwischen je zwei Leitungen.

2. In die zeichnerische Darstellung sind im allgemeinen nur die Leitungen bis zur letzten Sicherung einschließlich dieser aufzunehmen.

b) **Planungsvordruck und Planungszeichnung sind in doppelter Ausfertigung einzureichen.**

3. Nach Genehmigung erhält der Unternehmer je eine Ausfertigung zurück.

c) **Die vom EW vorgenommenen Änderungen sind bei der Ausführung streng zu beachten.**

d) **Wird der Belastungsbereich der Verteilungsleitungen des EW, des Hausanschlusses, der Hauptleitungen und des Zählers nicht überschritten, so genügt bei Erweiterungen und Änderungen, sofern eine Mehrung von Sicherungen nicht in Frage kommt, die Anmeldung nach Ausführung der Arbeiten durch Einreichung des Schlußvordrucks. Auf Pauschanlagen finden diese Erleichterungen keine Anwendung.**

4. Dem EW steht das Recht zu, in besonderen Fällen ausführliche Schaltbilder, Grundriß und Lagepläne zu fordern.

5. Wenn eine geplante Anlage innerhalb eines Jahres, vom Tage der Genehmigung an gerechnet, nicht zur Ausführung kommt, so erlischt die vom EW erteilte Genehmigung.

§ 4.
Installationsarbeiten.

a) **Genehmigungspflichtige Installationsarbeiten dürfen erst begonnen werden, wenn die Ausführung vom EW genehmigt und der Arbeitsbeginn mittels Vordruck angezeigt ist.**

1. Dem EW steht das Recht zu, die Installationsarbeiten zu überwachen.

b) **Abweichungen von den genehmigten Planungen sind dem EW zur Kenntnis zu bringen und in die Planungszeichnungen nachzutragen.**

c) **Von den zu verwendenden Installationsmaterialien sind, soweit sie nicht das Prüfzeichen des Verbandes Deutscher Elektrotechniker tragen, dem Werk auf Verlangen kostenlos Muster vorzulegen, deren Rückgabe nur auf schriftlichen, bei der Einsendung gestellten Antrag erfolgt. Für die durch die Prüfung der Muster entstehenden Schäden ist das EW nicht verantwortlich.**

§5.
Fertigmeldung, Zähleranbringung und Freigabe zur Benutzung.

a) **Die Fertigstellung einer Anlage ist durch Schlußvordruck (Schaltbild und nötigenfalls Grundriß) zu melden. Der Schlußvordruck gilt gleichzeitig als Antrag für die Anbringung des Zählers und die Abnahme der Anlage.**

1. Genehmigte Planungsvordrucke und Planungszeichnungen können für die Fertigmeldung benutzt werden, wenn Änderungen gegenüber der Planung nicht eingetreten sind.

b) **Kann durch Verschulden des Unternehmers der beantragte Zähler nicht sogleich angebracht werden, so hat der Unternehmer die durch den zweiten und jeden weiteren Gang entstehenden Kosten zu tragen.**

c) **Die Freigabe der Anlage zur Benutzung erfolgt ausschließlich durch das EW.**

18*

§ 6.
Abnahmeprüfung.

a) Die Anlage wird im Beisein des Unternehmers oder dessen sachverständigen Vertreters von dem EW an einem von diesem rechtzeitig festzusetzenden Zeitpunkt einer Prüfung unterzogen. Der Unternehmer ist verpflichtet, sein Personal und etwa notwendige Hilfsgeräte, wie Leitern usw., zu den hierbei erforderlichen Hantierungen kostenlos bereitzuhalten, insbesondere überall da, wo gefordert wird, die Auswechselbarkeit der in Rohren verlegten Leitungen, die ordnungsmäßige Herstellung der Verbindungsstellen u. dgl. nachzuweisen.

b) Für jeden durch Verschulden des Unternehmers, wozu auch unentschuldigtes Nichterscheinen zählt, bedingten Zeitverlust oder jede Nachprüfung wird vom Unternehmer eine den jeweiligen ortsüblichen Gehältern und Löhnen entsprechende Gebühr erhoben.

§ 7.
Haftung des Unternehmers.

a) Durch die Prüfung einer Anlage und deren Anschluß an das Leitungsnetz übernimmt das EW keinerlei Verantwortung; vielmehr bleibt der Unternehmer allein für tadellose Beschaffenheit seiner Lieferung und für alle Folgen unsachgemäßer Ausführung haftbar. Auch ist der Unternehmer verpflichtet, bei Übergabe der Anlage den Abnehmer in deren Benutzung und Wartung zu unterweisen.

§ 8.
Verletzung von Plombenverschlüssen.

a) Plombenverschlüsse des EW dürfen von dem Unternehmer oder seinen Angestellten ohne Genehmigung des EW in jedem Einzelfall nicht geöffnet werden.

b) Zuwiderhandlung wird unbeschadet etwaiger Strafanzeige auf Grund der Zulassungsbedingungen verfolgt. Außerdem hat der Unternehmer sämtliche dem EW entstehenden Kosten zu tragen.

§ 9.
Ausführung der Zeichnungen.

a) Die Zeichnungen sind [1] gemäß der im Anhange befindlichen Vorlagen, im übrigen] nach den Vorschriften des Verbandes Deutscher Elektrotechniker auszuführen.

Die Schlußzeichnungen sind auf haltbarem Pauspapier, bei wichtigen Anlagen wie z. B. Hochspannungsanlagen auf Pausleinewand auszuführen.

b) Die Zeichnungen müssen das Normalformat (21,0 × 29,7 cm) oder ein Vielfaches davon haben.

---

[1] Gegebenenfalls zu streichen.

Grundrißpläne sind maßstäblich auszuführen.

c) Kraft- und Lichtleitungen sind in blauer, Stromverbraucher und Apparate in schwarzer Farbe einzutragen.

Das EW trägt seine Änderungen usw. in roter Farbe ein.

d) Die im Gewahrsam des EW bleibenden Zeichnungen gehen in dessen Eigentum über.

D. Hausanschlüsse und Zähler.

§ 10.
Allgemeines.

a) Größe, Anzahl und Art der Hausanschlüsse und Zähler bestimmt ausschließlich das EW, ebenso deren Anbringungsort.

§ 11.
Zähler.

a) Die Zähler dürfen nur dort angebracht werden, wo sie jederzeit zugänglich und wo schädliche Einflüsse auf ihr Werk oder ihren Gang nicht zu erwarten sind.

1. Zu wählen sind demnach trockene, belüftbare, keinen zu großen Temperaturschwankungen ausgesetzte und möglichst staubfreie Räume.

b) Die Zähler müssen an erschütterungsfreien Wänden befestigt und so angebracht werden, daß sie gegen Verschmutzung und mechanische Beschädigungen geschützt sind und ohne Anwendung besonderer Hilfsmittel abgelesen und untersucht werden können.

2. Der Abstand von Fußboden bis Mitte Zähler soll nicht unter 1,30 m und nicht über 1,75 m betragen.

c) Die Leitungen am Zähler sind nach den Angaben des EW anzuordnen. Sie müssen so verlegt werden, daß sie nach dem Ermessen des EW die Angaben der Zähler nicht beeinflussen können; eine Einkreisung der Zähler durch die Leitungen ist verboten. Die Leitungen sind bis zu den Anschlußstellen durch widerstandsfähige Rohre zu schützen.

3. Bei kleinen Anlagen kann im Benehmen mit dem EW Rohrdraht verwendet werden.

d) Ist der Schutz des Zählers gegen Verschmutzung und mechanische Beschädigung durch dessen Lage nicht unbedingt gesichert, so ist über ihm ein verschließbarer Schutzkasten anzubringen, der zuverlässig auf der Wand zu befestigen ist und die Zählertafel nicht berühren darf.

E. Bestimmungen für die Ausführung der Anlagen.

§ 12.
Allgemeines.

a) Für die Ausführung der Anlagen sind die jeweils gültigen Vorschriften, Leitsätze und Normen des Verbandes Deutscher Elektrotechniker maßgebend.

b) Etwaige Richtlinien der Vereinigung der Elektrizitätswerke für die Ausführung der Anlagen sowie für die Vereinheitlichung des Installationsmaterials sind zu beachten, desgleichen die bestehenden behördlichen und gesetzlichen Vorschriften. Soweit von der Prüfstelle des Verbandes Deutscher Elektrotechniker Installationsmaterialien, Leitungsdrähte, Verbrauchsapparate usw. geprüft werden, dürfen nur zur Führung des Prüfzeichens berechtigte Materialien und Apparate sowie Leitungsdrähte mit einem von der Prüfstelle zugelassenen Kennfaden in Anschlußanlagen Verwendung finden.

c) Alle Anlagen müssen so eingerichtet werden, daß beim Betrieb störende Spannungsschwankungen in dem Stromverteilungsnetze des EW und in anderen Anschlußanlagen nicht auftreten.

1. Für Anlagen, die während des Betriebes solche Spannungsschwankungen verursachen oder auf die Anlagen des EW in anderer Weise ungünstig einwirken, kann die Stromlieferung verweigert werden.

§ 13.
Zulässiger Umfang der Anlagen.

1. Es können angeschlossen werden bei Gleichstrom zwischen einem Außen- und dem Mittelleiter, bei Drehstrom an Phase:
Lichtanlagen und Anlagen mit Heiz- und Koch- sowie elektromedizinischen Geräten mit einem Gesamtanschlußwert bis . . . . . . W,
Motoranlagen bis zu einer Gesamtleistung von . . . . . . W.
2. Alle größeren Anlagen sind bei Gleichstrom an beide Außenleiter, bei Drehstrom an alle drei Phasen anzuschließen.
3. Einphasenanlagen sind wie Gleichstromanlagen zu behandeln.

§ 14.
Zulässige Glühlampenzahl.

a) Bei gleichzeitigem Betrieb aller Glühlampen darf der Nennstrom der vorgeschalteten Sicherung nicht überschritten werden.

§ 15.
Zulässige Motorgrößen und Anlaßvorrichtungen im Anschluß an das öffentliche Niederspannungsverteilungsnetz.

I. Gleichstrom.
1. Es können in Betrieb gesetzt werden mit
einfachen Ausschaltern:
Motoren für den Anschluß an einen Außenleiter und den Mittelleiter bis zu 0,5 kW,
Motoren für den Anschluß an beide Außenleiter bis 1,1 kW Nennleistung;
Anlassern:
Motoren jeder zugelassenen Größe.

II. Wechselstrom.
2. Motoren bis 0,5 kW und Drehstrommotoren bis 4 kW Nennleistung dürfen Kurzschlußanker besitzen, sofern dadurch keine Unzuträglichkeiten im Leitungsnetz herbeigeführt werden. Es können auch größere Motoren ohne Schleifringe angeschlossen werden, wenn der Anlaßstrom nicht den eines Schleifringmotors gleicher Größe übersteigt. Diese Motoren können in Betrieb gesetzt werden:

```
mit einfachen Ausschaltern  . . . . . . . . . . . . . bis 1,1 kW Nennleistung
mit Sterndreieckschaltern  . . . . . . . . . . . . . . „  2,2 kW        „
mit Anlaßvorrichtungen, die beim Übergang von der An-
    laß- zur Betriebsstellung zwangläufig einen Drehzahl-
    abfall verhindern  . . . . . . . . . . . . . . über 2,2 kW        „
```

III. Ausbleiben der Spannung.

a) Motoren, die ohne Wartung arbeiten, sind mit zuverlässig arbeitenden Vorrichtungen zu versehen, die beim Ausbleiben der Spannung selbsttätig abschalten und bei Wiederkehr der Spannung ein ordnungsmäßiges Wiedereinschalten gewährleisten.

§ 16.
Leitungsanlagen.

Allgemeines.

a) In Wohnhäusern sind der Querschnittsbemessung der Hauptleitungen mindestens zwei Drittel der sämtlichen zu installierenden Lampen zugrunde zu legen.

Ob und inwieweit für die Querschnittsberechnung der Hauptleitungen nur ein angemessener Prozentsatz der anzuschließenden Apparate in Rechnung gesetzt werden kann, entscheidet das EW von Fall zu Fall.

b) Metallrohre dürfen vor den Zählern nicht zur Rückleitung des Stromes benutzt werden; hinter den Zählern ist hierfür die Zustimmung des EW erforderlich.

1. Bei offen verlegten Drehstrom-Hauptleitungen sind die einzelnen Leiter im ganzen Leitungszuge so anzuordnen, daß sie an allen Verbindungsstellen von links nach rechts in der gleichen Reihenfolge liegen; sie sind in folgenden Farben kenntlich zu machen . . . .
Die Nulleiter müssen in ihrem ganzen Verlauf äußerlich kenntlich sein.

2. Abzweigstellen, sowie Schalttafeln vor den Zählern müssen nach Möglichkeit in jederzeit zugänglichen Räumen untergebracht und in geeigneter Weise gegen unbefugte Eingriffe geschützt werden.

3. Erfolgt die Stromverrechnung nach verschiedenen Tarifen, so dürfen Apparate und Sicherungen hinter den Zählern in der Regel nicht auf gemeinsame Tafeln gesetzt werden.

Bemessung der Leitungen.

c) Für Hauptleitungen einschließlich Nulleiter vor dem Zähler ist ein Mindestquerschnitt von 4 mm² Kupfer zu verlegen.

Im übrigen erfolgt die Bestimmung der Leitungsquerschnitte mit Rücksicht auf Erwärmung und Spannungsverlust.

I. Erwärmung.

d) Bei Bestimmung des wärmesicheren Querschnittes sind zugrunde zu legen bei

Glühlampen bis 30 W Aufnahme je 30 W,

Glühlampen mit einer höheren Aufnahme oder solchen für Beleuchtung zu Fest- und Werbezwecke die tatsächliche Aufnahme,

Bogenlampen das 1½-fache des Normalstromes,

Motorleitungen im allgemeinen der Nennstrom des Motors,

Leitungen für Motoren, die unter Last anlaufen (Fahrstühle usw.), das 1½-fache des Nennstromes.

Im übrigen muß der Leitungsquerschnitt durch die vorgeschaltete Sicherung geschützt werden.

II. Spannungsabfall.

e) Für die Ermittlung des zulässigen Spannungsverlustes ist die Nennstromstärke der Stromverbraucher einzusetzen.

4. Der Spannungsabfall darf in Prozenten der Netzspannung betragen:
bei Leitungen vor den Zählern nicht mehr als . . . . ;
in Lichtanlagen hinter den Zählern nicht mehr als. . . . . . ;
in Kraftanlagen hinter den Zählern nicht mehr als. . . . . . . ;
sofern nicht die Eigenart des betreffenden Betriebes einen geringeren Verlust bedingt;
bei Bogenlampen darf der Spannungsverlust in den Anschlußleitungen den Unterschied zwischen der mindesterforderlichen Betriebsspannung und der Netzspannung betragen;
für Sonderbeleuchtungen durch Glühlampen, von denen nur ein Bruchteil gleichzeitig in Betrieb ist, darf die tatsächliche Höchstbelastung und der gleiche Spannungsverlust wie für Kraftanlagen zugrunde gelegt werden;
bei allen Anlagen zum unmittelbaren Anschluß an Transformatorenanlagen kann in Haupt- und Verteilungsleitungen ein zusätzlicher Spannungsverlust von insgesamt 2 v. H. zugelassen werden.

Im übrigen behält sich das EW vor, von Fall zu Fall Einrichtungen zu fordern, die geeignet sind, auch zeitweilig auftretenden übermäßigen Spannungsverlust zu verhüten

§ 17.
Schalttafeln und Sicherungen.

a) Sicherungen für einen Stromkreis können für sich auf die Wand gesetzt, bei mehreren Stromkreisen müssen sie auf Tafeln zu Verteilungsgruppen zusammengefaßt werden.

1. Werden mehrere Anlagen von einem Hausanschluß aus betrieben, so sind auf Verlangen des EW außer den Sicherungen hinter den Zählern plombierbare Hauptsicherungen vor den Zählern vorzusehen.

b) Streifensicherungen sind nur für Stromstärken über 200 A zulässig.

§ 18.
Steckvorrichtungen.

a) Bestehen für Licht- und Kraftstrom verschiedene Tarife, so müssen die Steckvorrichtungen so beschaffen sein, daß die Lichtstecker in normale Kraftsteckdosen nicht passen.

b) Mittels Steckvorrichtung angeschlossene Verbrauchsapparate mit mehr als 6 A Nennstrom müssen einen besonderen Schalter haben.

§ 19.
Nullung und Erdung.

Der Paragraph wird erst gefaßt, wenn die Erdungskommission ihre Arbeiten endgültig abgeschlossen hat.

F. Provisorische Anlagen.

§ 20.

a) Bei Anlagen, die nur vorübergehend, z. B. für Baubeleuchtung, Fest- oder Schmuckbeleuchtung u. dgl., ausgeführt werden, sind Abweichungen von den Vorschriften in einzelnen Punkten zulässig.

1. Von der Einreichung eines Entwurfes kann abgesehen werden.

b) Die Abnahmeprüfung ist unerläßlich. Die Ausführung der Anlage ist erst nach vorheriger Verständigung mit dem EW in Angriff zu nehmen.

2. Vereinigung aller Sicherungen wird nicht verlangt; dagegen ist auf sachgemäße Anordnung von Ausschaltern besonderer Wert zu legen.

c) Die Isolierung der Leitungen und deren Verbindungen, insbesondere die Nulleiter- und Erdverbindungen, müssen unter allen Umständen den für dauernde Verlegung geltenden Bestimmungen entsprechen.

G. Hochspannungsanlagen.

§ 21.

a) Über die Zulassung von Hochspannungsanlagen überhaupt sowie über die Art ihrer Ausführung und die Zulassung des zu verwendenden Materials behält sich das EW in jedem Einzelfalle die Entscheidung vor.

b) Die für jeden einzelnen Wechselstromhochspannungsanschluß zur Verfügung stehende Oberspannung sowie die oberspannungsseitig vorzusehenden Anzapfungen der Transfomatoren werden von dem EW auf Antrag von Fall zu Fall angegeben. Vom Unternehmer sind vor Ausführung der Anlage außer der gemäß § 3 erforderlichen Zeichnung noch Bauzeichnungen und Schaltbilder der Hochspannungsanschlußanlage sowie ein Lageplan einzureichen, ferner auf Verlangen des EW Zeichnungen über die Apparate, aus denen deren Wirkungsweise zu ersehen ist.

1. Hierbei sind, soweit es die Betriebsverhältnisse des EW gestatten, die Normen des VDE zu berücksichtigen.

c) Der Unternehmer hat allein alle Vorkehrungen zu treffen, um die Anlage gegen die Folgen eines plötzlichen zeitweiligen Ausbleibens der Spannung und des Auftretens von Überspannungen und Überstrom zu schützen.

d) Für Niederspannungen, die mittels Transformatoren oder Umformer an das Wechselstromhochspannungsnetz des EW angeschlossen werden, finden die vorstehenden Vorschriften in vollem Umfange Anwendung.

H. Schlußbestimmungen.

§ 22.

a) Vervollständigungen und Änderungen vorstehender Bestimmungen, soweit sie durch die fortschreitende Entwicklung der Elektrotechnik, durch Erfahrungen oder in besonderen Fällen durch die Eigenart einer Anlage bedingt sind, behält sich das EW vor.

b) Zweifel über die Auslegung der Vorschriften sind vor der Einreichung des Entwurfes durch Rücksprache beim EW zu klären.

Vorstehende Bestimmungen treten am .... in Kraft.

J. Grundsätze für die Zulassung von Installateuren zur Ausführung von Anschlußanlagen an Elektrizitätswerke,

aufgestellt von dem gemeinsamen Ausschuß der Vertreter der Vereinigung der Elektrizitätswerke in Berlin und des Verbandes der elektrotechnischen Installationsfirmen in Deutschland, Frankfurt a. M., in den Sitzungen am 29. August, 21. September 1919 und 27. April 1920.

(Angenommen in der Sitzung des Vorstandsrates der „Vereinigung" vom 28. April 1920).

A. Allgemeine Grundsätze.

1. Das Zulassungswesen ist nach den folgenden Grundsätzen für alle Elektrizitätswerke einheitlich einzuführen und zu regeln.

2. Bei der Zulassung von inländischen Installateuren muß die Bedürfnisfrage ausscheiden.

3. Der Antrag auf Zulassung kann sich nur auf Vorlage eines Gewerbescheines oder der handelsgerichtlichen Eintragung gründen.

4. Die Zulassung soll eine persönliche sein. Installationsfirmen, die nicht mindestens einen Fachmann als Inhaber aufweisen, erhalten die Zulassung nur für die Dauer, für welche sie einen allen Anforderungen entsprechenden Fachmann als voll beschäftigten verantwortlichen Beamten eingestellt haben.

5. Es darf kein begründeter Anlaß vorliegen, die Zuverlässigkeit des Installateurs, auch abgesehen von dem Gesichtspunkte des technischen Gefahrenschutzes zu bezweifeln.

6. In alle Prüfungsausschüsse für die Meisterprüfung von Installateuren sind Mitglieder der Vereinigung der Elektrizitätswerke als vollberechtigte Beisitzer zuzulassen. Stehen dem zur Zeit gesetzliche Bestimmungen entgegen, so ist eine entsprechende Änderung zu verlangen, und während der Übergangszeit sind die Vereinigungsmitglieder als sachverständige Berater beizuziehen, deren Gutachten bei der Beurteilung der Zulassungsfähigkeit mitbestimmend sein muß.

7. Die Elektrizitätswerke sollen in ihren Stromlieferungsbedingungen in augenfälliger Weise darauf hinweisen, daß nur solche Anlagen zum Anschluß gelangen, die durch zugelassene Installateure ausgeführt wurden.

B. Technische Forderungen für die Zulassung.

Die Zulassung soll erteilt werden:

1. An Unternehmer, die eine technische Hochschule, ein Technikum oder eine gleichwertige Fachschule mit Erfolg besucht haben und eine genügende praktische Tätigkeit nachweisen können;

2. an Elektro-Installateure und selbständige Meister verwandter Gewerbe mit dem Nachweis der Meisterprüfung im Installationsfach für elektrische Anlagen.

Die Zulassung soll entzogen werden bei:

1. Betrug, Betrugsabsicht, Betrugshilfe gegen das Werk,
2. wiederholt verursachter Lebens- und Feuersgefahr,
3. Lehrlingsarbeiten ohne Überwachung und Nachprüfung,
4. Aberkennung der bürgerlichen Ehrenrechte,
5. Offenbarungseid,
6. Konkurs,
7. falschen Angaben für die Zulassung,
8. Fortfall der Voraussetzungen für die Zulassung,
9. oder aus einem sonstigen wichtigen Grunde.

C. Übergangs- und Ergänzungsbestimmungen.

1. Bereits bestehende Zulassungen werden durch diese Grundsätze nicht berührt.

2. Eine Ergänzung dieser Grundsätze bleibt den einzelnen Elektrizitätswerken überlassen.

K. Richtlinien für die Meisterprüfung im Elektro-Installateur-, Elektro-Maschinenbau- und Elektro-Mechaniker-Gewerbe[1]).

A. Elektro-Installateur-Gewerbe.

I. Die praktische Prüfung.

Als **Meisterstück** kommen in Betracht:

a) aus dem Bereiche des Starkstromes: Größere Licht- oder Kraftanlagen, Akkumulatorenanlage (gegebenenfalls mit Gleichrichter) Motorenanlage mit selbsttätigem Anlasser, Bogenlampenanlage, kleine Transformatorenstationen;

b) aus dem Bereiche des Schwachstromes: Haustelegraphie, Feuermelde-, Wassermelde-, Sicherheits- oder Fernthermometeranlage, Telefonanlage, elektrische Uhrenanlage u. dgl.

Die **Arbeitsprobe** besteht in der Ableistung einer oder einiger der folgenden Arbeiten:

Handhaben und Herrichten von Werkzeugen, Feststellung von Fehlern in Licht- und Kraftanlagen, kleinere Reparaturen an Apparaten und Elektromaschinen.

II. Die theoretische Prüfung.

a) schriftlich: Kostenanschläge, Schaltungsschemen, Pläne, Berechnung der Leitungsquerschnitte und des Spannungsverlustes, der Betriebskosten und des Energieverbrauches.

b) mündlich: Besprechung des Meisterstücks und der Arbeitsprobe sowie der schriftlichen Aufgaben. Errichtungs- und Betriebsvorschriften

---

[1]) Aufgestellt vom Verband deutscher Elektro-Installations-Firmen e. V. Frankfurt a. M.

des Verbandes Deutscher Elektrotechniker für Starkstrom- und Fernmeldeanlagen, Ohm'sches Gesetz, Leitungsberechnungen, gebräuchliche Maschinen und sonstige Stromerzeuger und Stromverbraucher, Materialien,
Werkzeuge und sonstige Vorrichtungen, Rundfunkempfangsgeräte (insbesondere Rückkoppelung).

(Je nach der Ausbildung und Tätigkeit des Prüflings wird das Schwer-
gewicht sowohl in der praktischen wie in der theoretischen Prüfung auf die
Kenntnisse und Fähigkeiten für Starkstrom oder Schwachstrom gelegt).

Empfehlenswerte Schrift F. Bode, Lehrbuch zur Vorbereitung für die
Elektro-Installateur-Gehilfen- und Meisterprüfung, Frankfurt am Main.

B. Elektro-Maschinenbau-Gewerbe.

I. Die praktische Prüfung.

Als **Meisterstück** kommen in Betracht:

a) aus dem Maschinenbau (Dreh-, Fräs-, Hobel-, Schmiede- und Schlosser-
arbeiten): Die mechanische Bearbeitung eines Motorengehäuses einschließlich Herstellung der Welle, Lager, Kollektor, Schleifringkopf, sowie die Anfertigung der Werkzeuge, Hilfsmittel und Aufspannvorrichtungen hierzu;
Herstellung eines Transformatorkernes nach Angabe; Herstellung eines größeren Anlassers oder Regulierwiderstandes oder eines gleichwertigen Spezial-
apparates nach Angabe.

b) aus der Ankerwickelei: Betriebsfertige Herstellung der Wickelungen
an einem Drehstrom- oder Wechselstrom-Transformator möglichst geringer
Leistung und hoher Primärspannung (z. B. 5—10 KVA 10000 Volt); betriebsfertige Herstellung einer schwierigen Gleichstrom- bzw. Drehstrom-
Ankerwicklung einschließlich Anfertigung der hierzu notwendigen Hilfsmittel, wie Biegevorrichtungen, Schablonen und sonstige Hilfswerkzeuge.

Die **Arbeitsprobe** wird am Prüffeld abgelegt: Vornahme einer Leistungsmessung an einem Dreh- oder Gleichstrommotor und Auswertung der Meßergebnisse, Bestimmung des Leistungsfaktors und Wirkungsgrades, Durch-
schlagsproben nach Maßgabe der Vorschriften des Verbandes Deutscher
Elektrotechniker.

II. Die theoretische Prüfung.

a) schriftlich: Umrechnung gegebener Wicklungsdaten einer Gleichstrom-
maschine oder eines Drehstrommotores bzw. eines Transformators für eine
andere Spannung bei gleichbleibender Drehzahl des Ankers. Berechnung
eines Vorschaltwiderstandes für einen gegebenen Fall, Anfertigung eines
Schaltbildes für eine Drehstrom-Stab-Wicklung oder Gleichstromanker-
Reihenwicklung, Berechnung von Läuferstrom und Spannung bei einem
Drehstrommotor unter Angabe der hierzu notwendigen Wicklungsdaten
und der Betriebsspannung, Berechnung des Wickel- und Kollektorschrittes
bei Gleichstromankerwicklung unter Angabe der Pol-Nuten und Lamellenzahl. Berechnung der Lamellenmaße für einen Kollektor nach Angabe des
Innen- und Außendurchmessers, der Länge und der Lamellenzahl. Auf-

stellung eines Kostenanschlages für die Neuwicklung eines Gleichstromankers, eines Drehstromständers oder eines Kollektors.

b) mündlich: Besprechung des Meisterstückes und der Arbeitsprobe sowie der schriftlichen Aufgaben, Kenntnis der verschiedenen Elektromaschinenarten und deren Anwendungsgebiet, Kenntnis der Gleichstrom-Ankerwicklungsarten, Imprägnierung von Wicklungen, Materialienkunde, Ohm'sches Gesetz.

Empfehlenswerte Schrift Fr. Raskop, Die Reparatur an elektrischen Maschinen. Berlin.

C. Elektro-Mechaniker-Gewerbe.

I. Die praktische Prüfung.

Als Meisterstück kommen in Betracht:

Nicht zu einfache Schaltapparate, Schalttafeln, Meßinstrumente, Relais, Widerstandsapparate, Tableaux, Schalttafeln für eine Feuermeldeanlage, elektro-medizinische Apparate.

Die **Arbeitsprobe** besteht in der Ableistung einer oder einiger der nachstehenden Arbeiten:

Handhaben und Herrichten aller benötigten Werkzeuge, Gewindeschneiden an der Leitspindeldrehbank, Reparatur an Telefonapparaten, Läutewerken und Tableaux.

II. Die theoretische Prüfung.

a) schriftlich: Kostenanschlag, Schaltungsschemen für Stark- und Schwachstromapparate, Anfertigung von Handskizzen und Zeichnungen, Berechnung der Übersetzungsverhältnisse an den Werkzeugmaschinen.

b) mündlich: Besprechung des Meisterstücks und der Arbeitsprobe sowie der schriftlichen Aufgaben, Kenntnis der einschlägigen VDE-Vorschriften, Ohm'sches Gesetz, gebräuchliche Maschinen und sonstige Stromerzeuger und Stromverbraucher, Kenntnis der Rohstoffe und Halbfabrikate sowie der Werkzeuge, Rundfunkempfangsgeräte (insbesondere Rückkoppelung).

Empfehlenswerte Schriften W. Walker, Der Mechaniker. Leipzig 1909. F. Bode, Lehrbuch zur Vorbereitung für die Elektro-Installateur-Gehilfen- und Meisterprüfung. Frankfurt am Main.

D. Gemeinsames.

I. Buchführung, Rechts- und Wirtschaftskunde in der mündlichen Prüfung: Buch- und Rechnungsführung einschließlich Wechsel- und Scheckkunde, Kalkulation (insbesondere Geschäftsunkosten), Geschäftsaufsatz, Angebot, Lieferungsbedingungen; Organisation des Handwerks einschließlich des Genossenschaftswesens, Lehrlings-, Lohn-, Tarif- und Schlichtungswesen, Sozialversicherung einschließlich der Berufsgenossenschaften und Unfallverhütung, sowie der Erwerbslosenfürsorge, Gewerbegerichte, Arbeitsbuch, Geschäftsanmeldung, Patentwesen, die wichtigsten Steuerarten u. a. m.

II. Allgemeines: Bei der Meldung zur Prüfung ist anzugeben, welcher Gegenstand als Meisterstück vorgelegt werden will. Die Prüfungskommission entscheidet über die Genehmigung der Wahl des Gegenstandes. Soweit die Bezeichnung des in Aussicht genommenen Meisterstückes bei der Meldung zur Prüfung unterbleibt oder soweit der gewählte Gegenstand nicht zugelassen wird, wird das Meisterstück durch die Prüfungskommission bestimmt. Bestätigung der selbständigen Ausführung des Meisterstückes (bei Prüflingen aus dem Gehilfenstande). Auf Verlangen der Prüfungskommission ist das Meisterstück in fremder Werkstätte anzufertigen. Gelegenheit zur Nachschau während der Ausführung.

Bei Beginn der Besichtigung des Meisterstücks ist die zugehörige selbstgefertigte Zeichnung und die Kostenberechnung vorzulegen.

Bei der Bewertung der Arbeitsprobe ist die vom Prüfling benötigte Arbeitszeit besonders zu berücksichtigen.

In jedem Falle muß eine wirklich meisterhafte Ausführung des Meisterstücks gefordert werden. Ebenso muß die Arbeitsweise des Prüflings bei der Arbeitsprobe völlig einwandfrei und meisterlich sein.

L. Leitfätze der Deutfchen Beleuchtungstechnifchen Gefellfchaft.

a) Leitsätze für die Innenbeleuchtung der Gebäude.

Die Anlagen und Einrichtungen der Gebäude mit natürlichem und künstlichem Lichte müssen den Forderungen der Zweckmäßigkeit, Gesundheit, Wirtschaftlichkeit und Schönheit entsprechen.

I. Zweckmäßigkeit.

1. Jeder zu beleuchtende Raum muß eine seinem Zwecke angemessene Beleuchtung erhalten. Man unterscheidet: Allgemeinbeleuchtung und Platzbeleuchtung.

Die Allgemeinbeleuchtung dient entweder als Verkehrsbeleuchtung oder als Zusatzbeleuchtung in Räumen aller Art neben Platzbeleuchtung, oder als Arbeitsbeleuchtung.

Die Platzbeleuchtung ist stets Arbeitsbeleuchtung.

Die empfangene Beleuchtung soll mindestens betragen:

A. Bei Allgemeinbeleuchtung,

soweit sie nur als Verkehrsbeleuchtung dient, als mittlere Beleuchtung der horizontalen Fläche in 1 m Höhe.

a) in Räumen von untergeordneter Bedeutung etwa . . . 1 Lux
b) auf Vorplätzen, in Treppenhäusern u. dgl. . . . . . . 5 ,,
c) in Aufenthalts- und Arbeitsräumen für zahlreiche Personen 10 ,,

B. Bei Arbeits- und Platzbeleuchtung

als mittlere Beleuchtung der Arbeitsfläche an der Arbeitsstelle:

d) für grobe Arbeit . . . . 15 Lux
e) für mittlere Arbeit . . . . 40 ,,
f) für feine Arbeit . . . . 60 ,,
g) für feinste Arbeit . . . . 90 ,,

Bei der Bearbeitung dunkler Stoffe wird eine wesentlich stärkere Beleuchtung gebraucht, als bei hellen Stoffen.

Die Beleuchtungseinrichtungen (Fenster, Lampen und deren Zubehörteile, wie Glocken, Reflektoren usw.) dürfen durch Staubanhäufung oder durch Ausbrennen der Lampen, Glühkörper usw. keine solche Einbuße erleiden, daß die Beleuchtungsstärken unter die hier geforderten Werte herabsinken.

2. Die Allgemeinbeleuchtung darf weder vollkommen schattenlos sein, noch dürfen störende Schlagschatten auf dem Fußboden, den Wänden und den im Raume befindlichen Gegenständen entstehen.

3. Es ist darauf zu achten, daß die Arbeitsfläche von Stelle zu Stelle keine störenden Beleuchtungsunterschiede aufweisen darf; ebenso dürfen zeitliche Beleuchtungsschwankungen nicht belästigen.

4. Beim Entwurfe von Beleuchtungsanlagen ist darauf Rücksicht zu nehmen, daß schroffe Unterschiede in der Beleuchtung aneinanderstoßender Räume nach Möglichkeit auszugleichen sind.

5. Die Anlagen zur Verteilung des Lichtes müssen sich in den Plan des Gebäudes einfügen.

6. Bei der Errichtung wichtiger Gebäude, bei denen es auf eine gute Beleuchtung ankommt, ist die Beiziehung eines Beleuchtungstechnikers schon bei der Aufstellung des Bauplanes zu empfehlen.

II. Gesundheitsrücksichten.

1. Die Augen sind vor Blendung durch direktes und reflektiertes Licht zu schützen.

2. Die zur Beleuchtung von Arbeitsplätzen dienenden Einzellampen müssen abgeschirmt werden, wenn ihre Leuchtdichte größer als $0,75 \, \mathrm{HK/cm^2}$ ist.

3. Zur allgemeinen Raumbeleuchtung dürfen auch Lichtquellen von höherer Leuchtdichte benutzt werden. Die Leuchtdichte darf aber $5 \, \mathrm{HK/cm^2}$ nicht übersteigen, wenn die Lichtquellen so angebracht sind, daß der Winkel des Sehstrahles gegen die wagerechte Ebene weniger als $30°$ beträgt; andernfalls sind auch diese Lichtquellen abzuschirmen oder in lichtstreuende Hüllen einzuschließen.

4. Einer schädlichen Ansammlung von Abgasen und einer störenden Wärmeentwicklung durch Lichtquellen soll durch Ventilation der Räume vorgebeugt werden.

III. Wirtschaftlichkeit.

Sofern die unter Berücksichtigung der Punkte I und II vorgeschlagenen Beleuchtungsanlagen auf verschiedene Weise verwirklicht werden können, ist nach Durchrechnung jeder einzelnen Möglichkeit die wirtschaftslichste Ausführungsart zu wählen.

IV. Schönheit.

Die Einrichtungen zur Beleuchtung eines Raumes sind unter Rücksichtnahme auf dessen künstlerische Ausstattung anzubringen, doch dürfen notwendige lichttechnische Forderungen niemals zugunsten künstlerischer

Ausstattung vernachläsisgt werden. Bei der Einrichtung einer Beleuchtungsanlage in öffentlichen Gebäuden ist ein künstlerischer Bausachverständiger
zuzuziehen.

b) Leitsätze für die Beleuchtung im Freien.

I. Allgemeine Anforderungen.

Überall, wo im Freien ein öffentlicher oder größerer privater Verkehr
stattfinden kann, also auf Straßen und Plätzen, Bahnhof-, Gleis- und Kai-
anlagen, auf Fabrikhöfen und dergleichen, muß die Beleuchtung durch
künstliche Lichtquellen nach Stärke und Güte den Ansprüchen der öffentlichen Sicherheit und des Verkehrs entsprechen. Die Beleuchtung von Straßen und Plätzen muß außerdem berechtigten ästhetischen Forderungen
genügen.

II. Besondere Anforderungen.

a) Die Beleuchtungsstärke.

Die Beleuchtung im Freien wird als Horizontalbeleuchtung in 1 m Höhe
über dem Erdboden gemessen. Sie wird nach der mittleren Beleuchtungsstärke und nach der Mindestbeleuchtung an nicht durch Schlagschatten
getroffenen Stellen bewertet.

Während der normalen Verkehrszeiten soll betragen	die mittlere Beleuchtungsstärke Lux	die MindestBeleuchtungsstärke Lux
auf Gleisfeldern	0,2—0,5	0,1—0,3
auf Gleisfeldern im Bereich der Weichen, auf Fabrikhöfen, auf Kaianlagen . . .	0,5—1,5	0,2—0,5
auf Straßen und Plätzen mit schwachem Verkehr	0,5—1,5	0,05—0,3
mit stärkerem Verkehr	1,5—5	0,3—1
mit starkem Verkehr: auf Bahnhofsvorplätzen, Verkehrszentren in Großstädten.	5—10	1—2

b) Die Güte der Beleuchtung.

Störende Ungleichmäßigkeit und zeitliche Schwankungen in der Beleuchtungsstärke sind zu vermeiden, ebenso scharfe Schlagschatten an
Stellen starken Verkehrs.

Störende Blendung durch die Lampen der öffentlichen Beleuchtung,
durch Schaufenster- und Reklamebeleuchtung, durch Signallaternen muß
vermieden werden; ihre Leuchtdichte ist zu diesem Zwecke durch lichtstreuende Mittel herabzusetzen.

Signallichter (an Baustellen, Eisenbahnanlagen, Straßenbahnkreuzungen,
Schlagbäumen usw.) dürfen durch Lampen der öffentlichen Beleuchtung
nicht überstrahlt werden und nicht mit ihnen verwechselbar sein.

III. Betrieb.

Die Beleuchtung im Freien durch künstliche Lichtquellen ist in unseren Breiten erforderlich:

im Winterhalbjahr von ¾ Std. nach Sonnenuntergang bis ¾ Std. vor Sonnenaufgang;

im Sommerhalbjahr von 1 Std. nach Sonnenuntergang bis 1 Std. vor Sonnenaufgang.

Außerhalb der normalen Verkehrszeiten kann die Stärke der Beleuchtung im Freien gegenüber den Forderungen unter II a) je nach der Bedeutung der Straße, des Platzes usw. mehr oder weniger vermindert, unter Umständen auf den Betrieb von Richtlampen eingeschränkt werden.

Die der Beleuchtung im Freien dienenden Lampen sind dauernd betriebsbereit zu halten und regelmäßig zu warten und zu reinigen.

c) Leitsätze für die Beleuchtung von Fabriken und anderen gewerblichen Arbeitsstätten.

entworfen von der DBG in Zusammenarbeit mit

dem Reichs-Arbeitsministerium,

dem Preußischen Ministerium für Handel und Gewerbe,

dem Polizeipräsidium, Berlin,

dem Ausschuß für wirtschaftliche Fertigung,

dem Verbande der Elektro-Installateure,

angenommen von der ordentlichen Mitgliederversammlung der DBG am 18. September 1924 in Jena.

Für alle gewerblichen Arbeitsstätten ist die Frage der Beleuchtung außerordentlich wichtig.

Gute Beleuchtung ist Voraussetzung für einen geordneten leistungsfähigen Betrieb.

Schlechte Beleuchtung vermindert die Leistung, erschwert die Kontrolle, Ordnung, Sauberkeit, schädigt unter Umständen die Gesundheit des Arbeiters und gibt Anlaß zu Unglücksfällen.

Gute Beleuchtung braucht nicht teurer zu sein als schlechte, ist oft sogar in Anlage- und Betriebskosten wesentlich billiger. Sie macht sich stets bezahlt.

Die nachstehenden Bestimmungen gelten für alle gewerblichen Arbeitsstätten. Sie beziehen sich in erster Linie auf die Beleuchtung mit künstlichem Licht[1]).

Anforderungen.

I. Die Beleuchtungsanlage muß den Rücksichten auf Gefahrlosigkeit, Gesundheit und Betriebssicherheit entsprechen[2]).

II. Die Beleuchtung muß hinreichend stark sein.

Die Anforderungen an die Beleuchtungsstärke sind in der nachstehenden Zusammensetzung erhalten. Dabei gelten die in Spalte I aufgeführten Werte

---

[1]) Eine Ergänzung für Tagesbeleuchtung befindet sich in Vorbereitung.

[2]) Vgl. Vorschriften des Verbandes Deutscher Elektrotechniker, der Gewerbe-Aufsichtsbehörden, der Feuerversicherungs-Gesellschaften usw.

für die **mittlere** Beleuchtung, die gefordert werden muß; die in Spalte II aufgeführten Werte gelten für die **kleinste Beleuchtungsstärke**, die an keiner Stelle der in Frage kommenden Fläche unterschritten werden darf.

Art der Beleuchtung	I mittlere	II kleinste
	Beleuchtungsstärke	
Verkehrs-Beleuchtung	Lux	Lux
auf Fahrwegen, Durchfahrten, Höfen, soweit sie dem Verkehr dienen	0,5—2	0,2
in Nebengängen, Nebenräumen, Lagerräumen .	2—5	0,6
an Ein- und Ausgängen, in Hauptgängen, auf Treppen, in Werkstätten	5—15	2
Arbeits-Beleuchtung		
für grobe Arbeit, z. B. Walzwerke, Schmiede, Grobmontage usw.	15—30	10
für mittlere Arbeit, z. B. Schlosserei, Dreherei, Montage, Kernmacherei, Tischlerei, Klempnerei, Spinnsäle, Websäle für helle Garne usw. . . .	40—60	20
für feine Arbeit, z. B. Feinmechanik, Websäle für farbige u. dunkle Garne, Bureauarbeit usw. .	60—90	30
für feinste Arbeit, z. B. Uhrmacher- und Graveur-Arbeit, Setzerei, Näherei, Zeichnen usw. . . .	90—250	50

Die Beleuchtungsstärke ist zu messen:
bei Verkehrs-Beleuchtung auf der Horizontalebene, 1 m über Fußboden, bei Arbeits-Beleuchtung ebenso, oder auf der Arbeitsfläche.

(Die mittlere Beleuchtung ist aus einer hinreichend großen Zahl von gleichmäßig über die ganze jeweils in Frage kommende Fläche verteilten Messungen zu ermitteln).

III. Die Beleuchtung darf keine Blendung hervorrufen.

Als blendend gelten:

1. bei Allgemein- und Verkehrs-Beleuchtung: Lampen, die mit einer Leuchtdichte von über 5 HK/qcm Licht direkt in das Auge werfen. Lampen, die so hoch angeordnet sind, daß der Winkel zwischen der Wagerechten und der Blickrichtung nach der Lampe mehr als 30° beträgt, gelten auch bei höherer Leuchtdichte nicht als blendend;

2. bei Platzbeleuchtung: Lichtquellen, die mit einer Leuchtdichte (Flächenhelle) von über 0,75 HK/qcm Licht direkt in das Auge des Arbeitenden werfen;

3. bei jeder Art der Beleuchtung: blanke Flächen, die durch Spiegelung störendes Licht in das Auge des Arbeitenden reflektieren (indirekte Blendung).

IV. Die Beleuchtung darf keine störenden Schlagschatten geben und weder örtlich noch zeitlich lästige Ungleichmäßigkeiten zeigen. Für gute Lichtverteilung und für richtigen Lichteinfall ist zu sorgen.

Sachverzeichnis.

Druck von Oscar Brandstetter in Leipzig.

Erläuterungen zu den Regeln für die Bewertung und Prüfung von elektrischen Maschinen (R. E. M.) und von Transformatoren (R. E. T.), zu den Regeln für die Bewertung und Prüfung von elektrischen BahnMotoren, Maschinen und Transformatoren (R. E. B.) sowie zu den Normalen Anschlußbedingungen und den Normalen Klemmenbezeichnungen. Im Auftrage des Verbandes Deutscher Elektrotechniker herausgegeben von Prof. Dr.-Ing. e. h. **Georg Dettmar,** Hannover. Sechste Auflage. VII, 320 Seiten. 1925. RM 12.—

Erläuterungen zu den Vorschriften für die Konstruktion und Prüfung von Installationsmaterial, den Vorschriften für die Konstruktion und Prüfung von Schaltapparaten für Spannungen bis einschl. 750 V. und den Normalien über die Abstufung von Stromstärken und über Anschlußbolzen. Im Auftrage des Verbandes Deutscher Elektrotechniker herausgegeben von Prof. Dr.-Ing. e. h. **Georg Dettmar.** Mit 46 Textabbildungen. 202 Seiten. 1915. Unveränderter Neudruck. 1922. RM 3.75

Über den Ausgleich der Einzelbelastungen bei Elektrizitätswerken (Verschiedenheitsfaktor) und über Elektrizitätstarife. Von Prof. Dr.-Ing. e. h. **Georg Dettmar,** Hannover. (Sonderabdruck aus der „Elektrotechnischen Zeitschrift" 1926, Heft 2, 3, 4, 7 und 19.) Mit 35 Abbildungen. 70 Seiten. 1926. RM 1.80

Vorschriftenbuch des Verbandes Deutscher Elektrotechniker. Herausgegeben durch das Generalsekretariat des VDE. Vierzehnte Auflage. Nach dem Stande am 1. Juli 1926. IX, 836 Seiten. 1926.
Gebunden RM 13.—; Ausgabe mit Daumenregister gebunden RM 15.—

Verband Deutscher Elektrotechniker. (Eingetragener Verein.) Mitgliederverzeichnis. Abgeschlossen Herbst 1925. 206 Seiten. 1925.
RM 10.—; Vorzugspreis für Mitglieder des VDE RM 5.—

Erläuterungen zu den Vorschriften für die Errichtung und den Betrieb elektrischer Starkstromanlagen einschließlich Bergwerksvorschriften und zu den Bestimmungen für Starkstromanlagen in der Landwirtschaft. Im Auftrage des Verbandes Deutscher Elektrotechniker herausgegeben von Dr. **C. L. Weber,** Geh. Regierungsrat. Fünfzehnte, vermehrte und verbesserte Auflage. X, 330 Seiten. Neudruck 1927. RM 6.—

Isolierte Leitungen und Kabel. Erläuterungen zu den Normen für isolierte Leitungen in Starkstromanlagen, den Normen für isolierte Leitungen in Fernmeldeanlagen, den Normen für umhüllte Leitungen und den Kupfernormen. Im Auftrage des Verbandes Deutscher Elektrotechniker herausgegeben von Dr. **Richard Apt.** Zweite Auflage. Mit 7 Textabbildungen. VII, 140 Seiten. 1924. RM 6.90

Comparison of Principal Points of Standards for Electrical Machinery. (Rotating Machines and Transformers.) By Dipl.-Ing. **Friedrich Nettel.** 42 Seiten. 1923. RM 2.50; gebunden RM 3.—
Standards compared:
Germany: Verband Deutscher Elektrotechniker (VDE)
Britain: 1. British Engineering Standards Committee (B. E. S. A.)
2. British Electrical and Allied Manufactures Association (B. E. A. M. A.)
U. S. A.: Standards of the American Institute of Electrical Engineers (AIEE)

Hilfsbuch für die Elektrotechnik. Unter Mitwirkung namhafter Fachgenossen bearbeitet und herausgegeben von Dr. **Karl Strecker.** Zehnte, umgearbeitete Auflage. **Starkstromausgabe.** Mit 560 Abbildungen. XII, 739 Seiten. 1925. Gebunden RM 13.50

Schwachstromausgabe. Mit etwa 600 Textabbildungen.
Erscheint im Laufe des Jahres 1927.

Die wissenschaftlichen Grundlagen der Elektrotechnik. Von Prof. Dr. **Gustav Benischke.** Sechste, vermehrte Auflage. Mit 633 Abbildungen im Text. XVI, 682 Seiten. 1922. Gebunden RM 18.—

Elektrische Starkstromanlagen. Maschinen, Apparate, Schaltungen, Betrieb. Kurzgefaßtes Hilfsbuch für Ingenieure und Techniker sowie zum Gebrauch an technischen Lehranstalten. Von Oberstudienrat Dipl.-Ing. **Emil Kosack,** Magdeburg. Sechste, durchgesehene und ergänzte Auflage. Mit 296 Textfiguren. XII, 330 Seiten. 1923. RM 5.50; gebunden RM 6.90

Schaltungsbuch für Gleich- und Wechselstromanlagen. Dynamomaschinen, Motoren und Transformatoren, Lichtanlagen, Kraftwerke und Umformerstationen. Unter Berücksichtigung der neuen, vom Verband Deutscher Elektrotechniker festgesetzten Schaltzeichen. Ein Lehr- und Hilfsbuch von Oberstudienrat Dipl.-Ing. **Emil Kosack,** Magdeburg. Zweite, erweiterte Auflage. Mit 257 Abbildungen im Text und auf 2 Tafeln. X, 198 Seiten. 1926.
RM 8.40; gebunden RM 9.90

Grundzüge der Starkstromtechnik für Unterricht und Praxis. Von Dr.-Ing. **K. Hoerner.** Mit 319 Textabbildungen und zahlreichen Beispielen. V, 257 Seiten. 1923. RM 4.—; gebunden RM 5.—

Elektrische Schaltvorgänge und verwandte Störungserscheinungen in Starkstromanlagen. Von Prof. Dr.-Ing. und Dr.-Ing. e. h. **Reinhold Rüdenberg,** Chefelektriker, Privatdozent, Berlin. Zweite, berichtigte Auflage. Mit 477 Abbildungen im Text und einer Tafel. VIII, 510 Seiten. 1926.
Gebunden RM 24.—

Kurzschlußströme beim Betrieb von Großkraftwerken. Von Prof. Dr.-Ing. und Dr.-Ing. e. h. **Reinhold Rüdenberg,** Chefelektriker, Privatdozent, Berlin. Mit 60 Textabbildungen. IV, 75 Seiten. 1925. RM 4.80

Hochspannungstechnik. Von Dr.-Ing. **Arnold Roth.** Mit 437 Abbildungen im Text und auf 3 Tafeln sowie 75 Tabellen. VIII, 534 Seiten. 1927.
Gebunden RM 31.50

Überströme in Hochspannungsanlagen. Von J. **Biermanns,** Chefelektriker der AEG-Fabriken für Transformatoren und Hochspannungsmaterial. Mit 322 Textabbildungen. VIII, 452 Seiten. 1926. Gebunden RM 30.—

Herzog-Feldmann, Die Berechnung elektrischer Leitungsnetze in Theorie und Praxis. Vierte, völlig umgearbeitete Auflage von Prof. **Clarence Feldmann,** Delft. Mit 485 Textabbildungen. X, 554 Seiten. 1927.
Gebunden RM 38.—

Die elektrische Kraftübertragung. Von Oberingenieur Dipl.-Ing. **Herbert Kyser.** In 3 Bänden.

Erster Band: **Die Motoren, Umformer und Transformatoren.** Ihre Arbeitsweise, Schaltung, Anwendung und Ausführung. Zweite, umgearbeitete und erweiterte Auflage. Mit 305 Textfiguren und 6 Tafeln. XV, 417 Seiten. 1920. Unveränderter Neudruck. 1923.
Gebunden RM 15.—

Zweiter Band: **Die Niederspannungs- und Hochspannungs-Leitungsanlagen.** Ihre Projektierung, Berechnung, elektrische und mechanische Ausführung und Untersuchung. Zweite, umgearbeitete und erweiterte Auflage. Mit 319 Textfiguren und 44 Tabellen. VIII, 405 Seiten. 1921. Unveränderter Neudruck. 1923.
Gebunden RM 15.—

Dritter Band: **Die maschinellen und elektrischen Einrichtungen des Kraftwerkes und die wirtschaftlichen Gesichtspunkte für die Projektierung.** Zweite, umgearbeitete und erweiterte Auflage. Mit 665 Textfiguren, 2 Tafeln und 87 Tabellen. XII, 930 Seiten. 1923.
Gebunden RM 28.—

Die Transformatoren. Von Professor Dr. techn. **Milan Vidmar,** Ljubljana. Zweite, verbesserte und vermehrte Auflage. Mit 320 Abbildungen im Text und auf einer Tafel. XVIII, 752 Seiten. 1925.
Gebunden RM 36.—

Der Transformator im Betrieb. Von Professor Dr. techn. **Milan Vidmar,** Ljubljana. Mit 126 Abbildungen im Text. VIII, 310 Seiten. 1927.
Gebunden RM 19.—

Deutschlands Großkraftversorgung. Von Dr. **Gerhard Dehne.** Mit 44 Abbildungen. VI, 99 Seiten. 1925.
RM 6.—; gebunden RM 7.—

Das Bayernwerk und seine Kraftquellen. Von Dipl.-Ing. **A. Menge,** München. Mit 118 Abbildungen im Text und 3 Tafeln. VIII, 104 Seiten. 1925.
RM 6.—

Die elektrischen Einrichtungen für den Eigenbedarf großer Kraftwerke. Von Oberingenieur **Friedrich Titze.** Mit 89 Textabbildungen. VI, 160 Seiten. 1927.
Gebunden RM 12.—

Die Eigenschaften elektrotechnischer Isoliermaterialien in graphischen Darstellungen. Eine Sammlung von Versuchsergebnissen aus Technik und Wissenschaft. Von Dr. **A. Retzow,** Abteilungsleiter der AEG-Fabrik für elektrische Meßinstrumente, Berlin. Mit 330 Abbildungen. VI, 250 Seiten. 1927. Gebunden RM 24.—

Dielektrisches Material. Beeinflussung durch das elektrische Feld. Eigenschaften, Prüfung, Herstellung. Von Dr.-Ing. **A. Bültemann,** Dresden. Mit 17 Textabbildunèen. VI, 160 Seiten. 1926. RM 10.50; gebunden RM 12.—

Der phasenverschobene Strom. Seine Messung und seine Verrechnung. Von Dipl.-Ing. **Richard F. Falt,** Ingenieur bei den Siemens-Schuckertwerken. Mit 52 Textabbildungen. IV, 92 Seiten. 1927. RM 6.60

Der Quecksilberdampf-Gleichrichter. Von Ing. **Kurt Emil Müller.**

Erster Band: **Theoretische Grundlagen.** Mit 49 Textabbildungen und 4 Zahlentafeln. IX, 217 Seiten. 1925. Gebunden RM 15.—

Elektromaschinenbau. Berechnung elektrischer Maschinen in Theorie und Praxis. Von Dr.-Ing. **P. B. Arthur Linker,** Privatdozent, Hannover. Mit 128 Textfiguren und 14 Anlagen. VIII, 304 Seiten. 1925. Gebunden RM 24.—

Elektrische Maschinen. Von Prof. **Rudolf Richter,** Direktor des Elektrotechnischen Instituts Karlsruhe. In zwei Bänden.

Erster Band: **Allgemeine Berechnungselemente. Die Gleichstrommaschinen.** Mit 453 Textabbildungen. X, 630 Seiten. 1924. Gebunden RM 27.—

Der Drehstrommotor. Ein Handbuch für Studium und Praxis. Von Professor **Julius Heubach,** Direktor der Elektromotorenwerke Heidenau G. m. b. H. Zweite, verbesserte Auflage. Mit 222 Abbildungen. XII, 599 Seiten. 1923. Gebunden RM 20.—

Die wirtschaftliche Regelung von Drehstrommotoren durch Drehstrom-Gleichstrom-Kaskaden. Von Dr.-Ing. **H. Zabransky.** Mit 105 Textabbildungen. IV, 112 Seiten. 1927. RM 9.—